리팩터링 목록

리팩터링 방향

패턴	목표	지향	제거
Adapter	Extract Adapter(347), Unify Interfaces with Adapter(333)	Unify Interfaces with Adapter(333)	
Builder	Encapsulate Composite with Builder(145)		
Collecting Parameter	Move Accumulation to collecting Parameter(415)		
Command	Replace Conditional Dispatcher with Command(265)	Replace Conditional Dispatcher with Command(265)	
Composed Method	Compose Method(179)		
Composite	Replace One/Many Distinctions with Composite(303), Extract Composite(291), Replace Implicit Tree with Composite(249)		Encapsulate Composite with Builder(145)
Creation Method	Replace Constructors with Creation Methods(97)		
Decorator	Move Embellishment to Decorator(206)	Move Embellishment to Decorator(206)	
Factory	Move Creation Knowledge to Factory(110), Encapsulate Classes with Factory(124)		
Factory Method	Introduce Polymorphic Creation with Factory Method(134)		
Interpreter	Replace Implicit Language with Interpreter(360)		
Iterator			Move Accumulation to Visitor(423)
Null Object	Introduce Null Object(402)		
Observer	Replace Hard-Corded Notifications with Observer(319)	Replace Hard-Corded Notifications with Observer(319)	
Singleton	Limit Instantiation with Singleton(396)		Inline Singleton (168)
State	Replace State-Altering Conditionals with State(234)	Replace State-Altering Conditionals with State(234)	
Strategy	Replace Conditional Logic with Strategy(187)	Replace Conditional Logic with Strategy(187)	
Template Method	Form Template Method(281)		
Visitor	Move Accumulation to Visitor(423)	Move Accumulation to Visitor(423)	

패 턴 을

활 용 한

리 팩 터 링

Joshua Kerievsky

XP 전문 기업인 Industrial Logic(http://industriallogic.com)의 설립자다. Joshua는 1988년부터 Bankers Trust, MTV, MBNA, Ansys, MDS Sciex, Nielsen Media Research, Sun Microsystems와 같은 고객의 전문 소프트웨어 개발자, 코치, 강사로 활동해왔다. 그는 정기적으로 컨퍼런스에서 발제하며 많은 논문도 냈다. 또한 『Extreme Programming Explored』(Addison-Wesley, 2001), 『Extreme Programming Perspectives』(Addition-Wesley, 2002)의 여러 장을 공동 저술했다. Joshua는 California의 Berkeley에서 부인, 딸과 함께 살고 있다.

패턴을
활용한
리팩터링

REFACTORING to

PATTERNS

조슈아 케리에브스키 지음 | 윤성준 · 조상민 옮김

인사이트
insight

패턴을 활용한 리팩터링 : Refactoring to Patterns

초판 1쇄 발행 2006년 7월 20일 **신판 1쇄 발행** 2011년 2월 9일 **지은이** 조슈아 케리에브스키 **옮긴이** 윤성준 · 조상
민 **펴낸이** 한기성 **펴낸곳** 인사이트 **편집 · 제작** 김강석 **용지** 세종페이퍼 **출력** 경운출력 · 현문인쇄 **인쇄** 현문인쇄
제본 자현제책 **등록번호** 제10-2313호 **등록일자** 2002년 2월 19일 **주소** 서울시 마포구 서교동 469-9번지 석우빌
딩 3층 **전화** 02-322-5143 **팩스** 02-3143-5579 **블로그** http://blog.insightbook.co.kr **이메일** insight@insightbook.
co.kr **ISBN** 978-89-91268-92-0 13560 책값은 뒤표지에 있습니다. 잘못 만든 책은 바꾸어 드립니다. 이 책의 정
오표는 http://insightbook.springnote.com/의 '출간도서 목록' 카테고리에서 확인하실 수 있습니다. 이 책의 국립중
앙도서관 출판시도서목록(CIP)은 e-CIP 홈페이지(http://www.nl.go.kr/ecip)에서 이용하실 수 있습니다.(CIP 제어번
호: CIP2011000178)

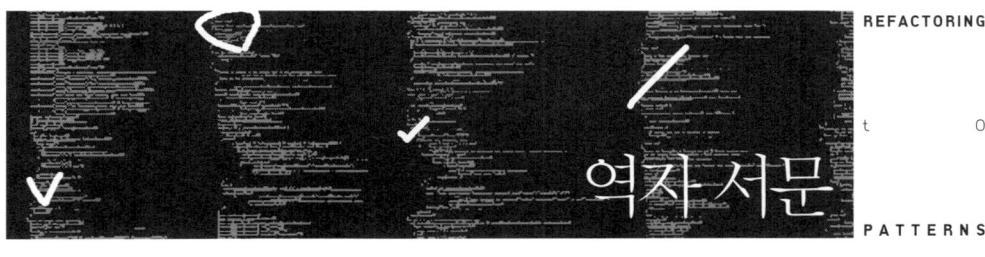

역자 서문

Martin Fowler의 『Refactoring』과 GoF의 『Design Patterns』 번역서가 출간된 직후 우리는 디자인 패턴과 리팩터링의 상호 관계에 주목하고 이를 설명하는 책을 쓰기로 계획했었습니다. 처음에는, 단순하게 생각하면 충분히 그렇게 나올만하지만 조금 어설픈 코드를 보여주고 그 코드의 문제점을 지적한 다음, 적절한 리팩터링을 적용해 디자인 패턴을 사용하도록 설계를 발전시켜가는 과정을 보여준다면, 패턴과 리팩터링 그리고 이 둘 사이의 관계를 설명하는 멋진 책이 나올 수 있을 것이라 생각했습니다. 그 와중에 다른 출판사에서 패턴과 리팩터링을 한 권에 다룬 책이 나왔지만, 다행히도(?) 우리가 계획했던 내용과는 방향이 달랐기 때문에 계획을 계속 추진할 수 있었습니다. 그러나 어설프지만 흔하게 나오는 코드 예제를 구하는 것에서 막혀 진행하지 못했습니다. 회사에서 작업하던 코드는 너무 복잡해 설명하기가 어려웠고, 리팩터링을 통해 패턴을 적용했을 때의 이점이 충분히 보일 정도로 복잡하면서도 설명하기 쉬운 코드를 만들어내기도 어려웠습니다. 책에서 사용하기에 딱 맞는 예제 코드를 찾는 것이 만만하지 않았던 것입니다. 또한 회사 일과 이런저런 다른 일에 치이다보니 시간이 빠르게 지나가버렸고, 결국 계획한 책의 원고를 채 한 줄 쓰기도 전에 Joshua Kerievsky의 『Refactoring to Patterns』를 접하게 되었습니다. 책을 읽고 나서 '아차, 늦었구나' 하는 아쉬움과 '휴, 다행이다' 는 안도감이 교차했습니다. 우리가 가진 패턴과 리팩터링에 대한 짧은 지식으로 책을 냈더라면 큰 낭패를 봤을 수도 있었겠다 싶었습니다.

Martin Fowler의 『Refactoring』은 저수준의 리팩터링에 집중해 있습니다. 이런 저수준 리팩터링은 양 방향성을 가지고 있습니다. 클래스를 둘로 분리하는 리팩터링도 있고 하나로 합치는 리팩터링도 있습니다. 복잡한 메서드를 단순한 메서드의 조합으로 바꿀 수도 있고, 지나치게 간단한 메서드를 호출부에 합쳐버릴 수도 있습니다. 어느 쪽이 좋을지는 상황에 따라 판단해야 합니다. '냄새' 라는 비유를 통해 나쁜 설계의 지표로 삼을 수 있는 기준을 제시하기도 하지만 충분히 구체적이지는 못합니다. GoF의 『Design Patterns』는 반복적으로 나타나는 문제에 대한 설계 모범 답안이라 할만 하지만, 패턴 자체나 패턴을 사용하게 되는 배경에 대해 충분히 이해하지 못한 상태에서 적용한다면 설계를 쓸데없이 복잡하게 만들기만 할 수 있습니다. 패턴을 처음 접하면 대부분 간단한 문제를 풀 때도 어떤 패턴을 적용하면 좋을까 고민하는 경우가 많습니다. 불필요하게 패턴이 적용된 예제는 (우리 역자들 자신의 코드를 포함해) 쉽게 찾을 수 있습니다. 결국 좋은 설계는 단순히 리팩터링 절차나 패턴을 외운다고 되는 것이 아닙니다.

이 책은, 실제로는 밀접한 관계가 있으면서도 많은 사람들이 깨닫지 못한, 패턴과 리팩터링 사이의 공간을 채우고 둘 사이의 연결 관계를 명확히 설명하는 책입니다. 현재 상태에서 코드의 문제점을 지적하고, 해당 문제점을 해결하는 데 좋을 패턴을 설명하고 이를 적용하는 절차를 설명해, 현재의 설계가 패턴으로 발전해가는 과정을 보여줍니다. 특히 각 리팩터링에 대한 장점과 단점을 설명해 실제 자신의 작업에 적용할 때 끼치는 영향을 쉽게 파악할 수 있도록 합니다.

이 책에서는 다양한 패턴과 저수준 리팩터링을 언급하지만 그에 대한 설명은 하지 않으므로, 패턴과 리팩터링에 대한 기본적인 이해가 필요합니다. 그러나 패턴과 리팩터링을 모두 알아야 하는 것은 아니며, 모르는 부분이 나올 때마다 디자인 패턴과 리팩터링 책을 참조해가며 읽을 수도 있을 것입니다. 이 책을 공부하며 실제 상황에서 이를 응용해본다면 디자인 패턴과 리팩터링, 이 둘 사이의 관계를 더 깊이 이해할 수 있을 것입니다.

끝으로 이 책의 번역을 맡겨주신 한기성 사장님과 편집/교정에 애써주신 박선희님, 이지현님께 감사드립니다. 원고를 검토하고 좋은 의견을 주신 최상훈님과 오브젝트 월드 관계자 여러분께도 감사의 마음을 전합니다.

윤성준, 조상민

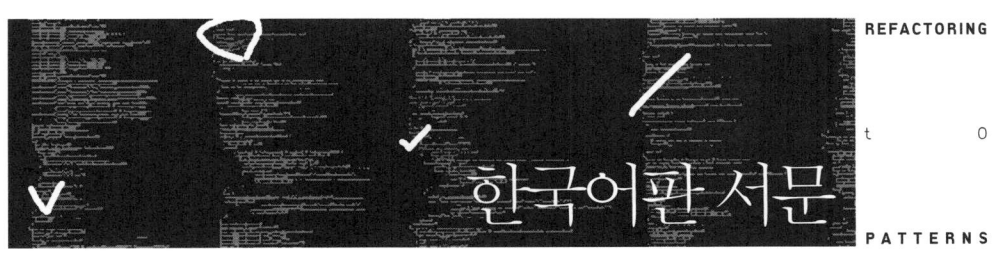

I am honored to have been asked to write a forward to the Korean edition of my book. While I have never been to Korea, I have enjoyed many good Korean meals at restaurants in the city of my birth, New York City.

I have learned that this era is one of rapid and positive changes on the Korean peninsula. Korea is becoming one of the world's largest economies, with its Internet usage rate now topping 70% and its e-commerce growing more than 500 percent over the past five years. As Korea transcends national boundaries, it is an honor to have my book cross your borders.

Now that 『Refactoring to Patterns』 has been translated into Hangeul, one of the most efficient alphabets in the world, I hope that it will be a powerful tool for continuous, incremental improvement to the software that Korean programmers write, maintain and extend.

제 책의 한국어판 서문을 쓰게 된 것을 영광으로 생각합니다. 한국을 방문해 본 적은 없지만, 제가 태어난 New York의 식당에서 한국 음식을 무척 즐기는 편입니다.

오늘날 한반도에는 역동적이고 긍정적인 변화의 물결이 일고 있다고 들었습니다. 한국은 경제 대국의 반열에 오르고 있습니다. 인터넷 보급률이 70%가 넘었고,

최근 5년 동안 전자상거래 시장이 500% 이상 성장했습니다. 한국의 힘이 국경을 초월하는 것과 마찬가지로, 제 책이 한국의 국경을 넘게 되어 무척 영광스럽게 생각합니다.

이제 『Refactoring to Patterns』가 세상에서 가장 효율적인 문자인 한글로 번역된다고 하니, 제 책이 한국 프로그래머들이 개발하고 유지, 확장하는 소프트웨어의 지속적이고 점진적인 발전을 돕는 강력한 도구가 되길 희망합니다.

Joshua Kerievsky

▌일러두기

이 책에서는 'Refactoring'을 외래어 표기법에 맞춰 '리팩터링'이라 읽었다. 단 『Refactoring』 번역서에서 인용한 부분에 대해서는 번역서에 따라 '리팩토링'으로 그대로 두었다. 또한 리팩터링 이름이나 패턴 이름은 영문으로, 패턴의 참여 객체 이름은 한글로 표기한다. 따라서 리팩터링 이름은 'Extract Method 리팩터링', 'Move Method 리팩터링'과 같이 표기하며, 패턴 이름은 'Factory Method 패턴', 'Strategy 패턴'과 같은 식으로 표기한다. 한글로 '팩터리 메서드' 또는 '어댑터'와 같은 식으로 표기한 경우는 Factory Method 패턴 내의 팩터리 메서드와 Adapter 패턴의 어댑터 객체를 가리킨다.

목차

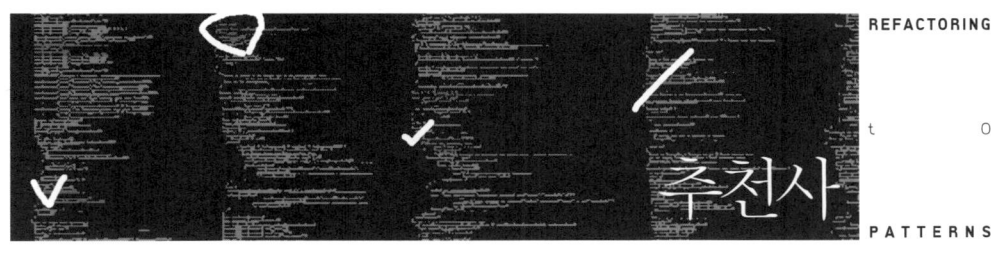

『Design Patterns』[DP]는 패턴을 사용하는 여러 가지 방법을 설명합니다. 코드를 작성하기 훨씬 전부터 어떤 패턴을 사용할지 계획하는 사람들이 있는가 하면, 많은 코드를 작성한 뒤에 패턴을 추가하는 사람들도 있습니다. 두 번째 방법이 리팩터링입니다. 기능을 추가하거나 외부 동작을 바꾸지 않으면서 시스템의 설계를 변경하는 기술이 리팩터링이기 때문입니다. 특정 패턴을 적용하면 나중에 코드 변경이 쉬울 것이라 생각해 패턴을 추가하는 사람들도 있고, 현재의 설계를 좀더 단순하게 만들기 위해 패턴을 사용하는 사람들도 있습니다. 코드를 이미 작성한 다음이라면, 이 두 가지 모두 리팩터링입니다. 하나는 변경을 쉽게 하기 위한 리팩터링이고, 다른 하나는 변경 후 정리를 위한 리팩터링입니다.

패턴은 프로그램 내에서 볼 수 있는 어떤 것이기도 하지만, 동시에 프로그램을 변환하는 것이기도 합니다. 각 패턴은 패턴 적용 전과 후의 모습으로 설명할 수 있습니다. 이는 패턴을 리팩터링으로 생각할 수 있는 또 다른 방법이기도 합니다.

불행하게도, 많은 독자들이 디자인 패턴과 리팩터링 사이의 이런 연결 관계를 놓치는 것 같습니다. 이들은 패턴이 전반적으로 설계와 관련 있을 뿐 코드와는 관계가 없다고 생각합니다. 저는 '패턴' 이란 이름 때문에 많은 사람들이 오해하게 된 것이 아닌가 생각합니다. 그러나 책에 많은 양의 C++ 코드가 있다는 것을 보면, 패턴이 설계뿐 아니라 코드에 대한 것이고, 패턴을 추가하려면 보통 코드 변경이 필요하다는 것을 알 수 있습니다.

Joshua Kerievsky는 패턴과 리팩터링 사이의 연결 관계를 제대로 잡아냈습니다. 저자가 New York 디자인 패턴 스터디 그룹Design Patterns Study Group of New York City을 시작한 직후에 저는 그와 만난 적이 있습니다. 그는 패턴이 시스템에 미치는 영향을 설명하기 위해 패턴을 공부하기 전/후를 보여주는 아이디어를 도입했습니다. 그가 떠나기 전까지, 그의 열정에 전염된 사람들 60명 이상이 한 달에도 수차례씩 모이곤 했습니다. 그는 또한 기업을 위한 패턴 코스를 만들었고, 자신의 교육장에서 또는 기업을 방문해서, 심지어는 인터넷을 통해서 교육을 실시했습니다.

Joshua는 또한 XP 실무자와 강사가 되기도 했습니다. 따라서 그가 디자인 패턴과 (XP의 핵심 실천지침 중 하나인) 리팩터링의 연결 관계를 설명하는 책을 쓴 것은 정말 딱 들어맞는 일이 아닐 수 없습니다. 리팩터링과 패턴은 서로 독립적인 것이 아니라 밀접하게 관련되어 있습니다. Joshua의 책에서 설명하는 모든 패턴이 『Design Patterns』[DP]로부터 나온 것은 아니지만, 그 스타일은 동일합니다. 사전 설계를 하지 않으면서 어떻게 패턴이 설계를 개선하는 데 도움이 되는지 잘 설명하고 있습니다.

이 책이 가르치는 대로 연습하면, 좋은 설계를 만드는 능력과 좋은 설계에 대해 생각하는 능력을 모두 향상시킬 수 있을 것입니다.

Ralph Johnson

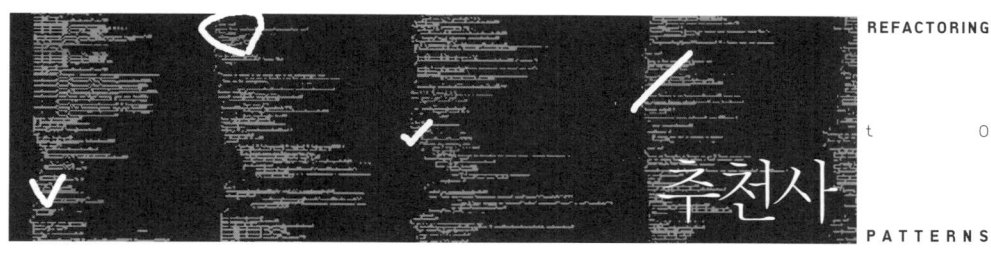

추천사

지난 수년 동안 저는 애자일 방법론, 특히 XP를 지지해왔습니다. 사람들은 이것이 제가 오랫동안 관심을 가져온 디자인 패턴과 어떻게 어울릴 수 있는지 의아해했습니다. 리팩터링과 발전적 설계evolutionary design를 장려하는 것은 제가 예전에 분석과 디자인 패턴에 대해 썼던 것을 부정하는 것이라는 주장을 듣기도 했습니다.

그러나 가만히 살펴보면 이런 관점에 문제가 있음을 쉽게 깨닫게 됩니다. 패턴 커뮤니티를 선도하는 사람들과 애자일/XP 커뮤니티를 선도하는 사람들을 살펴보면, 많은 사람들이 겹치는 것을 볼 수 있습니다. 사실 패턴과 발전적 설계는 처음부터 밀접한 관계가 있었습니다.

Joshua Kerievsky는 이 중복 부분의 중심에 있습니다. 그가 New York에서 성공적인 패턴 스터디 그룹을 여러 개 조직했을 때 저는 그를 처음 만났습니다. 이 그룹들에서는 늘어나는 디자인 패턴에 대한 문헌을 함께 연구했습니다. 디자인 패턴에 대한 Joshua의 이해가 누구에게도 뒤지지 않음을 알게 되었고, 그의 설명을 들으며 패턴에 대한 통찰을 얻을 수 있었습니다. Joshua는 초창기부터 리팩터링을 받아들였고, 제 책을 검토해 많은 도움을 주기도 했습니다. 그랬기 때문에 그가 XP 개척자이기도 하다는 사실이 전혀 놀랍지 않았습니다. 첫 번째 XP 컨퍼런스에서 발표한 패턴과 XP에 대한 그의 논문은 제가 제일 좋아하는 논문이기도 합니다.

따라서 패턴과 리팩터링의 상호작용에 대해 글을 쓸 수 있는 완벽한 사람이 있다면, 그는 바로 Joshua일 것입니다. 저도 리팩터링 세계에 조금 발을 들여놓았었지만, 멀리 나아가지는 못했습니다. 기본적인 리팩터링에 집중하고 싶었기 때문입니다. 이 책은 그 영역을 더욱 확장시켰습니다. 사전 설계로 패턴을 도입하는 것이 아니라 시스템이 커감에 따라 패턴으로 발전해 나갈 수 있다는 것을 보여, 『Design Patterns』[DP]에서 사용된 유명한 패턴을 어떻게 발전시킬 수 있는지 논의합니다.

이 책은 여기서 다루는 특정 리팩터링에 대한 지식뿐만 아니라 일반적인 패턴과 리팩터링에 대한 것도 설명합니다. 많은 사람들이 패턴에 대해 배우는 방법으로 리팩터링을 공부하는 것이 더 좋은 방법이라 말합니다. 문제와 해결책이 어떻게 엮이는지 단계적으로 볼 수 있기 때문입니다. 또한 리팩터링은 아주 작은 단계를 이용해 큰 변화를 만든다는 아주 중요한 사실을 보다 효과적으로 보여줍니다.

따라서 저는 여러분에게 이 책을 소개할 수 있어 매우 기쁩니다. Joshua에게 책을 쓰도록 오랜 시간 동안 설득했고, 또 함께 작업했습니다. 저는 그 결과가 매우 만족스러운데, 여러분도 그럴 거라 생각합니다.

Martin Fowler

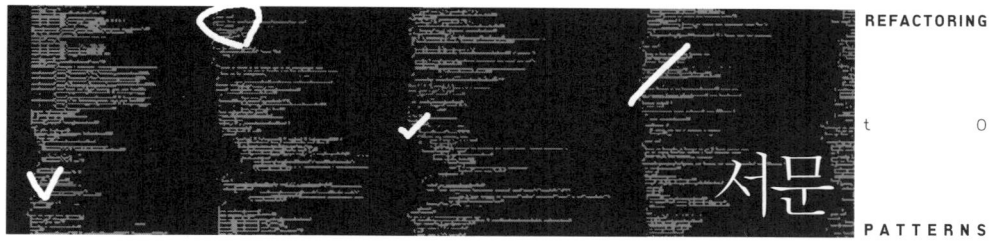

서문

내용

이 책은 리팩터링(기존 코드의 설계를 개선하는 절차)과 패턴(반복해 나타나는 설계 문제에 대한 표준 솔루션)의 결합에 대한 것이다. 이 책에서는 설계 초기 단계부터 패턴을 적용하는 것보다 기존 설계를 개선하는 데 패턴을 사용하는 것이 더 낫다고 말한다. 이는 코드가 1년 전의 것이든, 1분 전의 것이든 마찬가지다. 우리는 리팩터링이라 알려진 저수준의 설계 변환 절차를 통해 패턴을 적용함으로써 설계를 개선한다.

목적

이 책의 목적은 다음 사항을 돕는 것이다.

- 리팩터링과 패턴을 어떻게 결합하는지 이해
- 패턴을 고려한 리팩터링으로 기존 코드의 설계를 개선
- 코드에서 패턴을 고려한 리팩터링이 필요한 영역을 식별
- 새로운 설계의 초기부터 패턴을 사용하는 것보다 기존 코드를 개선하기 위해 패턴을 사용하는 것이 좋은 이유를 이해

위 목표를 달성하기 위해 이 책은 다음과 같은 특징을 포함한다.

- 27개의 리팩터링 카탈로그
- 실세계 코드에 기반한 예제
- 실세계 패턴 예제를 포함한 패턴 설명
- 패턴을 고려한 리팩터링이 필요함을 암시하는 냄새(즉, 문제) 목록
- 동일한 패턴을 구현하는 다양한 방법 예제
- 패턴 목표, 지향, 제거 리팩터링을 언제 사용해야 할지에 대한 충고

이 책에 있는 27개의 리팩터링 학습을 돕기 위해 책의 뒤표지 안쪽에 진도표 예시를 두었다.

이 책을 읽어야 하는 사람

이 책은 기존 코드의 설계를 개선하고 있거나 이에 관심이 있는 객체지향 프로그래머를 위한 것이다. 그 중 많은 프로그래머가 패턴과 리팩터링을 습관적으로 사용하지만, 리팩터링을 통해 패턴을 구현하지는 않는다. 물론 리팩터링과 패턴에 대해 잘 몰라 더 배우고 싶어 하는 이도 많다.

이 책은 새로운 시스템이나 기능을 처음부터 작성하는 개발에나, 레거시 시스템의 유지보수에 대부분을 보내는 레거시 개발 모두에 유용하다.

필요한 배경지식

이 책은 여러분이 상속, 다형성, 캡슐화, 컴포지션, 인터페이스, 추상/구체 클래스, 추상/static 메서드 등의 객체지향 개념뿐 아니라 단단한 혹은 느슨한 결합과 같은 설계 개념에도 익숙하다고 가정한다.

이 책에서는 예제 코드에 Java를 사용한다. Java 코드는 대부분의 객체지향 프로그래머가 쉽게 읽을 수 있을 것 같다. Java에 특화된 기능은 사용하지 않았기 때문에 C++, C#, Visual Basic .NET, Python, Ruby, Smalltalk 등 다른 객체지향 언어만 알더라도 이 책의 Java 코드를 읽는 데는 문제가 없을 것이다.

이 책은 고전인 Martin Fowler의 『Refactoring』[F]과 밀접하게 관련되어 있다.

『Refactoring』에는 다음과 같은 저수준 리팩터링에 대한 설명이 있다.

- Extract Method
- Extract Interface
- Extract Superclass
- Extract Subclass
- Pull Up Method
- Move Method
- Rename Method

『Refactoring』에는 다음과 같은 좀더 복잡한 리팩터링도 포함되어 있다.

- Replace Inheritance with Delegation
- Replace Conditional with Polymorphism
- Replace Type Code with Subclasses

이 책에 나오는 패턴을 고려한 리팩터링을 이해하기 위해 위에 나열된 리팩터링을 모두 알아야 할 필요는 없다. 예제 코드에 위의 리팩터링이 어떻게 적용되는지 설명되어 있다. 그러나 이 책에서 최대의 효과를 얻고 싶다면, 『Refactoring』을 바로 옆에 두고 항상 참조할 것을 강력히 권고한다. 『Refactoring』은 이 책을 이해하는 데에 많은 도움을 줄 뿐 아니라 매우 귀중한 리팩터링 자료이기도 하다.

여기서 설명한 패턴은 나나 Kent Beck, Bobby Woolf와 같은 저자에게서 나온 것뿐 아니라 또 다른 고전인 『Design Patterns』[DP]에 있는 것들이다. 이것은 내 동료들과 내가 실제 프로젝트에서 리팩터링할 때 목표한, 지향한, 또는 제거한 패턴이다. 패턴을 고려한 리팩터링 기술을 배움으로써, 이 책에서 설명하지 않은 패턴 목표, 패턴 지향, 패턴 제거 리팩터링을 하는 방법도 이해할 수 있을 것이다.

이 책을 읽기 위해 이런 패턴들에 대한 전문 지식이 필요한 것은 아니지만, 패턴에 대한 지식이 약간 있다면 유용하다. 이 책에 사용된 패턴에 대한 이해를 돕기 위해, 패턴에 대한 간단한 요약과 패턴의 UML 스케치, 패턴의 구현 예제를 포함시켰다. 패턴에 대해 더 자세히 이해하고 싶다면, 내가 참고한 패턴 문헌을 이 책과 함께 공부해나가기 바란다.

이 책에서는 UML 2.0 다이어그램을 사용한다. 만약 UML에 대해 잘 알지 못하더라도 안심하기 바란다. 나도 기초만 알 뿐이다. 이 책을 쓸 때 Martin Fowler의 『UML Distilled』[Fowler, UD] 3판을 바로 옆에 두고 자주 참조했다.

이 책의 사용법

이 책에 있는 리팩터링들을 더 깊게 이해하려면, 각 리팩터링에 대한 요약(87쪽의 '리팩터링 형식'을 참조)을 살펴보는 것으로 시작하기 바란다. 더불어 동기 절 마지막의 '장점과 단점'도 참고하면 좋다.

리팩터링을 깊이 이해하기 위해서는 리팩터링의 모든 절을 공부하는 것이 좋겠지만, 절차 절은 건너뛰어도 된다. 이 절은 조금 특별하기 때문이다. 절차 절에서는 목적하는 리팩터링을 실행하기 위해 필요한 저수준의 리팩터링들을 제시하는 것이므로, 그 리팩터링을 이해하기 위해 절차 절을 꼭 읽을 필요는 없다. 절차 절은 실제로 리팩터링 작업을 할 때 참고하면 유용할 것이다.

이 책과 『Refactoring』[F]에서 묘사하고 있는 코드 속의 냄새는 설계상의 문제점을 확인하고 이를 해결하는 리팩터링을 찾는 데 필요한 단서 역할을 한다. 또는 주어진 상황에 적절하게 쓰일 수 있는 리팩터링을 찾기 위해(『Refactoring』과 이 책의 표지 안쪽에 수록된) 알파벳순으로 정렬된 리팩터링 목록을 참고할 수도 있다.

이 책은 어떤 패턴을 목표로 하는, 지향하는, 제거하는 리팩터링을 문서로 만든 것이다. 패턴을 목표, 지향, 제거한다는 말의 뜻은 64쪽의 '패턴 목표, 패턴 지향, 패턴 제거 리팩터링' 절에서 자세히 설명한다. 그리고 이 책의 앞쪽 표지 안쪽에는 패턴의 이름과 각 패턴을 목표, 지향, 제거하는 리팩터링이 표로 정리되어 있다.

이 책의 역사

이 책을 1999년부터 쓰기 시작했는데, 패턴과 리팩터링, XPeXtreme Programming [Beck, XP]에 대한 책을 써야겠다고 생각하게 된 몇 가지 이유가 있었다.

첫째, 나는 XP에 관련된 글들에서 패턴이 언급되지 않는 것에 매우 놀랐다. 그래서 「패턴과 XPPatterns & XP」[Kerievsky, PXP]라는 논문을 통해 그 주제를 공개적으로 논의하고 우리 분야에 있는 두 개의 큰 줄기를 통합하기 위한 몇 가지 방안을 제안했다.

둘째, Martin Fowler의 『Refactoring』[F]에 포함된 리팩터링에는 패턴을 고려한 것이 몇 가지 안 되었고, 다른 누군가가 패턴을 고려한 더 많은 리팩터링을 써주길 바라고 있음을 분명히 밝혔다. 그리고 그 작업에는 충분한 의미가 있을 것이라 판단했다.

마지막으로, 나와 내 동료들이 강의하는 디자인 패턴 워크샵에 참가한 사람들이 실제로 어떤 패턴을 언제 도입해야 하는지 잘 모르고 있음을 알게 되었다. 특정 패턴이 무엇인지 아는 것과 그 패턴을 언제 어떻게 적용할 것인지 아는 것은 전혀 다른 문제다. 따라서 패턴을 도입해 더 좋은 설계가 됨을 보여줄 수 있는 실용적인 예제가 필요하다고 생각했고, 그런 예제들을 하나 둘 모으기 시작했다.

나는 Bruce Eckel의 조언에 따라, 이 책을 쓰기 시작할 때부터 완성되지 않은 내용이라 할지라도 인터넷에 게시하여 여러 사람들의 의견을 들었다. 인터넷은 정말 경이로운 존재다. 수많은 사람들이 이런저런 조언을 해 주었고, 격려나 감사의 글을 보내주기도 했다.

책이 점점 완성되어 감에 따라, 나는 'Refactoring to Patterns' 라는 주제를 컨퍼런스용 튜토리얼이나 Industrial Logic의 패턴/리팩터링 워크샵에서 다루기 시작했다. 그를 통해 이 주제를 프로그래머들에게 이해시키기 위해 필요한 아이디어를 많이 얻을 수 있었다.

그리고 패턴은 리팩터링과 함께 놓고 볼 때 가장 잘 이해할 수 있으며, 어떤 패턴을 도입하기 위해서는 일련의 저수준 리팩터링들을 통하는 것이 가장 좋은 방법이라는 내 생각에 점점 더 확신이 생겼다.

써놓은 글들을 한 권의 책으로 엮는 것은 논문을 쓰는 것과 전혀 다른 일이었다. 그러나 책에 대한 경험이 많은 여러 사람들의 도움 덕분에 만족스러운 결과를 얻을 수 있었다. 그들에 대한 고마움은 감사의 글에서 따로 표하겠다.

거인들의 어깨에 기대어

1995년 여름, 나는 서점에 갔다가 『Design Patterns』[DP]라는 책을 처음 접했고 곧바로 패턴에 빠져들었다. 나는 그 저자인 Erich Gamma와 Richard Helm(아직 못 만나봤지만), Ralph Johnson, John Vlissides에게 그렇게 훌륭한 책을 써준 것에 대한 감사를 표하고 싶다. "당신들이 그 책에 아낌없이 담아 나눠준 지혜의 도움으로 제가 더 나은 소프트웨어 설계자가 되었습니다."

1996년 어느 날, 나는 패턴을 주제로 한 어떤 컨퍼런스에서 Martin Fowler를 만났다. 그가 아직 유명해지기 전이었는데, 지금까지 이어지는 우정의 시작이었다. Martin이(그리고 그의 동료인 Kent Beck과 William Opdyke, John Brant, Don Roberts가) 『Refactoring』[F]이라는 명저를 쓰지 않았었더라면, 내가 과연 이 책을 쓸 수 있었을지 의문이다. 『Design Patterns』[DP]와 마찬가지로, 『Refactoring』[F]으로 인해 소프트웨어 설계에 대한 나의 접근 방식이 완전히 바뀌게 되었다.

『Design Patterns』와 『Refactoring』을 쓴 저자들의 노력이 없었다면, 이 책은 세상에 나올 수 없었다. 그들의 업적에 대해서는 아무리 감사해도 모자랄 지경이다.

감사의 글

이 책을 쓰는 동안 날 너무나 잘 챙겨준 아내가 있어 정말 행복하다. Tracy, 당신은 최고야. 앞으로도 계속 당신과 함께 하고 싶어.

두 딸, Sasha와 Sophia가 이 책을 쓰는 동안 태어났다. 글을 쓰고 또 쓰느라 바빠서 많은 시간을 같이 하지 못한 이 아빠를 잘 참아준 두 딸에게 감사한다.

1970년대 내 아버지, Bruce Kerievsky는 우리 형제를 당신 회사 전산실에 데려가 대형 컴퓨터를 구경시켜 주셨다. 또한 컴퓨터를 이용해 우리 이름을 커다랗게 인쇄해 보여주기도 했다. 덕분에 내가 이 훌륭한 분야에 몸담게 된 것 같다.

"감사합니다, 아버지."

가족들에 대한 감사는 이 정도로 하고, 이제 기술적으로 도와준 분들 차례다. 꽤 많다.

John Brant는 이 책의 집필에 가장 많이 공헌한 사람인데, 동료인 Don Roberts

와 함께 현재 세계에서 리팩터링에 대해 가장 잘 아는 사람들에 속한다. John은 내 원고를 네 차례에 걸쳐 반복하여 검토했고, 그 과정에서 여러 훌륭한 아이디어를 제공하는 동시에 별로 쓸모없는 내용은 과감히 버릴 수 있도록 나를 독려했다. 그의 통찰력은 이 책의 카탈로그에 제시한 모든 리팩터링의 절차에 스며들어 있다. Don은 다른 프로젝트로 너무 바빠서 John만큼 많이 도와주지는 못 했지만, John이 검토한 내용을 다시 한 번 검증해주었다. 또한 이들은 후기도 써 주었다. 정말 감사하다.

Martin Fowler는 원고를 광범위하게 검토했으며 많은 제안을 해주었다. 특히, 코드 스케치를 간단하게 만들고 기술적인 설명을 명확하게 하는 방법 등을 지도해주었다. 그리고 잘못된 UML 다이어그램을 바로 잡아주었으며 UML 2.0에 맞춰 갱신하는 데 도움을 주었다. 게다가 이 책을 Martin의 서명 시리즈로 채택했으며 추천사도 써주었다.

Sven Gorts는 원고의 여러 버전을 다운받아 보면서 많은 의견을 보내주었는데, 유용한 것들이 많아서 이 책의 문장이나 다이어그램, 코드를 향상시키는 데 일조했다.

Somik Raha는 이 책의 내용을 충실히 하는 데 많은 도움을 주었다. 그가 패턴을 완벽히 배우기 전에 착수한 HTML 파서 오픈 소스 프로젝트는 패턴을 고려한 리팩터링이 필요한 코드가 묻힌 금광이었다. 나는 Somik과 함께 여러 리팩터링을 적용했고, 그 과정에서 그가 해 준 지원과 격려, 제안에 뭐라 감사해야 할지 모르겠다.

『Domain-Driven Design』의 저자인 Eric Evans는 초기 버전 원고를 검토했다. 각자의 책을 쓰는 동안 우리는 San Francisco 근방의 여러 커피샵에서 만나 노트북을 교환해가며 상대방의 원고를 살펴보고 의견을 나눴다. Eric이 준 의견과 우정에 감사한다.

실리콘 밸리 패턴 그룹Silicon Valley Patterns Group, SVPG의 일원인 Chris Lopez는 문장과 다이어그램, 코드 등에 대해 매우 자세하고 유용한 의견을 주었다. SVPG의 다른 구성원들에게도 감사를 해야 겠지만, 특히 Chris는 내가 기대했던 것보다 훨씬 열심히 원고를 검토해주었다.

Russ Rufer와 Tracy Bialik, 그 외 SVPG의 여러 프로그래머들(Ted Young,

Phil Goodwin, Alan Harriman, Charlie Toland, Bob Evans, John Brewer, Jeff Miller, David Vydra, David W. Smith, Patrick Manion, John Wu, Debbie Utley, Carol Thistlethwaite, Ken Scott-Hlebek, Summer Misherghi, Siqing Zhang)은 여러 버전의 원고를 검토하는 데에 모임의 많은 세션을 할애했다. 그들이 준 좋은 의견들 덕분에 더 명확히 해야 하거나 확장 또는 삭제해야 할 내용이 어떤 것들인지 깨달을 수 있었다. 원고 검토 모임의 일정을 챙겨준 Russ와 참여자들의 의견을 모아 기록해준 Jeff에게 특히 감사해야 할 것 같다.

Ralph Johnson과 그가 주도하는 Illinois 대학의 패턴 학습 그룹은 초기 원고에 대해 정말 쓸모 있는 의견을 많이 보내주었다. 그들은 의견을 녹음해 MP3 파일로 주었기 때문에 내가 확인하는 데 시간이 좀 들었지만, 그들의 조언은 정말 많은 도움이 됐다. 좋은 아이디어와 제안을 해준 Ralph와 Brian Foote, Joseph Yoder, Brian Marick에게 특히 감사한다. 그룹에 또 다른 사람이 많다는 것은 알고 있지만, 미안하게도 그 이름을 다 알지 못한다. 사과와 함께 감사의 뜻을 전하고 싶다. 추천사를 써준 Ralph에게는 다시 한번 감사의 말을 전한다.

John Vlissides는 여러 번에 걸쳐 매우 유용한 조언을 해주었고, 특히 최초 버전의 원고에 대해 자세한 의견을 주었다. 그는 이 책의 집필에 대해 많은 격려와 도움을 주었다.

Erich Gamma는 리팩터링 등 입문적인 내용의 작성에 있어 훌륭한 제안을 여럿 해주었다.

Kent Beck은 이 책의 몇몇 리팩터링을 검토했고 Inline Singleton 리팩터링(168쪽)의 사이드바 작성에 공헌했다. 또 그에게는 Italy의 Alghero에서 있었던 XP2002 컨퍼런스에서 State 패턴을 목표로 한 리팩터링을 위해 나와 함께 짝 프로그래밍pair-programming을 해준 것에 감사한다.

Ward Cunningham은 Inline Singleton 리팩터링(168쪽)의 사이드바 작성에 도움을 주었고, 입문적인 부분에서 각 장의 배치에 대해 결정적인 조언을 해주었다.

각각 Eclipse와 IntelliJ의 자동 리팩터링 기능을 구현하는 수석 프로그래머인 Dirk Baumer와 Dmitry Lomov는 이 책의 여러 리팩터링에 대해 가치 있는 통찰과 제안을 해주었다.

Kyle Brown은 초기 원고를 검토했고 몇몇 멋진 의견을 주었다.

Ken Shirriff와 John Tangney는 여러 버전의 원고를 성실하고 광범위하게 검토해주었다.

Ken Thomases는 Replace Type Code with Class 리팩터링(383쪽)의 절차에 있던 오류를 지적해주었다.

Robert Hirshfeld는 Move Embellishment to Decorator 리팩터링(206쪽)의 절차를 명확히 하는 데 도움을 주었다.

Ron Jeffries는 메일링 리스트 extremeprogramming@yahoogroups.com에서 이루어진 수많은 논의를 통해 내용을 풍부하게 만드는 데 도움을 주었다. 또 이 책의 입문적인 내용 중 까다로운 대목의 문장을 리팩터링하는 것도 도와주었다.

Dmitri Kerievsky는 이 서문의 문장을 다듬어주었다.

Gunjan Doshi와 Jeff Grigg, Kaoru Hosokawa, Don Hinton, Andrew Swan, Erik Meade, Craig Demyanovich, Dave Hoover, Rob Mee, Alex Chaffee, Benny Sadeh가 지속적인 검토를 해주었다.

이 책의 리팩터링에 대해서 토의하여 여러 가지 조언을 준 메일링 리스트 refactoring@yahoogroups.com의 참가자 분들께도 감사의 말씀을 전하고 싶다.

Industrial Logic의 디자인 패턴 워크샵과 테스트 및 리팩터링 워크샵에 참가한 수강생들에게도 감사드리고 싶다. 이 책의 리팩터링을 열심히 검토해준 덕분에 이 책에 어떤 부분을 더 명확히 해야 하고 어떤 내용을 첨가해야 하는지를 배우게 됐다.

이 책의 편집 책임자 Paul Petralia와 편집자들(Lisa Iarkowski, Faye Gemmellaro, John Fuller, Kim Arney Mulcahy, Chrysta Meadowbrooke, Rebecca Rider, Richard Evans)에게는 더 특별한 감사를 드린다. 다른 여러 출판사들과의 경쟁 속에서도 Addison-Wesley가 판권을 갖게 된 데에는 Paul의 공이 크다. 나는 그 사실이 무척 고맙다. 나는 Addison-Wesley의 훌륭한 책들을 수 년 동안 읽어왔고, 이제는 한 식구가 되는 영광을 얻었다. Paul과는 이 책을 집필하는 동안 친구가 됐다. 그는 원고를 독촉할 때에도 장광설을 늘어놓는 대신에 술잔을 함께 기울이며 내 아이들 또는 테니스 등에 대해 얘기했다. "감사합니다, Paul. 당신이 내 책의 편집자인 것이 얼마나 다행인지 모르겠습니다."

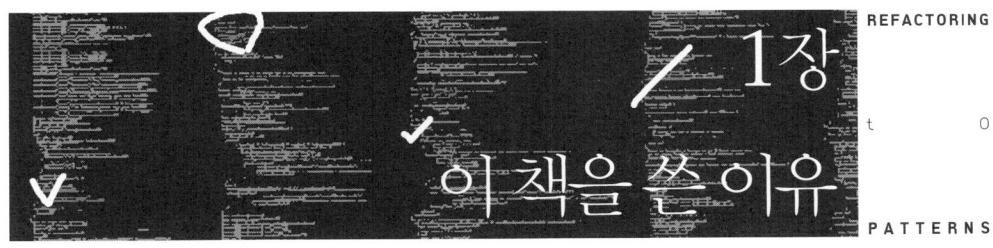

소프트웨어 패턴이 대단한 점은 그로부터 설계에 대한 여러 유용한 아이디어를 얻을 수 있다는 데 있다.

따라서 여러 종류의 패턴을 배우면 훌륭한 소프트웨어 설계자가 될 수 있을 것처럼 보인다. 과연 그럴까? 10여 개의 패턴을 처음 배워 사용할 때만 해도 나는 그렇게 생각했다. 패턴은 융통성 있는 프레임워크와 견고하면서도 확장성 있는 소프트웨어 시스템을 개발하는 데 도움이 됐다. 그러나 몇 년이 지난 후, 패턴에 대한 지식이나 패턴을 사용하는 방식이 때로는 일을 지나치게 복잡하게 만들기도 한다는 것을 깨달았다.

설계 기술이 향상되면서 나는 패턴을 다른 방식으로 사용하게 됐다. 사전 설계 up-front design에서 패턴을 사용하거나 또는 패턴을 너무 일찍 코드에 도입하는 대신, 특정 패턴이 꼭 필요한 시기에 리팩터링을 통해 도입하는 방법을 취했다. 패턴을 이용하는 이런 새로운 방법은 XPeXtreme Programming를 수용하면서 사용하기 시작했는데, 과도하거나 미진한 설계를 피하는 데 도움이 됐다.

과도한 설계

코드를 필요 이상으로 융통성 있게 또는 정교하게 만들 때, 이를 과도한 설계라고 한다. 어떤 프로그래머들은 시스템에 대한 미래의 요구사항을 알고 있다고 믿기 때문에 과도하게 설계한다. 오늘 설계를 좀더 융통성 있고 정교하게 해두어, 내일의 요구사항을 수용할 수 있게 하는 것이 최선이라 생각하는 것이다. 그럴싸하게 들린다. 여러분이 무당이라도 된다면 말이다.

그러나 예상이 틀렸다면 귀중한 시간과 비용을 낭비한 꼴이 된다. 과도하게 융통성 있고 필요 이상으로 정교하게 설계하는 데 며칠 또는 몇 주의 시간을 허비하느라, 정작 새로 필요한 기능을 추가하거나 결함을 고칠 시간은 줄어든 것이다.

필요할 것이라 예상하고 만들었지만 전혀 쓰이지 않는 코드에 대해서는 또 어떤 일이 일어나는가? 그런 코드는 절대 없어지지 않는다. 그 코드를 제거하는 것이 귀찮거나 또는 언젠가 필요해질지도 모른다고 기대하기 때문이다. 이유야 어떻든, 지나치게 융통성 있거나 불필요하게 정교한 코드가 쌓이면, 자신이나 팀에서 같이 일하는 다른 프로그래머들(특히 신참들)이 모두 필요 이상으로 크고 복잡한 코드를 기반으로 작업해야 한다.

이를 완화하기 위해 시스템을 영역별로 나눠 작업하기도 한다. 이렇게 하면 작업이 더 쉬워질 것 같지만, 필요로 하는 기능을 이미 구현한 코드가 있는지 찾아보지 않고 모두들 자신이 맡은 영역에서만 작업하기 때문에 코드 중복을 양산하는 부작용이 나타날 것이다.

과도하게 설계된 코드는 생산성에도 영향을 미친다. 그 코드를 받은 프로그래머가 그것을 마음대로 확장하거나 제대로 유지보수하려면, 설계의 의미를 파악하기 위해 많은 시간을 투자해야 하기 때문이다.

과도한 설계는 아무도 모르게 발생하는 경향이 있다. 많은 아키텍트나 프로그래머들은 자신이 과도하게 설계한다는 사실조차 깨닫지 못한다. 그리고 그들의 조직에서 팀의 생산성이 감소하는 것을 인식하더라도, 과도한 설계 때문이라는 것을 알아채는 사람은 거의 없다.

프로그래머가 과도한 설계를 하는 주된 이유는 아마 나쁜 설계에 빠져 옴짝달싹 못하는 것을 원치 않기 때문일 것이다. 나쁜 설계는 코드 깊숙한 곳까지 얽혀 개선을 매우 어렵게 할 수 있다. 나도 그런 경험이 있다. 패턴을 이용한 사전 설계가 내게 그렇게 매력적으로 보였던 것은 그런 이유 때문이다.

패턴 만능주의

패턴을 처음 배우기 시작했을 때, 패턴은 객체지향 설계를 위한 융통성 있고 정교하며 심지어 우아하기까지 한 방법으로 보였다. 그래서 나는 패턴을 완전히 정복하고 싶었다. 많은 패턴과 패턴 언어를 철저히 공부한 다음, 내가 이미 구축한 시스템을 개선하거나 구축하려는 시스템의 설계를 공식화하는 데 사용했다. 이런 노력에는 좋은 결과가 있을 것 같았고, 내가 올바른 길을 가고 있다고 확신했다.

그러나 시간이 지나면서 패턴의 강력함에 빠져 간단하게 작성할 수 있는 코드조차 꽤히 복잡하게 만들게 되었다. 계산을 하는 데 두세 가지 다른 방법이 있다는 것을 알게 되면 바로 Strategy 패턴을 도입했다. 사실 간단한 조건문을 사용하면 더 쉽고 빠르게 프로그램을 작성할 수 있었을 테고, 그것만으로 충분한 해결책이 되는 경우에도 말이다.

한번은 패턴에 정신이 팔려있던 것이 극명하게 드러난 적이 있다. 트리 위젯widget에서 Spec 객체의 그래프를 표시하기 위해 Java의 TreeModel 인터페이스를 구현하는 클래스를 작성하려고 파트너와 함께 짝 프로그래밍pair-programming을 하던 중이었다. 우리가 작성한 코드는 동작하긴 했다. 그러나 트리 위젯은 각각의 Spec 객체를 표시할 때 toString() 메서드를 사용하도록 되어 있었는데, 그 메서드가 우리가 원하는 정보를 리턴하지 않았다. 시스템의 다른 어떤 부분이 toString() 메서드의 리턴값에 의존하고 있었기 때문에 Spec의 toString() 메서드를 수정할 수도 없었다. 따라서 우리는 어떻게 할지 곰곰이 생각했다. 나는 습관적으로 어떤 패턴이 여기에 도움이 될까 생각했다. Decorator 패턴이 머릿속에 떠올랐고, 이를 이용해 Spec을 감싸는 객체를 만들어 toString() 메서드를 오버라이드하자고 제안했다. 이 제안에 대한 파트너의 반응에 나는 놀랐다. "여기에 Decorator 패턴을 사용하는 것은 작은 망치로 톡톡 가볍게 두드리면 끝날 일을 도끼로 내려치는 것과 마찬가지야." 그의 해결책은 생성자를 통해 Spec 객체를 취하는 NodeDisplay라는 간단한 클래스를 만들고, 그 클래스의 toString() 메서드에서 원하는 표시 정보를 주어진 Spec 객체로부터 얻도록 구현하는 것이었다. NodeDisplay를 작성하는 데 코드 10줄 정도면 충분했고 시간도 많이 걸리지 않았다. 만약 Decorator 패턴을 썼더라면 50줄 이상의 코드와 Spec 객체로의 반복적인 위임 호출 코드를 작성해야 했을 것이다.

이런 경험을 통해 나는 모든 것을 패턴으로 해결하려는 생각을 버리고, 작고 단순하고 이해하기 쉬운 코드를 작성하는 데 주의를 기울여야 한다는 것을 깨달았다. 나는 갈림길에 서있었다. 더 나은 소프트웨어 설계자가 되기 위해 열심히 패턴을 공부했지만, 진정으로 더 나아가기 위해서는 패턴에 대한 맹신을 접어야 했다.

미진한 설계

과도한 설계보다는 미진한 설계가 훨씬 흔하다. 형편없이 설계된 소프트웨어를 만들 때 이것을 미진한 설계라 한다. 미진한 설계는 여러 가지 이유로 나타날 수 있다.

- 시간도 없고, 시간을 내기도 어렵고, 리팩터링할 시간도 주어지지 않을 때
- 어떤 것이 훌륭한 설계인지 모를 때
- 기존 시스템에 새로운 기능을 급하게 추가해야 할 때
- 한꺼번에 너무 많은 프로젝트에 참여해야 할 때

시간이 지나면서, 미진하게 설계된 소프트웨어는 비용이 많이 들고, 유지보수가 어렵거나 불가능한 골치덩어리가 된다. 'Big Ball of Mud'라는 패턴 언어의 저자인 Brian Foote와 Joseph Yoder는 이런 소프트웨어에 대해 다음과 같이 기술했다.

데이터 구조는 무계획하게 구축됐거나 없는 것과 마찬가지다. 모든 것이 서로 꼬여있다. 중요한 상태 데이터는 모두 전역변수에 담겨있는 것 같다. 상태 데이터가 구획화되어 있더라도 시스템의 원래 구조를 사용하지 않고 뒷구멍으로 무분별하게 넘긴다.

변수와 함수 이름은 알아보기 힘들거나 오해의 소지가 있다. 함수는 별 생각 없이 정의한 긴 파라미터 목록을 가질 뿐 아니라 전역변수로 범벅이 되어 있다. 함수는 길이도 길고 복잡하게 꼬여 있을 뿐 아니라 관련 없는 작업을 여러 개 수

행한다. 코드는 중복되어 있다. 제어 흐름은 이해하기 어렵고 쉽게 따라갈 수도 없다. 프로그래머의 의도를 알아보는 것은 거의 불가능하다. 코드는 읽을 수도 없고 해독도 불가능해 보인다. 많은 사람의 손을 거치며 여러 번 패치된 흔적이 보이며, 작업자들은 그들의 작업이 어떤 결과를 초래하는지 거의 이해하지 못한 것 같다. [Foote and Yoder, 661]

여러분이 작업하는 시스템이 이 정도로 엉망은 아니더라도, 미진한 설계를 했던 경험이 없지는 않을 것이다. 나도 마찬가지다. 코드를 빨리 동작하도록 만들라는 극도의 재촉에 시달리고 있었기 때문일 수도 있다. 이것은 기존 코드의 설계를 개선하려는 우리의 노력에 대한 강력한 훼방꾼이 되곤 한다. 어떤 경우에는 코드의 수명이 그리 길지 않을 것임을 알기(또는 안다고 생각하기) 때문에, 개선할 필요성을 의도적으로 무시하기도 한다. 때론 관리자가 나름대로 좋은 의도에서 '잘 돌아가는 것을 건드리지만 않으면' 우리 조직이 훨씬 경쟁력 있고 성공적일 것이라 설득하여 넘어가기도 한다.

지속적으로 미진한 설계가 쌓이면 소프트웨어 개발은 결국 다음과 같이 '빠르다가, 느려지고, 더 느려지는' 양상이 된다.

1. 엉망인 코드로 시스템 1.0 릴리즈를 발표한다.
2. 시스템의 2.0 릴리즈를 발표하지만, 엉망인 코드로 개발 속도가 느려진다.
3. 다음 릴리즈를 발표하려 시도하지만, 엉망인 코드의 양이 늘어남에 따라 개발 속도는 점점 더 느려진다. 사람들은 시스템, 프로그래머, 심지어 이 지경에 이르게 한 프로세스에 대해서도 신념을 잃는다.
4. 릴리즈 4.0 또는 그 이후의 버전을 개발하면서, 승산 없는 게임이란 것을 깨닫는다. 완전히 재작성하는 방안을 모색하기 시작한다.

이런 식의 경험은 우리 업계에서 매우 흔하다. 이것은 비용도 많이 들고 조직의 실제 능력보다 훨씬 못한 경쟁력을 초래한다. 그러나 다행스럽게도 더 좋은 방법이 있다.

테스트 주도 개발과 지속적인 리팩터링

테스트 주도 개발[Beck, TDD]과 지속적인 리팩터링(여러 훌륭한 XP 실행지침 중 두 가지)은 나의 소프트웨어 개발 능력을 극적으로 향상시켰다. 이 두 실행지침을 실천하면 나와 내가 속한 조직이 과도한 설계나 미진한 설계에 시간을 허비하는 대신에 다양한 기능의 코드를 높은 품질로 적시에 생산할 수 있다는 것을 알게 됐다.

테스트 주도 개발Test-driven development, TDD과 지속적인 리팩터링은 프로그래밍을 다음과 같은 대화로 바꿔, 기존 코드를 효율적으로 발전시킬 수 있도록 한다.

- **질문**. 테스트를 작성함으로써 시스템에 질문한다.
- **대답**. 테스트를 통과하는 코드를 작성해 질문에 대답한다.
- **정제**. 아이디어를 통합하고, 불필요한 것은 제거하고, 모호한 것은 명확히 해서 대답을 정제한다.
- **반복**. 다음 질문을 물어 대화를 계속한다.

이런 프로그래밍 리듬은 나를 완전히 새로운 세계로 데려다 놓았다. 모든 상황에서 시스템이 작동하도록 설계하기 위해 생각하는 데 많은 시간을 보내는 대신, TDD를 통해 제대로 동작하는 주요 기능을 몇 초 또는 몇 분 만에 만들어 낸다. 그 다음, 리팩터링을 통해 필요한 수준의 정교함을 갖출 때까지 발전시킨다.

TDD와 지속적인 리팩터링에 대해 Kent Beck이 내건 슬로건은 '빨강, 초록, 리팩터링'이다. 색깔은 테스트를 작성하고 실행시키는 단위 테스트 도구(JUnit과 같은)에서 보는 것을 뜻한다. 절차는 다음과 같다.

1. **빨강**. 코드가 해야 할 일을 예상하고 이것을 나타내는 테스트를 작성한다. 테스트를 통과하는 코드를 아직 작성하지 않았기 때문에 테스트는 실패할 것이다(빨간색으로 바뀐다).
2. **초록**. 테스트를 통과하도록 임시방편으로라도 프로그램을 작성한다(초록색으로 바뀐다). 이 단계에서는 코드 중복, 단순함, 명확한 설계 같은 것을 고민할 필요가 없다. 그런 설계는 나중에 모든 테스트를 통과한 후 더 좋은 설

계를 맘 편하게 테스트할 수 있는 단계가 되면 그 때에 가서 생각할 일이다.

3. **리팩터링**. 테스트를 통과한 코드의 설계를 개선한다.

　말은 단순하지만, TDD와 지속적인 리팩터링은 프로그래밍 세계를 완전히 뒤집어버렸다. 경험이 적은 프로그래머는 '존재하지도 않는 코드에 대한 테스트를 작성한다고? 임시방편으로라도 코드를 작성해 테스트를 통과하라고? 이거 완전히 비효율적이고 무계획한 소프트웨어 개발 방법이잖아?' 하고 생각할지도 모르겠다.

　실제로는 그와 정 반대다. TDD와 지속적인 리팩터링은 집중과 이완, 생산성을 극대화하는 간결하고 반복적이며 통제된 프로그래밍 스타일이다. Martin Fowler는 이를 '민첩한 느긋함Rapid unhurriedness' 이라 표현했고 (TDD에서 Beck이 인용했듯이), Ward Cunningham은 이를 테스트에 관한 것이라기보다는 지속적인 분석과 설계에 관한 것이라 설명했다.

　TDD와 지속적인 리팩터링의 올바른 리듬을 배우려면 연습이 필요하다. 내가 아는 Tony Mobley라는 프로그래머는 이런 개발 스타일을 구조적 프로그래밍에서 객체지향 프로그래밍으로 이동한 것에 필적하는(더 대단한 것은 아니더라도) 발상의 전환이라 했다. 이런 방식의 개발에 익숙해지는 데는 오랜 시간이 걸리지만, 일단 익숙해지면 다른 방식으로 코드를 작성하는 것이 오히려 이상하고 불편하며 심지어 미숙하게까지 느껴질 것이다. TDD와 지속적인 리팩터링을 사용해 프로그램을 작성하는 많은 사람들이 다음과 같은 사실을 깨닫고 있다.

- 결함의 개수를 적게 유지하는 데 도움이 된다.
- 두려움 없이 리팩터링을 하는 데 도움이 된다.
- 더 단순하고 훌륭한 코드를 생산하는 데 도움이 된다.
- 스트레스 없이 프로그램을 작성하는 데 도움이 된다.

　TDD에 대한 자세한 내용을 배우려면 『Test-Driven Development』[Beck, TDD]나 『Test-Driven Development: A Practical Guide』[Astels]를 공부하기

바란다. TDD가 뭔지 간단히 맛만 보려면 Replace Implicit Tree with Composite 리팩터링(249쪽)과 Encapsulate Composite with Builder 리팩터링(145쪽)을 보면 된다. 지속적인 리팩터링을 어떻게 하는지 배우려면 이 책에 있는 리팩터링 뿐만 아니라 『Refactoring』[F](특히 1장)을 공부하기 바란다.

리팩터링과 패턴

나는 다양한 프로젝트에서 동료들이 무엇을 어떻게 리팩터링을 하는지 관찰했다. 우리는 『Refactoring』[F]에 설명된 리팩터링을 많이 사용하지만, 그와 동시에 패턴이 설계 개선에 도움이 되는 경우도 여럿 발견했다. 이런 경우 우리는 지나치게 융통성 있거나 불필요하게 정교한 해결책이 되지 않도록 주의하면서, 패턴을 목표로 또는 패턴을 향해 리팩터링을 수행했다.

나는 패턴을 고려한 리팩터링을 하는 동기를 조사했는데, 중복을 줄이거나 제거하고, 복잡한 것을 단순하게 만들고, 코드의 의도가 더 잘 드러나도록 하는 것 등 저수준의 리팩터링을 수행할 때의 일반적인 동기와 다르지 않음을 깨달았다.

디자인 패턴의 일부만을 공부한다면 이런 동기를 쉽게 빠뜨릴 수 있다. 예를 들면, 『Design Patterns』[DP]의 모든 패턴에는 의도Intent라는 절이 있는데, 『Design Patterns』의 저자는 그 절의 내용을 다음과 같이 설명한다. '다음 질문에 대답하는 간단한 문장이다. 이 디자인 패턴이 무엇을 하는가? 근본적 이유와 의도는 무엇인가? 이 패턴이 해결하는 설계 이슈나 문제는 무엇인가?' [DP, 6]. 이런 설명에도 불구하고, 디자인 패턴에 대한 의도 절은 패턴이 해결하는 주된 문제를 그저 암시할 뿐인 경우가 많다. 대신 패턴이 하는 일에 초점이 맞춰져 있다. 여기 두 개의 예가 있다.

Template Method 패턴의 의도

하나의 오퍼레이션에 알고리즘의 뼈대를 정의하고, 몇몇 단계는 서브클래스로 미룬다. Template Method 패턴을 이용하면, 알고리즘의 구조를 바꾸지 않고도 서브클래스에서 알고리즘의 특정 단계를 재정의할 수 있게 된다. [DP, 325]

State 패턴의 의도

내부 상태가 변했을 때 객체 자신이 그 동작을 바꿀 수 있도록 한다. 객체가 자신의 클래스를 바꾼 것처럼 보일 것이다. [DP, 315]

위의 예에는 Template Method 패턴이 한 계층 구조 내의 서브클래스들에 구현된 비슷한 메서드 사이의 코드 중복을 줄이거나 제거하는 데 도움이 되고, State 패턴이 조건에 따른 복잡한 상태 변화 로직을 단순화하는 데 도움이 된다는 설명이 없다. 프로그래머들이 디자인 패턴의 모든 절, 특히 활용성Applicability 절을 공부한다면, 패턴이 풀고자 하는 문제에 대해서도 알게 될 것이다.

그러나 설계하는 동안 『Design Patterns』를 참고한다면, 나를 포함한 많은 프로그래머들이 의도 절을 읽으며 특정 패턴이 주어진 상황에 적절한지 궁리한다. 이런 방법은 패턴을 선택하는 데 별 도움이 되지 않는다. 주어진 설계 문제를 각 패턴이 다루는 문제와 대응시켜보는 것이 낫다. 왜 그럴까? 패턴은 문제를 풀기 위해 존재하며, 주어진 상황에서 패턴이 정말 도움이 되는지를 아는 것은 그 패턴이 어떤 문제를 푸는 데 도움을 주는지 이해하는 것과 관계가 깊기 때문이다.

리팩터링 쪽에서는 특정 설계 문제에 더욱 집중하는 경향이 있다. 각 리팩터링 카탈로그의 첫 페이지를 공부하면, 해당 리팩터링이 어떤 종류의 문제를 해결하는 데 도움이 될지 알 수 있다. 이 책에 나오는 패턴을 고려한 리팩터링의 카탈로그는 『Refactoring』에서 시작된 작업을 직접적으로 확대하는 것으로, 패턴이 어떤 종류의 문제 해결에 도움을 줄 수 있는지 쉽게 볼 수 있게 하려는 의도에서 작성됐다.

이 책이 패턴과 리팩터링 사이의 공백을 연결하기는 하지만, 이 둘 간의 연결은 위대한 저술인 『Design Patterns』의 결론 부분에 언급되어 있다.

우리의 디자인 패턴은 리팩터링의 결과로 나온 구조를 반영한다.
따라서 디자인 패턴은 리팩터링의 목표점이 되는 것이다. [DP, 354]

Martin Fowler 또한 『Refactoring』의 앞부분에서 비슷한 의견을 말했다.

패턴과 리팩터링 사이에는 자연스런 관계가 있다. 패턴은 도달하고 싶은 곳이고, 리팩터링은 그곳으로 가는 방법이다. [F, 107]

발전적 설계

'리팩터링의 결과로 나온 구조'인 패턴에 많이 익숙해진 지금, 나는 패턴의 최종 결과나 그 결과의 구현이 의미하는 바를 이해하는 것보다 패턴을 목표로 한 또는 패턴을 지향한 리팩터링을 하는 이유를 이해하는 것이 훨씬 가치 있다고 생각한다.

더 훌륭한 소프트웨어 설계자가 되려면, 훌륭한 소프트웨어의 설계가 어떻게 발전해왔는지 그 과정을 공부하는 것이 훌륭한 설계 자체를 공부하는 것보다 훨씬 중요하다. 그 발전 과정 속에 진짜 지혜가 숨어 있기 때문이다. 발전의 결과로 나온 구조도 도움이 되긴 하겠지만, 그 구조가 왜 그런 식의 설계로 발전했는지를 알지 못한다면, 다른 프로젝트에서 그것을 잘못 적용하거나 또는 그 구조로 과도한 설계를 할 가능성이 커진다.

지금까지 소프트웨어 설계에 대한 글들은 훌륭한 설계로의 발전 과정보다는 훌륭한 설계 자체를 가르치는데 초점을 맞춰왔다. 우리는 이것을 바꿔야 한다. 위대한 시인 Goethe가 '조상으로부터 물려받은 것이 있거든 그것을 얻되 네 것이 되게 하라'[1]고 말한 것처럼 말이다. 리팩터링에 대한 글들을 읽으면 훌륭한 설계를 그 발전 과정을 통해 더 잘 이해할 수 있다.

패턴을 최대한 활용하는 방법도 마찬가지다. 패턴을 리팩터링과는 별도로, 단지 재사용 가능한 요소로 볼 것이 아니라, 리팩터링의 문맥에서 바라보기 바란다. 바로 이것이 패턴을 고려한 리팩터링 카탈로그를 만든 주된 이유다.

설계를 발전시켜 나가는 방법을 배움으로써, 더 훌륭한 소프트웨어 설계자가 될 수 있고 과도하거나 미진한 설계를 하는 빈도를 줄일 수 있다. TDD와 지속적인 리팩터링은 발전적 설계의 핵심 실행지침이다. 패턴을 고려한 리팩터링을 수련하여 리팩터링 방법을 지식으로 터득한다면, 훌륭한 설계를 발전시킬 더 좋은 장비를 갖추게 되는 것이다.

---

1) 역자 주: That which thy fathers have bequeathed to thee, earn it anew if thou wouldst possess it. 부모에게서 물려받은 것을 진정으로 소유하려면, 그것을 얻는 과정을 처음부터 다시 반복해야 한다는 뜻이다.

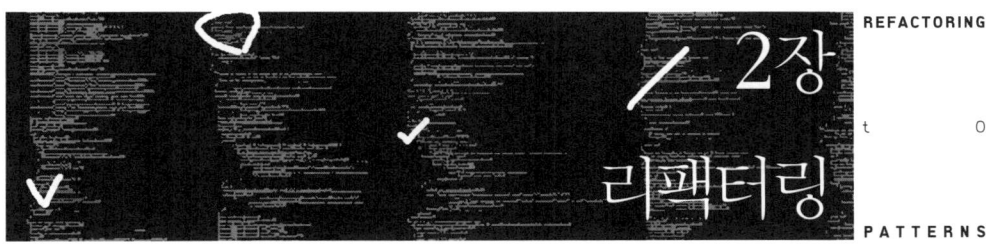

이 장에서는 리팩터링이 무엇인지 그리고 리팩터링에 능숙해지기 위해 무엇이 필요한지에 대하여 몇 가지 생각을 제시할 것이다. 이 장은 「Principles in Refactoring[1]」[F]과 함께 읽으면 좋다.

리팩터링이란?

리팩터링은 '동작을 보존하는 변환' 또는 Martin Fowler가 정의한 것처럼 '겉으로 보이는 동작을 바꾸지 않고, 이해하거나 수정하기 쉽게 소프트웨어의 내부 구조를 바꾸는 것' [F, 53]이다.

리팩터링의 과정에는 중복을 제거하고, 복잡한 로직을 단순화하며, 불명확한 코드를 명확하게 만드는 작업이 포함된다. 리팩터링을 할 때는 그 설계를 개선하기 위해 코드를 무자비하게 쑤시고 찌른다. 이 때의 개선이란 변수명의 변경 같은 작은 것일 수도 있고, 두 상속구조를 합치는 큰 것일 수도 있다.

안전하게 리팩터링하기 위해서는, 수정 사항으로 인해 다른 부분에 문제가 생기지는 않았는지 확인하기 위해 자동화된 테스트를 실행하거나 손으로라도 테스트를 해야 한다. 자동화된 테스트를 통해 코드가 여전히 제대로 동작하는지를 확

---

1) 역자 주: 「Refactoring」[F]의 2장. 한국어판에서의 장 제목은 「리팩토링의 원리」다.

인할 수 있다면, 리팩터링을 하는 데 더 많은 용기가 생길 것이고 실험적인 설계도 더 적극적으로 시도해 볼 수 있을 것이다.

작은 리팩터링에는 결함이 발생할 여지가 별로 없다. 대부분의 리팩터링은 수행하는 데 몇 초 또는 몇 분이 걸릴 뿐이다. 몇몇 규모가 큰 리팩터링은 작업을 끝내는 데 며칠, 몇 주, 또는 몇 달 동안의 지속적인 노력이 필요할 수도 있다. 하지만 이런 대규모 리팩터링조차도 작은 단계로 나뉘어 수행된다.

리팩터링은 띄엄띄엄 하는 것보다는 지속적으로 할 때 최상의 효과를 얻을 수 있다. 개선이 필요한 코드를 보면, 바로 개선해야 한다. 그러나 내일로 예정된 데모 전까지 어떤 기능을 끝마쳐야 한다면, 그 기능을 먼저 끝내고 나중에 리팩터링하는 것이 낫다. 지속적인 리팩터링으로도 비즈니스적 요구를 충족시킬 수 있겠지만, 비즈니스적으로 결정된 우선순위에 맞춰 조절하는 것이 좋다.

리팩터링을 하는 이유

코드를 리팩터링하는 이유는 많지만, 다음과 같은 동기가 가장 일반적이다.

- **새로운 코드를 더 쉽게 추가할 수 있도록 하기 위해.**

  시스템에 새로운 기능을 추가할 때, 우리에게는 선택권이 있다. 새로운 기능이 기존 설계와 얼마나 잘 맞을지에 대해 생각하지 않고 바로 프로그램을 작성할 수도 있고, 새로운 기능이 쉽고 우아하게 수용될 수 있도록 기존 설계를 수정할 수도 있다. 전자의 방법대로 한다면 우리는 설계에 빚(설계 부채 47쪽 참조)을 지는 것이고, 나중에 리팩터링으로 갚아야 한다. 후자의 방법대로 한다면, 새로운 기능을 가장 잘 수용하기 위해 어떤 변경이 필요한지 분석한 다음 필요한 작업을 수행하는 것이다. 어떤 방법이 좋다고 말하기는 어렵다. 시간이 충분하지 않다면 빨리 기능을 추가하고 나중에 리팩터링하는 것이 낫다. 시간이 좀 있거나 프로그래밍을 하기 전에 길을 닦아 놓는 것이 결과적으로 일을 더 빠르게 할 것 같으면 당연히 기능을 추가하기 전에 리팩터링을 하는 것이 낫다.

- **기존 코드의 설계를 개선하기 위해.**

지속적으로 코드의 설계를 개선하면 작업하기도 점점 편해진다. 그러나 일반적인 행태는 이와 완전히 반대여서, 리팩터링은 거의 하지 않고 곧바로 새로운 기능을 추가하는 데 엄청난 주의를 기울이는 것이 보통이다. 지속적인 리팩터링은 코드 속의 냄새(4장 75쪽 참조)를 지속적으로 찾아, 발견 즉시 냄새를 제거하는 것이다. 지속적으로 리팩터링하는 청결한 습관이 익숙해지면, 코드의 유지보수와 확장이 훨씬 쉬워짐을 깨닫게 될 것이다. 심지어 작업을 즐기게 될지도 모른다.

● **기존 코드를 더 잘 이해하기 위해.**

때로는 코드를 들여다보며 코드가 무엇을 하는 것인지, 어떻게 동작하는 것인지 전혀 이해하지 못할 수 있다. 누군가가 코드를 설명하려 하겠지만, 그 역시 완전히 혼란에 빠질 수 있다. 이런 코드에 주석을 다는 것이 최선일까? 아니다. 코드가 명확하지 않다면, 이런 냄새는 주석을 달아 희석할 것이 아니라 리팩터링으로 제거해야 한다.

이런 코드를 리팩터링할 때는 코드 전체를 이해하는 사람과 같이 작업하는 것이 가장 좋다. 그런 사람의 도움을 받을 수 없다면, 전자메일이나 채팅, 전화로 코드에 대한 설명을 들을 수 있는지 확인한다. 이것도 안 되면 자신이 제대로 이해한 부분만 리팩터링한다. 이런 노력으로 다른 사람이 코드를 좀 더 쉽게 이해할 수 있게 될 것이다.

● **덜 짜증나는 코드로 만들기 위해.**

나는 내가 왜 리팩터링을 하는지 가끔 생각한다. 물론 중복을 제거하고, 코드를 단순하고 명확하게 하기 위해 리팩터링한다고 말할 수 있다. 그러나 무엇이 나로 하여금 리팩터링을 하도록 몰아대는 것일까? 감정이다. 나는 작업 중인 코드를 덜 짜증나는 코드로 만들기 위해 리팩터링하는 경우가 더러 있다.

한번은 설계에 대해 엄청난 빚을 지고 있는 어느 프로젝트에 합류하게 됐다. 특히, 지나치게 많은 책임을 지고 있는 거대한 클래스가 하나 있어서, 우리가 하는 일의 많은 부분이 이 거대한 클래스를 수정하는 것이었고, 코드를 체크인할 때마다(지속적인 통합을 추구하고 있었기 때문에 자주 체크인 했다) 그 거대한 클래스와 관련된 복잡한 병합 작업을 처리해야 했다. 그 결과,

코드를 통합하는 데 불필요하게 많은 시간을 허비하게 되었다. 매우 짜증나는 일이었다. 그래서 나는 다른 프로그래머와 함께 그 거대한 클래스를 더 작은 여러 개의 클래스로 분리하는 데 3주라는 시간을 투자하는 모험을 감행했다. 어려운 작업이었지만, 반드시 필요하다고 판단했기 때문이다. 우리가 작업을 끝냈을 때, 코드 통합에 드는 시간은 훨씬 줄었고, 프로그래밍도 전체적으로 훨씬 즐거운 작업이 됐다.

많은 눈

미국 독립선언서가 아직 초안이었을 때 Thomas Jefferson 옆에 앉아 있던 Benjamin Franklin은 Jefferson의 '우리는 이런 진실이 신성하고 부인할 수 없다고 믿는다'[2]란 문구를 '우리는 이런 진실이 자명하다고 믿는다'[3]로 교정했다. 전기 작가 Walter Isaacson에 따르면, Jefferson은 Franklin의 편집에 분개했다고 한다. 친구의 마음을 안 Franklin은 John Thompson이라는 다른 친구에 얽힌 이야기로 Jefferson을 위로했다.

John은 모자 제조 사업을 시작하면서, 자신의 가게에 간판을 달고 싶었다. 그는 간판의 구도를 다음과 같이 잡았다.

John Thompson, 모자 제작자.
현금을 받고 모자를 만들거나 판매함.

이 간판을 사용하기 전에, John은 몇몇 친구들에게 간판을 보여주고 의견을 듣기로 했다. 첫 번째 친구는 뒤에 나오는 '모자를 만들거나……'가 John이 '모자 제작자'임을 나타내므로 '모자 제작자'라는 문구가 반복이며 불필요하다고 생각했다. 그 문구는 삭제됐다. 그 다음 친구는 고객은 누가 모자를 만들든 상관하지

---

2) 역자 주: 원문 'We hold these truths to be sacred and undeniable'
3) 역자 주: 원문 'We hold these truths to be self-evident'

않을 것이므로 '만들거나' 를 삭제해도 될 것이라 말했다. 그래서 '만들거나' 도 삭제됐다. 세 번째 친구는 모자를 신용 판매할 것은 아닐 테니 '현금을 받고' 란 문구도 불필요한 것 같다고 말했다. 현금을 주고 모자를 구입하는 것이 보통이기 때문이다. 따라서 이 문구도 삭제됐다.

이제 간판은 'John Thompson 모자를 판매함' 으로 됐다.

"모자를 판매함이라고!" 다른 친구가 말했다. "아무도 네가 모자를 나눠줄 거라 생각하진 않을 텐데 왜 그런 문구가 필요하지?" '판매함' 도 삭제됐다. 이 시점에서 보니 간판에 모자 그림이 있으니 '모자' 란 단어도 불필요했다. 결국 간판은 다음과 같이 단순하게 됐다.

John Thompson

Jacques Barzun은 그의 책 『Simple and Direct』에서 모든 훌륭한 문장은 교정을 통해 이뤄진다고 설명하는데[Barzun, 227], 교정은 다시 보는 것을 뜻한다고 한다. John Thompson의 친구들은 간판을 조금씩 교정해, 중복된 단어를 제거하고, 문장을 단순화하고, 간판의 의도가 명확히 나타내도록 했다. Jefferson이 작성한 문장은 Franklin이 교정했다. Franklin은 Jefferson의 의도를 표현하는 더 단순하고 좋은 방법을 생각해낸 것이다. 두 경우 모두, 개인의 작업을 교정하는 많은 눈이 극적인 개선을 이뤄내는 데 도움이 된 사례다.

코드에서도 마찬가지다. 최상의 리팩터링 결과를 얻으려면 많은 눈의 도움을 받는 것이 좋다. XPeXtreme Programming가 짝 프로그래밍과 코드의 공동 소유를 주장하는 것도 이 같은 이유 때문이다[Beck, XP].

사람이 읽기 쉬운 코드
내가 매번 그러는 것은 아니지만, 아주 인상적인 코드를 보면 몇 달 또는 몇 년 동안 그것을 다른 사람들에게 말해 준다. Ward Cunningham이 작성한 코드를 살펴봤을 때가 그런 경우였다. Ward가 누군지는 몰라도, 그가 이뤄낸 많은 혁신 중 하나는 알 것이다. Ward는 CRC^Class-Responsibility-Collaboration 카드, 위키 웹(빠르고 단순하게 읽기/쓰기가 가능한 웹 사이트), Xp^eXtreme Programming, FIT 테스트 프레임워크(http://fit.c2.com)를 개척했다.

내가 살펴보던 코드는 리팩터링 워크샵에서 사용하려 했던 가상 급여 시스템의 일부였다. 나는 워크샵 강사였기 때문에, 교육하기 전에 이 코드를 숙지해야 했다. 테스트 코드를 훑어보기 시작했는데, 처음 살펴본 것은 날짜에 기초해 임금을 계산하는 테스트 메서드였다. 가장 먼저 눈에 들어온 것은 날짜를 표현한 코드로 다음과 같았다.

```
november(20, 2005)
```

이 코드는 다음 메서드를 호출하는 것이었다.

```
public void Date november(int day, int year)
```

나는 놀라기도 했고, 기쁘기도 했다. Ward는 테스트 코드조차도 사람이 읽기 쉽게 작성하려 노력했던 것이다. 그가 코드를 단순하고 이해하기 쉽게 작성하는 것에 신경을 쓰지 않았다면, 아마 다음과 같은 코드가 나왔을 것이다.

```
java.util.Calendar c = java.util.Calendar.getInstance();
c.set(2005, java.util.Calendar.NOVEMBER, 20);
c.getTime();
```

위의 코드 역시 동일한 날짜를 생성하지만, Ward의 november() 메서드는 다음 두 가지 이유에서 다르다.

- 구어처럼 읽힌다.[4]
- 복잡한 코드로부터 중요한 부분을 분리했다.

이와는 완전히 다른 이야기를 하나 하겠다. w44()라는 함수와 관련된 것이다.

---

4) 역자 주: 영어에서는 날짜를 표현할 때 월, 일, 연도 순으로 쓴다.

나는 Wall Street의 대형 은행에서 대출 위험을 계산하는, 스파게티처럼 얽혀있는 Turbo Pascal 코드 더미에서 w44() 함수를 발견했다. 나는 직업 프로그래머 경력의 처음 3주를 이 알쏭달쏭한 코드를 분석하는 데 보냈다. 마침내 44는 쉼표를 나타내는 ASCII 코드고, 'w'는 'with'를 뜻한다는 것을 알아냈다. 즉, w44()는 숫자를 쉼표로 포매팅해서 리턴하는 루틴이라는 작성자 나름의 표현 방법이었던 것이다. 이렇게 직관적이라니! 그 프로그래머는 작업의 보안에 상당한 노력을 했거나, 아니면 이름을 잘 짓는 것에 신경을 안 썼다고 밖에 볼 수 없다.

Martin Fowler가 이런 경우를 가장 잘 표현했다.

> 컴퓨터가 이해하는 코드는 어느 바보나 다 짤 수 있다. 훌륭한 프로그래머는 사람이 이해할 수 있는 코드를 짠다. [F, 15]

깔끔하게 유지하기

코드를 깔끔하게 유지하는 것은 방을 깔끔하게 유지하는 것과 비슷하다. 한번 방을 어지럽히기 시작하면 치우기가 더 어려워진다. 지저분하면 지저분할수록 청소하기가 더 싫어진다.

방을 대청소했다고 해보자. 깨끗하게 유지하고 싶다면, 방바닥에 양말 같은 것이 굴러다니게 하면 안 되고, 책이나 잡지, 안경, 장난감 등이 탁자에 쌓이게 해도 안 된다. 지속적으로 청소를 해야 한다.

이런 상황을 경험한 적이 있는가? 나는 있다. 몇 주 동안 방을 깨끗하게 유지할 수 있게 되면, 지속적인 청소는 하나의 습관이 되기 시작한다. 그러면 양말을 방바닥에 아무렇게나 던져 놓을지 빨래 바구니에 넣을지를 고민하지 않는다. 습관적으로 양말을 빨래 바구니에 넣게 되는 것이다.

불행히도, 새로운 습관은 종종 예전의 습관과 타협해버리기도 한다. 하루는 너무 피곤해서 옷가지를 그냥 바닥에 던져 놓았다고 하자. 곧 책이 몇 권 책꽂이에서 나와 굴러다니기 시작한다. 미처 깨닫기도 전에, 방은 다시 난장판이 된다.

코드를 깔끔하게 유지하려면, 지속적으로 중복을 제거하고 코드를 단순화하고 더 명확하게 고쳐야 한다. 난잡한 코드를 허용해서는 안 되고, 나쁜 습관으로 되돌아가서도 안 된다. 코드를 깔끔하게 하면 설계도 더 좋아지고, 개발 속도도 빨라지고, 결국은 고객과 프로그래머가 행복해진다. 코드를 항상 깔끔하게 유지하기 바란다.

작은 단계

예전에 어떤 젊고 똑똑한 프로그래머가 내가 강의하는 테스트와 리팩터링에 대한 워크샵에 참석했다. 모든 참가자가 리팩터링을 통해 이 책과 『Refactoring』[F]에서 설명한 거의 모든 코드 속의 냄새(4장 75쪽 참조)를 제거하는 코딩 문제에 참여하고 있었다. 한 조를 선발해, 파트너와 함께 냄새를 발견하고 그 냄새에 대한 리팩터링을 찾아 직접 프로그래밍을 하며 리팩터링을 설명하도록 시켰다. 그리고 다른 참가자들은 프로젝터를 통해 그 작업을 지켜볼 수 있도록 했다.

그때 시간은 정오가 되기 5분 전쯤이었고, 참가자들은 거의 1시간 동안 리팩터링을 하고 있었다. 벌써 강의실로 점심이 배달되었기 때문에, 점심 식사를 시작하기 전에 완료하고 싶은 간단한 리팩터링을 발견한 사람이 있는지 물었다. 바로 앞서 말한 그 젊은 프로그래머가 손을 들고는 간단한 리팩터링을 시도해보고 싶다고 했다. 특정 냄새나 그와 관련된 리팩터링을 언급하지도 않고, 이 친구는 코드에서 규모가 큰 문제를 지적한 다음 그 문제를 어떻게 해결하려 하는지 설명했다. 몇몇 참가자가 그런 문제를 단지 5분 만에 해결할 수 있다는 데에 의문을 제기했지만, 그 프로그래머가 작업을 끝낼 수 있다고 주장했기 때문에, 우리는 모두 그와 그의 파트너가 작업을 시도하는 것에 동의했다.

복잡한 리팩터링을 할 때 5분은 매우 빠르게 지나간다.

그 프로그래머와 그의 파트너는 일부 코드를 옮기고 수정한 후에 많은 단위 테스트가 실패하기 시작했다는 것을 눈치챘다. 단위 테스트의 실패는 단위 테스트 도구의 커다란 빨간 막대로 나타났고, 그것이 프로젝터를 통해 큰 스크린에 비춰졌을 때는 끔찍하게 크고 빨갛게 보였다. 그 두 사람이 깨진 단위 테스트를 바로잡으려 할 때, 사람들은 한 명씩 자리를 떠나 근처 탁자에서 점심 식사를 했다. 15분이 지난 후 나 역시 휴식을 취했다. 점심 식사하는 자리에 서서 프로젝터를 통해 그들의 작업을 지켜봤다.

작업을 시작한 지 20분이 지났지만, 커다란 빨간 막대는 여전히 초록(모든 테스트가 통과했음을 나타내는)으로 바뀌지 않았다. 그 시점에서 젊은 프로그래머와 파트너는 음식을 가져오기 위해 잠시 자리를 떴다. 그리고는 바로 컴퓨터 앞으로 돌아왔다. 우리는 한 프로그래머가 한 손으로는 점심을 먹으며 다른 손으로는 리팩터링을 계속 하는 것을 지켜보고 있었다. 그러는 동안에도 시간은 계속 흘렀다.

12시 50분(그들이 리팩터링을 시작한 지 거의 55분이 지난 시각)에 커다란 빨간 막대가 초록색으로 바뀌었다. 리팩터링이 끝난 것이다. 다시 수업이 시작됐고, 나는 참가자에게 무엇이 잘못이었는지 물었다. 그 젊은 프로그래머가 대답했다. 작은 단계를 취하지 않았다고. 그는 여러 개의 리팩터링을 묶어서 큰 단계 한 번으로 작업하면 더 빨리 할 수 있을 거라 생각했다. 그러나 그것은 틀린 생각이었다. 각각의 큰 단계는 단위 테스트의 실패를 양산했고, 몇몇 변경 사항을 나중에 다시 손봐야 했음은 물론이며, 이를 바로잡기 위해 많은 시간을 허비했다.

우리 중 많은 사람이 비슷한 경험을 했다. 우리는 지나치게 큰 단계를 취하고는 막대를 초록색으로 돌아오게 하는 데 몇 분, 몇 시간, 심지어는 며칠을 고생한다. 리팩터링을 알게 될수록 나는 더 작고 안전한 단계를 취하며 전진한다. 사실 초록 막대는 내가 올바른 길에서 벗어나지 않도록 도와주는 나침반이다. 막대가 너무 오랫동안(몇 분 이상) 빨간색으로 남아있다면, 내가 충분히 작은 단계를 취하지 않고 있음을 알게 된다. 그러면 뒤로 돌아가서 다시 시작한다. 큰 단계를 취했을 때보다 더 빠르게 목표에 도달할 수 있도록 해주는 작고 단순한 단계를 찾으려 노력한다.

설계 부채

코드의 설계를 개선하기 위해 리팩터링에 지속적으로 시간을 투자하겠다고 관리자에게 말하면, 반응이 어떨 것이라 생각하는가? 아마 '안 된다' 고 하거나 폭소를 터뜨리거나 아니면 냉담하게 쳐다볼 것이다. 끝없이 쏟아지는 요구사항과 결함 보고서만으로도 충분히 어려운데, 누가 설계를 개선할 시간이 있단 말인가? 도대체 어디서 굴러먹다 온 놈이야?

기술적인 입장에서 리팩터링을 설명해서는 대다수의 경영진을 효과적으로 설득하기 어렵다. 대신 Ward Cunningham이 그랬던 것처럼 금전적인 측면에 비유해 설계 부채라는 개념을 설명해 주는 편이 훨씬 효과가 있다. 설계 부채는 다음세 가지를 꾸준히 수행하지 않을 때 발생한다.

1. 중복 제거
2. 코드 단순화
3. 코드의 의도 명료화

설계 부채로부터 완전히 자유로운 시스템은 거의 없다. 인간이 처음부터 완벽한 코드를 작성할 수는 없기 때문에, 우리는 설계 부채와 떨어질래야 떨어질 수없다. 자연스럽게 부채가 쌓여간다. 따라서 문제는 '빚을 언제 갚을 것인가?' 로바뀐다.

'고장나지 않은 것은 고치지 않는다' 는 관행 또는 무지 때문에, 많은 프로그래머들과 팀들이 설계 부채를 갚는 데 시간을 거의 투자하지 않는다. 그 결과, 그들은 진흙 구덩이Big Ball of Mud[Foote and Yoder]에 빠지게 된다. 금융 용어로 설명하자면, 빚을 갚지 않으면 연체이자를 물어야 하고, 연체이자를 물지 않으면 더 많은연체이자가 부과된다. 갚지 않은 금액이 많아질수록, 연체이자와 지급 금액 또한증가한다. 이자는 복리로 증가하고, 시간이 지나면, 부채에서 빠져 나오는 것은불가능한 꿈이 되어버린다. 설계 부채 역시 마찬가지다.

기술 문제를 논의하는 데 설계 부채라는 금전적 비유를 사용하는 것이 경영진을 설득하는 데 큰 도움이 된다는 것은 이미 검증된 사실이다. 설계 부채에 대해말할 때 나는 반복적으로 신용카드를 꺼내 관리자에게 보여준다. 그리고는 "설계부채를 갚지 않고 계속 작업한 것이 몇 달이나 됐죠?" 하고 묻는다. 매달 부채를다 갚지 못할 수도 있지만, 부채가 오랫동안 계속 쌓이게 놔둘 수는 없다. 이런 식으로 대화를 풀어 가면, 관리자가 설계 부채를 지속적으로 낮게 유지하려는 지혜를 인정하도록 만들 수 있다.

일단 경영진이 지속적인 리팩터링의 중요성을 인정하고 나면, 조직 전체의 소프트웨어 개발 방법이 바뀔 수 있다. 이사진과 관리자, 프로그래머가 모두 지나치게 빨리 나가는 것은 모든 사람을 다치게 할 뿐이란 것에 공감하게 된다.

이제 프로그래머는 경영진의 비호 아래 리팩터링을 한다. 시간이 지나 리팩터링의 효과가 쌓이면, 시스템은 확장하거나 유지보수하기가 더욱 쉬워진다. 그리고 이것은 시스템을 만드는 사람, 관리자, 소프트웨어 사용자를 포함한 모두에게 이익이 된다.

새로운 아키텍처 발전시키기

형편없는 설계에, 시스템은 불안정하고, 유지보수도 어려운 등의 너무도 흔한 문제가 있는 아주 오래된 시스템을 가진 회사가 있었다. 그 회사는 모든 것을 처음부터 새로 개발하는 대신 시스템의 아키텍처를 리팩터링하기로 결정했다.

공통 코드에는 새로운 프레임워크 계층을 통해 접근하도록 했다. 애플리케이션이 공통 서비스를 사용할 때 반드시 프레임워크 계층을 통하도록 한 것이다. 프레임워크 프로그래머가 애플리케이션에 대한 충격을 최소화하면서도 프레임워크의 내부 코드를 서서히 개선할 수 있게 하기 위함이었다.

그 회사는 프레임워크 팀을 만들기로 결정했다. 애플리케이션 팀은 공통 서비스에 대해서는 프레임워크 팀에 의존하게 된 것이다.

이 계획이 합당하게 들릴지는 모르겠지만, 사실 매우 위험한 발상이다. 프레임워크 팀원들이 애플리케이션의 요구사항을 놓치게 되면, 그들은 잘못된 코드를 만들어낼 것이다. 애플리케이션 팀원들은 필요한 것이 프레임워크에 없다면 마감일을 지키기 위해 프레임워크를 우회하거나 필요한 것이 완성되기를 기다리며 속도를 늦춰야 한다. 프레임워크를 우회하는 것은 레거시legacy 아키텍처로 되돌아감을 의미하고, 코드를 기다리는 것 또한 좋은 선택이 아니다.

그보다 더 좋은 방안으로 '발전적 설계' 라는 개념이 있다. 그 과정은 다음과 같다.

- 한 팀을 구성한다.
- 애플리케이션의 필요로부터 프레임워크를 이끌어낸다.
- 리팩터링을 통해 애플리케이션과 프레임워크를 지속적으로 개선한다.

한 팀이기 때문에 프레임워크와 애플리케이션은 서로 다른 방향으로 나가지 않는다. 애플리케이션의 실제 요구로부터 프레임워크를 만들기 때문에, 정말 필요한 프레임워크 코드만 생성된다. 이 과정에서 지속적인 리팩터링은 필수며, 이를 통해 프레임워크와 애플리케이션이 분리되도록 유지하는 것이다.

이 이야기에 나오는 회사는 발전적 경로를 따르기로 결정하고, 그들을 훈련시키고 안내해줄 코치를 고용했다. 프레임워크 개발에만 전념하는 팀을 따로 만들지 않은 것에 대한 초기의 우려에도 불구하고, 아키텍처는 지속적으로 개선됐으며, 고품질의 애플리케이션과 군더더기 없는 범용 프레임워크가 지속적으로 개발되었다.

여기서 리팩터링은 필수 요소다. 리팩터링이 그 팀으로 하여금 새로운 아키텍처를 효과적이고 효율적으로 발전시킬 수 있도록 한 것이다.

복합 리팩터링과 테스트 주도 리팩터링

복합 리팩터링composite refactoring은 여러 개의 저수준 리팩터링으로 이뤄진 고수준 리팩터링이다. 작업은 대부분 코드를 이동시키는 등 일련의 저수준 리팩터링을 수행하는 것이다. 예를 들면 Extract Method[F]는 코드를 새로운 메서드로 이동시키고, Pull Up Method[F]는 메서드를 서브클래스에서 수퍼클래스로 이동시키고, Extract Class[F]는 코드를 새로운 클래스로 이동시키고, Move Method[F]는 메서드를 한 클래스에서 다른 클래스로 이동시킨다.

이 책에 있는 거의 모든 리팩터링은 복합 리팩터링이다. 변경하고 싶은 작은 코드 조각에서 시작해 목표 상태에 도달할 때까지 다양한 저수준 리팩터링을 점진적으로 적용한다. 저수준 리팩터링을 적용하는 중간 중간에 수정된 코드가 예상대로 동작하는지 확인하기 위해 테스트를 실행한다. 따라서 테스트는 복합 리팩터링에 없어서는 안 될 부분이다. 테스트를 실행할 수 없다면, 저수준 리팩터링을 할 때에도 확신을 가질 수 없을 것이다.

테스트는 또한 리팩터링에서 완전히 다른 역할을 하기도 한다. 기존 코드를 재

작성하고 대체하는 데 사용할 수 있는 것이다. 테스트 주도 리팩터링test-driven refactoring은 테스트 주도 개발을 통해 대체 코드를 작성한 다음 기존 코드를 새 코드로 대체(기존 코드에 대한 테스트는 그대로 유지하면서)하는 방법이다.

리팩터링 작업의 상당 부분은 단순히 기존 코드를 재배치하는 것이기 때문에, 테스트 주도 리팩터링보다는 복합 리팩터링이 훨씬 자주 사용된다. 그러나 그런 식으로 설계를 개선할 수 없을 때에는 테스트 주도 리팩터링이 도움이 될 것이다.

테스트 주도 리팩터링의 가장 전형적인 예는 Substitute Algorithm[F]이다. 이 리팩터링은 본질적으로 기존의 알고리즘을 더 단순하고 명확한 알고리즘으로 완전히 대체하는 것이다. 새로운 알고리즘을 어떻게 만들겠는가? 새로운 알고리즘의 로직은 기존의 것과 다를 것이므로, 기존의 알고리즘을 새로운 알고리즘으로 변환해서 만들 수는 없다. 새로운 알고리즘을 작성한 다음, 기존 알고리즘을 새것으로 대체하고, 테스트에 통과하는지 볼 수 있다. 그러나 테스트에 통과하지 못하면, 디버거와 함께 오랜 시간을 보내야 할 것이다. 새로운 알고리즘을 작성하는 더 좋은 방법은 테스트 주도 개발을 이용하는 것이다. 테스트 주도 개발을 이용하면 좀 더 단순한 코드와 견고한 테스트를 만들 수 있고, 견고한 테스트가 있다면 나중에 자기 자신은 물론 다른 사람도 저수준 또는 복합 리팩터링을 할 때 확신을 가지고 작업할 수 있다.

Encapsulate Composite with Builder 리팩터링(145쪽) 또한 테스트 주도 리팩터링의 한 예로서, 생성 과정을 단순화하여 클라이언트가 컴포짓composite을 더 쉽게 생성할 수 있도록 하기 위해 사용된다. 이 때 목표는 컴포짓의 생성을 담당하는 빌더builder를 제공하는 것이다. 그러나 기존 설계와 이 목표가 너무 동떨어져 있다면, 저수준 또는 복합 리팩터링으로는 새로운 설계를 만들어낼 수 없을 것이다. 이런 경우에는 역시 테스트 주도 개발을 이용해 기존 코드를 효과적으로 재구현하고 대체할 수 있다.

Replace Implicit Tree with Composite 리팩터링(249쪽)은 복합 리팩터링과 테스트 주도 리팩터링 양쪽에 모두 속한다. 어떤 방법으로 이 리팩터링을 수행할지 선택하는 것은 주어진 코드의 특성에 따라 다르다. 일반적으로는, 코드에 Extract Class[F] 리팩터링을 적용하기 힘들다면 테스트 주도 접근법이 더 낫다. Replace

Implicit Tree with Composite 리팩터링(249쪽)에서는 테스트 주도 리팩터링을 이용하는 예제를 볼 수 있다.

Move Embellishment to Decorator 리팩터링(206쪽)는 테스트 주도 리팩터링이 아니지만, 이 리팩터링에 대한 예제에서는 프레임워크 밖의 기능을 프레임워크 안으로 옮기는 데 테스트 주도 리팩터링이 어떻게 사용되는지를 볼 수 있다. 이 경우에는 코드를 이리저리 옮기기 때문에 복합 리팩터링을 이용하는 것이 더 편리할 거라고 생각할 수도 있다. 그러나 수정해야 할 클래스가 많으므로 테스트 주도 개발을 이용하는 것이 더 쉽다.

리팩터링할 때, 대부분의 시간은 저수준 또는 복합 리팩터링을 수행하는 데 보낼 것이다. 테스트 주도 리팩터링 과정에서 사용되는 '재구현과 대체' 기법은 리팩터링을 위한 또 다른 유용한 방법이란 사실만 기억해두기 바란다. 테스트 주도 개발은 새로운 알고리즘이나 메커니즘을 설계할 때 가장 도움이 되지만, 경우에 따라서는 저수준 또는 복합 리팩터링을 적용하는 것보다 쉬운 대안이 되기도 한다.

복합 리팩터링의 장점

이 책에 나오는 복합 리팩터링은 모두 특정 패턴을 목표로 하며, 다음과 같은 장점이 있다.

● **리팩터링 절차에 대한 전반적인 계획을 설명한다.**

복합 리팩터링의 절차에서는 특정 방법으로 설계를 개선하기 위해 적용할 수 있는 저수준 리팩터링의 순서를 설명한다. 이런 순서를 설명하는 것이 필요할까? 이미 저수준 리팩터링을 알고 있다면, 자신이 적절하다고 생각하는 순서대로 리팩터링을 적용할 수 있을 텐데.

그러나 이 카탈로그에서 제시하는 리팩터링 순서는 설계를 개선하는 데에 다른 리팩터링 순서보다 안전하고, 효과적이거나 효율적일 것이다. 한번은 State[DP] 패턴을 목표로 저수준 리팩터링을 적용하고 있었는데, 나는 더 쉽고 안전한 순서를 알게 됐다. 그때 다른 사람이 그 순서를 더 개선할 방법을 제안했다. 그 순서에 대한 5번째 버전에 도달했을 때는 내가 처음 시도했던

것과 완전히 다르게 됐지만, State 패턴을 목표로 한 리팩터링에 있어 훨씬
좋은 방법을 얻게 됐다는 것을 깨달았다.

- **설계에 대한 명확한 방향을 제시한다.**

  복합 리팩터링은 한 지점에서 출발해 목적지까지 데려다 준다. 목적지는 시
  작점에 따라 명확할 수도 있고, 명확하지 않을 수도 있다. 상당 부분은 패턴
  에 얼마나 익숙하냐에 따라 결정된다. 각각의 패턴은 목적지를 정의하고, 그
  목적지로 가야 할 필요성을 제시하기 때문이다. 이 책에 나오는 복합 리팩터
  링은 특정 패턴을 도입하는 것이 의미가 있는 실용적인 사례에 대한 설명을
  통해 이런 불명확한 설계 방향을 명확하게 한다.

- **패턴 구현에 대한 통찰력을 제공한다.**

  패턴을 구현하는 데는 하나의 정답만 있는 것이 아니기 때문에(패턴을 구현
  하는 다양한 방법, 61쪽 참조), 다른 방식을 고려해보는 것도 유용하다. 여러
  종류의 설계 문제를 해결하는 데 사용될 수 있는 패턴인 경우라면 특히 더
  그렇다. 예를 들어 이 책에는 Composite[DP] 패턴을 목표로 한 세 가지 리팩
  터링과, Visitor[DP] 패턴을 목표로 한 세 가지 리팩터링이 있다. 이런 패턴을
  목표로 할 때 행하는 리팩터링 방법은 초기에 직면한 문제가 무엇이냐에 따
  라 다르다. 따라서 이 책에 나오는 리팩터링 절차는 궁극적으로 패턴을 어떻
  게 구현하느냐에 따라 달라진다.

리팩터링 도구

리팩터링 도구의 초기 개척자들(William Opdyke, Ralph Johnson, John Brant,
Don Roberts와 같은 사람들)은 리팩터링이 필요한 코드를 보면, 그냥 도구에게
그 리팩터링을 수행하도록 지시만 하면 되는 세상을 꿈꿨다. 1990년대 중반에
John과 Don은 Smalltalk에서 사용할 수 있는 리팩터링 도구를 만들었다. 그 이후
소프트웨어 개발은 완전히 달라졌다.

1999년 『Refactoring』[F]을 출판한 후, Martin Fowler는 도구 벤더들에게 Java
와 같이 널리 사용되는 언어에 대한 리팩터링 자동화 도구를 생산해 보도록 권유

했다. 도구 벤더들이 이에 응했고, 얼마 지나지 않아, 전 세계 많은 프로그래머들이 자신의 통합 개발 환경IDE, Integrated Development Environment에서 리팩터링을 실행할 수 있게 됐다. 시간이 지나면서, 프로그래밍 에디터를 고집하던 프로그래머들까지도 IDE로 이동하기 시작했는데, 대부분은 리팩터링 자동화 기능 때문이었다.

리팩터링 도구가 Extract Method[F], Extract Class[F], Pull Up Method[F]와 같은 저수준 리팩터링을 하나씩 지원해 나가자, 일련의 자동화된 리팩터링을 실행해 설계를 전환하는 것이 더욱 쉬워졌다. 패턴을 고려한 리팩터링의 절차는 저수준 리팩터링의 조합으로 되어 있기 때문에, 이것은 이런 종류의 리팩터링에 중요한 의미를 지닌다. 도구 벤더가 대부분의 저수준 리팩터링을 자동화하고 나면, 이 책에 나오는 리팩터링도 자동으로 지원할 수 있게 될 것이다.

패턴을 향한, 또는 패턴을 제거하는 리팩터링에서 자동화 도구를 사용하는 것은 패턴 코드를 생성하기 위해 도구를 사용하는 것과 완전히 다르다. 패턴 코드 생성기는 코드를 과도한 설계로 가게 하는 지름길이다. 게다가 생성기가 생성한 코드에는 테스트가 포함되지 않아, 리팩터링에 걸림돌이 될 수도 있다. 반대로 리팩터링을 통하면, 패턴을 향한 또는 패턴을 제거하는 방향으로 안전하게 이동하면서 설계를 점진적으로 개선할 수 있다.

동작은 보존하면서 설계를 바꾸는 것이 리팩터링이므로, 자동화된 리팩터링을 수행한 후에는 테스트 코드를 실행할 필요가 없을 거라 생각할지도 모르겠다. 글쎄, 대부분의 경우는 그렇다고 할 수 있다. 어떤 리팩터링에 대해서는 자동화된 리팩터링 도구에 확신을 가져도 되겠지만, 어떤 리팩터링에 대해서는 완전히 신뢰하면 안 될 수도 있다. 많은 자동화된 리팩터링이 중간에 뭔가를 묻는다. 만약 잘못 답하면 테스트 코드가 정상적으로 작동하지 않을 수 있다(달리 말하면 자동화된 리팩터링이 어떤 동작을 추가했거나 제거했다는 뜻이 된다). 보통은 리팩터링 후에 코드가 예상대로 동작하는지 모든 테스트를 돌려서 확인하는 것이 좋다.

테스트를 많이 하지 않은 상태에서, 리팩터링 자동화 도구가 코드의 동작을 보존하고 원하지 않는 동작을 추가하지 않았다는 것을 믿을 수 있을까? 대부분의 리팩터링에 대해서는 그럴 수도 있겠지만, 새로 지원되기 시작한 리팩터링 같은 경우는 안정적이지 못하거나, 신뢰성이 떨어질 수 있다. 도구가 충분히 더 지능적으로 되지 않는 한, 테스트를 충분히 하지 않으면 리팩터링에 성공하지 못할 확률이 더 높다.

자동화된 리팩터링의 발전은 리팩터링을 할 때 따라야 하는 절차에 영향을 줄 수 있다. 예를 들면 최근 도구에서 지원하는 Extract Method[F]는 매우 똑똑해서, 한 메서드에서 코드 덩어리를 메서드로 추출하면, 코드의 다른 부분에 같은 코드가 존재할 경우 그 부분도 새로 추출된 메서드를 호출하도록 바꾼다. 이런 기능으로 여러 단계의 작업이 자동화될 수 있다고 하면, 리팩터링의 절차에 대한 접근방법이 바뀔 수 있다.

리팩터링 도구의 미래는 어떨까? 저수준 리팩터링에 대해 더 많은 자동화가 지원되고, 특정 코드를 개선하는 데 어떤 리팩터링이 도움이 될지 먼저 제안하고, 여러 개의 리팩터링이 함께 적용될 경우 그 결과가 어떨지 미리 보여줄 수 있을 만큼 발전하면 좋겠다.

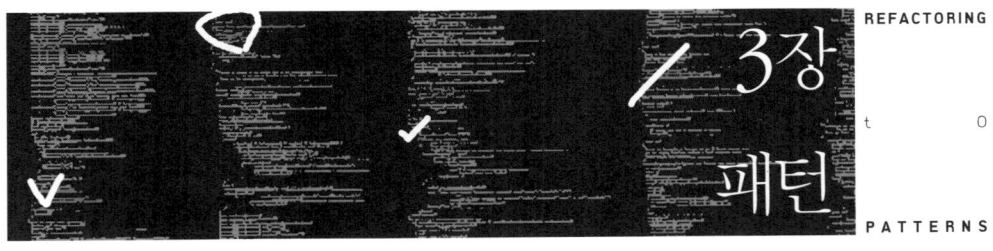

이 장에서는 패턴이 무엇인지, 패턴 중독이 뭘 의미하는지, 그리고 한 패턴이 여러 가지 방법으로 구현될 수 있음을 이해하는 것이 얼마나 중요한지 설명한다. 또 패턴 목표, 패턴 지향, 패턴 제거 리팩터링에 대해 생각해 보고, 패턴이 코드를 더 복잡하게 만들지는 않는지, '패턴 지식'을 갖는다는 것이 무엇을 뜻하는지도 살펴본다. 마지막으로, 패턴을 이용한 사전 설계가 필요한 경우는 어떤 때인지 설명할 것이다.

패턴이란?

건축가, 교수이자 사회 평론가인 Christopher Alexander는 그의 두 대표작 『A Timeless Way of Building』[Alexander, TWB]과 『A Pattern Language』[Alexander, PL]로 소프트웨어 패턴 운동에 영감을 불어넣었다. 1980년대 말부터, 다년간의 개발 경험이 있는 소프트웨어 실무자들은 Alexander의 저작을 공부했고, 패턴과 패턴 언어(복잡하게 얽혀있는 패턴 네트워크) 형태로 지식을 공유하기 시작했다. 그를 토대로 객체지향 분석/설계, 도메인 설계, 프로세스/조직 설계, 사용자 인터페이스 설계와 같은 분야에서 패턴과 패턴 언어에 대한 귀중한 논문과 책들이 출간되었다.

패턴 저자들은 종종 패턴의 정의 방법에 대해 논쟁했고, 그 의견이 Alexander의 견해와 얼마나 가까운지 또는 얼마나 동떨어졌는지에 대한 많은 의견 불일치가 생겨났다. 나는 Alexander의 견해를 좋아하므로, 그의 견해를 인용하겠다.

각 패턴은 특정 상황과 문제, 해결책 사이의 관계를 나타내는 3부규칙three-part rule이다.

세상을 구성하는 요소의 하나로서, 각 패턴은 특정 상황과 그 상황에서 반복적으로 발생하는 특정 역학계system of forces, 그리고 이런 힘들이 스스로 해결되도록 하는 특정한 공간적 구성 간의 관계다.

언어의 한 요소로서, 패턴은 주어진 역학계를 해결하는 데에 이런 공간적 구성이 어떻게 사용될 수 있는지를 보이는 지시다. 물론 상황에 적절한 패턴일 때의 얘기지만 말이다.

요약하면, 패턴은 세상에 발생하는 사물인 동시에, 그것을 어떻게 창조할 수 있는지, 그리고 언제 창조해야 하는지를 알려주는 규칙이다. 패턴은 과정인 동시에 대상이다. 살아있는 대상에 대한 기술이기도 하고, 만들어내는 과정에 대한 묘사이기도 하다.

패턴에 대한 우리 업계의 견해는 『Design Patterns』[DP]와 Martin Fowler의 『Patterns of Enterprise Application Architectures』[Fowler, PEAA]와 같은 패턴 카탈로그에 많은 영향을 받았다. 이런 카탈로그에서는 보통 특정 패턴이 그 상황에 잘 들어맞지 않을 경우 어떤 대체 패턴을 고려할 수 있을지를 논의하기 때문에, 독립적인 패턴은 다루지 않는다. 최근에는 Alexander의 패턴 언어를 닮은 문헌이 나타나는 것을 볼 수 있는데, 여기에는 『Extreme Programming Explained』[Beck, XP], 『Domain-Driven Design』[Evans]과 『Checks: A Pattern Language of Information Integrity』[Cunningham]와 같은 저작이 포함된다.

패턴 중독

『Contributing to Eclipse』[Gamma and Beck]의 뒷 표지에 있는 Erich Gamma의 약력을 보면, 'Erich Gamma는 『Design Patterns』의 공동 저자로서, 소프트웨어 설계의 규칙과 아름다움이 주는 즐거움을 공유했다.'고 쓰여있다. 만약 패턴을 이용해서 뛰어난 설계를 만들었거나 그런 설계를 접해본 적이 있다면, 그 즐거움을 알 것이다.

그러나 패턴이 제공하는 융통성이나 정교함이 필요 없는 곳에 패턴을 남용해 형편없는 설계를 만들었거나 그런 설계를 접해본 적이 있다면, 패턴의 공포 또한 알 것이다.

패턴 중독은 패턴의 과용을 초래하는 경우가 많다. 패턴에 매혹되어 아무 코드에나 패턴을 사용해야 직성이 풀린다면, 패턴 중독이라 할 수 있다. 패턴에 중독된 프로그래머는 패턴 구현의 경험을 얻기 위해, 또는 정말 훌륭하고 복잡한 코드를 잘 작성한다는 명성을 얻기 위해 시스템에 패턴을 도입하려 노력할 것이다.

Jason Tiscioni라는 프로그래머는 다음과 같은 버전의 HelloWorld 프로그램을 SlashDot[1]사이트에 소개하여, 패턴 중독을 풍자했다.

```java
public interface MessageStrategy {
    public void sendMessage();
}

public abstract class AbstractStrategyFactory {
    public abstract MessageStrategy createStrategy(MessageBody mb);
}

public class MessageBody {
    Object payload;
    public Object getPayload() {
        return payload;
    }
    public void configure(Object obj) {
        payload = obj;
    }
    public void send(MessageStrategy ms) {
        ms.sendMessage();
    }
}
```

---

1) 저자 주: http://developers.slashdot.org/comments.pl?sid=33602&cid=3636102 참조

```
public class DefaultFactory extends AbstractStrategyFactory {
    private DefaultFactory() {;}
    static DefaultFactory instance;
    public static AbstractStrategyFactory getInstance() {
        if (instance==null) instance = new DefaultFactory();
        return instance;
    }

    public MessageStrategy createStrategy(final MessageBody mb) {
        return new MessageStrategy() {
            MessageBody body = mb;
            public void sendMessage() {
                Object obj = body.getPayload();
                System.out.println((String)obj);
            }
        };
    }
}

public class HelloWorld {
    public static void main(String[] args) {
        MessageBody mb = new MessageBody();
        mb.configure("Hello World!");
        AbstractStrategyFactory asf = DefaultFactory.getInstance();
        MessageStrategy strategy = asf.createStrategy(mb);
        mb.send(strategy);
    }
}
```

Jason의 HelloWorld 프로그램과 비슷한 코드를 본 적이 있는가? 나는 수도 없이
봐왔다.

패턴 중독의 폐해는 초보 프로그래머에만 국한된 것이 아니다. 중급 또는 고급
프로그래머 역시 패턴 중독으로부터 자유롭지 못하고, 세련된 패턴 책이나 글을
본 후라면 더욱 그렇다. 예를 들어 내가 개발을 돕던 시스템에서 Closure 패턴을 구
현한 코드를 발견한 적이 있었는데, 나중에 알고 보니 그 프로젝트의 어느 프로그
래머가 얼마 전에 어떤 위키 페이지[2]에서 Closure 패턴을 보고 배웠다는 것이었다.

---

2) 역자 주: http://c2.com/cgi/wiki?UseClosuresNotEnumerations 참조

코드를 살펴봤지만 Closure 패턴의 사용을 정당화할 만한 이유를 찾을 수가 없었다. Closure 패턴은 불필요했다. 따라서 나는 리팩터링을 통해 Closure 패턴을 제거하고, 그 자리를 보다 단순한 코드로 대체했다. 작업을 끝낸 후 그 팀의 프로그래머들에게 새로 바꾼 코드가 Closure를 사용하는 것보다 단순하다고 생각하지 않느냐 물었다. 그들은 코드가 더 단순해졌다고 대답했다. 결국 그 코드의 작성자도 리팩터링된 코드가 더 단순하다는 것을 인정했다.

패턴을 배우는 과정에서 패턴 중독을 피하기는 아마 거의 불가능할 것이다. 사실 우리는 대부분 실수를 통해 배운다. 나 역시 여러 경우에서 패턴 중독에 빠져 있었다.

패턴의 진정한 성과는 패턴을 현명하게 사용할 때 나타난다. 리팩터링은 중복을 제거하고, 코드를 단순화하고, 코드가 그 의도를 잘 드러내도록 하는 데에 우리의 주의를 집중하도록 함으로써, 패턴을 현명하게 사용하도록 도와준다. 리팩터링을 통해 점진적으로 패턴을 도입하면, 패턴으로 인한 과도한 설계가 발생할 기회도 줄어든다. 그리고 리팩터링을 더 잘 이해할수록 패턴이 주는 즐거움을 이해할 확률도 높아진다.

패턴을 구현하는 다양한 방법

각 패턴은 우리 환경에서 반복적으로 발생하는 문제를 소개한 다음, 그 문제에 대한 핵심 해결책을 설명한다. 이 해결책은 매번 다른 방법으로 백만 번도 넘게 사용할 수 있다.[Alexander, PL, x]

고전 『Design Patterns』[DP]에 있는 모든 패턴은 구조 다이어그램을 포함하고 있다. 예를 들어, Factory Method 패턴의 구조 다이어그램은 다음과 같다.

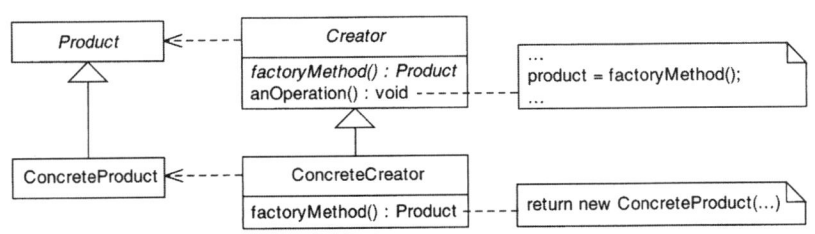

이 다이어그램에서는 Creator와 Product가 추상 클래스abstract class이고, Con-creteCreator와 ConcreteProduct는 구체 클래스concrete class임을 나타낸다. 이 방법이 Factory Method 패턴을 구현하는 유일한 방법일까? 아니다!

사실 『Design Patterns』의 저자들은 구현 노트Implementation Note 절에서 각 패턴을 구현하는 다른 방법을 설명하는 고통을 감수했다. Factory Method 패턴의 구현 노트를 읽어보면, 그 패턴을 구현하는 방법이 다양하다는 것을 알 수 있다. 예를 들어, 다음 다이어그램은 또 다른 구현 방법을 나타낸 것이다.

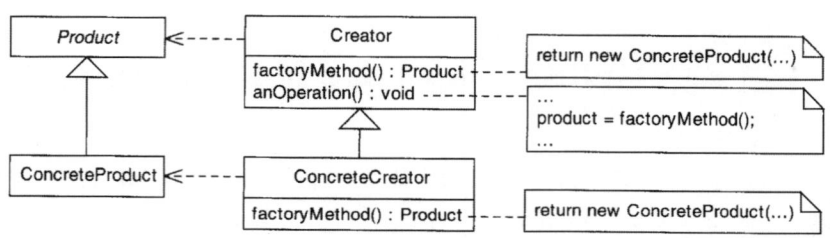

이 경우에 Product는 추상 클래스지만, 다른 모든 클래스는 구체 클래스다. 그리고 Creator 클래스는 스스로 factoryMethod() 메서드를 구현하며, Concrete-Creator 클래스가 이것을 오버라이드한다.

Factory Method 패턴을 구현하는 방법은 이 외에도 다양하다. 다음은 그 중 하나다.

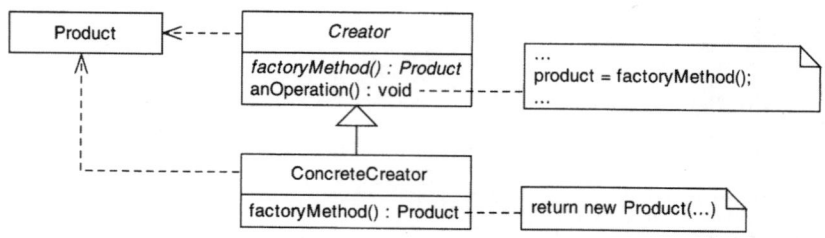

이번에는 Product 클래스가 구체 클래스이지만 서브클래스를 갖지 않는다. Creator는 추상클래스로서 팩터리 메서드의 추상 버전을 정의하고, Product 객체

를 리턴하는 역할은 ConcreteCreator 클래스가 맡고 있다.

요점은, 하나의 패턴도 여러 가지 방법으로 구현할 수 있다는 것이다.

불행히도, 프로그래머들은 『Design Patterns』의 각 패턴에 제시된 구조 다이어그램만을 보고 그것이 해당 패턴을 구현하는 유일한 방법이라는 결론을 내려버리는 경우가 종종 있다. 프로그래머들이 구현 노트를 주의 깊게 읽었더라면, 그러지 않을 것이다. 그러나 많은 프로그래머들이 『Design Patterns』를 펼쳐 구조 다이어그램을 확인한 다음, 바로 코딩을 시작한다. 그 결과로 나온 코드는 당장의 필요에 가장 잘 맞는 패턴 구현이 아니라, 구조 다이어그램을 그대로 구현한 것일 뿐이다.

『Design Patterns』가 출간된 지 몇 년 후, 공동 저자 중 한 명인 John Vlissides는 다음과 같은 글을 썼다.

> 패턴의 구조 다이어그램은 명세가 아니라 단지 예제일 뿐이라는 것은 아무리 강조해도 지나치지 않을 것 같다. 구조 다이어그램은 우리가 가장 자주 본 구현을 나타낼 뿐이다. 이런 구조 다이어그램이 자기 자신의 구현과 많은 공통점이 있을 수도 있겠지만, 차이가 생기는 것은 피할 수 없고, 사실은 차이가 있는 것이 바람직하다고까지 할 수 있다. 최소한 구성 요소의 이름은 자신의 도메인에 맞게 바꿀 것이다. 구현상의 트레이드오프trade-off는 경우에 따라 다르고, 자신의 구현은 구조 다이어그램과 상당히 다르게 보일 수 있다.

이 책에서의 패턴 구현은 『Design Patterns』에 제시된 구조 다이어그램과는 상당히 다르다는 것을 알게 될 것이다. 예를 들어 Composite 패턴의 구조 다이어그램은 다음과 같지만,

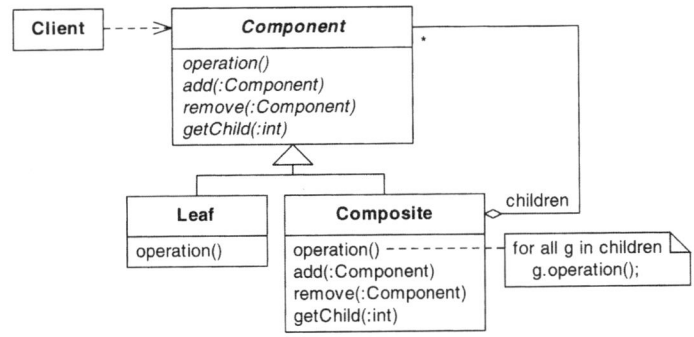

Composite 패턴을 다음과 같이 구현할 수도 있다.

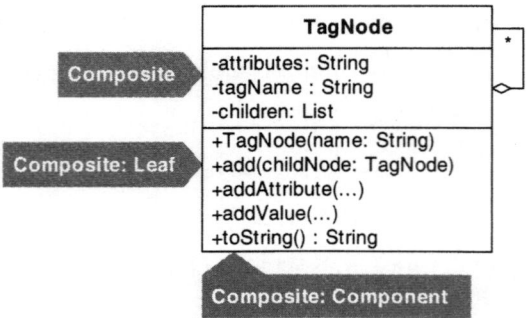

보다시피, 이 Composite 패턴의 구현은 『Design Patterns』에 제시된 구조 다이 어그램과 별로 닮지 않았다. 이것은 반드시 필요한 것만을 코딩한 결과로 나온 최 소한의 Composite 구현이다.

패턴 구현에 있어 최소주의자minimalist가 되는 것은 발전적 설계를 위한 연습의 일부다. 많은 경우, 패턴을 사용하지 않은 구현을 패턴을 사용하도록 발전시켜야 할 필요가 있을 수 있다. 그렇다면 리팩터링을 통해, 패턴 구현의 단순한 버전을 우선 사용하도록 만들 수 있다. 나는 이 책 전반에 걸쳐 이런 접근법을 취했다.

패턴 목표, 패턴 지향, 패턴 제거 리팩터링

좋은 설계자는 항상 더 좋은 설계에 도달하려는 목표를 갖고 여러 방향으로 리팩 터링을 한다. 내가 적용하는 많은 리팩터링이 패턴과 무관하지만(예를 들면 Extract Method[F], Rename Method[F], Move Method[F], Pull Up Method[F] 등과 같이 작고 단순한 리팩터링들), 패턴에 관계된 리팩터링도 많다. 그런 것을 '패턴을 고려한 리팩터링' 이라 하고, 그 방향에는 세 가지가 있다. 하나는 패턴을 목표로 하는 것이고, 다른 하나는 패턴을 지향하는 것이며, 나머지 하나는 패턴을 제거하는 것이다.

패턴을 고려한 리팩터링이 취하는 방향은 해당 패턴의 특성에 영향을 받는 경우가 많다. 예를 들어서 Compose Method 리팩터링(179쪽)은 Kent Beck의 Com-posed Method[Beck, SBPP] 패턴을 고려한 리팩터링이다. 이 리팩터링을 적용할 때, 나는 Composed Method 패턴을 목표로(지향이 아니라) 리팩터링을 한다. Composed Method 패턴을 지향만 해서는 충분히 개선할 수 없다. 진정한 개선을 이루려면 리팩터링을 해서 이 패턴에 도달해야 한다.

Template Method[DP] 패턴의 경우도 마찬가지다. 사람들은 보통 서브클래스의 중복된 코드를 제거하기 위해 Form Template Method 리팩터링(281쪽)을 적용한다. 그러나 Template Method 패턴을 지향하는 리팩터링으로는 원하는 결과를 얻을 수 없다. Template Method 패턴을 구현하는 것과 하지 않는 것 중에서 구현하지 않는 방향으로 간다면, 서브클래스에 중복된 코드는 제거할 수 없다.

반면에 이 책에는 패턴 구현을 끝까지 하든, 중간까지만 하든 만족할 만한 수준의 개선을 얻을 수 있는 리팩터링 또한 많이 포함돼 있다. Move Embellishment to Decorator 리팩터링(206쪽)이 좋은 예다. 이 리팩터링의 초기 단계에서는 Replace Conditional with Polymorphism[F] 리팩터링을 적용한다. 그 작업을 끝낸 후에 작업이 더는 필요 없을 정도로 설계가 충분히 개선되었는지 결정할 수 있다. 다음 단계까지 수행하는 것이 더 좋을 것 같으면, Replace Inheritance with Delega-tion[F] 리팩터링을 적용한다. 이를 통해 설계가 충분히 개선되었다면, 작업을 멈출 수 있다. 또한 끝까지 가는 것이 좋을 것 같으면, 리팩터링을 계속해 Decorator 패턴에 도달할 수도 있다.

이와 비슷하게, Replace Conditional Dispatcher with Command 리팩터링(265쪽)이 필요한 상황이라면, Command[DP] 패턴으로 가는 중간 단계에서 멈추더라도 어느 정도 개선 효과를 볼 수 있다.

패턴을 목표로 하거나 패턴을 지향해 리팩터링을 했다면, 설계가 정말 개선됐는지 평가해 봐야 한다. 개선되지 않았다면, 원래대로 되돌리거나 다른 방향으로 (그 패턴을 제거하거나 다른 패턴으로) 리팩터링해야 한다. Inline Singleton 리팩터링(168쪽)은 설계에서 Singleton[DP] 패턴을 제거하는 것이다. Encapsulate Composite with Builder 리팩터링(145쪽)은 클라이언트 코드가 Composite[DP] 패턴 대신에 Builder[DP] 패턴을 사용하도록 바꾼다. Move Accumulation to Visitor

리팩터링(423쪽)은 수많은 코드 중복 때문에 골치 아픈 Iterator[DP] 코드를 Visitor[DP] 코드로 바꾼다.

리팩터링은 그 결과로 패턴을 도입할 수도 있고 제거할 수도 있다. 또는 패턴으로 가는 중간 단계에서 머무르게 할 수도 있다. 그러나 진짜 목표는 패턴을 구현하는 것이 아니라 더 좋은 설계를 얻는 것임을 명심하기 바란다. 표 3.1은 이 책에 나오는 패턴을 고려한 리팩터링을 적용할 때 내가 따르는 방향을 정리한 것이다.

| 표 3.1 |

패턴	목표	지향	제거
Adapter	Extract Adapter(347), Unify Interfaces with Adapter(333)	Unify Interfaces with Adapter(333)	
Builder	Encapsulate Composite with Builder(145)		
Collecting Parameter	Move Accumulation to Collecting Parameter(415)		
Command	Replace Conditional Dispatcher with Command(265)	Replace Conditional Dispatcher with Command(265)	
Composed Method	Compose Method(179)		
Composite	Replace One/Many Distinctions with Composite(303), Extract Composite(291), Replace Implicit Tree with Composite(249)		Encapsulate Composite with Builder (145)
Creation Method	Replace Constructors with Creation Methods(97)		
Decorator	Move Embellishment to Decorator(206)	Move Embellishment to Decorator(206)	

(표 3.1 계속)

패턴	목표	지향	제거
Factory	Move Creation Knowledge to Factory(110), Encapsulate Classes with Factory(124)		
Factory Method	Introduce Polymorphic Creation with Factory Method(134)		
Interpreter	Replace Implicit Language with Interpreter(360)		
Iterator			Move Accumulation to Visitor(423)
Null Object	Introduce Null Object(402)		
Observer	Replace Hard-Coded Notifications with Observer(319)	Replace Hard-Coded Notifications with Observer(319)	
Singleton	Limit Instantiation with Singleton(396)		Inline Singleton(168)
State	Replace State-Altering Conditionals with State(234)	Replace State-Altering Conditionals with State(234)	
Strategy	Replace Conditional Logic with Strategy(187)	Replace Conditional Logic with Strategy(187)	
Template Method	Form Template Method(281)		
Visitor	Move Accumulation to Visitor(423)	Move Accumulation to Visitor(423)	

패턴은 코드를 더 복잡하게 만드는가?

내가 일하던 팀에 패턴을 아는 프로그래머와 패턴을 모르는 프로그래머가 있었다. Bobby는 패턴을 잘 알고 프로그래밍 경력이 10년이었다. John은 패턴을 접할 기회가 거의 없었고 프로그래밍 경력이 4년이었다.

어느 날 John은 Bobby가 마무리한 상당한 리팩터링을 살펴보고는 소리쳤다. "저는 예전 코드가 더 좋은데요! 코드가 훨씬 더 복잡해졌잖아요!"

Bobby는 데이터 엔트리의 유효성 검사와 관련된 엄청난 양의 조건 로직을 리팩터링했고, 그 결과 Composite 패턴이 도입되었다. 많은 조각의 유효성 검사 로직을 모두 동일한 인터페이스를 공유하는 각각의 유효성 검사 객체로 바꿨다. 주어진 데이터 엔트리에 대해, 적절한 유효성 검사 객체가 이제 하나의 컴포짓composite 객체에 모였다. 그리고 실행 시에 어떤 검사 규칙이 통과 또는 실패했는지 알기 위해 그 데이터 엔트리에 대응하는 유효성 검사 컴포짓 객체에 물어보면 되도록 바뀐 것이다.

내가 John과 짝 프로그래밍을 하게 됐을 때, 그는 Bobby의 리팩터링에 대해 불만을 나타냈다. 나는 불만의 원인을 알고 싶어서, John에게 몇 가지 질문을 했다. 그리고 바로 John이 Composite 패턴에 대해 잘 알지 못한다는 것을 알게 됐다. 그것이 문제였다.

Composite 패턴에 대해 가르쳐주겠다고 하자, John은 이를 받아들였다. 그가 Composite 패턴을 이해한 것 같을 때, 다시 Bobby가 리팩터링한 코드를 함께 살펴봤다. 그리고 John에게 생각이 달라지지 않았는지 물었다. 그는 마지못해 그 코드가 자신이 생각했던 것만큼 복잡하진 않다고 인정했지만, 이전 코드보다 더 나아졌다고 말하지는 않았다.

내 관점에서 볼 때, Bobby의 리팩터링은 이전 코드를 상당히 개선한 것이었다. Bobby는 데이터 엔트리와 관련된 클래스에 있던 엄청난 양의 조건 로직과 중복된 코드를 제거했다. 또한 유효성 검사 규칙의 통과 여부를 알아내는 방법을 매우 단순하게 바꿨다.

내가 Composite 패턴에 이미 익숙하며 잘 알고 있다는 점이 Bobby의 리팩터링에 대한 내 관점에 영향을 주었을 것이다. John과는 달리, 나에게는 리팩터링된 코드가 이전 코드보다 더 단순하고 명확해 보였다.

일반적으로 패턴 구현은 중복을 제거하고, 로직을 단순화하고, 의도를 잘 전달하고, 융통성을 높이는 데 도움이 돼야 한다. 그러나 위의 일화에서도 알 수 있듯이, 패턴에 얼마나 익숙하냐에 따라서 패턴에 기초한 리팩터링에 대한 인식이 달라질 수 있다. 나는 팀 구성원 전체가 패턴을 너무 복잡한 것으로 보고 배우기를 피하기보다는, 패턴을 배우기를 바란다.

그러나 어떤 패턴 구현은 코드를 필요 이상으로 복잡하게 할 수 있다. 이런 경우에는 원래대로 돌아가거나, 리팩터링이 필요하다.

패턴 지식

패턴을 모른다면, 주어진 코드를 훌륭한 설계로 발전시킬 가능성도 적다. 패턴은 지혜를 담고 있으며, 이런 지혜를 재활용하는 것은 매우 유용하다.

Mozart의 전기 작가인 Maynard Solomon은 Mozart가 새로운 형태의 음악을 창안한 것이 아니라 단순히 기존의 형태를 조합해 기막히게 훌륭한 결과를 만들어 낸 것이라 말했다[Solomon]. 패턴은 뛰어난 소프트웨어 설계를 만들기 위해 조합해 사용할 수 있는 기존 형태의 음악과 같다.

한번은 Builder 패턴에 대한 지식이 내가 개발을 돕던 시스템의 발전에 중요한 역할을 한 적이 있다. 그 시스템은 완전히 다른 두 환경에서 동작해야 했다. 설계 초기 단계에서 Builder 패턴을 사용해 그 시스템을 발전시키지 않았더라면, 설계가 어떤 방향으로 흘러갔을지 생각만 해도 오싹하다.

테스트 주도 개발과 단위 테스트를 가능하게 하는 훌륭한 테스트 프레임워크인 JUnit에는 많은 패턴이 사용됐다. JUnit을 개발한 Kent Beck과 Erich Gamma가 처음부터 가능한 많은 패턴을 적용하려 했던 것은 아니었다. 단순히 프레임워크를 발전시키면서 설계에 패턴의 지혜를 재사용한 것이었다. JUnit은 오픈 소스 도구이기 때문에, 나는 그 발전 상황을 버전 1.0부터 최신 버전까지 살펴볼 수 있었다. 각 버전을 살펴보고, Kent와 Erich에게 그들의 작업에 대해 이야기한 결과, 그들은 패턴을 목표로 또는 패턴을 향해 리팩터링을 한 것이 분명했다. 그리고 패턴에 대한 지식이 그 리팩터링 작업에 가장 확실한 도움이 됐을 것이다.

그러나 책의 앞부분에서 언급했듯이, 훌륭한 소프트웨어를 만드는 것은 패턴에 대한 지식만으로는 충분하지 않다. 패턴을 어떻게 현명하게 사용하는지도 알아야 한다(바로 이것이 이 책의 주제다). 그러나 패턴을 공부하지 않는다면, 그 중요하고 아름답기까지 한 설계 아이디어에 도달하지 못할 것이다.

패턴에 대한 지식을 얻기 위한 방법 중 내가 선호하는 것은 좋은 패턴 책을 한 권 골라 공부한 후에 스터디 그룹에서 한 주에 패턴 하나씩을 토론하는 것이다. 내가 예전에 작성한 패턴 언어인 'Pools of Insight' [Kerievsky, PI]에는 스터디 그룹을 오래 지속하는 방법이 설명되어 있다.

내가 1995년에 만든 Design Patterns Study Group of New York City라는 스터디 그룹은 지금도 활발하게 활동하고 있다. The Silicon Valley Patterns Group 또한 오랫동안 유지된 스터디 그룹이다. 이 그룹의 몇몇 멤버는 스터디 그룹 활동을 너무도 즐겨서, 모임에 쉽게 참석할 수 있도록 아예 그룹이 모이는 장소 근처로 이사를 했다고 한다.

이런 스터디 그룹의 친구들은 더 좋은 소프트웨어 설계자가 되고 싶어 한다. 매주 모여서 중요한 설계 아이디어에 대해 토론하는 것은 훌륭한 소프트웨어설계자가 되는 좋은 방법이다.

공부해야 할 책이 너무 많은 것 같더라도 걱정하지 말기 바란다. Jerry Weinberg의 충고를 따르면 된다. 한번은 그에게 출판되는 모든 책을 어떻게 따라가느냐고 물었더니, 이렇게 대답했다. "쉽지요. 훌륭한 책만 골라서 읽는 겁니다."

패턴을 이용한 사전 설계

1996년 봄, 음악과 텔레비전 관련 사업을 하는 한 유명한 회사가 Java로 웹 사이트를 구축하려 했다. 그 회사의 경영진은 사이트가 어떻게 보여야 할지, 어떻게 동작해야 할지는 잘 알고 있었지만 사이트 구축에 필요한 Java전문지식은 없었다. 그래서 그들은 개발 파트너를 찾기 시작했다.

그 회사는 내 회사인 Industrial Logic에도 접촉을 해왔다. 첫 회의에서 그들은 사용자 인터페이스 설계 전반에 대해 설명했다. 그리고 사소한 변경에는 프로그래머를 부르지 않고도 사이트의 동작을 수정할 수 있어야 한다고 밝혔다. 그들은 '이 요구사항을 만족하려면 어떻게 프로그래밍 해야 하는가?'라는 단 하나의 질문을 갖고 있었다.

그 후 몇 주 동안, 나는 동료들과 함께 그 사이트에 대한 설계를 고민했다. 그때 우리는 모두 그보다 6개월 전에 시작한 Design Patterns Study Group의 멤버였다. 우리가 새로 발견한 패턴 지식이 설계에 가장 큰 도움이 됐다. 그 사이트의 각 요구사항에 대해 어떤 패턴이 도움이 될지 생각했다.

곧 Command[DP] 패턴이 설계에서 핵심적인 역할을 하게 될 것임이 명확해졌다. 우리는 커맨드command 객체가 모든 동작을 제어하도록 하는 방식으로 그 사이트를 구축할 수 있었다. 화면의 어딘가를 클릭하면 하나의 커맨드 객체(또는 여러 개의 커맨드 객체)가 실행된다. 또한 우리는 Interpreter[DP] 패턴을 이용해 간단한 인터프리터interpreter를 만들어, 고객이 원하는 기능은 어떤 것이든 커맨드 객체로 추가할 수 있도록 했다. 따라서 사이트의 동작을 수정할 때 우리를 부를 필요가 없었다.

우리는 며칠 동안 그간의 설계를 문서화했다. 그리고 그 회사 사람들과 두 번째 회의를 했다. 회의는 잘 진행됐고, 우리가 제시한 설계에 대한 기술적 세부사항을 논의하기 위해 세 번째 회의에 참석해달라는 요청을 받았다.

몇 주가 지나면서, 다음 회의를 했고, 또 그 다음 회의를 했다. 한여름이 될 때까지 우리는 그 사이트에 대해 아무런 코드도 작성하지 않았지만, 설계 체계에 대한 문서는 점점 늘어났다. 마침내 8월 중순 어느 날, 그 사이트 개발을 우리가 수주하는 것이 결정됐다.

그 후 몇 달 동안, 설계에 따라 사이트를 구축했다. 프로그램을 작성하면서 Composite[DP], Iterator[DP], Null Object[Woolf] 패턴을 목표로 한 리팩터링을 통해 설계를 개선할 수 있는 곳들을 찾았다. 어떻게, 왜 Null Object 패턴을 목표로 리팩터링을 하는지에 대한 예제는 Introduce Null Object 리팩터링(402쪽)을 참조하기 바란다.

계획된 출시일보다 한 달 정도 지연된 12월 중순에 작업이 끝났다. 사이트가 운영에 들어갔고, 모두 축배를 들었다.

나는 리팩터링과 패턴의 역할을 생각할 때면 이 때의 경험을 떠올리곤 한다. 같은 작업을 다시 하게 된다면, 대규모 사전 설계BDUF, big design up-front 대신에 단순한 구현에서 출발하여 설계를 계속 발전시켜나가는 것이 좋을까? 설계 초기단계부터 몇몇 패턴을 사용하는 대신에 패턴을 목표로 또는 패턴을 지향한 리팩터링만을 사용했다면 더 성공할 수 있었을까?

그렇지 않다. 설계에 대해 생각하고 고객에게 그 세부 사항을 설명하지 않았다면, 프로젝트를 수주할 수 없었을 것이다. 이런 상황을 고려할 때 BDUF는 절대적으로 필요했고, Command와 Interpreter 패턴을 사용한 사전 설계는 우리의 성공에서 매우 중요한 부분이었다.

BDUF의 일반적인 문제는 시간 낭비가 흔하다는 것이다. 요구사항에 대한 설계를 만들었는데, 요구사항이 바뀌거나, 아예 없어지거나, 나중으로 연기되기도 한다. 또는 요구사항은 변경되지 않았지만, 필요 이상으로 우아하고 정교한 설계를 하느라 많은 시간을 보낼 수도 있다.

앞의 사례는 BDUF의 이런 문제에 직면하지 않은 경우다. 프로젝트는 규모가 작았고 요구사항은 매우 고정적이었다. 우리는 프로그래밍 작업에서 사전 설계의 모든 부분을 활용했다. 우리 코드는 바로 고객이 원하던 것이었고, 지나치게 복잡하거나 정교하지도 않았다.

그러나 인터넷 브라우저의 여러 결함으로 인해 기한을 한 달 초과했다. 프로젝트 중간쯤에, 사이트가 Mac 버전 브라우저에서 제대로 동작하는지 테스트하기 시작했고, 곧 Mac의 Netscape에 우리가 피해가야 하는 심각한 버그가 있음을 알게 됐다. 게다가 Internet Explorer와 Netscape 사이에 많은 차이가 있음을 알게 됐고, 많은 시간을 들여 코드를 수정해야 했다.

출시가 한 달 정도 지연되는 것이 심각한 문제는 아니었지만, 그로 인해 스트레스를 받았다. 프로그래밍을 좀더 일찍 시작했더라면(프로젝트를 수주하기 전에라도), 브라우저 결함을 일찍 발견했을지도 모른다. 그러나 그 당시에는 우리에게 비용을 지불할 고객이 정해지기 전에 코딩하는 것이 내키지 않았다.

1996년 이후, 나는 패턴을 이용한 사전 설계를 거의 한 적이 없다. 여러 프로젝트를 거치며 내가 취한 접근법은 필요에 따라 패턴을 목표로, 패턴을 지향해, 또는 패턴을 제거하는 리팩터링을 통해 시스템을 발전시키는 방법이었다. Command 패턴만이 예외로 남아있다. 구현하기도 쉬웠고, 해당 시스템에서 Command 패턴이 제공하는 동작의 필요성이 분명했기 때문에, 1996년 이후에도 몇몇 프로젝트에서는 설계 초기단계부터 Command 패턴을 사용했다.

내가 이런 이야기를 이 장에 포함시킨 것은 이 책의 아이디어를 무시하는 것이 어떤 경우에 의미 있는지 설명하는 데 도움이 될 것이라 믿기 때문이다. 보통은 패턴을 이용한 사전 설계를 별로 좋아하지 않지만, 설계자는 이것을 도구 상자 어딘가에 보관해야 한다는 것도 부정할 수 없다. 나는 패턴을 이용한 사전 설계를 별로 이용하지도 않고, 이용한다 해도 매우 주의해서 사용한다. 여러분도 그렇게 할 것을 권고한다.

> 자신이 작성한 문장이라 할지라도 초연하고 비평적인 시각으로 반복해서 읽으
> 면, 곳곳에서 잘못된 점을 계속 발견하게 될 것이다. [Barzun, 229]

기존 코드의 설계를 개선하기 위해서는 개선할 점이 무엇인지를 아는 것이 우선
이다. 리팩터링 카탈로그가 이런 지식을 얻는 데 도움이 될 수는 있지만, 우리가
처한 상황은 카탈로그에서 보는 것과 다를 수 있다. 따라서 흔히 나타나는 설계
문제에 대해 배우고 이런 문제를 코드에서 인식할 수 있는 능력을 갖추는 것이 필
요하다.

가장 흔한 설계 문제는 다음과 같은 원인들로 인해 생긴다.

● 중복된 코드가 있다.
● 코드의 의미가 명확하지 않다.
● 코드가 복잡하다.

물론 이런 목록은 코드에서 개선이 필요한 부분을 찾아내는 데 도움이 될 것이
다. 그러나 이것만으로는 너무 막연하다. 우리가 실제로 부딪히는 문제는 그리 간
단하지 않기 때문이다. 어떤 코드는 겉으로 동일하게 보이지는 않지만 사실은 중
복된 것일 수 있다. 그리고 코드의 의도가 명확한지 아닌지를 판단할 기준이 빠져
있고, 복잡한 코드와 단순한 코드를 구별할 기준도 들어있지 않다.

Martin Fowler와 Kent Beck은 『Refactoring』[F]의 「코드 속의 나쁜 냄새Bad Smells in Code」에서 설계 문제를 식별할 수 있는 별도의 방법을 제시했다. 그들은 설계 문제를 냄새에 비유했고, 특정 냄새를 제거하는 데 어떤 리팩터링 또는 리팩터링 조합이 좋은지 설명했다.

Fowler와 Beck의 코드 냄새는 메서드, 클래스, 상속구조, 패키지(이름 공간, 모듈), 전체 시스템 등 모든 곳에서 발생하는 문제를 목표로 한다. 그리고 기능에 대한 욕심Feature Envy, 기본 타입에 대한 강박 관념Primitive Obsession, 추측성 일반화Speculative Generality와 같은 냄새 이름은 프로그래머들이 설계 문제를 논의할 때 사용할 수 있는 풍부하고 다채로운 어휘가 된다.

이 책에서 설명하는 리팩터링이 Fowler와 Beck이 설명한 22개의 코드 냄새 중 어떤 것들을 처리하는지 살펴보는 것도 재미있을 것 같다. 이 작업을 하면서 나는 패턴을 고려한 리팩터링이 필요한 5개의 새로운 코드 냄새를 발견했다. 이것까지 합쳐 이 책에 나오는 리팩터링은 모두 12개의 코드 냄새를 처리한다.

표 4.1은 12개의 냄새와 그 냄새를 제거하려 할 때 고려할 만한 리팩터링들을 나열하고 있다. 이런 냄새들을 제거하는 데는 여러 리팩터링을 조합하는 것이 좋다. 이 장에서는 12개의 냄새를 차례로 설명하고, 각 냄새를 제거하기 위해 어떤 리팩터링을 사용해야 할지에 대한 지침을 제공한다.

| 표 4.1 |

냄새[1]	리팩터링
중복된 코드 (Duplicated Code, 78쪽) [F]	Form Template Method (281)
	Introduce Polymorphic Creation with Factory Method (134)
	Chain Constructors (448)
	Replace One/Many Distinctions with Composite (303)
	Extract Composite (291)
	Unify Interfaces with Adapter (333)
	Introduce Null Object (402)

1) 저자 주: 쪽수는 이 책에서 냄새가 논의된 부분을 나타낸다. [F] 표시는 해당 냄새가 『Refactoring』[F]에서 Fowler와 Beck이 작성한 「코드 속의 나쁜 냄새」에서도 논의됐음을 나타낸다.

(표 4.1 계속)

냄새	리팩터링
긴 메서드 (Long Method, 79쪽) [F]	Compose Method (179) Move Accumulation to Collecting Parameter (415) Replace Conditional Dispatcher with Command (265) Move Accumulation to Visitor (423) Replace Conditional Logic with Strategy (187)
복잡한 조건문 (Conditional Com- plexity, 80쪽)	Replace Conditional Logic with Strategy (187) Move Embellishment to Decorator (206) Replace State-Altering Conditionals with State (234) Introduce Null Object (402)
기본 타입에 대한 강박관념 (Primitive Obses- sion, 81쪽) [F]	Replace Type Code with Class (383) Replace State-Altering Conditionals with State (234) Replace Conditional Logic with Strategy (187) Replace Implicit Tree with Composite (249) Replace Implicit Language with Interpreter (360) Move Embellishment to Decorator (206) Encapsulate Composite with Builder (145)
추잡한 노출 (Indecent Exposure, 82쪽)	Encapsulate Classes with Factory (124)
문어발 솔루션 (Solution Sprawl, 83쪽)	Move Creation Knowledge to Factory (110)
인터페이스가 서로 다 른 대체 클래스 (Alternative Classes with Different Interfaces, 83쪽) [F]	Unify Interfaces with Adapter (333)
게으른 클래스 (Lazy Class, 84쪽) [F]	Inline Singleton (168)
거대한 클래스 (Large Class, 84쪽) [F]	Replace Conditional Dispatcher with Command (265) Replace State-Altering Conditionals with State (234) Replace Implicit Language with Interpreter (360)

(표 4.1 계속)

냄새	리팩터링
Switch 문 (Switch Statements, 85쪽) [F]	Replace Conditional Dispatcher with Command (265) Move Accumulation to Visitor (423)
조합의 폭발적 증가 (Combinatorial Explosion, 85쪽)	Replace Implicit Language with Interpreter (360)
괴짜 솔루션 (Oddball Solution, 86쪽)	Unify Interfaces with Adapter (333)

중복된 코드

중복된 코드는 소프트웨어에서 가장 흔한 악취다. 중복에는 명백한 중복과 잠재적 중복이 있는데, 명백한 중복이란 완전히 동일한 코드가 존재하는 것을 의미하고, 잠재적 중복이란 구조나 처리 단계에 있어 겉으로는 다르게 보이지만 본질적으로 같은 부분이 존재한다는 것을 뜻한다.

상속 구조에서 서브클래스 사이의 명백한 또는 잠재적인 중복은 보통 Form Template Method 리팩터링(281쪽)을 통해 제거할 수 있다. 여러 서브클래스에서 각각 구현한 어떤 메서드의 내부가 객체 생성 단계만 제외하고는 서로 거의 비슷한 경우에는, Introduce Polymorphic Creation with Factory Method 리팩터링(134쪽)을 적용한 후, Template Method[DP] 패턴을 도입하면 더 많은 중복 코드를 제거할 수 있다.

한 클래스의 여러 생성자 사이에 중복된 코드가 있다면, 보통 Chain Constructors 리팩터링(448쪽)을 통해 중복을 제거할 수 있다.

처리할 객체가 하나인지 여러 개인지를 구별하여 별도의 코드로 분기하고 있다면, Replace One/Many Distinctions with Composite 리팩터링(303쪽)을 통해 중복을 제거할 수 있을 것이다.

한 계층구조의 서브클래스들이 컴포짓composite 기능을 각자 구현하고 있고 그 구현이 동일하다면, Extract Composite 리팩터링(291쪽)을 사용할 수 있다.

비슷한 일을 하는 여러 객체를 다루는 데 있어 인터페이스가 다르다는 이유만으로 각각을 별도로 처리해야 한다면, Unify Interfaces with Adapter 리팩터링(333쪽)을 통해 중복된 처리 로직을 제거할 수 있다.

객체가 널null인 경우를 처리하기 위한 조건 로직이 시스템 전체에 걸쳐 중복되어 있다면, Introduce Null Object 리팩터링(402쪽)을 통해 중복을 제거하고 시스템을 단순하게 할 수 있다.

긴 메서드

Fowler와 Beck[F]은 이 냄새를 묘사하면서 짧은 메서드가 긴 메서드보다 좋은 몇 가지 이유를 설명했다. 가장 중요한 이유는 로직의 공유와 관계가 있다. 두 개의 긴 메서드는 중복된 코드를 가질 가능성이 크다. 그러나 긴 메서드를 작은 조각으로 나누면 로직을 공유할 수 있는 방법이 보일 수도 있다.

Fowler와 Beck은 또한 메서드 길이가 짧은 것이 코드를 이해하는 데 도움이 된다고 했다. 주어진 코드 덩어리가 무슨 일을 하는 것인지 이해하기 힘든 경우, 이 부분을 짧은 메서드로 뽑아내 이름을 잘 지어주면, 원래 코드를 이해하기가 더 쉬워질 것이다. 시스템이 짧은 메서드들로 구성되어 있다면 이해하기가 더 쉽고 중복도 적기 때문에, 확장과 유지보수가 쉬워진다.

짧은 메서드의 적정 길이는 어느 정도일까? 나는 메서드의 길이를 10줄 이하로 하고, 대부분의 메서드는 1~5줄 정도가 되도록 하는 것이 좋다고 생각한다.[2] 대부분의 메서드를 짧게 만든다면, 긴 메서드가 몇 개 정도 있어도 상관없다. 물론 그 긴 메서드도 이해하기 쉽고 중복 코드를 포함하지 않아야 한다는 것은 두말할 필요 없다.

어떤 프로그래머들은 짧은 메서드를 많이 호출하는 연쇄 호출과 관련된 성능

---

[2] 역자 주: 메서드의 적정 길이에 대해서는 논란이 있을 수 있다. 역자의 사견으로는 5~20줄 정도의 길이가 적당할 것 같다. 메서드 길이가 20줄 이상이 될 경우, 좀더 짧은 메서드로 분해할 수 있을지 고민한다. 메서드를 인위적으로 짧게 만드는 것은 코드를 이해하기 더 어렵게 할 수도 있다. 여기서 제시한 것이 절대적 기준은 아님을 명심하기 바란다.

문제를 걱정해 메서드를 길게 만들기도 한다. 그러나 이것은 다음과 같은 이유에서 불리한 선택이다. 첫째, 훌륭한 설계자는 조급하게 코드 최적화를 하지 않는다. 둘째, 짧은 메서드를 연쇄 호출하는 것은 대부분의 경우 성능에 아무런 영향을 미치지 않는다. 이것은 프로파일러profiler를 통해 확인할 수 있는 사실이다. 셋째, 성능 문제가 발생하는 경우, 짧은 메서드를 포기하지 않으면서도 리팩터링을 통해 성능을 향상시킬 수 있다.[3]

나는 긴 메서드와 마주치면 Compose Method 리팩터링(179쪽)을 통해 짧은 메서드들로 나누고 싶은 충동을 느낀다. 이 작업에는 Extract Method[F] 리팩터링을 적용하는 것도 포함된다. 그리고 그 과정에서, 어떤 변수에 정보가 쌓이고 있다는 것을 발견하면 Move Accumulation to Collecting Parameter 리팩터링(415쪽)의 적용을 고려한다.

여러 가지 요청을 처리하기 위한 거대한 switch 문 때문에 메서드가 길어졌다면, Replace Conditional Dispatcher with Command 리팩터링(265쪽)을 통해 메서드 길이를 줄일 수 있다.

서로 다른 인터페이스를 가진 다양한 클래스로부터 데이터를 수집하기 위해 switch 문을 사용한다면, Move Accumulation to Visitor 리팩터링(423쪽)을 통해 메서드의 길이를 줄일 수 있다.

여러 종류의 알고리즘과 조건 로직(런타임에 적절한 알고리즘으로 분기하기 위한)을 포함하고 있어 메서드가 길어졌다면, Replace Conditional Logic with Strategy 리팩터링(187쪽)을 통해 메서드 길이를 줄일 수 있다.

복잡한 조건문

이해하기 쉽고 길이도 몇 줄 되지 않는 초기의 조건 로직에는 아무런 문제가 없다. 그러나 불행히도 조건문이 이렇게 유지되는 경우는 거의 없다. 예를 들어 몇 가지 새로운 기능을 추가하면서 조건 로직이 갑자기 복잡하게 팽창할 수 있다.

---

3) 역자 주: 리팩터링은 코드를 이해하기 쉽게 하지만, 성능 개선을 위한 코드 최적화는 코드 이해를 어렵게 하는 것이 보통이다.

『Refactoring』[F]과 이 책의 카탈로그에 있는 여러 리팩터링이 이런 문제를 다룬다.

만약 조건 로직이 수행할 계산의 여러 변형 중 하나로 분기하기 위한 것이라면, Replace Conditional Logic with Strategy 리팩터링(187쪽)의 적용을 고려할 수 있다.

만약 조건 로직이 그 클래스의 핵심 동작 외의 특별한 경우에 대한 몇몇 동작을 제어하는 것이라면, Move Embellishment to Decorator 리팩터링(206쪽)을 사용할 수 있다.

객체의 상태 전이를 제어하는 복잡한 조건식의 경우, Replace State-Altering Conditionals with State 리팩터링(234쪽)을 통해 로직을 단순화할 수 있다.

보통 널을 처리하기 위해 조건 로직을 사용하는 경우가 많은데, 그런 조건 로직이 시스템 전체에 걸쳐 중복되어 있다면, Introduce Null Object 리팩터링(402쪽)을 이용해 깔끔하게 정리할 수 있다.

기본 타입에 대한 강박관념

정수, 문자열, 부동소수점수, 배열 그리고 다른 저수준 언어 요소와 같은 기본 타입primitives은 많은 사람들이 사용하므로 일반적이다. 반면에 클래스는 특정 목적을 위해 만드는 것이므로 필요한 만큼 특수해져야 한다. 많은 경우, 어떤 것을 모델화하려면 기본 타입보다는 클래스를 이용하는 것이 더 단순하고 자연스럽다. 또한, 한번 만들어 놓은 클래스는 시스템의 다른 부분에서도 재사용할 수 있다.

Fowler와 Beck[F]은 기본 타입에 대한 강박관념Primitive Obsession이 표출되는 양상을 설명했다. 이것은 보통 높은 수준의 추상화가 어떻게 코드를 명확하고 단순하게 만드는지 보지 못했을 때 나타난다. Fowler가 설명한 여러 리팩터링에는 이 문제를 다루기 위한 가장 일반적인 해결책이 포함되어 있다. 이 책에서는 그에 더해 몇 가지 해결책을 더 제시한다.

만약 클래스에서 로직의 흐름을 제어하는 변수가 기본 타입이고 그에 대한 타입 안전성type-safety이 보장되어 있지 않으면(즉, 클라이언트에서 안전하지 않거나 적절하지 않은 값을 할당할 수 있으면), Replace Type Code with Class 리팩터링(383쪽)의 적용을 고려할 수 있다. 결과로 나온 코드는 타입 안전성이 보장되고,

새로운 동작을(기본 타입을 사용할 때에 비해) 쉽게 추가할 수 있게 된다.

만약 객체의 상태 전이가 기본 타입의 값을 기준으로 한 복잡한 조건 로직을 통해 제어된다면, Replace State-Altering Conditionals with State 리팩터링(234쪽)을 사용할 수 있다. 그 결과로 각 상태를 나타내는 여러 가지 클래스와 단순화된 상태 전이 로직이 나올 것이다.

만약 복잡한 조건 로직이 기본 타입의 값에 따라 실행시킬 알고리즘을 선택한다면, Replace Conditional Logic with Strategy 리팩터링(187쪽)의 적용을 고려할 수 있다.

만약 문자열과 같은 기본 타입을 통해서 묵시적으로 트리 구조를 생성하고 있다면, 코드는 작업하기 어렵고 오류를 범하기 쉬우며 중복도 많아질 것이다. Replace Implicit Tree with Composite 리팩터링(249쪽)을 적용하면 이런 문제를 해결 수 있다.

만약 어떤 클래스에 입력되는 기본 타입 값의 수많은 조합을 지원하기 위한 많은 메서드가 있다면, 이것은 묵시적인 언어가 있음을 의미한다. 이런 경우에는 Replace Implicit Language with Interpreter 리팩터링(360쪽)의 적용을 고려해야 한다.

만약 클래스에 핵심이 아닌 추가 기능을 덧붙이기 위해 사용되는 기본 타입 값이 존재한다면, Move Embellishment to Decorator 리팩터링(206쪽)을 사용할 수 있다.

마지막으로, 클래스를 사용한다 해도 그 클래스가 너무 원시적이라 클라이언트에서 쉽게 사용할 수 없는 경우가 있다. 다루기 까다로운 컴포짓을 사용하는 경우가 이에 해당될 것이다. 이럴 때는 Encapsulate Composite with Builder 리팩터링(145쪽)을 통해 클라이언트가 컴포짓을 쉽게 생성할 수 있도록 만들 수 있다.

추잡한 노출

이 냄새는 David Parnas가 명명한, 그 유명한 '정보 은폐information hiding'[Parnas]가 부족함을 나타낸다. 이 냄새는 클라이언트에게 보이지 말아야 할 메서드나 클래스가 공개적으로 보일 때 발생한다. 이것은 클라이언트가 중요하지 않거나 알 필요가 없는 코드까지도 신경을 써야 함을 뜻하고, 설계를 복잡하게 만드는 데 한 몫 한다.

Encapsulate Classes with Factory 리팩터링(124쪽)을 이용하면 이 냄새를 제거할 수 있다. 클라이언트에 유용하다고 무조건 공개할 필요는 없다. 즉, 생성자를 public으로 선언하지 않아도 된다. 어떤 클래스는 공통 인터페이스를 통해서만 참조돼야 한다. 해당 클래스의 생성자를 public이 아니도록 하고, 그 객체를 생성할 때 팩터리factory를 통하도록 하면 된다.

문어발 솔루션

어떤 기능을 수행하는 데 사용되는 코드나 데이터가 여러 클래스에 걸쳐 있다면, 문어발 솔루션의 냄새가 풍기는 것이다. 특정 기능을 가장 잘 수용하도록 설계를 단순화하고 통합하는 데 충분한 시간을 보내지 않고 시스템에 해당 기능을 서둘러 추가할 때 이 냄새가 발생한다.

문어발 솔루션은 Fowler와 Beck[F]이 묘사한 산탄총 수술shotgun surgery의 쌍둥이 형제다. 기능을 추가하거나 수정할 때 시스템의 다른 많은 부분도 같이 수정해야 하는 것을 산탄총 수술이라 한다. 문어발 솔루션과 산탄총 수술이 나타내는 문제는 같지만, 감지되는 경로는 다르다. 문어발 솔루션은 관찰을 통해 감지되지만, 산탄총 수술은 작업을 통해 감지된다.

Move Creation Knowledge to Factory 리팩터링(110쪽)은 객체 생성 기능이 여기저기에 분산되어 있는 문제를 해결하기 위한 리팩터링이다.

인터페이스가 서로 다른 대체 클래스

Fowler와 Beck[F]이 묘사한 이 냄새는 어떤 두 클래스의 인터페이스는 다르지만 클래스가 서로 상당히 비슷한 경우 발생한다. 만약 두 클래스에서 비슷한 점을 찾을 수 있다면, 리팩터링을 통해 공통 인터페이스를 공유하도록 만드는 것이 가능하다.

그러나 코드에 대한 제어권이 없어 클래스의 인터페이스를 직접 수정할 수 없을 때도 있다. 써드파티third-party 라이브러리를 사용하는 경우가 대표적인 예다. 이런 경우, Unify Interfaces with Adapter 리팩터링(333쪽)을 통해 두 클래스를 위한 공통 인터페이스를 만들 수 있다.

게으른 클래스

이 냄새를 묘사할 때, Fowler와 Beck은 '자신의 존재 비용을 감당할 만큼 충분한 일을 하지 않는 클래스는 삭제돼야 한다.' [F, 83]고 썼다. 자신의 존재 가치를 보이지 못하는 싱글턴singleton을 접하는 것은 드문 일이 아니다. 사실 싱글턴을 사용하면 전역 데이터를 사용하는 것과 마찬가지로 설계를 지나치게 종속적으로 만드는 대가를 치러야 한다. Inline Singleton 리팩터링(168쪽)을 이용하면, 존재 가치가 없는 싱글턴을 깔끔하게 제거할 수 있다.

거대한 클래스

Fowler와 Beck[F]은 지나치게 많은 인스턴스 변수가 있는 것은 클래스 하나가 너무 많은 일을 하려 함을 나타내는 징조라고 언급했다. 보통 거대한 클래스는 지나치게 많은 책임을 떠맡고 있기 때문에 거대해진 경우가 많다. Extract Class[F]와 Extract Subclass[F]는 이 냄새를 다루는 데 사용되는 주요 리팩터링으로, 책임을 다른 클래스로 옮기는 것이다. 이 책에 담긴 패턴을 고려한 리팩터링에서는 클래스의 크기를 줄이는 데 이런 리팩터링을 활용한다.

다양한 요청에 따라 서로 다른 동작을 수행하는 클래스에 Replace Conditional Dispatcher with Command 리팩터링(265쪽)을 적용해 각 동작을 별도의 커맨드command 클래스로 뽑아내면, 그 크기를 상당히 줄일 수 있다.

상태 전이 코드로 가득 찬 거대한 클래스의 크기를 줄이려면, Replace State-Altering Conditionals with State 리팩터링(234쪽)을 통해 각 상태에 대한 처리를 별도의 스테이트state 클래스로 분리하면 된다.

Replace Implicit Language with Interpreter 리팩터링(360쪽)은 다양한 입력 조

건을 처리하느라 수많은 코드가 잠재적으로 중복되어 있는 거대한 클래스를 인터프리터interpreter 로 대체해 간단하게 만드는 것이다.

Switch 문

switch 문(또는 if...elseif...elseif 구조도 동일)이 원래부터 나쁜 것은 아니다. 설계를 복잡하게 만들거나 필요 이상으로 융통성 없게 만들 때만 나쁘다. 이런 경우에는 switch 문을 좀더 객체지향적인, 다형성을 이용하도록 리팩터링하는 것이 좋다.

Replace Conditional Dispatcher with Command 리팩터링(265쪽)은 거대한 switch 문을 커맨드 객체(조건 로직에 의존하지 않고, 런타임에 검색되어 호출되는)의 집합으로 쪼개는 방법이다.

Move Accumulation to Visitor 리팩터링(423쪽)에서는 서로 다른 인터페이스를 갖는 클래스의 인스턴스들로부터 데이터를 얻기 위해 switch 문을 사용하는 예제를 설명한다. 이 코드를 리팩터링해 Visitor[DP] 패턴을 도입하면, 조건 로직도 필요 없어지고 설계도 더 융통성 있게 된다.

조합의 폭발적 증가

이 냄새는 중복의 잠재적 형태로, 다양한 종류의 데이터나 객체를 이용하지만 결국 하는 일은 동일할 때 발생한다.

예를 들어 어떤 클래스에 쿼리 수행을 위한 많은 메서드가 있다고 하자. 메서드는 각각 특정 조건과 데이터를 이용해 쿼리를 수행한다. 지원해야 하는 특수한 쿼리가 많을수록, 더 많은 쿼리 메서드를 만들어야 한다. 따라서 쿼리 수행을 위한 다양한 방법을 처리하기 위해 메서드의 수가 폭발적으로 증가한다. 즉, 묵시적으로 일종의 쿼리 언어가 있는 것과 마찬가지다. Replace Implicit Language with Interpreter 리팩터링(360쪽)을 이용하면 이러한 조합의 폭발적 증가 냄새를 제거할 수 있다.

괴짜 솔루션

어떤 문제가 시스템 전체에서 한 가지 방법으로 해결되고 있는데, 같은 문제가 특정 부분에서만 다른 방법으로 해결된다면, 이 다른 해결 방법은 괴짜 또는 비일관적인 솔루션이다. 이 냄새가 존재함은 잠재적 중복이 있음을 암시한다.

이런 중복을 제거하려면, 먼저 마음에 드는 솔루션을 결정한다. 때로는 가장 적게 사용되는 솔루션이 다른 솔루션보다 뛰어나 마음에 드는 것이 될 수도 있다. 마음에 드는 솔루션을 결정한 후, Substitute Algorithm[F] 리팩터링을 통해 시스템 전체에서 사용되는 솔루션을 일관적으로 만든다. 그렇게 하고 나면 솔루션의 모든 인스턴스를 한곳에 모아 중복을 제거할 수 있을지도 모른다.

괴짜 솔루션 냄새는, 보통 비슷한 부류의 클래스를 사용하는 데 있어 선호하는 방법이 있지만 일부 클래스의 인터페이스가 나머지와 달라 일관적 방법으로 사용할 수 없는 경우에 발생한다. 이런 경우, 다른 모든 클래스와 동일하게 다룰 수 있도록 공통 인터페이스를 만들기 위해 Unify Interfaces with Adapter 리팩터링 (333쪽)을 이용할 수 있다. 그 후에 중복된 처리 로직이 발견되면 제거할 수 있다.

패턴을 고려한 리팩터링 카탈로그

이 장에서는 앞으로 설명할 리팩터링의 형식과 리팩터링에서 참조한 프로젝트, 리팩터링의 성숙도 수준을 살펴보고 카탈로그 학습 순서를 제시한다.

리팩터링 형식

이 책에서 설명하는 각 리팩터링 형식은 대부분 Martin Fowler의 『Refactoring』[F]의 형식을 그대로 따랐으며, 필요에 따라 항목을 약간 추가했다. 모두 그런 것은 아니지만, 각 리팩터링은 일반적으로 다음과 같은 항목들로 구성되어 있다.

- **이름.** 이름은 리팩터링 어휘를 구축한다는 의미에서 중요하다. 이 책에 나오는 리팩터링들은 서로를 참조할 뿐 아니라, 『Refactoring』[F]에 나오는 다양한 리팩터링도 참조한다.

- **요약.** 해당 리팩터링을 통해 이뤄지는 설계의 변환을 기술하는 항목으로, 말로 설명하기도 하고 다이어그램을 이용하기도 한다. 다이어그램을 사용한 부분은 '스케치'라 부를 것인데, 이것은 UML을 사용해 설계 변환의 본질을 보여주기 위한 것이다. 스케치에는 클래스 다이어그램, 객체 다이어그램, 협동 다이어그램, 시퀀스 다이어그램 등의 다양한 UML 다이어그램을 사용한다. 스케치에서 클래스의 모든 메서드와 필드를 표시하지는 않을 것인데, 이

87

것은 변환의 본질적인 내용을 강조하기 위해서다. 또한 대부분의 스케치에는 설계의 주요 구성요소participant, 참여 객체의 이름을 표시하는 회색 상자가 포함되어 있다. 예를 들어, 다음 스케치는 Move Embellishment to Decorator 리팩터링(206쪽) 후의 설계를 나타낸 것이다.

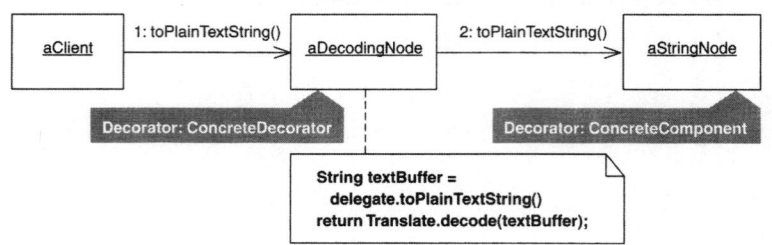

회색 상자에 나열된 구성요소 'Decorator: ConcreteDecorator' 와 'Decorator: ConcreteComponent' 는 모두 『Design Patterns』[DP]에 나온 Decorator 패턴의 참여 객체Participants 절을 참고한 것이다. 회색 상자에 나열된 구성요소 목록은 해당 리팩터링의 절차 절에서 설명하는 클래스나 메서드의 이름에서 나온 것일 수도 있다.

● **동기.** 해당 리팩터링을 사용해야 하는 이유를 설명한다. 또한 패턴에 대한 개요를 설명하는 부분이 포함되기도 한다. 더 깊게 알고 싶은 경우에는 해당 패턴을 설명하는 다른 책을 참고하는 것이 좋다.

동기 절의 마지막 부분에 해당 리팩터링의 장점과 단점을 나열한 상자를 포함시켰다. 더하기 표시(+)는 장점을, 빼기 표시(-)는 단점을 나타낸다. 다음 예는 Replace State-Altering Conditionals with State 리팩터링(234쪽)의 장점과 단점이다.

장점과 단점

+ 상태 전이 로직을 줄이거나 없앨 수 있다.
+ 복잡한 상태 전이 로직이 단순해진다.
+ 상태 전이 로직을 더 쉽게 알아볼 수 있게 된다.

- **절차.** 해당 리팩터링을 수행하기 위한 단계를 나열한다. 어떤 경우에는 리팩터링을 시작하기 전에 필요한 사항을 설명하는 도입부를 포함하기도 한다. 각 단계에는 번호가 붙어 있어 예제를 볼 때 관련된 절차를 쉽게 확인할 수 있다. 이 절은 『Refactoring』[F]의 여러 리팩터링을 참조한다. 이 책의 절차 절을 완전히 이해하기 위해서는 『Refactoring』 책을 옆에 준비해두기 바란다.

  여기서 설명한 절차를 절대진리라고 생각하지는 말기 바란다. 이 내용은 단지 한 설계에서 다른 설계로 옮겨가는 안전한 방법을 제시할 뿐이다. 자신이 처한 상황에 더 적절한 다른 방법이 있다면, 주저하지 말고 시도해보기 바란다. 또 절차 절의 단계를 일부만 따르고도 설계가 충분히 개선되었다면, 그 상태에서 중지할 수도 있음을 잊지 말기 바란다. 모든 절차를 수행해야만 의미가 있는 경우가 있고, 중간까지만 해도 충분한 경우가 있다.

- **예제.** 설계를 변환하기 위해 해당 리팩터링을 어떻게 사용하는지 실질적인 예제 코드를 통해 좀더 깊게 설명한다. 예제 절의 각 단계는 번호가 붙어 있고 해당 리팩터링의 절차 절의 번호와 대응된다.

  이 책에서도 Martin Fowler가 사용한 형식을 따라, 리팩터링의 각 단계에서 변경된 코드는 볼드체(**이렇게**)로 표시해 쉽게 볼 수 있도록 했다. 그리고 삭제된 코드를 표시할 때는 취소선(~~어렇게~~)을 이용했다.

- **변형.** 일부 리팩터링에는 해당 리팩터링의 변형된 버전을 설명하는 절이 있다. 모든 변형을 설명하려면 끝도 없기 때문에 이 절에서 그들을 모두 설명하지는 않고, 중요한 것만 짚고 넘어간다.

카탈로그에서 참조한 프로젝트

이 책에서 사용한 예제는 내가 참여했던 실세계 프로젝트로부터 나온 것이거나 그로부터 영감을 받은 것이다. 나는 예제로 삼기 위해 간단하게 만든 장난감 코드 대신에 실세계 코드를 사용하는데, 실세계 코드를 리팩터링할 때는 그 과정에서 결정해야 할 세부 사항이 코드에 존재하는 다른 영향력에 의해 제한을 받는다는 사실이 중요하기 때문이다. 장난감 코드에서는 그럴 일이 없다. 장난감 코드에는 그런 영향력이 거의 없거나 부분적으로만 존재하며, 실세계 코드만큼 충분한 교육적 경험을 제공하지도 못한다.

실세계 코드를 이해하기 위해서는 장난감 코드보다 더 많은 노력을 들여야 한다는 단점이 있지만, 주제에서 벗어난 상세 부분을 제거해 코드가 좀더 쉽게 이해될 수 있도록 노력했다. 그러나 실세계 코드에서 거추장스러운 면을 모두 제거하는 것은 불가능했고, 그렇게 해 봤자 실세계 코드를 예제로 사용하는 의미만 퇴색될 터였다.

예제 절에서 사용한 코드는 다양한 프로젝트로부터 나왔다. 어떤 프로젝트는 한번만 등장하지만, 여러 리팩터링에 걸쳐 수 차례 참조되는 프로젝트도 있다. 그런 프로젝트들을 간략히 소개하면 다음과 같다.

XML 빌더

내가 일했던 많은 정보 시스템에서 XML을 생성해 사용했고, 그를 위한 코드 중 거의 모두가 태그를 열고 닫고, 값과 속성을 채우는 등의 기초적인 작업을 위한 것이었다. 그 정도 수준의 일을 위해 정교한 써드파티third-party 라이브러리(공짜라고 해도)를 사용하는 것은 그리 바람직하지 않다. 약간의 작업을 하면, XML을 원하는 대로 정확히 생성할 수 있는 코드를 작성할 수 있다. XML을 생성하거나 조작하기 위해 복잡한 방법을 동원해야 하는 써드파티 도구를 사용하는 것보다, 직접 생성한 코드를 사용하는 편이 훨씬 간단하다.

나는 지난 수년 동안 다양한 방법으로 XML을 생성하는 여러 코드를 작성해왔다. 이 책에서도 XMLBuilder, DOMBuilder, TagBuilder, TagNode 등의 XML과 관련된 예제 코드를 볼 수 있을 것이다. TagBuilder는 내가 가장 좋아하는 XML 빌더로, 내 작업에서 출발해 다른 XML 빌더로 발전했다.

다음 리팩터링들의 예제 코드는 XML 생성과 관련이 있다.

- Replace Implicit Tree with Composite(249쪽)
- Introduce Polymorphic Creation with Factory Method(134쪽)
- Encapsulate Composite with Builder(145쪽)
- Move Accumulation to Collecting Parameter(415쪽)
- Unify Interfaces with Adapter(333쪽)

HTML 파서

HTML Parser[1]는 프로그램에서 HTML을 쉽게 파싱할 수 있도록 하는 오픈 소스 라이브러리다. 이것은 SourceForge[2]에서 가장 인기 있는 HTML 파서로 전세계 많은 사람들이 사용하고 있다. 이 프로젝트는 Somik Raha가 시작했다. Somik과 다른 참가자들은 파서를 개발하면서 많은 테스트를 작성했다. 프로젝트에 합류했을 때 나는 설계를 개선할 필요가 있는 부분들을 찾아냈다. 그래서 리팩터링을 시작했고, 종종 Somic과 짝 프로그래밍pair-programming을 하기도 했다. 이 작업을 통해 패턴 목표 리팩터링을 포함한 많은 흥미로운 리팩터링이 탄생했다.

　다음 리팩터링들은 이 파서 코드를 예제로 사용한다.

- Move Embellishment to Decorator(206쪽)
- Move Creation Knowledge to Factory(110쪽)
- Extract Composite(291쪽)
- Move Accumulation to Visitor(423쪽)

대출 위험 계산기

나는 Wall Street에 있는 은행에서 신용, 시장, 총체적 위험도를 고려한 대출 계산기를 만들면서 프로그래밍 경력의 처음 8년을 보냈다. 그 당시에는 나도 정장을 입고 다녔다! 내가 만든 초창기 객체지향 시스템은 Turbo Pascal과 C++로 작성됐다. 그 당시에 작성했던 코드를 이 책에서 그대로 보여줄 수 없지만, 그로부터 영

---

1) 저자 주: http://sourceforge.net/projects/htmlparser
2) 저자 주: http://sourceforge.net

감을 얻어 작성한 간단한 버전의 코드를 예제로 보여줄 수는 있다. 그러나 실질적인 교훈을 줄 수 있도록 회계 교과서에서나 볼 수 있는 공식을 사용하도록 했다.

다음 리팩터링에서는 이런 대출 위험 계산기 코드를 예제로 사용한다.

- Chain Constructors(448쪽)
- Replace Constructors with Creation Methods(97쪽)
- Replace Conditional Logic with Strategy(187쪽)

시작점

'이 리팩터링들이 얼마나 완벽한가How Mature Are These Refactorings?' 라는 절에서 Martin Fowler는 다음과 같이 말한다.

> 여러분이 이 책에 제시된 리팩터링들을 실제로 사용할 때에는, 그것들이 겨우 시작점에 불과하다는 점을 명심하기 바란다. 그것으로 끝이 아닌 것이다. 내가 작성한 리팩터링들이 아직 완벽하지 않음에도 이렇게 출판하는 것은 꽤 쓸만한 내용이라고 믿기 때문이다. 적어도 여러분이 리팩터링을 좀더 효율적으로 할 수 있게 되는 발판은 될 것이다. 이것이 내가 바라는 바이다. [F, 107]

이 책의 리팩터링에 대해서도 똑같이 말할 수 있다. 이 책의 리팩터링 또한 시작점일 뿐이다. 발전하는 도구 및 다양한 객체지향 언어와 함께, 리팩터링을 수행하는 방법도 다양하다.

이 책의 리팩터링은 자신의 환경에 맞춰 응용할 수 있는 지침 정도로만 생각하기 바란다. 리팩터링 절차에서 어떤 단계는 생략할 수도 있고, 다른 방향으로 리팩터링을 전개해 갈 수도 있다는 뜻이다. 결국 중요한 것은 각각의 단계가 아니라 코드의 설계 개선이다. 이 책으로부터 여러분의 코드를 개선하는 데 유용한 아이디어를 얻는다면, 나는 만족할 것이다.

이 카탈로그에서 내가 애초에 염두에 둔 패턴을 고려한 리팩터링을 모두 다룬 것은 아니다. 27개의 리팩터링을 작성한 후, 책을 출판해야 할 시점이 되어 버렸다. 따라서 누군가 다른 저자가 이 카탈로그를 확장해 프로그래머에게 유용한 다른 패턴을 고려한 리팩터링들을 정리해 주길 희망한다.

학습 순서

카탈로그에 나오는 리팩터링을 모두 배우려면, 모든 리팩터링의 예제 코드를 공부해야 할 것이다. 몇몇 리팩터링은 동일한 프로젝트를 예제로 사용하므로, 표 5.1에 제시된 순서대로 공부하면 이해하기가 좀더 쉬울 것이다.

| 표 5.1 |

세션	리팩터링
1	Replace Constructors with Creation Methods (97) Chain Constructors (448)
2	Encapsulate Classes with Factory (124)
3	Introduce Polymorphic Creation with Factory Method (134)
4	Replace Conditional Logic with Strategy (187)
5	Form Template Method (281)
6	Compose Method (179)
7	Replace Implicit Tree with Composite (249)
8	Encapsulate Composite with Builder (145)
9	Move Accumulation to Collecting Parameter (415)
10	Extract Composite (291) Replace One/Many Distinctions with Composite (303)
11	Replace Conditional Dispatcher with Command (265)
12	Extract Adapter (347) Unify Interfaces with Adapter (333)
13	Replace Type Code with Class (383)
14	Replace State-Altering Conditionals with State (234)
15	Introduce Null Object (402)
16	Inline Singleton (168) Limit Instantiation with Singleton (396)

(표 5.1 계속)

세션	리팩터링
17	Replace Hard-Coded Notifications with Observer (319)
18	Move Embellishment to Decorator (206)
	Unify Interfaces (453)
	Extract Parameter (456)
19	Move Creation Knowledge to Factory (110)
20	Move Accumulation to Visitor (423)
21	Replace Implicit Language with Interpreter (360)

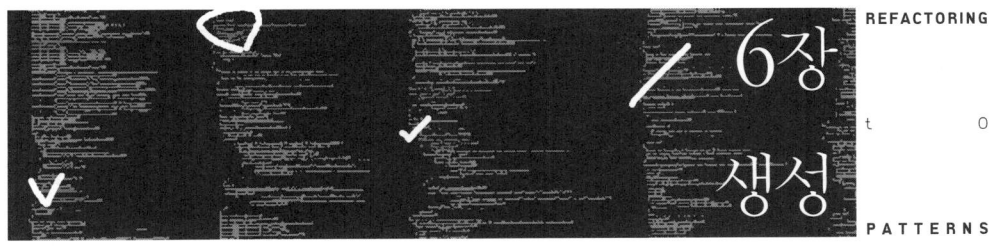

6장

생성

객체나 객체 구조를 생성하는 일은 모든 객체지향 시스템에서 수행하는 기본 동작이다. 그러나 그렇게 기본적인 것임에도 그를 담당하는 코드가 중복되어 있기도 하고, 단순하거나 직관적이지도 않은 등의 문제를 갖고 있는 경우가 많다. 또는 클라이언트 코드와의 결합이 느슨하지 않아 문제가 될 수도 있다. 이 장의 6개 리팩터링은 생성자부터 지나치게 복잡한 생성 로직, 불필요한 Singleton[DP] 패턴에 이르기까지 생성과 관련된 여러 설계 문제를 다룬다. 이 리팩터링들에서 생성과 관련해 직면할 수 있는 모든 설계 문제를 다루지는 못하지만, 일반적인 문제는 놓치지 않을 것이다.

클래스에 지나치게 많은 생성자가 있다면, 클라이언트에서 어떤 생성자를 호출해야 할지 알기 어렵다. 이럴 경우 Extract Class[F]나 Extract Subclass[F]와 같은 리팩터링을 적용해 생성자의 개수를 줄일 수 있다. 이것이 불가능하거나 유용하지 못한 경우에는 Replace Constructors with Creation Methods 리팩터링(97쪽)을 적용해 주어진 생성자를 별도의 생성 메서드creation method로 대체하여 그 의도를 명확히 나타낼 수 있다.

그렇다면 생성 메서드란 무엇일까? 이것은 단순히 객체 인스턴스를 생성해 리턴하는 메서드로서, 정적static 멤버일 수도 있고 아닐 수도 있다. 이 책에서는 Factory Method[DP] 패턴과 쉽게 구별할 수 있도록 Creation Method 패턴을 정의하기로 했다. Factory Method 패턴은 객체의 생성에 다형성polymorphism을 이용하려고 할 때 유용하다. 생성 메서드와 달리 팩터리 메서드factory method는 일반적으로 정적 멤버가 아니고, 적어도 두 개의 클래스(보통은 수퍼클래스와 서브클래스)에서 구현되어야 한다. 만약 한 상속 구조 내의 여러 클래스가 객체 생성 단계를 제외한 나머지 부분이 비슷한 메서드를 각자 구현하고 있다면, Introduce Polymorphic Creation with Factory Method 리팩터링(134쪽)을 적용해 중복된 코드를 제거할 수 있다.

팩터리factory 역할을 하는 클래스는 하나 이상의 생성 메서드를 구현한다. 객체 생성에 사용되는 데이터나 코드가 여러 클래스에 퍼져 있다면, 여러 곳을 빈번히 수정해야 할 수도 있고, 이것은 문어발 솔루션Solution Sprawl, 83쪽 냄새의 명백한 징후다. Move Creation Knowledge to Factory 리팩터링(110쪽)을 적용하면, 객체 생성에 관련된 코드와 데이터를 하나의 팩터리 클래스로 모을 수 있다.

Encapsulate Classes with Factory 리팩터링(124쪽)은 Factory 패턴과 관련된 또 다른 유용한 리팩터링이다. 이 리팩터링을 적용하는 가장 흔한 동기 두 가지는 (1)여러 클래스의 인스턴스를 사용할 때 공통된 인터페이스를 통하도록 강제하거나, (2)클라이언트가 어떤 클래스에 대해 많이 알 필요 없이 팩터리를 통해 그 인스턴스를 쉽게 생성할 수 있도록 하기 위한 것이다.

객체 구조의 생성을 단순화하는 데는 Builder[DP]보다 나은 패턴이 없다. En-capsulate Composite with Builder 리팩터링(145쪽)은 빌더builder를 도입하여 컴포짓composite 구조를 생성하는 과정을 쉽게 만들고, 그 과정에서 범할 수 있는 오류의 가능성을 줄인다.

이 장의 마지막 리팩터링은 Inline Singleton 리팩터링(168쪽)이다. 존재할 필요가 없는 싱글턴singleton을 많이 봤기 때문에, 이 리팩터링에 대해 설명하는 것은 기쁘다. 이것은 싱글턴을 기존 코드로부터 제거하는 방법으로, Ward Cunningham과 Kent Beck, Martin Fowler가 Singleton 패턴에 대해 조언한 내용을 참고해 작성한 것이다.

Replace Constructors with Creation Methods

어떤 클래스의 인스턴스를 생성할 때 그것이 제공하는
여러 생성자 중 어떤 것을 호출해야 할지 결정하기가 어렵다면,

인스턴스를 생성해 리턴하는 생성 메서드^{creation method}로 각 생성자를
대체하여 그 용도가 명확히 드러나도록 한다.

Loan
+Loan(commitment, riskRating, maturity)
+Loan(commitment, riskRating, maturity, expiry)
+Loan(commitment, outstanding, riskRating, maturity, expiry)
+Loan(capitalStrategy, commitment, riskRating, maturity, expiry)
+Loan(capitalStrategy, commitment, outstanding, riskRating, maturity, expiry)

Loan
-Loan(capitalStrategy, commitment, outstanding, riskRating, maturity, expiry)
+createTermLoan(commitment, riskRating, maturity) : Loan
+createTermLoan(capitalStrategy, commitment, outstanding, riskRating, maturity) : Loan
+createRevolver(commitment, outstanding, riskRating, expiry) : Loan
+createRevolver(capitalStrategy, commitment, outstanding, riskRating, expiry) : Loan
+createRCTL(commitment, outstanding, riskRating, maturity, expiry) : Loan
+createRCTL(capitalStrategy, commitment, outstanding, riskRating, maturity, expiry) : Loan

동기

어떤 프로그래밍 언어에서는 클래스 이름에 상관없이 생성자의 이름을 마음대로 정할 수 있다. 그러나 Java나 C++ 같은 언어에서는 이것이 허용되지 않는다. 각각 의 생성자는 클래스의 이름과 같아야 한다. 생성자가 하나뿐이라면 아무런 문제 도 없다. 그러나 생성자가 여러 개라면, 프로그래머는 지정해야 하는 파라미터를 조사하거나 생성자 코드를 직접 살펴본 후 어떤 생성자를 호출할지 선택해야 한 다. 이게 무슨 문제일까?

우선 생성자 자체만 보고 그 용도를 명확히 알기는 어렵다. 생성자가 많을수록, 프로그래머가 잘못 선택할 확률도 높아진다. 프로그래머가 어떤 생성자를 호출해야 할지 몰라 고민하면 개발 속도가 늦어진다. 또한 여러 생성자 중 하나를 호출하는 코드는 생성되는 객체의 본질을 충분히 이해하지 못한 상태에서 작성되었을 가능성이 높다.

클래스에 이미 존재하는 생성자와 동일한 시그너처를 가지는 생성자를 추가해야 할 운 나쁜 상황에 처할 수도 있다. 생성자의 이름은 클래스 이름과 같아야 하기 때문에, 이런 경우에는 새로운 생성자를 추가할 수 없다.

더 이상 사용되지 않는 생성자가 여전히 코드에 남아있는 것은 흔하게 볼 수 있는 일이다(특히 오래된 시스템에서). 사용되지 않는 생성자가 왜 그대로 존재하는 것일까? 대부분은 그 생성자가 더 이상 호출되지 않는 것을 프로그래머가 모르기 때문이다. 호출부를 찾아보지 않았거나(아마 만들어야 할 검색 조건이 너무 복잡해서일 수도 있다), 호출되지 않는 코드를 자동으로 선별해 주는 개발 환경을 사용하지 않아서일 것이다. 이유야 어떻든, 사용되지 않는 생성자는 클래스를 필요 이상으로 부풀리고 복잡하게 할 뿐이다.

생성 메서드를 이용하면 이런 문제를 해결할 수 있다. 생성 메서드란 클래스의 인스턴스를 생성해 리턴하는 메서드를 말한다. 생성 메서드는 정적 멤버일 수도 있고 아닐 수도 있다. 생성 메서드의 이름은 생성자의 경우와 같은 제약이 없으므로, 그 용도가 명확히 드러나도록 이름을 지을 수 있다(createTermLoan() 또는 createRevolver()와 같이). 이름을 짓는 데 있어 이런 융통성이 있다는 것은 이름만 다르다면 동일한 수와 타입의 파라미터를 받는 생성 메서드가 두 개 이상 존재할 수 있음을 의미한다. 그리고 현대적 개발 환경을 사용하지 않는 프로그래머에게도 호출되지 않는 생성자보다는 호출되지 않는 생성 메서드를 찾는 것이 쉬울 것이다. 특정 이름으로 주어진 메서드에 대한 검색 조건식을 만드는 것이 한 무더기의 생성자 중 하나를 찾는 검색 조건식을 만드는 것보다 쉽기 때문이다.

이 리팩터링의 단점은 표준이 아닌 방법을 통해 객체를 생성하게 한다는 것이다. 대부분의 클래스에 대해서는 인스턴스를 만들 때 new 연산자를 사용하면서 몇몇만 생성 메서드를 통한다면, 프로그래머는 각 클래스를 사용할 때마다 그 인스턴스를 생성하는 방법을 조사해야 한다. 그러나 지나치게 많은 생성자를 가진 클래스보다는 이런 비표준적 기법이 낫다.

생성자가 너무 많은 클래스를 발견했다면, 이 리팩터링을 적용하기 전에, 먼저 Extract Class[F] 또는 Extract Subclass[F] 리팩터링을 고려하는 것이 좋다. 문제

생성 메서드와 팩터리 메서드

객체를 생성하는 메서드를 업계에서는 뭐라 부를까? 많은 프로그래머가 '팩터리 메서드'라 대답할 것이다(특히 그 이름이 『Design Patterns』[DP]의 생성 패턴 중 하나로 소개된 이후로). 그러나 객체를 생성하는 메서드가 모두 진정한 팩터리 메서드일까? 넓은 의미로 정의하면(즉, 단순히 객체를 생성하는 메서드라 하면) 분명 '그렇다!' 일 것이다. 그러나 1995년 Factory Method 패턴을 작성한 저자의 방식에 따르면, 객체를 생성하는 모든 메서드가 그 패턴의 장점인 느슨한 결합 같은 것을 제공하지는 않는다(Introduce Polymorphic Creation with Factory Method 리팩터링, 134쪽 참조).

나는 객체 생성과 관련된 설계나 리팩터링을 논할 때 그 명확성을 위해, 클래스의 인스턴스를 생성하는 일반 메서드를 '생성 메서드'라 부른다. 모든 팩터리 메서드가 생성 메서드에 해당하지만, 그 역은 성립하지 않기 때문이다. 이는 또한 Martin Fowler가 『Refactoring』[F]에서 '팩터리 메서드'라는 용어를 사용한 부분과 Joshua Bloch가 『Effective Java』[Bloch]에서 '정적 팩터리 메서드'라는 용어를 사용한 부분을 '생성 메서드'로 바꿀 수 있다는 뜻이다.

장점과 단점

+ 그 용도를 생성자보다 명확히 드러낼 수 있다.
+ 동일한 수와 타입의 파라미터를 받는 생성자를 두 개 이상 만들 수 없었던 제한이 사라진다.
+ 사용되지 않는 생성 코드를 찾기가 쉬워진다.
− 객체를 생성할 때 표준이 아닌 방식을 사용하게 된다. 어떤 클래스에 대해서는 new 연산자를 사용하고, 또 어떤 클래스에 대해서는 생성 메서드를 통하게 된다.

의 클래스가 지나치게 많은 일을 하고 있다면(즉, 지나치게 많은 책임을 지고 있다면) Extract Class 리팩터링이 좋은 선택이다. 클래스가 인스턴스 변수의 일부만 사용하고 있다면 Extract Subclass 리팩터링을 적용할 만하다.

절차

이 리팩터링을 시작하기 전에, 실질 생성자(실질적인 생성 기능을 모두 구현하는 생성자로서, 다른 생성자들은 이 실질 생성자에게 작업을 위임하는 역할만 하는 경우를 뜻한다)가 존재하는지 찾아본다. 실질 생성자가 없다면 Chain Constructors 리팩터링(448쪽)을 적용해 하나 만든다.

1. 여러 생성자 중 하나를 선택하여 그것을 호출하는 클라이언트 코드를 찾는다. 그리고 그 코드에 Extract Method[F] 리팩터링을 적용해 별도의 메서드(public static으로 지정)로 뽑아낸다. 이렇게 만든 메서드를 생성 메서드라 한다. 이제 Move Method[F] 리팩터링을 적용해 이 생성 메서드를 해당 생성자를 포함하고 있는 클래스로 옮긴다.
   ✓ 컴파일 후 테스트한다.

2. 선택한 생성자를 사용하는 곳(즉 생성 메서드와 동일한 종류의 인스턴스를 사용하는 곳)을 모두 찾아 앞에서 만든 생성 메서드를 호출하도록 수정한다.
   ✓ 컴파일 후 테스트한다.

3. 만약 선택한 생성자가 다른 생성자를 호출하고 있다면, 생성 메서드에서 선택한 생성자 대신 호출되는 생성자를 사용하도록 고친다. Inline Method[F] 리팩터링을 적용할 때처럼 생성자를 인라인화하면 된다.
   ✓ 컴파일 후 테스트한다.

4. 생성 메서드로 바꾸고 싶은 다른 모든 생성자에 대해 단계 1~3을 반복한다.

5. 클래스의 생성자가 해당 클래스 밖에서 더 이상 사용되지 않는다면, private으로 만든다.

∨ 컴파일 한다.

예제

이 예제 코드는 내가 개발하고 수년간 유지보수했던 은행권의 위험 분석 계산기에서 영감을 얻은 것이다. Loan 클래스에는 다음과 같이 많은 생성자가 있었다.

```
public class Loan...
    public Loan(double commitment, int riskRating, Date maturity) {
        this(commitment, 0.00, riskRating, maturity, null);
    }

    public Loan(double commitment, int riskRating, Date maturity, Date expiry) {
        this(commitment, 0.00, riskRating, maturity, expiry);
    }

    public Loan(double commitment, double outstanding,
                int riskRating, Date maturity, Date expiry) {
        this(null, commitment, outstanding, riskRating, maturity, expiry);
    }

    public Loan(CapitalStrategy capitalStrategy, double commitment,
                int riskRating, Date maturity, Date expiry) {
        this(capitalStrategy, commitment, 0.00, riskRating, maturity, expiry);
    }

    public Loan(CapitalStrategy capitalStrategy, double commitment,
                double outstanding, int riskRating,
                Date maturity, Date expiry) {
        this.commitment = commitment;
        this.outstanding = outstanding;
        this.riskRating = riskRating;
        this.maturity = maturity;
        this.expiry = expiry;
        this.capitalStrategy = capitalStrategy;

        if (capitalStrategy == null) {
            if (expiry == null)
                this.capitalStrategy = new CapitalStrategyTermLoan();
            else if (maturity == null)
```

```
            this.capitalStrategy = new CapitalStrategyRevolver();
        else
            this.capitalStrategy = new CapitalStrategyRCTL();
    }
}
```

Loan 클래스는 7가지 종류의 대출을 모델화한 것이지만, 여기서는 그중 3가지에 대해서만 논의할 것이다. 팀 론[1]이란 만기일까지 완전히 상환해야 하는 대출을 말한다. 리볼버revolver는 회전신용[2]을 뜻하며, 신용카드와 비슷하게 한도금액과 유효기일이 있다. RCTLrevolving credit term loan은 만기가 끝나면 팀 론으로 전환되는 리볼버다.

계산기는 7가지 종류의 대출을 지원했는데, 왜 Loan을 대출의 각 종류 하나씩을 표현하는 서브클래스의 추상 수퍼클래스로 만들지 않았는지 궁금할 것이다. 그렇게 한다면 Loan과 그 서브클래스에 필요한 생성자의 수를 줄일 수 있을 것이다. 그러나 이 아이디어가 좋지 못한 이유가 2가지 있다.

1. 대출의 종류를 구분하는 것은 객체에 포함된 필드가 아니라 원금, 수익, 기간 등을 계산하는 방법이다. 팀 론의 원금 계산에는 3가지 방법이 있으므로, 팀 론을 위해서만 서브클래스를 3개나 만들어야 한다. Loan 클래스 하나와 팀 론을 위한 스트레티지strategy 클래스 3개를 만드는 것이 더 낫다(Replace Conditional Logic with Strategy 리팩터링, 187쪽 참조).

2. Loan 객체를 사용하는 애플리케이션에서는 어떤 대출을 다른 종류로 전환하는 기능이 필요했다. 이를 구현하기 위해 Loan의 서브클래스 인스턴스를 완전히 다른 인스턴스로 바꾸는 것보다는 하나의 Loan 인스턴스에서 필드 몇

---

1) 역자 주: 팀 론term loan은 만기 1년 이상의 장기대출을 뜻한다. 단기대출은 만기에 한꺼번에 상환되는 반면에 팀 론은 일정 거치기간 후 균등분할 상환되는 것이 특징이다. 차입자는 팀 론으로 장기간 자금을 확보할 수 있으나, 대출조건이 까다롭다는 단점이 있다.

2) 역자 주: 회전신용revolving credit은 중기자금 조달방법의 하나로 융자계약기간 내라면 미리 계약한 융자한도의 범위 내에서 차용인이 자금의 필요에 따라 단기 어음을 발행하는 형식으로 수시 차입할 수 있는 방식이다. 개별어음의 만기는 보통 3~6개월이지만 회전신용의 계약기간은 3년이 보통이므로 차용인은 계약기간 안에는 어음 재발행을 통해 차입을 계속할 수 있고, 한도금액까지 추가 차입할 수도 있다.

개를 바꾸는 것이 더 쉽다.

앞에서 본 Loan 클래스의 소스 코드에는 생성자가 5개 있고, 마지막 것이 실질 생성자(Chain Constructors 리팩터링, 448쪽 참조)다. 특별한 지식이 없으면 어떤 생성자가 텀 론을 생성하는지, 어떤 생성자가 리볼버를 생성하는지, 또 어떤 생성자가 RCTL를 생성하는지 알기 어렵다.

나는 RCTL이 유효기일expiry date과 만기일maturity date을 필요로 한다는 것을 알기 때문에, RCTL을 생성하기 위해서는 이 두 날짜를 파라미터로 받는 생성자를 호출해야 한다는 것을 안다. 여러분도 이런 사실을 알고 있었나? 후임 프로그래머가 코드만 보고도 이것을 알게 될 것이라 생각하는가?

Loan 생성자에 암묵적으로 내재돼 있는 다른 지식이 또 있을까? 많다. 3개의 파라미터를 받는 첫 번째 생성자는 텀 론을 생성한다. 그러나 리볼버를 원한다면 날짜 2개를 전달 받는 생성자를 사용해야 하며 만기일에는 널을 지정해 줘야 한다. 이 코드를 사용할 사람들이 이런 사실을 모두 알 수 있을까? 또는 그들이 시행착오를 통해 배워야 마땅한 것일까?

이제 Replace Constructors with Creation Methods 리팩터링을 적용하면 어떻게 되는지 살펴보자.

1. 첫 단계는 Loan의 생성자 중 하나를 골라 그것을 사용하는 클라이언트 코드를 찾는 것이다. 여기 테스트 케이스에서 생성자를 호출하는 부분이 있다.

```
public class CapitalCalculationTests...
  public void testTermLoanNoPayments() {
    ...
    Loan termLoan = new Loan(commitment, riskRating, maturity);
    ...
  }
```

위 코드에서 호출하는 Loan 생성자는 텀 론을 위한 것이다. 여기에 Extract Method[F] 리팩터링을 적용해 createTermLoan이라는 public static 메서드를 만든다.

```
public class CapitalCalculationTests...
   public void testTermLoanNoPayments() {

      ...
      Loan termLoan = createTermLoan(commitment, riskRating, maturity);
      ...
   }


   public static Loan createTermLoan(double commitment, int riskRating, Date maturity) {
      return new Loan(commitment, riskRating, maturity);
   }
```

그리고 Move Method[F] 리팩터링을 적용해 생성 메서드 createTermLoan()
을 Loan 클래스로 옮긴다. 결과는 다음과 같다.

```
public class Loan...
   public static Loan createTermLoan(double commitment, int riskRating, Date maturity) {
      return new Loan(commitment, riskRating, maturity);
   }

public class CapitalCalculationTest...
   public void testTermLoanNoPayments() {

      ...
      Loan termLoan = Loan.createTermLoan(commitment, riskRating, maturity);
      ...
   }
```

제대로 동작하는지 확인하기 위해 컴파일 후 테스트한다.

2. 앞서 선택한 생성자를 사용하는 모든 부분을 찾아 다음과 같은 식으로
   createTermLoan()을 호출하도록 수정한다.

```
public class CapitalCalculationTest...
   public void testTermLoanOnePayment() {

      ...
      Loan termLoan = new Loan(commitment, riskRating, maturity);
      Loan termLoan = Loan.createTermLoan(commitment, riskRating, maturity);
      ...
   }
```

제대로 동작하는지 확인하기 위해 다시 컴파일 후 테스트한다.

3. 이제 선택한 생성자를 호출하는 곳은 createTermLoan() 뿐이다. 이 생성자는 다른 생성자를 호출하고 있으므로, Inline Method[F](이 경우는 'Inline Constructor') 리팩터링을 적용해 제거할 수 있다. 그 결과는 다음과 같다.

```
public class Loan...
    public Loan(double commitment, int riskRating, Date maturity) {
        this(commitment, 0.00, riskRating, maturity, null);
    }

    public static Loan createTermLoan(double commitment, int riskRating, Date maturity) {
        return new Loan(commitment, 0.00, riskRating, maturity, null);
    }
```

제대로 동작하는지 확인하기 위해 컴파일 후 테스트한다.

4. 그리고 다른 생성자에 대해서도 단계 1~3을 반복한다. 예를 들면 여기 Loan 의 실질 생성자를 호출하는 코드가 있다.

```
public class CapitalCalculationTest...
    public void testTermLoanWithRiskAdjustedCapitalStrategy() {
        ...
        Loan termLoan = new Loan(riskAdjustedCapitalStrategy, commitment,
                                 outstanding, riskRating, maturity, null);
        ...
    }
```

생성자의 마지막 파라미터에 널을 지정한 것에 주목하기 바란다. 생성자에 널을 전달하는 것은 좋지 않은 관행이다. 이것은 코드의 가독성을 떨어뜨린다. 이런 일은 일반적으로 프로그래머가 자신의 필요에 정확히 부합하는 생성자를 찾을 수 없는 상황에서 새로운 생성자를 추가하는 대신에 기존의 범용 생성자를 호출하기 때문에 발생한다.

이 코드가 생성 메서드를 사용하도록 리팩터링하기 위해, 앞의 단계 1, 2를 따를 것이다. 단계 1을 따라 작업하면 Loan에 또 다른 createTermLoan() 메서드가 생긴다.

```
public class CapitalCalculationTest...
    public void testTermLoanWithRiskAdjustedCapitalStrategy() {
        ...
        Loan termLoan = Loan.createTermLoan(riskAdjustedCapitalStrategy, commitment,
                                            outstanding, riskRating, maturity, null);
        ...
    }

public class Loan...
    public static Loan createTermLoan(double commitment, int riskRating, Date maturity) {
        return new Loan(commitment, 0.00, riskRating, maturity, null);
    }

    public static Loan createTermLoan(CapitalStrategy riskAdjustedCapitalStrategy,
        double commitment, double outstanding, int riskRating, Date maturity) {
        return new Loan(riskAdjustedCapitalStrategy, commitment,
            outstanding, riskRating, maturity, null);
    }
```

createTermLoanWithStrategy(...)와 같은 또 다른 이름으로 메서드를 만드는 대신에 createTermLoan(...) 메서드를 오버로드한 이유는 무엇일까? CapitalStrategy 타입의 파라미터가 오버로드된 두 createTermLoan(...) 메서드의 차이점을 충분히 나타낸다고 생각했기 때문이다.

이제 단계 2를 작업할 차례다. 새로운 createTermLoan(...) 메서드는 Loan의 실질 생성자를 호출하므로, 그 실질 생성자를 호출하는 다른 클라이언트 코드를 찾아야 한다. 이 작업에는 주의가 필요한데, 실질 생성자를 호출하는 코드 중 몇몇은 대출의 또 다른 종류인 리볼버나 RCTL을 위한 것일 수도 있기 때문이다. 즉, 텀 론을 위한 클라이언트 코드만을 수정해야 한다.

실질 생성자는 다른 생성자와 연결되지 않기 때문에 단계 3은 작업할 필요가 없다. 계속해서 단계 1~3을 반복하는 단계 4를 수행한다. 작업을 마치면, 다음과 같은 생성 메서드들이 생긴다.

Loan
-Loan(capitalStrategy, commitment, outstanding, riskRating, maturity, expiry)
+createTermLoan(commitment, riskRating, maturity) : Loan
+createTermLoan(capitalStrategy, commitment, outstanding, riskRating, maturity) : Loan
+createRevolver(commitment, outstanding, riskRating, expiry) : Loan
+createRevolver(capitalStrategy, commitment, outstanding, riskRating, expiry) : Loan
+createRCTL(commitment, outstanding, riskRating, maturity, expiry) : Loan
+createRCTL(capitalStrategy, commitment, outstanding, riskRating, maturity, expiry) : Loan

5. 마지막 단계는 Loan의 유일한 생성자가 된 실질 생성자의 가시성visibility을 변경하는 것이다. Loan은 서브클래스를 가지지 않고 생성자를 호출하는 외부 코드도 없으므로, private으로 만든다.

```
public class Loan...
    private Loan(CapitalStrategy capitalStrategy, double commitment,
                double outstanding, int riskRating,
                Date maturity, Date expiry)...
```

제대로 동작하는지 확인하기 위해 컴파일 후 테스트한다. 마침내 리팩터링이 끝났다.

이제 설정이 서로 다른 Loan의 인스턴스를 각각 어떻게 얻는지 명확해졌다. 모호한 부분이 드러났고, 암묵적 지식이 명시적으로 바뀌었다. 어떤 일이 남아있을까? 생성 메서드에 많은 수의 파라미터를 전달해야 하므로, Introduce Parameter Object[F] 리팩터링을 적용하는 것이 의미 있어 보인다.

변형
객체 구분 파라미터를 사용하는 생성 메서드Parameterized Creation Methods[3]

Replace Constructors with Creation Methods 리팩터링을 적용하려고 생각하면서 머릿속으로 따져보니, 클래스가 지원하는 객체 설정의 모든 경우를 고려하면 50여 개의 생성 메서드가 필요한 것 같다. 50개의 메서드를 작성하는 것은 별로 재

---

3) 역자 주: 생성 메서드에 파라미터를 추가해 그 값에 따라 생성할 객체의 종류를 정하도록 한다는 뜻이다.

미있어 보이지 않아, 당신은 이 리팩터링을 적용하지 않기로 한다. 그러나 이런 문제를 해결하는 다른 방법이 있음을 기억하기 바란다. 먼저, 생성 메서드를 모든 객체 설정에 대해 하나씩 만들 필요는 없다. 빈번하게 사용되는 설정에 대해서만 생성 메서드를 작성하고, 몇몇 public 생성자를 남겨둬 다른 경우를 처리하도록 할 수도 있다. 생성 메서드의 개수를 줄이기 위해 파라미터 사용을 고려하는 것도 의미가 있다.

팩터리 추출Extract Factory

생성 메서드가 지나치게 많으면, 클래스의 주요 책임이 잘 드러나지 않을 수 있지 않을까? 이것은 사실 취향 문제다. 객체 생성이 어떤 클래스의 public 인터페이스

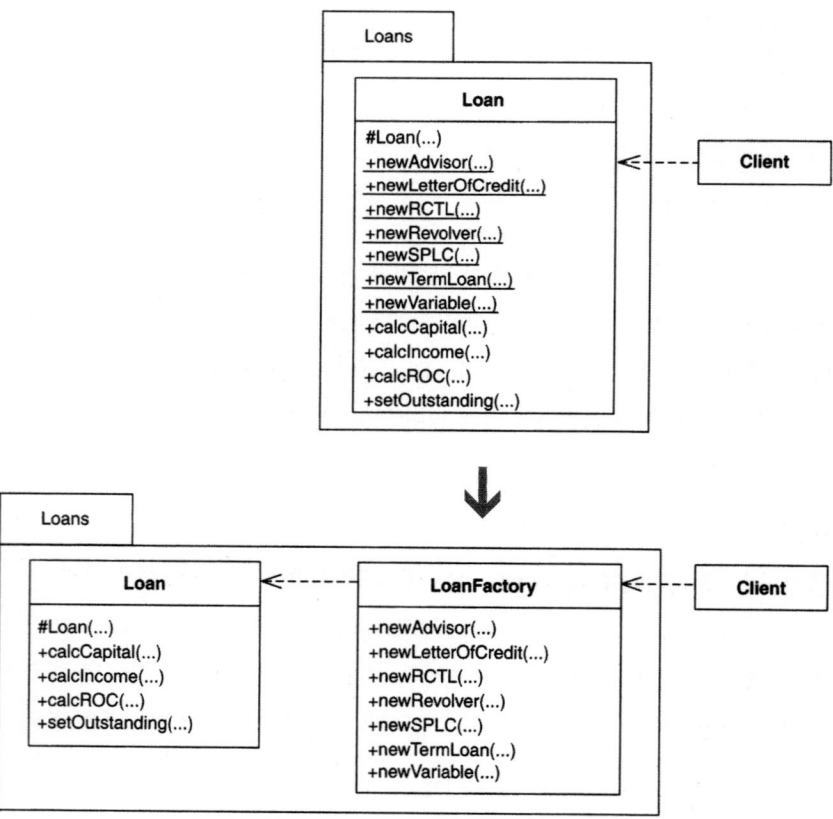

대부분을 차지하게 되면, 그 주요 책임을 제대로 알아볼 수 없게 된다고 생각하는 사람들도 있다. 만약 그런 경우라면, 리팩터링을 통해 생성 메서드들을 하나의 팩터리로 모으면 된다.

LoanFactory 클래스는 Abstract Factory[DP] 패턴에 해당하는 것이 아님에 주의하기 바란다. 추상 팩터리abstract factory는 런타임에 대체될 수 있다. 각각의 경우를 처리하는 별도의 팩터리 클래스(추상 팩터리의 서브클래스로)를 여럿 만들고, 클라이언트에서는 그중 하나를 골라 사용하게 되는 것이다. 팩터리는 보통 이보다 덜 복잡하다. 그리고 어떤 상속 구조에 포함되지 않는 독립적인 클래스로 구현되는 경우가 많다.

Move Creation Knowledge to Factory

어떤 클래스의 인스턴스를 생성하는 데

사용되는 데이터와 코드가 여러 클래스에 퍼져 있다면,

그 생성 지식creation knowledge을 하나의 팩터리factory 클래스로 옮긴다.

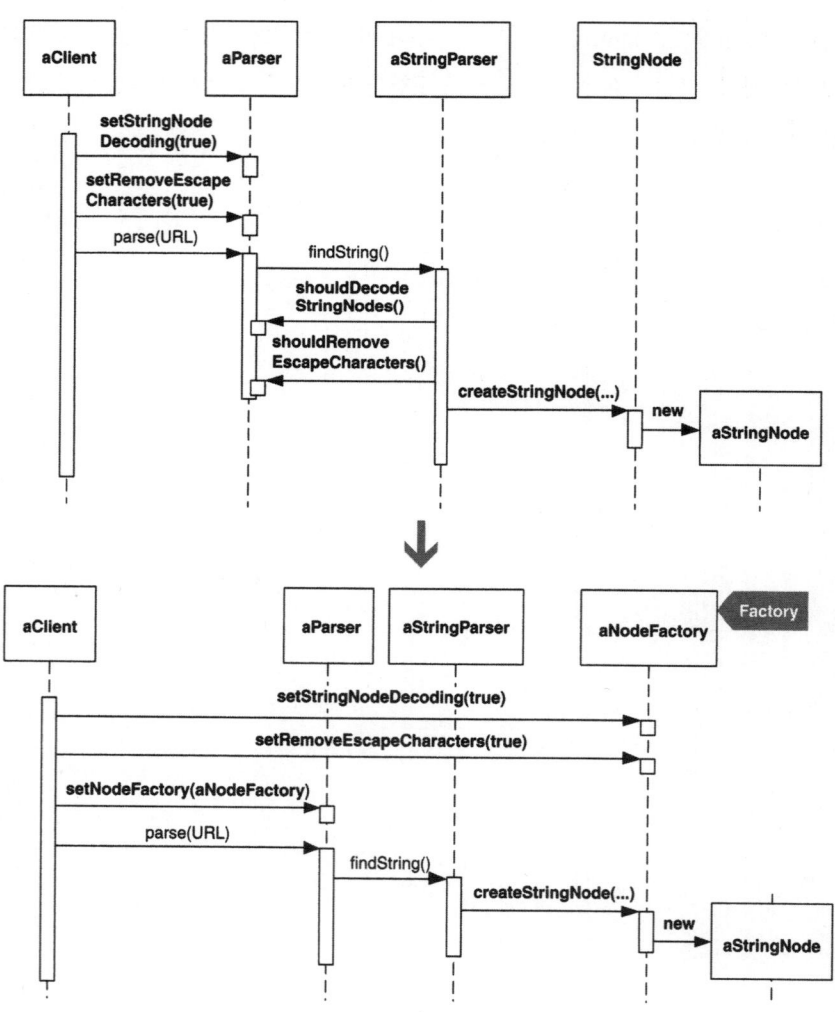

동기

객체 생성을 위한 지식이 여러 클래스에 퍼져 있을 때, 이를 문어발 생성creation sprawl이라 한다. 이것은 객체 생성과 상관없는 클래스가 그 책임의 일부를 맡고 있음을 뜻한다. 문어발 생성은 문어발 솔루션Solution Sprawl 냄새(83쪽)의 한 경우로, 초기의 설계 문제 때문에 발생하는 경우가 많다. 예를 들어 클라이언트가 주어진 외부 설정값preferences에 맞춰 객체의 상태를 조정할 필요가 있지만, 그 객체의 생성을 담당하는 코드에는 쉽게 접근할 수 없는 경우를 생각할 수 있다. 클라이언트에서 객체 생성 코드에 쉽게 접근할 수 없다면(가령 그 코드가 클라이언트와는 완전히 다른 시스템 계층에 있다든지 해서), 클라이언트가 어떻게 그 객체의 상태를 조정할 수 있을 것인가?

보통은 무식한 방법으로 해결한다. 클라이언트는 외부 설정값을 한 객체에 전달하고, 이를 또 다른 객체로, 결국에는 생성 코드까지 계속 전달하는 것이다. 이렇게 하는 것이 가능은 하지만, 생성 코드와 데이터가 여러 곳에 퍼지는 문제가 있다.

이런 경우에 Factory[DP] 패턴이 도움이 된다. Factory 패턴은 객체 생성 로직과 외부 설정값에 대한 처리 로직을 캡슐화한다. 클라이언트는 팩터리 인스턴스에게 객체를 어떤 상태로 조정하여 생성할 것인지를 지시할 수 있고, 하나의 팩터리 인스턴스가 런타임에 계속 재사용될 수 있다. 예를 들어 다음 그림에서 NodeFactory는 StringNode 객체를 생성하고, 옵션에 따라 이 객체를 Decoding-StringNode로 감싸 추가 기능을 부여하기도 하는 일을 하는 팩터리다.

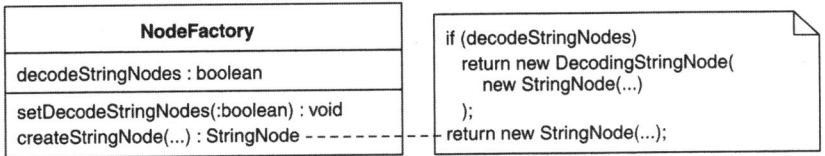

기존 시스템에 팩터리를 추가할 때 꼭 새로운 구체concrete 클래스로 구현할 필요는 없다. 팩터리는 인터페이스로 정의하고, 기존의 클래스가 이 인터페이스를

구현하도록 할 수도 있다. 이 방법은 시스템의 다른 영역에서 기존의 클래스를 사용할 때 반드시 팩터리 인터페이스를 통하도록 하고 싶을 때 유용하다.

지나치게 많은 생성 옵션을 지원하려다 보니 팩터리 내의 생성 로직이 너무 복잡해졌다면, 이를 추상 팩터리(Abstract Factory[DP] 패턴 참조)로 발전시키는 것도 의미가 있다. 이 작업을 해 놓으면, 시스템이 사용할 특정 팩터리 구현(즉, 추상 팩터리의 서브클래스)을 클라이언트가 지정할 수 있다. 앞의 NodeFactory는 분명 추상 팩터리로 만들 만큼 복잡하지는 않지만, 그랬을 경우의 모습은 다음과 같다.

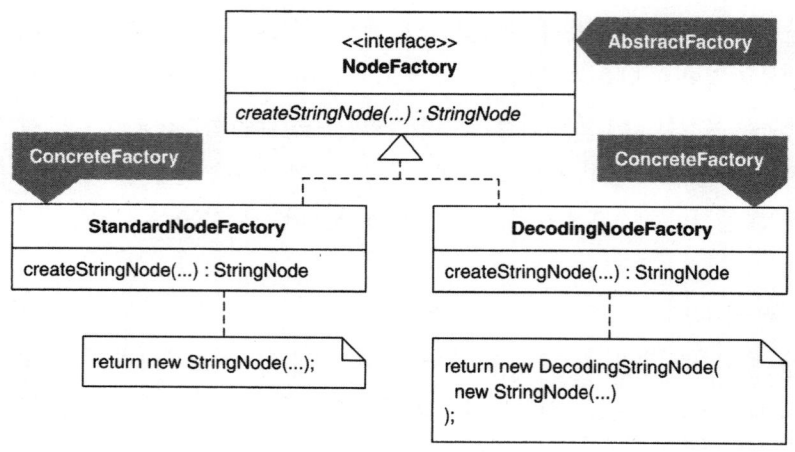

팩터리란?

'팩터리'는 업계에서 가장 많이 남용되는 부정확한 용어 중 하나다. 어떤 사람은 'Factory 패턴'을 Factory Method[DP] 패턴이라는 뜻으로 사용하고, 어떤 사람은 Abstract Factory[DP] 패턴이라는 뜻으로 사용한다. 또 어떤 사람은 두 패턴을 모두 이 용어로 지칭하기도 하고, 심지어 객체를 생성하는 모든 메서드를 그렇게 부르기도 한다.

팩터리에 대한 정의가 이렇게 제각각이기 때문에, 설계에 있어서 팩터리가 주는 이점도 알기가 어렵다. 따라서 나는 포괄적이면서도 제한적인 내 나름의 정의를 제안한다. 팩터리는 하나 이상의 생성 메서드를 구현하는 클래스다.

이것은 생성 메서드가 정적 멤버든 아니든 상관없다. 생성 메서드의 리턴 타입이 인터페이스든 추상 클래스든 또는 구체 클래스든 상관없다. 클래스가 생성 메서드뿐 아니라 객체 생성과 관계없는 기능을 갖고 있어도 마찬가지다.

팩터리 메서드는 클래스나 인터페이스 타입을 리턴하는 인스턴스 메서드로서, 다형적인 생성(Introduce Polymorphic Creation with Factory Method 리팩터링, 134쪽 참조)을 가능케 하기 위해 상속구조 내에서 구현된다. 팩터리 메서드는 어떤 클래스와 그 클래스의 (하나 이상의) 서브클래스에서 정의/구현되어야 한다. 그 클래스와 서브클래스는 모두 팩터리로 작동하지만, 팩터리 메서드 자체를 팩터리라 하지는 않는다.

추상 팩터리는 '서로 관계된 또는 서로 의존적인 객체의 집합을 그들의 구체적인 클래스를 지정하지 않고 생성하는 인터페이스다.' [DP, 87]

추상 팩터리는 런타임에 대체 가능하기 때문에 시스템이 추상 팩터리의 특정 구현을 사용하도록 지정할 수 있다. 모든 추상 팩터리는 팩터리지만, 모든 팩터리가 추상 팩터리인 것은 아니다. 추상 팩터리가 아닌 팩터리 중 일부는 인스턴스로 만들 클래스의 종류가 다양해짐에 따라 추상 팩터리로 발전하기도 한다.

다음 다이어그램은(박스 안의 줄은 객체 생성 메서드를 나타냄) 팩터리 메서드와 팩터리, 추상 팩터리 구조의 일반적인 차이점을 나타낸다.

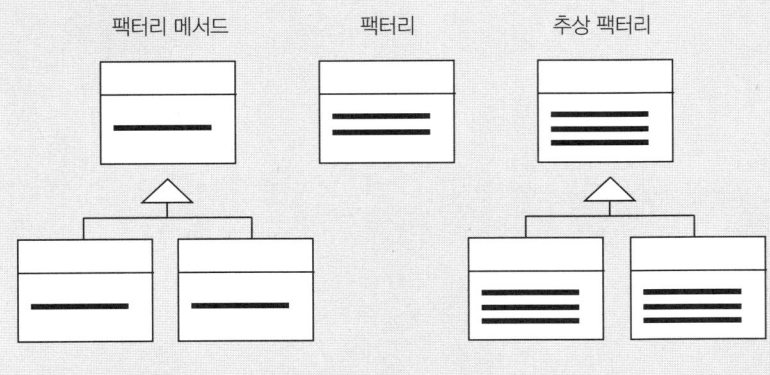

나는 Factory 패턴이 남용된 시스템을 많이 봐왔다. 예를 들어 시스템 내의 모든 객체를 직접 생성하지 않고(new StringNode(...)와 같은 식으로) 팩터리를 통해 생성한다면, 팩터리가 지나치게 많다는 증거다. Factory 패턴의 남용은 생성할 객체의 종류를 선택하는 코드 또는 그 생성 로직을 클라이언트 코드와 항상 분리하려 할 때 많이 발생한다. 예를 들면 다음 createQuery() 메서드는 두 개의 쿼리 클래스 중 하나를 선택해 그 인스턴스를 만든다.

```
public class Query...
    public void createQuery() throws QueryException...
        if (usingSDVersion52()) {
            query = new QuerySD52();
            ...
        } else {
            query = new QuerySD51();
        ...
        }
```

위 코드에서 조건 로직을 제거하려면, 팩터리 역할을 하는 QueryFactory 클래스를 도입해 다음과 같은 식으로 리팩터링할 수 있다.

```
public class Query...
    public void createQuery() throws QueryException...
        query = queryFactory.createQuery();
        ...
```

QueryFactory 클래스는 어떤 쿼리 클래스의 인스턴스를 만들지에 대한 선택을 캡슐화한다. 그러나 그로 인해 이 코드의 설계가 향상되었는가? 문어발 생성을 한 곳으로 모은 것도 아니고, Query 클래스를 객체 생성 로직과 분리시켰다 하더라도 충분한 개선을 이룬 것은 아니다. 팩터리의 도입으로 인해 코드의 설계가 개선되거나, 직접 생성할 때는 불가능했던 방법으로 객체를 생성하거나 상태를 조정하는 것이 가능하게 되지 않는다면, 팩터리를 사용하지 않는 편이 낫다.

절차

이 절차에서는 팩터리를 인터페이스가 아니라 클래스로 구현한다고 가정한다. 다른 클래스에서 구현할 팩터리 인터페이스가 필요하다면, 이 절차를 조금 수정해야 한다.

1. 주어진 클래스의 인스턴스를 생성하기 위해 다른 클래스와 협력하는 클래스를 찾는다. 참고로 이 절차에서는 이런 클래스를 '생성 클래스' 라 하고, 인스턴스로 만들어지는 클래스를 '대상 클래스' 라 하겠다. 만약 생성 클래스가 대상 클래스의 인스턴스를 만들 때 생성 메서드를 통하지 않는다면, 필요할 경우 생성 클래스나 대상 클래스를 수정해 생성 메서드를 사용하도록 한다.
   ∨ 컴파일 후 테스트한다.

2. 팩터리로 사용할 클래스를 만드는데, 그 이름은 대상 클래스의 이름을 고려해 짓는다(예를 들어 NodeFactory, LoanFactory).
   ∨ 컴파일한다.

3. Move Method[F] 리팩터링을 적용해 생성 메서드를 팩터리 클래스로 옮긴다. 생성 메서드가 static이더라도, 옮긴 후에는 인스턴스 메서드로 바꿀 수 있다.
   ∨ 컴파일한다.

4. 팩터리의 인스턴스를 만들고, 이를 통해 대상 클래스의 인스턴스를 얻도록 생성 클래스를 수정한다.

✓ 생성 클래스가 제대로 동작하는지 컴파일 후 테스트해 확인한다.

단계 3에서의 작업으로 인해 다른 생성 클래스들이 더 이상 컴파일되지 않았을 것인데, 그들에 대해 이 단계를 반복한다.

5. 다른 클래스의 데이터와 메서드가 여전히 생성 작업에 사용되고 있을 수 있다. 무엇이든 팩터리에 있는 것이 더 나아 보인다면 팩터리로 옮겨서, 팩터리가 생성과 관련된 작업을 가능한 많이 담당할 수 있도록 한다. 이 과정에는 팩터리 인스턴스를 생성하는 코드 또는 그 코드를 사용하는 부분을 다른 곳으로 옮기는 작업이 포함될 수도 있다.

✓ 컴파일 후 테스트한다.

예제

이 예제는 HTML Parser 프로젝트에서 따온 것이다. Move Embellishment to Decorator 리팩터링(206쪽)에서 설명한 것처럼, 이 파서의 클라이언트는 문자열을 파싱할 때의 몇 가지 옵션을 지정할 수 있다. 만약 &('&' 를 의미) 또는 < ('〈' 를 의미)와 같은 인코딩된 문자열이 파싱된 문자열에 포함되는 것을 원치 않는다면, Parser의 setStringNodeDecoding(boolean shouldDecode) 메서드를 호출하여 문자열 디코딩 옵션을 켜거나 끌 수 있다. 그러나 이 Move Creation Knowledge to Factory 리팩터링의 스케치에서 보듯이, 그 옵션은 StringParser가 StringNode의 인스턴스를 생성하는 부분까지 계속 전달되어야 한다.

이 코드가 동작을 하긴 하겠지만, StringNode 객체의 생성 로직이 Parser, StringParser, StringNode 클래스에 퍼져있는 것은 문제다. Parser에 새로운 문자열 파싱 옵션을 추가해야 할 상황이라면 더욱 그렇다. Parser에 새로운 필드와 그에 대한 get/set 메서드를 만들어야 할 뿐 아니라 새로운 옵션을 처리하기 위한 코드를 StringParser와 StringNode에도 추가해야 하기 때문이다. 다음 다이어그램에서 볼드체로 표시된 부분은 '\n' 나 '\r' 과 같은 확장 문자escape character를 제거하는 옵션을 추가했을 때 변경(추가)해야 할 부분을 나타낸 것이다.

다이어그램에서 보듯이 Parser에만 새 필드와 get/set 메서드가 추가되는 것이

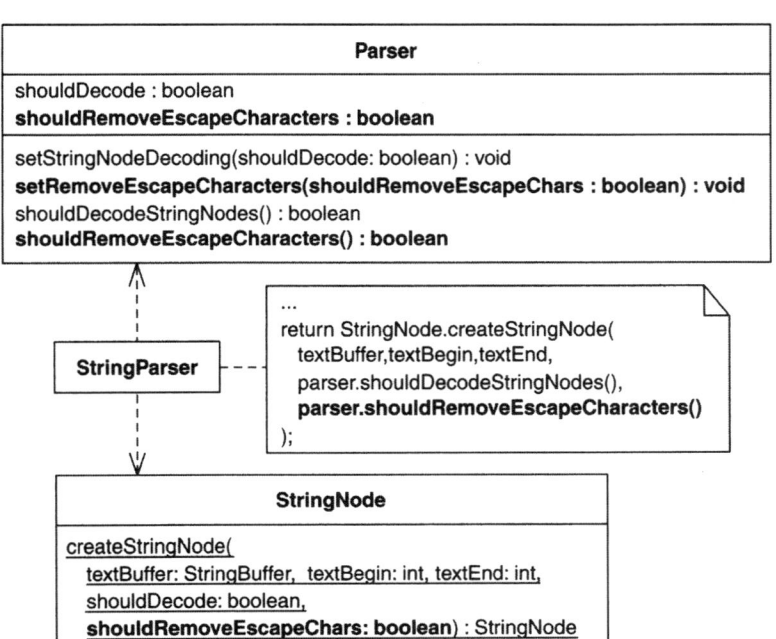

아니라 다른 곳도 변경되어야 한다. 왜 그럴까? Parser는 파싱을 시작시킬 책임이 있지만, StringNode(많은 Node와 Tag 타입 중의 하나에 불과한)가 어떻게 파싱 작업을 수행해야 하는지를 제어하지는 않기 때문이다. 게다가 StringNode 또한 Decorator 패턴(Move Embellishment to Decorator 리팩터링, 206쪽의 예제 참조) 을 이용해 설계되었으므로, 디코딩이나 확장 문자 제거 옵션에 대해 알아야 할 이 유가 없다.

앞에서 정의한 바에 따르면 StringNode는 생성 메서드를 구현하고 있으므로 이미 팩터리라 할 수 있다. 문제는 StringNode가 그 인스턴스의 생성에 관련된 모 든 로직을 통합하는 데 도움이 안 될 뿐만 아니라, 그렇게 통합하기보다는 String-Node를 작고 단순하게 유지하는 것이 더 낫다는 데 있다. StringNode 객체 생성 로직의 통합을 위해서라면, 새로운 팩터리를 도입하는 것이 더 좋은 방법이다. 단순하게 설명하기 위해, 예제 코드에 파싱 옵션 중 디코딩 옵션만 포함시키고 확 장 문자 제거 옵션은 포함시키지 않았다.

1. StringParser는 StringNode 객체를 생성한다. Move Creation Knowledge to Factory 리팩터링의 첫 단계는 StringParser가 StringNode 객체를 만들 때 생성 메서드를 사용하도록 고치는 것이다. 다음 코드에서 볼 수 있듯이, 이미 그렇게 되어 있다.

```
public class StringParser...
   public Node find(...) {
      ...
      return StringNode.createStringNode(
         textBuffer, textBegin, textEnd,
         parser.shouldDecodeNodes()
      );
   }

public class StringNode...
   public static Node createStringNode(
      StringBuffer textBuffer, int textBegin, int textEnd, boolean shouldDecode) {
      if (shouldDecode)
         return new DecodingStringNode(
            new StringNode(textBuffer, textBegin, textEnd)
         );
      return new StringNode(textBuffer, textBegin, textEnd);
   }
```

2. StringNode 객체를 위한 팩터리 클래스를 만든다. StringNode는 Node 타입이므로, 클래스 이름을 NodeFactory로 한다.

```
public class NodeFactory {
}
```

3. Move Method[F] 리팩터링을 적용해서 StringNode의 생성 메서드를 NodeFactory로 옮긴다. 클라이언트 코드가 특정 팩터리 구현과 컴파일 시에 엮이는 것은 좋지 않으므로, 옮긴 메서드를 인스턴스 멤버로 만드는 것이 좋다. 그리고 기존 생성 메서드는 제거한다.

```
public class NodeFactory {
   public ~~static~~ Node createStringNode(
```

```
        StringBuffer textBuffer, int textBegin, int textEnd, boolean shouldDecode) {
    if (shouldDecode)
        return new DecodingStringNode(
            new StringNode(textBuffer, textBegin, textEnd));
        return new StringNode(textBuffer, textBegin, textEnd);
    }
}
```

```
public class StringNode...
    public static Node createStringNode(...
+
```

이 작업 후에는, StringParser와 StringNode의 생성 메서드를 호출하는 클라 이언트 코드가 컴파일되지 않을 것이다. 이것은 다음 단계에서 해결한다.

4. StringParser가 NodeFactory 객체를 만들고, 이를 통해 StringNode 객체를 생 성하도록 수정한다.

```
public class StringParser...
    public Node find(...) {
        ...
        NodeFactory nodeFactory = new NodeFactory();
        return nodeFactory.createStringNode(
            textBuffer, textBegin, textEnd, parser.shouldDecodeNodes()
        );
    }
```

단계 3의 작업으로 인해 컴파일되지 않는 다른 클라이언트 코드에도 비슷 한 작업을 해준다.

5. 이제 재미있는 부분이다. 생성 관련 코드 중 적절한 것을 NodeFactory로 최 대한 옮겨 문어발 생성 냄새를 줄이거나 제거할 차례인데, 이 경우에는 Parser 클래스에 그런 코드가 있다. 바로 StringParser가 생성 메서드에 파라 미터로 넘길 값을 얻기 위해 Parser의 메서드를 호출하고 있다.

```
public class StringParser...
    public Node find(...) {
```

```
    ...
    NodeFactory nodeFactory = new NodeFactory();
    return nodeFactory.createStringNode(
        textBuffer, textBegin, textEnd, parser.shouldDecodeNodes()
    );
}
```

즉, Parser에 있는 다음 코드를 NodeFactory로 옮길 것이다.

```
public class Parser...
    private boolean shouldDecodeNodes = false;

    public void setNodeDecoding(boolean shouldDecodeNodes) {
        this.shouldDecodeNodes = shouldDecodeNodes;
    }

    public boolean shouldDecodeNodes() {
        return shouldDecodeNodes;
    }
```

그러나 그 과정이 간단하지는 않다. 이 코드의 클라이언트는 파싱 옵션 설정을 위해 setNodeDecoding(...)과 같은 메서드를 호출하는 Parser의 클라이언트이기 때문이다. 한편, NodeFactory는 StringParser가 내부적으로 인스턴스로 만들어 사용하고 있으므로, Parser의 클라이언트에서는 볼 수도 없다. 따라서 NodeFactory 인스턴스는 Parser의 클라이언트와 StringParser 양쪽에서 모두 접근 가능해야 한다는 결론에 이른다. 이를 위해 다음 절차를 따라 작업한다.

a. 우선, NodeFactory로 옮기려는 Parser 코드에 Extract Class[F] 리팩터링을 적용한다. 이렇게 해서 StringNodeParsingOption 클래스가 생긴다.

```
public class StringNodeParsingOption {
    private boolean decodeStringNodes;

    public boolean shouldDecodeStringNodes() {
        return decodeStringNodes;
    }
```

```
    public void setDecodeStringNodes(boolean decodeStringNodes) {
        this.decodeStringNodes = decodeStringNodes;
    }
}
```

이 새로운 클래스의 도입으로 shouldDecodeNodes 필드와 그에 대한
get/set 메서드가 StringNodeParsingOption 필드와 그에 대한 get/set 메서드
로 대체된다.

```
public class Parser....
    private StringNodeParsingOption stringNodeParsingOption =
        new StringNodeParsingOption();

    private boolean shouldDecodeNodes = false;

    public void setNodeDecoding(boolean shouldDecodeNodes) {
        this.shouldDecodeNodes = shouldDecodeNodes;
    }

    public boolean shouldDecodeNodes() {
        return shouldDecodeNodes;
    }

    public StringNodeParsingOption getStringNodeParsingOption() {
        return stringNodeParsingOption;
    }

    public void setStringNodeParsingOption(StringNodeParsingOption option) {
        stringNodeParsingOption = option;
    }
```

　Parser의 클라이언트는 이제 StringNodeParsingOption 인스턴스를 생성
해 그 상태를 적절히 조정한 다음 Parser에 넘겨서 StringNode의 디코딩 옵
션을 켠다.

```
class DecodingNodeTest...
    public void testDecodeAmpersand() {
```

```
          ...
          StringNodeParsingOption decodeNodes =
            new StringNodeParsingOption();
          decodeNodes.setDecodeStringNodes(true);
          parser.setStringNodeParsingOption(decodeNodes);
          parser.setNodeDecoding(true);
          ...
        }
```

StringParser는 새로운 클래스를 통해 StringNode의 디코딩 옵션값을 얻는다.

```
public class StringParser...
    ...
    public Node find(...) {
        NodeFactory nodeFactory = new NodeFactory();
        return nodeFactory.createStringNode(
            textBuffer,
            textBegin,
            textEnd,
            parser.getStringNodeParsingOption().shouldDecodeStringNodes()
        );
    }
```

b. 이제 StringNodeParsingOption을 NodeFactory에 병합하기 위해 Inline Class[F] 리팩터링을 적용한다. 그 결과로 StringParser가 다음과 같이 변경된다.

```
public class StringParser...
    public Node find(...) {
        ...
        return parser.getStringNodeParsingOption().createStringNode(
            textBuffer, textBegin, textEnd,
            parser.getStringNodeParsingOption().shouldDecodeStringNodes()
        );
    }
```

그리고 StringNodeParsingOption은 다음과 같이 변경된다.

```
public class StringNodeParsingOption...
   private boolean decodeStringNodes;

   public Node createStringNode(
      StringBuffer textBuffer, int textBegin, int textEnd, boolean shouldDecode) {
      if (decodeStringNodes)
      return new DecodingStringNode(
         new StringNode(textBuffer, textBegin, textEnd));
      return new StringNode(textBuffer, textBegin, textEnd);
   }
}
```

c. 마지막 단계는 StringNodeParsingOption 클래스의 이름을 NodeFactory로 바꾸고, Parser에 있는 NodeFactory 타입의 필드와 그에 대한 get/set 메서드도 이름을 바꿔주는 것이다.

```
public class StringNodeParsingOption NodeFactory...
```

```
public class Parser...
   private NodeFactory nodeFactory = new NodeFactory();

   public NodeFactory getNodeFactory() {
      return nodeFactory;
   }

   public void setNodeFactory(NodeFactory nodeFactory) {
      this.nodeFactory = nodeFactory;
   }
```

드디어 끝났다. NodeFactory를 도입해 StringNode에 대한 문어발 생성 냄새를 제거했다.

Encapsulate Classes with Factory

클라이언트가 한 패키지 내의, 공통 인터페이스를 가지는
클래스들의 인스턴스를 직접 생성하고 있다면,

그 클래스의 생성자를 클라이언트가 직접 볼 수 없게 바꾸고
클라이언트는 팩터리factory를 통해 그 인스턴스를 얻도록 한다.

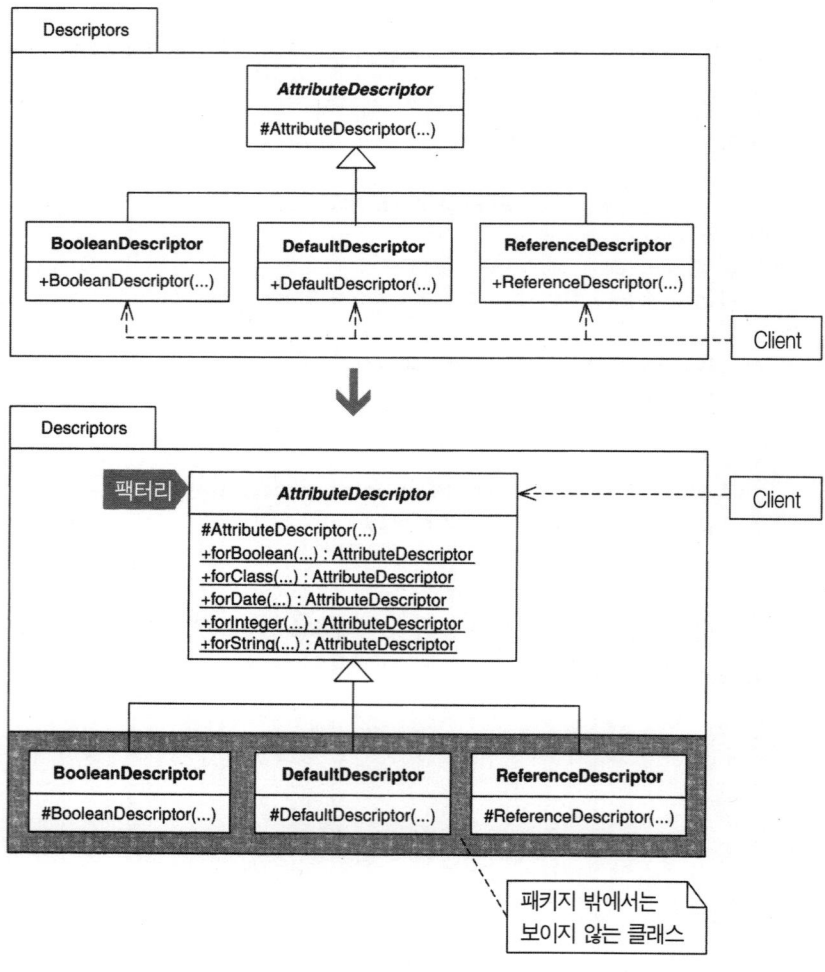

동기

클라이언트가 사용할 객체의 클래스를 직접적으로 알아야 한다면, 그 인스턴스를 직접 생성할 수 있어도 좋다. 그러나 클라이언트가 이를 알 필요가 없다면 어떨까? 그리고 클래스들이 같은 패키지에 속해 있고 공통 인터페이스를 구현하고 있는데 이런 조건이 변할 일도 없다면 어떨까? 그렇다면 인스턴스 생성은 팩터리에게 맡기고, 그 클래스들 자체는 숨겨서 패키지 밖의 클라이언트에게 보이지 않게 할 수 있다.

이런 방식에는 여러 가지 장점이 있다. 첫째, 클라이언트가 그 클래스들을 사용할 때 공통 인터페이스를 통하기 때문에 '구현에 대해서가 아니라, 인터페이스에 대해 프로그래밍' [DP]하는 것이 된다[4]. 둘째, 패키지 밖에까지 공개적으로 보일 필요가 없는 클래스들을 숨겨(즉, 클라이언트에서는 이런 클래스의 존재를 알 필요가 없음) 패키지의 '개념적 무게conceptual weight' [Bloch]를 줄일 수 있다. 그리고 셋째, 팩터리가 제공하는 생성 메서드creation method의 용도를 명확히 하여, 클라이언트가 원하는 종류의 객체를 쉽게 얻을 수 있다.

이 리팩터링의 문제는 종속성에 있다. 새로운 서브클래스를 만들거나 기존 서브클래스의 생성자를 추가/수정할 경우, 팩터리에도 새로운 생성 메서드를 만들어야 한다. 이런 일이 많지 않다면, 문제되지 않는다. 그러나 이런 일이 잦다면, 이 리팩터링은 포기하고 클라이언트가 원하는 서브클래스의 인스턴스를 직접 생성하도록 설계하고 싶을 것이다. 가장 자주 쓰이는 종류의 객체 생성을 위해서는 팩터리를 제공하고, 클라이언트가 필요하면 객체를 직접 생성할 수도 있도록 모든 서브클래스를 완전히 캡슐화하지 않는 혼합방식hybrid을 취할 수도 있다.

소스 코드가 아닌 바이너리 형태로 제공할 라이브러리를 작성할 때에는, 클라이언트가 숨겨진 클래스나 팩터리의 생성 메서드를 수정할 수 없게 되므로 이 리팩터링이 꺼려질 수도 있다.

이 리팩터링의 결과로 어떤 한 클래스가 고유 기능을 가지는 동시에 팩터리의 역할까지(즉, 생성 메서드 외의 다른 메서드도 구현) 하게 될 수도 있다. 어떤 사

---

4) 역자 주: 'Program to an interface, not an implementation.'

람들은 이렇게 한 클래스에 여러 책임을 부과하는 것에 거부감을 가질 것이다. 그런 경우에는 Extract Factory 리팩터링(108쪽)을 고려해봄직 하다.

이 리팩터링의 앞부분에 있는 스케치는 어떤 객체-관계형 데이터베이스object-relational database를 위한 매핑 코드를 간략히 표현한 것이다. 리팩터링 전에는 프로그래머들(나를 포함해)이 엉뚱한 서브클래스의 인스턴스를 만들거나, 서브클래스는 옳게 선택했더라도 잘못된 파라미터를 넘기는(가령, Java의 Integer 객체를 받는 생성자에 int 타입의 값을 주는 등의) 등등의 오류를 간간히 범했다. 그러나 리팩터링을 적용한 후에는 용도가 명확한 생성 메서드들이 한 곳에 모여 있게 되어 그런 실수가 줄었다.

> ### 장점과 단점
>
> + 용도를 쉽게 알아볼 수 있는 생성 메서드를 제공하여, 클라이언트가 원하는 종류의 객체를 쉽게 생성할 수 있도록 한다.
> + 공개될 필요가 없는 클래스들을 숨겨 패키지의 '개념적 무게' [Bloch]를 줄인다.
> + 클라이언트가 '구현에 대해서가 아니라, 인터페이스에 대해 프로그래밍' [DP]하게 된다.
> − 새로운 종류의 객체가 필요할 경우에는 생성 메서드를 추가하거나 수정해야 한다.
> − 팩터리의 소스 코드가 아닌 바이너리만 배포할 경우에는 클라이언트가 쉽게 수정할 수 없게 된다.

절차

어떤 클래스들이 하나의 인터페이스를 공유하거나, 같은 수퍼클래스를 가지면서 같은 패키지에 있을 때에는 이 리팩터링이 필요할 수 있다. 참고로 여기서는 이런 클래스들을 '대상 클래스' 라 부를 것이다.

1. 대상 클래스 중 하나를 선택하고 또 그 생성자 중 하나를 골라, 그 생성자를 호출하는 클라이언트 코드를 찾는다. Extract Method[F] 리팩터링을 통해 그 코드를 public static 메서드로 만든다. 새로 만든 이 메서드가 생성 메서드다.

이제 Move Method[F] 리팩터링을 통해 이 생성 메서드를 대상 클래스의 수 퍼클래스로 옮긴다.

   ✓ 컴파일 후 테스트한다.

2. 앞에서 선택한 생성자를 호출하는 곳 중 단계 1에서 만든 생성 메서드와 같 은 종류의 객체를 생성하는 코드를 모두 찾아 생성 메서드를 호출하도록 수 정한다.

   ✓ 컴파일 후 테스트한다.

3. 앞에서 선택한 생성자로 생성할 수 있는 다른 모든 종류의 객체에 대해서도 단계 1, 2의 작업을 반복한다.

4. 앞에서 선택한 생성자의 접근 지정자를 public 이외의 것(private, protected 또는 디폴트)으로 바꿔 클라이언트로부터 숨긴다.

   ✓ 컴파일 한다.

5. 나머지 대상 클래스에 대해 단계 1~4를 반복한다.

예제

다음 예제는 어떤 관계형 데이터베이스에서 객체를 읽어 들이거나 저장하는 데 사용되던 객체-관계 매핑 코드에 기초한 것이다.

1. descriptors라는 이름의 패키지 안에 있는 클래스들의 상속구조부터 시작하 겠다. 이들은 데이터베이스 속성을 객체의 필드로 매핑하는 과정에서 사용 되는 클래스다.

```
package descriptors;

public abstract class AttributeDescriptor...
    protected AttributeDescriptor(...)

public class BooleanDescriptor extends AttributeDescriptor...
```

```
    public BooleanDescriptor(...) {
        super(...);
    }

public class DefaultDescriptor extends AttributeDescriptor...
    public DefaultDescriptor(...) {
        super(...);
    }

public class ReferenceDescriptor extends AttributeDescriptor...
    public ReferenceDescriptor(...) {
        super(...);
    }
```

추상 클래스 AttributeDescriptor의 생성자는 protected이고, 서브클래스들의 생성자는 모두 public이다. 예제에는 서브클래스가 3개뿐이지만 실제 코드에는 10여 개나 있었다.

우선 서브클래스 중 하나인 DefaultDescriptor에 초점을 맞추자. 첫 단계는 DefaultDescriptor의 생성자를 통해 생성할 수 있는 객체의 종류를 확인하는 것이다. 이를 위해 클라이언트 코드를 살펴보자.

```
protected List createAttributeDescriptors() {
    List result = new ArrayList();
    result.add(new DefaultDescriptor("remoteId", getClass(), Integer.TYPE));
    result.add(new DefaultDescriptor("createdDate", getClass(), Date.class));
    result.add(new DefaultDescriptor("lastChangedDate", getClass(), Date.class));
    result.add(new ReferenceDescriptor("createdBy", getClass(), User.class,
        RemoteUser.class));
    result.add(new ReferenceDescriptor("lastChangedBy", getClass(), User.class,
        RemoteUser.class));
    result.add(new DefaultDescriptor("optimisticLockVersion", getClass(), Integer.TYPE));
    return result;
}
```

여기서 DefaultDescriptor는 Integer와 Date 타입의 매핑을 나타내는 데 사용되고 있음을 알 수 있다. 다른 타입을 매핑하는 데 사용될 수 있겠지만, 한번에 한 경우에만 집중해야 한다. 먼저 Integer 타입의 매핑에 사용되는 서브클래스를 위한 생성 메서드를 만들어 보자. Extract Method[F] 리팩터링을 적용해 forInteger(...)라는 이름의 public static 생성 메서드를 만드는 것으로 시작한다.

```
protected List createAttributeDescriptors()...
   List result = new ArrayList();
   result.add(forInteger("remoteId", getClass(), Integer.TYPE));
   ...

public static DefaultDescriptor forInteger(...) {
   return new DefaultDescriptor(...);
}
```

forInteger(...)는 항상 Integer 타입의 매핑을 위한 인스턴스를 생성하기 때문에 Integer.TYPE을 파라미터로 넘길 필요가 없다.

```
protected List createAttributeDescriptors()...
   List result = new ArrayList();
   result.add(forInteger("remoteId", getClass(), Integer.TYPE));
   ...

public static DefaultDescriptor forInteger(...) {
   return new DefaultDescriptor(..., Integer.TYPE);
}
```

또한 클라이언트가 AttributeDescriptor의 서브클래스를 사용할 때에 AttributeDescriptor가 제공하는 인터페이스를 통하는 것이 좋으므로, forInteger(...)의 리턴 타입도 DefaultDescriptor에서 AttributeDescriptor로 바꾼다.

```
public static AttributeDescriptor DefaultDescriptor forInteger(...)...
```

이제 Move Method[F] 리팩터링을 적용해 이 메서드를 AttributeDescriptor로 옮긴다.

```
public abstract class AttributeDescriptor {
```

```
public static AttributeDescriptor forInteger(...) {
   return new DefaultDescriptor(...);
}
```

그리고 클라이언트 코드도 다음과 같이 수정한다.

```
protected List createAttributeDescriptors()...
   List result = new ArrayList();
   result.add(AttributeDescriptor.forInteger(...));
   ...
```

모든 것이 기대한 대로 동작하는지 확인하기 위해 컴파일 후 테스트한다.

2. Integer 타입의 매핑을 위해 DefaultDescriptor의 생성자를 호출하는 곳을 모두 찾아 앞에서 새로 만든 생성 메서드를 호출하도록 수정한다.

```
protected List createAttributeDescriptors() {
   List result = new ArrayList();
   result.add(AttributeDescriptor.forInteger("remoteId", getClass()));
   ...
   result.add(AttributeDescriptor.forInteger("optimisticLockVersion", getClass()));
   return result;
}
```

컴파일 후 테스트한다. 모든 것이 제대로 동작할 것이다.

3. 단계 1, 2를 반복해 DefaultDescriptor의 생성자가 생성할 수 있는 다른 종류의 객체에 대한 생성 메서드를 만든다. 결과적으로 다음과 같이 두 개의 생성 메서드가 추가된다.

```
public abstract class AttributeDescriptor {
   public static AttributeDescriptor forInteger(...) {
      return new DefaultDescriptor(...);
   }

   public static AttributeDescriptor forDate(...) {
      return new DefaultDescriptor(...);
   }
```

```
public static AttributeDescriptor forString(...) {
    return new DefaultDescriptor(...);
}
```

4. 이제 DefaultDescriptor의 생성자를 protected로 바꾼다.

```
public class DefaultDescriptor extends AttributeDescriptor {
    protected DefaultDescriptor(...) {
        super(...);
    }
}
```

컴파일 후 모든 것이 계획대로 동작하는지 확인한다.

5. AttributeDescriptor의 다른 서브클래스에 대해 단계 1~4를 반복한다. 작업이 완료되면 새로운 코드는 다음과 같은 특징을 가지게 된다.

- AttributeDescriptor의 서브클래스들은 그 수퍼클래스를 통해 접근해야 한다.
- 클라이언트는 AttributeDescriptor가 제공하는 인터페이스를 통해 서브클래스 인스턴스를 얻음을 보장한다.
- 클라이언트가 AttributeDescriptor의 서브클래스 인스턴스를 직접 생성하지 못하게 한다.
- 다른 프로그래머들은 AttributeDescriptor의 서브클래스가 public이 아니며 클라이언트가 서브클래스 인스턴스를 공통 인터페이스를 통해 사용할 수 있다는 사실을 이해하게 된다.

변형

내부 클래스의 캡슐화Encapsulating Inner Classes

Java의 java.util.Collections 클래스는 생성 메서드를 가진 클래스를 캡슐화하는 것이 어떤 것인지를 보여주는 훌륭한 예제다. 작성자인 Joshua Bloch는 이 클래스를 사용하는 프로그래머가 컬렉션 객체를 수정 불가 또는 동기화 상태로 만들 수 있는 기능을 제공하려 했다. 그래서 현명하게 Proxy[DP] 패턴을 도입했다. 게다가 프락시 클래스를 public으로 만들어 프로그래머가 자신의 컬렉션 객체를 직접 보호하도록 하지 않고, Collections 클래스의 내부 클래스로 정의한 다음 Collections 클래스에 생성 메서드를 추가해 프로그래머가 그로부터 자신이 필요로 하는 종류의 프락시를 얻을 수 있도록 했다. 133쪽의 스케치는 Collections 클래스에 정의된 몇몇 내부 클래스와 생성 메서드를 나타낸 것이다.

java.util.Collections의 내부 클래스들도 상속 구조를 이루고 있음에 주목하기 바란다. 각각의 내부 클래스에는 컬렉션을 받아, 수정할 수 없거나 동기화되도록 보호한 다음, 그 객체를 List나 Set과 같은 일반적인 인터페이스 타입으로 리턴하는 메서드가 있다. 따라서 프로그래머가 알아야 할 클래스 개수는 늘리지 않으면서도 필요한 기능을 제공한 결과가 되었다. java.util.Collections 클래스는 팩터리의 예이기도 하다.

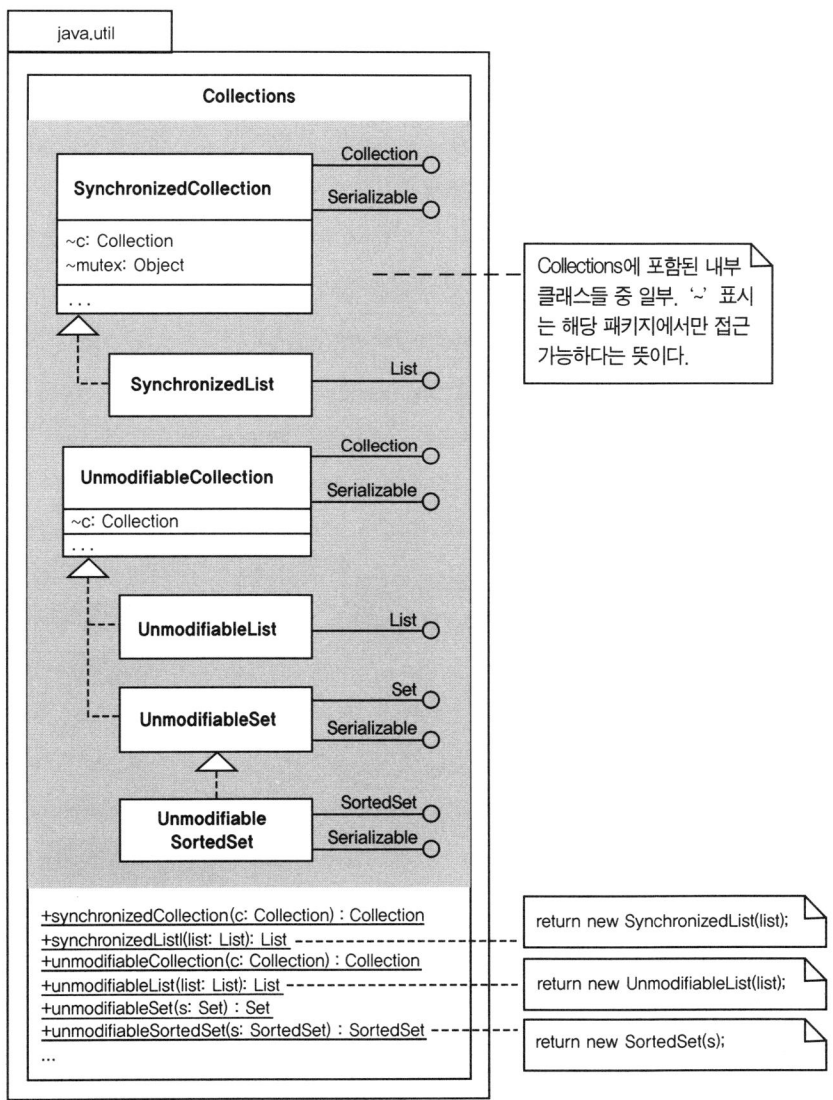

Introduce Polymorphic Creation with Factory Method

한 상속 구조 내의 클래스들이 어떤 메서드를 각자 구현하는데
객체 생성 단계만 제외하고 나머지가 서로 유사하다면,

그 메서드를 수퍼클래스로 옮기고 객체 생성은
팩터리 메서드factory method에 맡기도록 한다.

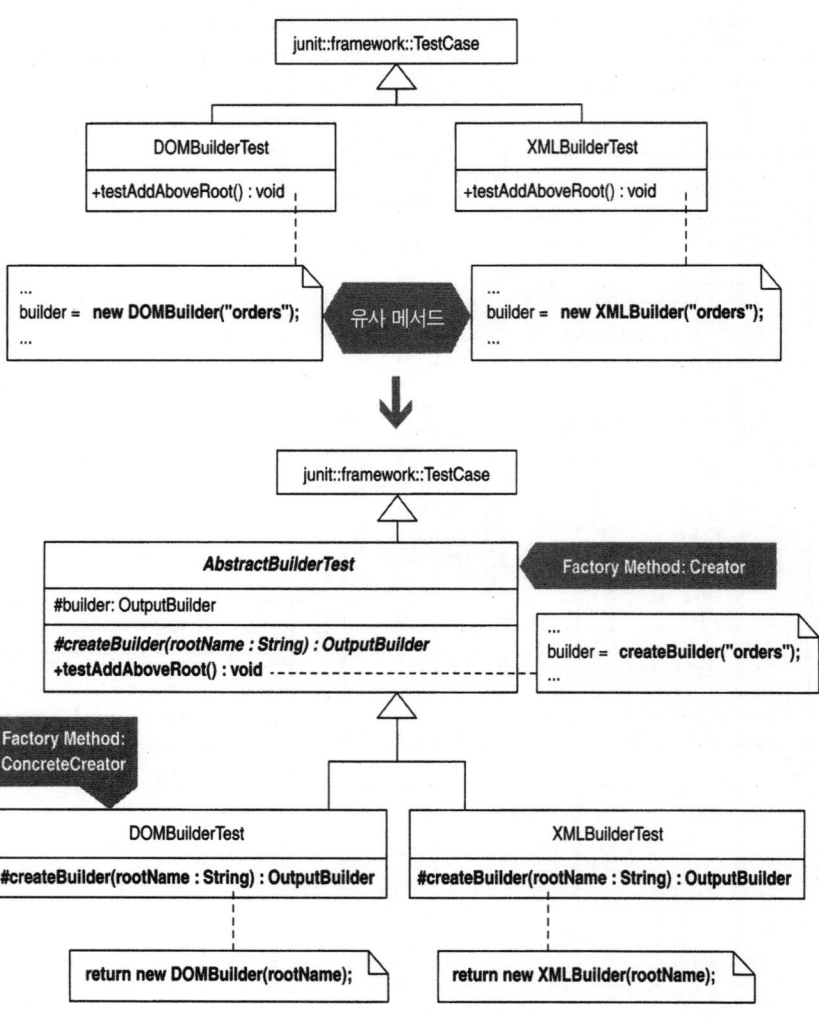

동기

Creation Method 패턴(Replace Constructors with Creation Methods 리팩터링, 97쪽 참조)을 구현하려면, 원하는 객체를 생성해서 리턴하는 메서드를 클래스에 추가하기만 하면 된다. 그 메서드는 static 멤버일 수도 있고 아닐 수도 있다. 반면에, Factory Method[DP] 패턴의 경우에는 다음과 같은 요소가 필요하다.

- 팩터리 메서드가 생성해 리턴하는 객체의 집합을 대표하는 하나의 타입(인터페이스, 추상 클래스, 또는 일반 클래스)
- 위 타입을 구현하는 클래스들
- 팩터리 메서드(여기서 여러 클래스 중 어떤 것을 생성하고 초기화해 리턴할지 결정)를 구현하는 여러 개의 클래스

위의 내용이 조금 복잡하게 보일 수도 있지만, 팩터리 메서드는 객체를 다형적 polymorphic으로 생성하는 데 유용하기 때문에 객체지향 프로그래밍에서 매우 자주 사용된다.

팩터리 메서드는 단순히 공통 인터페이스를 가지는 클래스들을 통해 구현되기도 하지만, 실제로 어떤 상속 구조 내에서 구현되는 것이 보통이다. 일반적으로 추상 클래스에 팩터리 메서드를 선언만 해놓고 서브클래스가 그것을 반드시 오버라이드하도록 강제하기도 하고, 디폴트default 구현을 제공하여 서브클래스가 그것을 상속받아 그대로 사용하거나 오버라이드할 수 있도록 선택권을 주기도 한다.

Factory Method 패턴은 프레임워크 설계에 자주 사용된다. 프레임워크를 사용하는 프로그래머가 그 기능을 쉽게 확장할 수 있도록 하기 위해서다. 확장은 프레임워크 내의 클래스 중 하나를 서브클래싱subclassing하고 원하는 객체를 리턴하도록 팩터리 메서드를 오버라이드하는 방식으로 이루어질 수 있다.

팩터리 메서드의 시그너처는 그것을 구현하는 모든 클래스에서 동일해야 하므로, 일부 클래스의 입장에서는 불필요한 파라미터를 받는 경우도 있을 수 있다. 예를 들어, 어떤 서브클래스에서는 객체를 생성하기 위해 int와 double 타입의 파라미터가 필요하고 다른 서브클래스에서는 int 타입의 파라미터만 필요하다면,

팩터리 메서드는 int와 double을 모두 파라미터로 받도록 구현해야 한다. double 타입의 파라미터가 필요 없는 서브클래스에서는 그 파라미터의 존재로 인해, 코드를 읽을 때 약간 혼란스러울 수 있다.

Factory Method 패턴은 Template Method[DP] 패턴과 함께 사용되는 경우가 많다. 즉, 템플릿 메서드template method에서 팩터리 메서드를 호출하는 것이다. 한 클래스 상속 구조 내의 중복 코드를 제거하는 리팩터링을 수행하다 보면, 자연스럽게 이 두 패턴을 함께 사용하게 된다. 예를 들어 어떤 메서드가 수퍼클래스에도 있고, 하나 또는 여러 서브클래스에서 오버라이드되어 있는데, 그 구현은 객체 생성 단계만 제외하면 거의 동일한 경우를 생각해 보자. 이런 상황에서는 그 메서드를 수퍼클래스로 옮겨 일종의 템플릿 메서드를 만들면 중복 코드를 제거할 수 있다. 그러나 수퍼클래스에서는 어떤 경우에 어느 객체를 생성해야 할지 알 수 없으므로 그 작업은 서브클래스에 맡겨야 한다. 그리고 이런 상황에는 Factory Method보다 적절한 패턴이 없다.

팩터리 메서드를 사용하는 것이 new 연산자 또는 생성 메서드를 사용하는 것보다 더 간단할까? Factory Method는 구현하기 어려운 패턴이다. 그러나 이것을 도입한 후의 코드는 이전의 중복이 많던 코드보다 훨씬 간단하다.

장점과 단점

+ 객체를 생성하는 과정에서의 코드 중복을 줄인다.
+ 객체를 생성하는 곳이 실제로는 어디고, 또 어떻게 오버라이드하면 되는지 잘 드러난다.
+ 팩터리 메서드에서 인스턴스로 만들 클래스가 특정 타입을 구현하도록 강제할 수 있다.
− 일부 서브클래스가 구현하는 팩터리 메서드에는 불필요한 파라미터를 어쩔 수 없이 남겨둬야 할 수도 있다.

절차

이 리팩터링이 주로 사용되는 상황은 다음과 같다.

● 형제sibling 서브클래스들이 어떤 메서드를 각각 구현하고 있는데, 객체를 생성하는 단계만 제외하고는 거의 유사한 경우

● 수퍼클래스와 서브클래스가 어떤 메서드를 각각 구현하고 있는데, 객체를 생성하는 단계만 제외하고는 거의 유사한 경우

다음에 제시하는 절차는 위의 두 상황 중 첫 번째 것을 다룬다. 그러나 수퍼클래스와 서브클래스가 관련된 상황에 대해서도 쉽게 응용할 수 있을 것이다. 참고로 여기서 사용하는 '유사similar 메서드' 라는 용어는 객체 생성 단계만 제외하고 그 구현이 거의 유사한 메서드를 뜻한다.

1. 유사 메서드 중 하나를 선택해, 객체 생성 단계가 별도의 객체 생성 메서드에서 수행되도록 수정한다. 객체를 생성하는 코드에 Extract Method[F] 리팩터링을 적용해도 되고, 이미 객체 생성 메서드가 있었다면 그 메서드를 사용해도 된다.

   객체 생성 메서드에는 createBuilder 또는 newProduct와 같은 일반화된 이름을 붙이기 바란다. 관련된 모든 형제 클래스에도 같은 이름의 메서드가 필요하기 때문이다. 그리고 리턴 타입 또한 유사 메서드들이 리턴하는 객체를 모두 포괄할 수 있는 공통 타입이어야 한다.

   ✓ 컴파일 후 테스트한다.

2. 나머지 유사 메서드에 대해서도 단계 1의 과정을 반복한다. 관련된 모든 형제 클래스에 객체 생성 메서드가 하나씩 생길 텐데, 각 메서드의 시그너처는 모두 동일해야 한다.

   ✓ 컴파일 후 테스트한다.

3. 다음은 수퍼클래스를 수정할 차례다. 수퍼클래스를 직접 수정할 수 없거나 수정하지 않는 것이 더 좋겠다고 판단될 경우는, Extract Superclass[F] 리팩터

링을 적용해 원래의 수퍼클래스를 서브클래싱하는 새 클래스를 만들고 형제 클래스들이 새로 만든 클래스를 서브클래싱하도록 한다. 이렇게 하면 새로 만든 클래스를 대상으로 작업을 계속 할 수 있다.

참고로 관련된 형제 클래스들의 수퍼클래스를 『Design Patterns』[DP]에서는 FactoryMethod:Creator라 부른다.

✓ 컴파일 후 테스트한다.

4. 유사 메서드에 Form Template Method[F] 리팩터링을 적용한다. 이 과정에는 Pull Up Method[F] 리팩터링이 포함되는데, 이 리팩터링을 적용할 때에는 Pull Up Method[F] 리팩터링의 절차에 나온 다음 조언을 꼭 따르길 바란다.

> 타입 검사를 엄격하게 하는 프로그래밍 언어를 사용하고, 옮기려는 메서드에서 두 서브클래스에는 있지만 수퍼클래스에는 없는 메서드를 호출한다면, 해당 메서드를 수퍼클래스에 추상 메서드로 선언하라[F,323].

이 조언은 앞에서 설명한 객체 생성 메서드에 적용할 얘기다. 객체 생성 메서드에 해당하는 추상 메서드를 수퍼클래스에 선언하면, 팩터리 메서드를 구현한 것이 된다. 이제 형제 클래스들 각각은 『Design Patterns』[DP]에서 말하는 FactoryMethod:ConcreteCreator가 되었다.

✓ 컴파일 후 테스트한다.

5. 관련 형제 클래스에 또 다른 유사 메서드가 존재하고 그 메서드도 이미 만들어 놓은 팩터리 메서드를 사용하도록 수정하는 것이 더 좋겠다고 판단되면, 단계 1에서 4의 과정을 반복한다.

6. ConcreteCreator 클래스들의 팩터리 메서드 가운데 다수가 동일한 객체 생성 코드를 포함하고 있다면, 수퍼클래스에 선언된 팩터리 메서드로 그 코드를 옮겨 객체 생성에 대한 디폴트 구현으로 삼는다.

✓ 컴파일 후 테스트한다.

예제

나는 어떤 프로젝트에서 테스트 주도 개발을 통해 XML Builder를 개발했다. Builder[DP] 패턴을 사용했기 때문에 클라이언트에서 XML 문서를 쉽게 생성할 수 있었다. 그리고 나서 DOMBuilder도 만들 필요가 있다는 것을 알게 되었다. DOMBuilder는 XMLBuilder 클래스와 거의 비슷하지만 내부적으로 DOM^{Document} ^{Object Model} 구조를 통해 XML 문서를 생성하고 그 DOM 구조에 클라이언트가 접근할 수 있도록 해주는 클래스다.

DOMBuilder 클래스를 구현하기 위해 나는 XMLBuilder 클래스를 위해 이미 작성해 두었던 테스트 코드를 사용했다. XMLBuilder 인스턴스 대신에 DOMBuilder 인스턴스를 만들어 사용하도록 고치기만 하면 되었다.

```
public class DOMBuilderTest extends TestCase...
    private OutputBuilder builder;

    public void testAddAboveRoot() {
        String invalidResult =
        "<orders>" +
            "<order>" +
            "</order>" +
        "</orders>" +
        "<customer>" +
        "</customer>";
        builder = new DOMBuilder("orders"); // 원래는 new XMLBuilder("orders")
        builder.addBelow("order");
        try {
            builder.addAbove("customer");
            fail("expecting java.lang.RuntimeException");
        } catch (RuntimeException ignored) {}
    }
```

DOMBuilder 클래스 설계의 주요 목표는 XMLBuilder 클래스와 공통 인터페이스를 갖도록 하는 것이었다. 그 인터페이스 이름은 OutputBuilder였고, 결과적으로 그들 간의 관계는 다음 그림과 같았다.

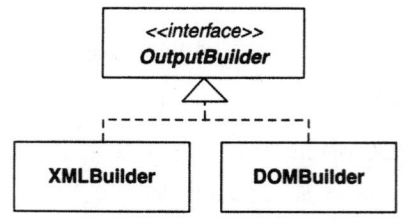

DOMBuilder 클래스를 위한 테스트 코드를 다 작성하고 나서 보니, XMLBuild-erTest와 DOMBuilderTest에 거의 동일한 테스트 메서드가 9개나 있었다. 그리고 DOMBuilderTest에는 DOM 구조에 접근하여 테스트하는 고유의 테스트 메서드 들이 있었다. 나는 테스트 코드가 중복되어 있는 것이 불만이었다. 혹시 XMLBuilderTest의 코드를 수정할 일이 있으면, DOMBuilderTest의 코드도 같 은 작업을 해야 할 것이기 때문이다. Factory Method 패턴을 적용하는 것이 적절 하겠다고 생각해 코드를 리팩터링하기로 결정했다. 다음은 당시에 내가 작업한 과정을 설명한 것이다.

1. 처음에는 testAddAboveRoot()라는 유사 메서드를 대상으로 작업했다. 메서 드 내의 객체 생성 로직을 다음과 같이 별도의 객체 생성 메서드로 뽑아낸다.

```
public class DOMBuilderTest extends TestCase...
    private OutputBuilder createBuilder(String rootName) {
        return new DOMBuilder(rootName);
    }

    public void testAddAboveRoot() {
        String invalidResult =
        "<orders>" +
            "<order>" +
            "</order>" +
        "</orders>" +
        "<customer>" +
        "</customer>";
        builder = createBuilder("orders");
        builder.addBelow("order");
        try {
```

```
      builder.addAbove("customer");
      fail("expecting java.lang.RuntimeException");
   } catch (RuntimeException ignored) {}
}
```

새로 만든 객체 생성 메서드 createBuilder(…)의 리턴 타입이 OutputBuilder 인 것에 주목하기 바란다. 다음 단계에서 XMLBuilderTest에도 createBuilder(…) 메서드를 구현해야 하는데, 두 메서드의 시그너처를 동일하게 만들고 싶기 때문이다.

컴파일 후 테스트하여 여전히 잘 동작하는지 확인한다.

2. 단계 1의 과정을 XMLBuilderTest에 대해서도 반복한다.

```
public class XMLBuilderTest extends TestCase...
   private OutputBuilder createBuilder(String rootName) {
      return new XMLBuilder(rootName);
   }

   public void testAddAboveRoot() {
      String invalidResult =
      "<orders>" +
         "<order>" +
         "</order>" +
      "</orders>" +
      "<customer>" +
      "</customer>";
      builder = createBuilder("orders");
      builder.addBelow("order");
      try {
         builder.addAbove("customer");
         fail("expecting java.lang.RuntimeException");
      } catch (RuntimeException ignored) {}
   }
```

컴파일 후 테스트를 통과하는지 확인한다.

3. 다음은 테스트 클래스의 수퍼클래스를 고칠 차례다. 그러나 그 수퍼클래스
   는 TestCase였고, 이것은 JUnit 프레임워크의 일부였다. 따라서 TestCase 클
   래스를 직접 수정하기보다는 테스트 클래스에 Extract Superclass[F] 리팩터링
   을 적용해 AbstractBuilderTest라는 수퍼클래스를 새로 만들었다.

```
public class AbstractBuilderTest extends TestCase {
}

public class XMLBuilderTest extends AbstractBuilderTest...

public class DOMBuilderTest extends AbstractBuilderTest...
```

4. 다음은 Form Template Method 리팩터링(281쪽)을 적용할 차례다. 그런데 이
   제는 XMLBuilderTest와 DOMBuilderTest에 포함된 유사 메서드가 완전히 동
   일한 상태이기 때문에, Form Template Method 리팩터링의 절차에 따라
   testAdd-AboveRoot() 메서드에 Pull Up Method[F] 리팩터링을 적용할 수 있
   다. 그 첫 단계는 Pull Up Field[F] 리팩터링을 통해 builder 필드를 수퍼클래스
   로 옮기는 것이다.

```
public class AbstractBuilderTest extends TestCase {
    protected OutputBuilder builder;
}

public class XMLBuilderTest extends AbstractBuilderTest...
    private OutputBuilder builder;

public class DOMBuilderTest extends AbstractBuilderTest...
    private OutputBuilder builder;
```

　　이제 testAddAboveRoot() 메서드를 수퍼클래스로 옮기려 하는데, 그 안에
서 호출하는 메서드에 대응하는 추상 메서드를 수퍼클래스에서 선언해야 함
을 깨달았다. createBuilder(...) 메서드가 이에 해당하고, 따라서 이 메서드를
수퍼클래스에 추상 메서드로 선언한다. 추상 메서드가 추가되었으므로, 클래
스도 추상 클래스가 되어야 한다.

```
public abstract class AbstractBuilderTest extends TestCase {
  protected OutputBuilder builder;

  protected abstract OutputBuilder createBuilder(String rootName);
}
```

이제 testAddAboveRoot() 메서드를 AbstractBuilderTest로 옮길 수 있다.

```
public abstract class AbstractBuilderTest extends TestCase...
  public void testAddAboveRoot() {
    String invalidResult =
    "<orders>" +
      "<order>" +
      "</order>" +
    "</orders>" +
    "<customer>" +
    "</customer>";
    builder = createBuilder("orders");
    builder.addBelow("order");
    try {
      builder.addAbove("customer");
      fail("expecting java.lang.RuntimeException");
    } catch (RuntimeException ignored) {}
  }
```

이 과정에서 XMLBuilderTest와 DOMBuilderTest에 있던 testAddAbove-
Root() 메서드를 제거했다. createBuilder(...) 메서드는 AbstractBuilderTest에
서 선언하고 XMLBuilderTest와 DOMBuilderTest에서 구현했으므로, 팩터리
메서드가 되었다.

항상 마찬가지지만, 모든 것이 제대로 동작하는지 확인하기 위해 컴파일
후 테스트한다.

5. XMLBuilderTest와 DOMBuilderTest에는 그 외의 유사 메서드가 여럿 있으므
로, 그들에 대해서도 단계 1부터 4까지의 과정을 각각 반복한다.

6. 이 시점에서 AbstractBuilderTest에 createBuilder(...) 메서드의 디폴트 구현

을 추가할 것인가를 고민한다. 디폴트 구현을 추가함으로써 각 서브클래스들이 구현하고 있는 createBuilder(...) 메서드에 코드 중복을 줄이는 데 도움이 된다면 아마 그렇게 하겠지만, XMLBuilderTest와 DOMBuilderTest는 OutputBuilder를 공통 인터페이스로 가질 뿐 사실은 전혀 다른 종류의 객체를 사용하므로 별다른 필요성이 느껴지지 않는다. 따라서 이것으로 리팩터링을 완료한다.

Encapsulate Composite with Builder

컴포짓^{composite} 구조를 생성하는 과정이 반복적으로
수행되고 복잡하며 에러 발생 가능성도 많은 상태라면,

그 세부 사항을 처리하는 별도의 빌더^{builder}를 제공하여
컴포짓 구조를 쉽게 생성할 수 있도록 한다.

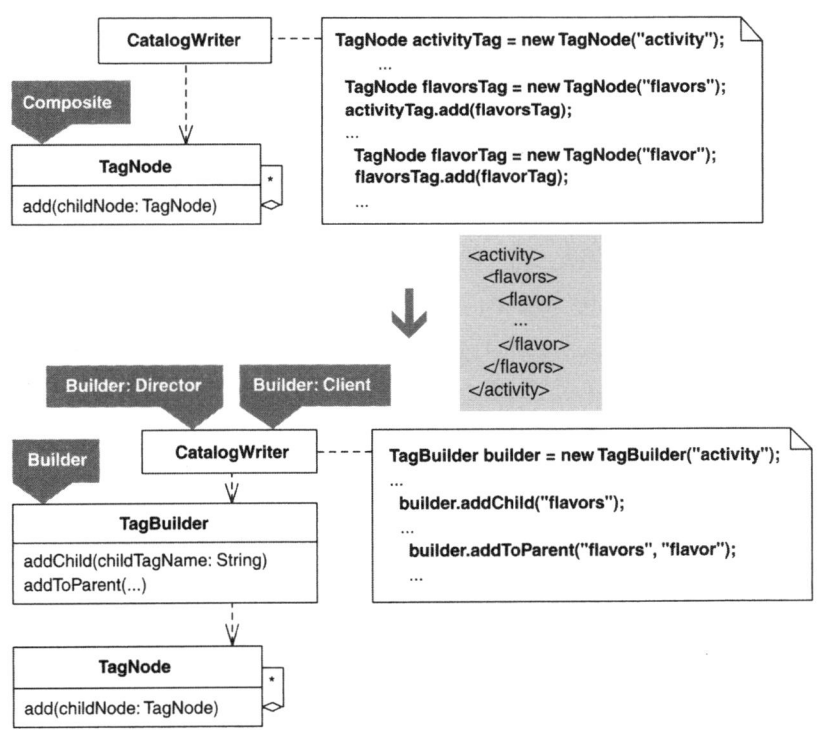

Builder[DP] 패턴은 어떤 객체 구조를 생성하는 성가시고 복잡한 과정을 클라이언트 대신에 빌더 객체가 맡도록 하는 것이다. Builder 패턴으로 리팩터링하는 주된 이유는 복잡한 객체 구조를 생성하는 클라이언트 코드를 단순하게 하는 것이다. 어렵고 귀찮은 부분을 빌더에게 맡기면, 클라이언트는 객체 구조의 생성

과정에 대한 세부 내용을 알 필요 없이 빌더에게 지시만 내리면 된다.

빌더가 캡슐화하는 객체 구조는 컴포짓 구조일 경우가 많다. 컴포짓 구조를 생성하는 작업은 반복적이고 복잡하며 에러를 유발하기 쉬운 경우가 많기 때문이다. 예를 들어 부모 노드에 자식 노드를 추가하려면 클라이언트는 다음과 같은 과정을 거쳐야 한다.

- 새 노드 객체 생성
- 새 노드 객체 초기화
- 새 노드 객체를 적당한 부모 노드에 정확히 추가

이 과정에서는 새 노드 객체를 부모 노드에 추가하는 것을 잊거나 엉뚱한 노드에 추가하는 식의 실수를 범할 가능성이 많다. 또 이 과정은 한 번만 수행하고 말 것도 아니다. 따라서 이런 코드를 Builder 패턴으로 리팩터링하면, 에러 발생 가능성도 줄일 수 있고 객체 구조를 생성하는 방법도 단순해진다.

컴포짓 구조를 빌더로 캡슐화하는 또 다른 이유는 클라이언트 코드와 컴포짓 구조를 다루는 코드 사이의 결합 관계를 제거하는 것이다. 예를 들어 다음 그림의 클라이언트 코드를 보면, DOM 컴포짓 구조를 생성하는 코드가 DOM에 속한 클래스 또는 인터페이스인 Document, DocumentImpl, Element, Text에 단단하게 결합되어tightly-coupled 있다.

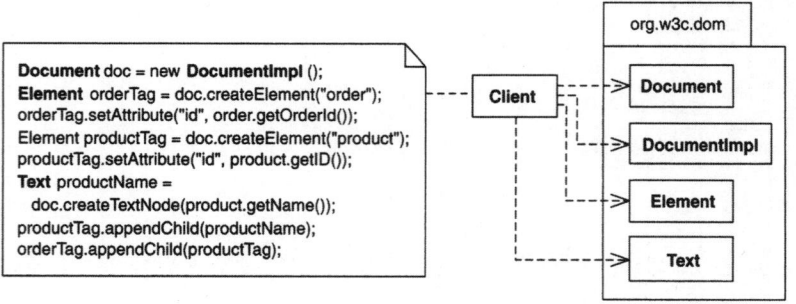

이렇게 클라이언트 코드와 단단하게 결합되어 있으면, 컴포짓 구현을 수정하기가 어려워진다. 어떤 프로젝트에서 우리는 DOM의 새 버전을 사용하도록 시스

템을 업그레이드할 필요가 있었다. DOM의 새 버전은 이전에 사용했던 버전 1.0과 몇 가지 중요한 차이가 있었고, 시스템에 산재해 있는 컴포짓 구조 생성 코드들을 하나하나 업그레이드하는 작업은 정말 고통스러웠다. 따라서 우리는 DOM 구조를 다루는 코드를 다음 그림과 같은 DOMBuilder 클래스로 캡슐화했다.

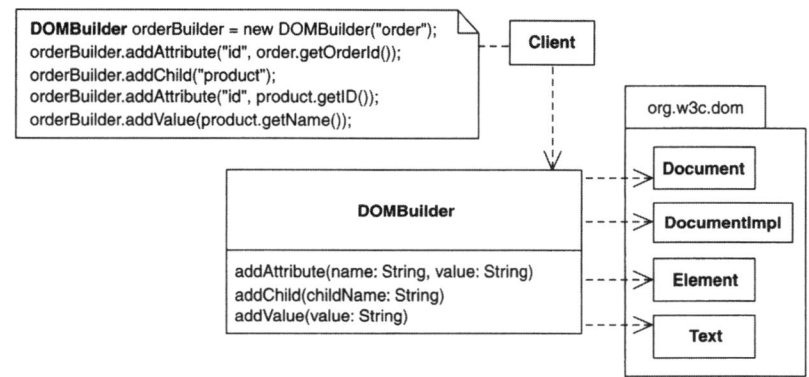

DOMBuilder의 모든 메서드는 String 타입의 객체를 파라미터로 받고 리턴 타입은 void다. DOMBuilder가 제공하는 인터페이스에는 DOM에 속한 클래스나 인터페이스의 흔적이 전혀 없지만, 내부적으로는 런타임에 DOM 객체를 생성하고 조립한다. DOMBuilder를 사용하는 클라이언트는 DOM 코드와의 결합이 느슨해진다. 이제 DOM의 새 버전이 나오거나 JDOM 또는 우리가 직접 만든 TagNode 객체를 사용하기로 마음을 바꾸는 등의 변화가 생겨도 DOMBuilder 클래스만 손보면 된다.

『Design Patterns』[DP]에서는 Builder 패턴의 의도를 '복잡한 객체를 생성하는 방법과 표현하는 방법을 정의하는 클래스를 별도로 분리하여, 서로 다른 표현이라도 동일한 과정을 통해 생성할 수 있도록 하는 것' [DP, 97]이라 설명한다.

복잡한 객체의 '서로 다른 표현을 동일한 과정으로 생성' 하는 게 유용한 기능이기는 하지만, 그것이 빌더가 제공하는 유일한 기능은 아니다. 앞에서 밝혔듯이 생성 과정을 단순화하고 그 복잡한 과정으로부터 클라이언트 코드를 분리하는 것도 빌더를 사용할 충분한 이유가 된다.

빌더의 인터페이스는 누가 보더라도 무슨 일을 수행하는지 알 수 있을 만큼 명확해야 한다. 물론 실질적으로는 빌더의 인터페이스 전부 또는 일부가 그 정도로 명확하지 않을 수도 있다. 빌더는 생성 과정을 단순하게 만들기 위해 내부적으로 많은 일을 하기 때문이다. 따라서 빌더의 인터페이스를 잘 이해하려면, 코드 또는 테스트 코드를 참고하거나 문서를 읽어보는 등의 노력이 필요하다.

장점과 단점

+ 컴포짓 구조를 생성하는 클라이언트의 코드를 단순화한다.
+ 반복적이고 에러 발생 가능성이 높은 컴포짓 구조 생성 작업의 단점을 개선한다.
+ 클라이언트 코드와 컴포짓 구조 사이의 결합을 느슨하게 한다.
+ 캡슐화된 컴포짓 구조 또는 복잡한 객체의 여러 다른 표현이 가능하게 한다.
− 인터페이스의 의도가 덜 명확해질 수 있다.

절차

컴포짓 구조를 위한 빌더를 작성하는 데에는 수많은 방법이 존재하므로, 이 리팩터링에 대한 구체적인 절차를 제시하는 것은 불가능하다. 따라서 그때그때 상황에 맞춰 응용할 수 있는 일반적인 절차를 설명하겠다. 빌더를 어떻게 설계하든, 테스트 주도 개발[Beck, TDD]을 적용하기 바란다.

다음 절차에서는 컴포짓 생성 코드가 이미 존재하고 그 코드를 빌더 내부로 캡슐화하려는 상황이라 가정한다.

1. 빌더로 삼을 새 클래스를 만든다. 노드가 단 하나인 컴포짓 구조를 생성할 수 있도록 구현한다. 그리고 그렇게 생성한 결과를 리턴하는 메서드도 추가한다.
   ∨ 컴파일 후 테스트한다.

2. 빌더에 자식 노드를 생성하는 기능을 추가한다. 클라이언트가 자식을 생성하고 삽입 위치를 지정할 때 사용할 몇 개의 메서드를 구현하는 과정이 포함

될 것이다.

✓ 컴파일 후 테스트한다.

3. 기존의 컴포짓 생성 코드에 노드의 속성이나 값을 변경하는 부분이 있다면, 빌더에도 그런 속성이나 값을 지정할 수 있는 기능을 구현한다.

✓ 컴파일 후 테스트한다.

4. 빌더의 현재 상태가 클라이언트에서 얼마나 사용하기 편할지 생각해보고, 필요하다면 개선한다.

5. 기존의 컴포짓 생성 코드를 리팩터링하여 앞서 만든 빌더를 사용하도록 한다.

✓ 컴파일 후 테스트한다.

예제

이번 예제에서 빌더로 캡슐화하려는 대상은 TagNode라는 이름의 컴포짓 구조 객체다. TagNode 클래스에 대한 자세한 설명은 Replace Implicit Tree with Composite 리팩터링(249쪽)을 참고하기 바란다. TagNode는 XML 생성을 쉽게 해주는 클래스로, 다음 그림과 같이 컴포짓 구조를 이루는 세 가지의 요소, 즉 Component, Leaf, Composite의 역할을 모두 할 수 있다.

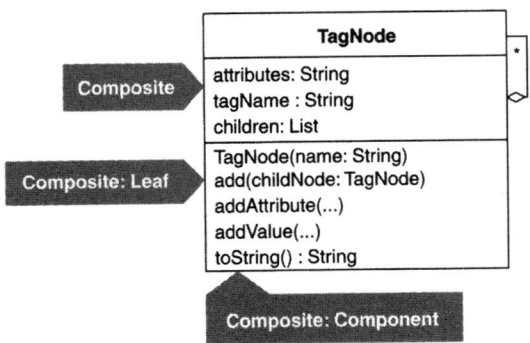

TagNode의 toString() 메서드는 자신이 포함하고 있는 모든 TagNode 객체 구

조에 대한 XML 문자열을 리턴한다. 우리가 할 일은 클라이언트가 좀더 쉽게 TagNode 객체의 컴포짓 구조를 생성할 수 있도록 TagNode를 TagBuilder로 캡슐화하는 것이다.

1. 우선 한 개의 노드로 구성된 컴포짓 구조를 생성할 수 있는 빌더를 만든다. 즉, 하나의 TagNode 객체만 포함한 트리로부터 정확한 XML을 생성하는 TagBuilder 클래스를 구현하는 것이다. 먼저 다음과 같은 테스트 코드를 작성한다. assertXmlEquals() 메서드를 이용하여 두 개의 XML이 동일한지를 검사할 것이다. 구현 작업은 아직 시작도 하지 않았으므로, 처음에 이 테스트는 당연히 실패할 것이다.

```
public class TagBuilderTest...
   public void testBuildOneNode() {
      String expectedXml =
         "<flavors/>";
      String actualXml = new TagBuilder("flavors").toXml();
      assertXmlEquals(expectedXml, actualXml);
   }
```

이 테스트를 통과하는 것은 쉽다. 내가 작성한 코드는 다음과 같다.

```
public class TagBuilder {
   private TagNode rootNode;

   public TagBuilder(String rootTagName) {
      rootNode = new TagNode(rootTagName);
   }

   public String toXml() {
      return rootNode.toString();
   }
}
```

컴파일 후 테스트한다.

2. TagBuilder가 자식 객체를 처리할 수 있도록 한다. 자식 객체를 다루는 다양

한 경우를 모두 처리할 수 있어야 하므로, 각 경우마다 TagBuilder에 별도의 메서드를 추가해야 한다.

루트 노드에 자식 하나를 추가하는 경우를 먼저 처리하자. TagBuilder는 자식 노드를 하나 생성하여 캡슐화된 컴포짓 구조 내의 정확한 위치에 삽입할 수 있어야 하므로, 그런 작업을 하는 addChild() 메서드를 구현한다. 이 메서드를 테스트할 코드는 다음과 같다.

```java
public class TagBuilderTest...
    public void testBuildOneChild() {
        String expectedXml =
            "<flavors>"+
                "<flavor/>" +
            "</flavors>";

        TagBuilder builder = new TagBuilder("flavors");
        builder.addChild("flavor");
        String actualXml = builder.toXml();

        assertXmlEquals(expectedXml, actualXml);
    }
```

이 테스트를 통과하기 위해 다음과 같이 addChild() 메서드를 구현한다.

```java
public class TagBuilder {
    private TagNode rootNode;
    private TagNode currentNode;

    public TagBuilder(String rootTagName) {
        rootNode = new TagNode(rootTagName);
        currentNode = rootNode;
    }

    public void addChild(String childTagName) {
        TagNode parentNode = currentNode;
        currentNode = new TagNode(childTagName);
        parentNode.add(currentNode);
    }

    public String toXml() {
```

```
      return rootNode.toString();
   }
}
```

여기까지는 쉬웠다. 그러나 기능이 제대로 구현됐다는 확신을 가지려면,
훨씬 어려운 다음 테스트도 통과해야 한다.

```
public class TagBuilderTest...
   public void testBuildChildrenOfChildren() {
      String expectedXml =
         "<flavors>"+
            "<flavor>" +
               "<requirements>" +
                  "<requirement/>" +
               "</requirements>" +
            "</flavor>" +
         "</flavors>";

      TagBuilder builder = new TagBuilder("flavors");
      builder.addChild("flavor");
      builder.addChild("requirements");
      builder.addChild("requirement");
      String actualXml = builder.toXml();

      assertXmlEquals(expectedXml, actualXml);
   }
```

이 테스트도 통과한다. 이제 다른 경우, 즉 형제 노드 추가 기능을 구현할
것이다. 이번에도 역시 테스트 코드를 먼저 작성한다.

```
public class TagBuilderTest...
   public void testBuildSibling() {
      String expectedXml =
         "<flavors>"+
            "<flavor1/>" +
            "<flavor2/>" +
         "</flavors>";

      TagBuilder builder = new TagBuilder("flavors");
```

```
builder.addChild("flavor1");
builder.addSibling("flavor2");
String actualXml = builder.toXml();

assertXmlEquals(expectedXml, actualXml);
}
```

기존의 자식 노드에 대한 형제 노드를 추가한다는 것은 공통의 부모 노드를 TagBuilder가 식별할 수 있어야 한다는 뜻이다. 그러나 TagNode 객체가 자신의 부모 노드에 대한 참조를 갖고 있지 않으므로, 현재로서는 그럴 방법이 없다. 이번에도 필요한 동작을 구현하기 전에 다음과 같이 테스트 코드를 작성한다.

```
public class TagNodeTest...
    public void testParents() {
        TagNode root = new TagNode("root");
        assertNull(root.getParent());

        TagNode childNode = new TagNode("child");
        root.add(childNode);
        assertEquals(root, childNode.getParent());
        assertEquals("root", childNode.getParent().getName());
    }
```

이 테스트를 통과하려면 TagNode에 다음과 같은 코드를 추가해야 한다.

```
public class TagNode...
    private TagNode parent;

    public void add(TagNode childNode) {
        childNode.setParent(this);
        children().add(childNode);
    }

    private void setParent(TagNode parent) {
        this.parent = parent;
    }
```

```
public TagNode getParent() {
    return parent;
}
```

이제 부모 노드를 위한 기능은 구현했으므로, 앞서 작성한 testBuildSibling() 테스트를 통과하도록 코드를 구현할 차례다.

```
public class TagBuilder...
    public void addChild(String childTagName) {
        addTo(currentNode, childTagName);
    }

    public void addSibling(String siblingTagName) {
        addTo(currentNode.getParent(), siblingTagName);
    }

    private void addTo(TagNode parentNode, String tagName) {
        currentNode = new TagNode(tagName);
        parentNode.add(currentNode);
    }
```

이번에도 역시 새로 작성한 코드가 무사히 컴파일되고 테스트도 통과한다. 자식 노드, 형제 노드와 관련된 기능이 다양한 조건 하에서 제대로 동작하는 확인하기 위해 테스트를 좀더 작성한다.

이제 마지막 경우를 생각해 보자. 자식 노드를 특정 부모 노드에 추가해야 하는 경우는 addChild()나 addSibling()을 사용할 수 없다. 다음 테스트를 돌려보면 문제가 뭔지 알 수 있다.

```
public class TagBuilderTest...
    public void testRepeatingChildrenAndGrandchildren() {
        String expectedXml =
            "<flavors>"+
                "<flavor>" +
                    "<requirements>" +
                        "<requirement/>" +
                    "</requirements>" +
                "</flavor>" +
```

```
            "<flavor>" +
                "<requirements>" +
                    "<requirement/>" +
                "</requirements>" +
            "</flavor>" +
        "</flavors>";

    TagBuilder builder = new TagBuilder("flavors");
    for (int i=0; i<2; i++) {
        builder.addChild("flavor");
        builder.addChild("requirements");
        builder.addChild("requirement");
    }

    assertXmlEquals(expectedXml, builder.toString());
}
```

위의 테스트를 실행하면, XML 트리가 원하는 대로 생성되지 않아 실패한다. 반복문 내의 코드가 두 번째로 실행될 때 문제가 발생한다. addChild()가 마지막으로 추가된 노드에 자식을 추가하도록 구현되어 있기 때문이다. 따라서 다음과 같이 잘못된 결과를 얻게 된다.

```
<flavors>
    <flavor>
        <requirements>
            <requirement/>
                <flavor> --> 오류: 잘못된 위치에 추가된 태그
                    <requirements>
                        <requirement/>
                    </requirements>
                </flavor>
        </requirements>
    </flavor>
<flavors>
```

이것은 addChild() 메서드를 고쳐서 해결할 문제가 아니다. 특정 부모 노드를 지정해 자식을 추가할 수 있는 별도의 메서드가 필요하다. 그 메서드의 이름은 addToParent()로 하기로 하고, 먼저 테스트 코드를 다음과 같이 수정한다.

```
public class TagBuilderTest...
   public void testRepeatingChildrenAndGrandchildren()...
      ...
      TagBuilder builder = new TagBuilder("flavors");
      for (int i=0; i<2; i++) {
        builder.addToParent("flavors", "flavor");
        builder.addChild("requirements");
        builder.addChild("requirement");
      }
      assertXmlEquals(expectedXml, builder.toXml());
```

위 테스트는 addToParent() 메서드를 구현하기 전까지는 컴파일되지 않을
것이다. addToParent()를 구현하는 방식은 다음과 같다. 원하는 부모 노드의
이름을 파라미터로 받고, TagBuilder의 currentNode 노드의 이름과 비교한
다. 이름이 일치하면 currentNode 노드에 새 자식 노드를 추가한 후 끝내면
되고, 그렇지 않으면 currentNode 노드의 부모를, 그리고 또 그 부모를 계속
따라 올라가며 이름이 일치하는 노드를 만나거나 혹은 널을 만날 때까지 계
속 비교하는 것이다. 참고로 이런 방식을 Chain of Responsibility[DP] 패턴이
라 한다.

   이를 구현하기 위해 TagBuilder에 다음 코드를 추가한다.

```
public class TagBuilder...
   public void addToParent(String parentTagName, String childTagName) {
      addTo(findParentBy(parentTagName), childTagName);
   }

   private void addTo(TagNode parentNode, String tagName) {
      currentNode = new TagNode(tagName);
      parentNode.add(currentNode);
   }

   private TagNode findParentBy(String parentName) {
      TagNode parentNode = currentNode;
      while (parentNode != null) {
        if (parentName.equals(parentNode.getName()))
            return parentNode;
        parentNode = parentNode.getParent();
```

```
        }
        return null;
    }
```

이제 테스트를 통과한다. 그러나 더 진행하기 전에 addToParent()가 지정된 이름의 부모 노드를 찾지 못했을 경우를 적절히 처리할 수 있도록 수정하고 싶다. 따라서 다음과 같은 테스트를 작성한다.

```
public class TagBuilderTest...
    public void testParentNameNotFound() {
        TagBuilder builder = new TagBuilder("flavors");
        try {
            for (int i=0; i<2; i++) {
                builder.addToParent("favors", "flavor"); // "flavors"를 "favors"로 잘못 입력함.
                builder.addChild("requirements");
                builder.addChild("requirement");
            }
            fail("should not allow adding to parent that doesn't exist.");
        } catch (RuntimeException runtimeException) {
            String expectedErrorMessage = "missing parent tag: favors";
            assertEquals(expectedErrorMessage, runtimeException.getMessage());
        }
    }
```

addToParent()를 다음과 같이 수정하면, 이 테스트도 통과할 수 있다.

```
public class TagBuilder...
    public void addToParent(String parentTagName, String childTagName) {
        TagNode parentNode = findParentBy(parentTagName);
        if (parentNode == null)
            throw new RuntimeException("missing parent tag: " + parentTagName);
        addTo(parentNode, childTagName);
    }
```

3. 노드에 속성이나 값을 추가하는 기능을 TagBuilder에 구현할 차례인데, TagNode 객체가 이미 속성과 값을 처리하고 있으므로 쉽다. 다음은 속성과 값이 정확히 처리되는지를 확인하기 위한 테스트 코드다.

```
public class TagBuilderTest...
    public void testAttributesAndValues() {
        String expectedXml =
            "<flavor name='Test-Driven Development'>" + // 속성을 가진 태그
                "<requirements>" +
                    "<requirement type='hardware'>" +
                        "1 computer for every 2 participants" + // 값을 가진 태그
                        "</requirement>" +
                    "<requirement type='software'>" +
                        "IDE" +
                        "</requirement>" +
                "</requirements>" +
            "</flavor>";

        TagBuilder builder = new TagBuilder("flavor");
        builder.addAttribute("name", "Test-Driven Development");
        builder.addChild("requirements");
            builder.addToParent("requirements", "requirement");
            builder.addAttribute("type", "hardware");
            builder.addValue("1 computer for every 2 participants");
            builder.addToParent("requirements", "requirement");
            builder.addAttribute("type", "software");
            builder.addValue("IDE");

        assertXmlEquals(expectedXml, builder.toXml());
    }
```

이 테스트는 다음의 두 메서드만 추가하면 통과한다.

```
public class TagBuilder...
    public void addAttribute(String name, String value) {
        currentNode.addAttribute(name, value);
    }

    public void addValue(String value) {
        currentNode.addValue(value);
    }
```

4. 이제 TagBuilder가 얼마나 간단하고 클라이언트에서 사용하기 쉬울지 확인
할 차례다. XML을 생성하는 데 이보다 더 간단한 방법이 있는가? 이런 질문

은 보통 바로 답할 수 있는 성질의 것이 아니다. 몇 시간, 며칠, 몇 주 동안 실험하고 고민해야 답이 나올 것이다. TagBuilder를 구현하는 더 간단한 방법은 뒤에 나오는 변형 절에서 다루기로 하고, 지금은 그냥 마지막 단계로 넘어가자.

5. 마지막 단계로, 컴포짓 구조를 직접 생성하던 코드를 수정해 TagBuilder를 사용하도록 만든다. 그런 코드는 시스템의 여러 곳에 퍼져있을 것이므로, 간단히 할 수 있는 작업은 아니다. 따라서 혹시라도 있을지 모르는 실수를 찾을 수 있는 테스트 코드가 필요할 것이다.

　　다음은 TagBuilder를 사용하도록 수정할 대상으로서, CatalogWriter 클래스의 한 메서드다.

```
public class CatalogWriter...
    public String catalogXmlFor(Activity activity) {
        TagNode activityTag = new TagNode("activity");
        ...
        TagNode flavorsTag = new TagNode("flavors");
        activityTag.add(flavorsTag);
        for (int i=0; i < activity.getFlavorCount(); i++) {
            TagNode flavorTag = new TagNode("flavor");
            flavorsTag.add(flavorTag);
            Flavor flavor = activity.getFlavor(i);
            ...
            int requirementsCount = flavor.getRequirements().length;
            if (requirementsCount > 0) {
                TagNode requirementsTag = new TagNode("requirements");
                flavorTag.add(requirementsTag);
                for (int r=0; r < requirementsCount; r++) {
                    Requirement requirement = flavor.getRequirements()[r];
                    TagNode requirementTag = new TagNode("requirement");
                    ...
                    requirementsTag.add(requirementTag);
                }
            }
        }
        return activityTag.toString();
    }
```

이 코드는 다음 그림과 같은 관계에 있는 Activity와 Flavor, Requirement라는 세 개의 도메인 객체를 다루고 있다.

Activity, Flavor, Requirement 객체가 자신의 toXml() 메서드를 이용해 XML로 변환하도록 하지 않고, TagNode 객체로 컴포짓을 생성하고 있는지 의문이 들 수도 있다. 좋은 질문이다. 도메인 객체가 이미 컴포짓 구조를 형성하고 있으므로, 단지 도메인 객체에 대한 XML을 생성하기 위해 activityTag와 같은 별도의 컴포짓 구조를 만든다는 것은 이해되지 않을 수도 있다. 그러나 도메인 객체를 사용하는 시스템에서 서로 다른 여러 가지 XML 표현을 생성해야 한다면, 도메인 객체 외부에서 XML을 생성하는 것도 의미가 있다. 각각의 도메인 객체에 있는 toXml() 메서드로 각 도메인 객체를 표현하는 여러 가지 XML을 생성하는 것은 별로 좋아 보이지 않는다.

catalogXmlFor(...) 메서드가 TagBuilder를 사용하도록 수정하면 다음과 같이 된다.

```
public class CatalogWriter...
  private String catalogXmlFor(Activity activity) {
    TagBuilder builder = new TagBuilder("activity");
    ...
    builder.addChild("flavors");
    for (int i=0; i < activity.getFlavorCount(); i++) {
      builder.addToParent("flavors", "flavor");
      Flavor flavor = activity.getFlavor(i);
      ...
      int requirementsCount = flavor.getRequirements().length;
      if (requirementsCount > 0) {
        builder.addChild("requirements");
        for (int r=0; r < requirementsCount; r++) {
          Requirement requirement = flavor.getRequirements()[r];
          builder.addToParent("requirements", "requirement");
          ...
        }
```

```
            }
        }
        return builder.toXml();
    }
```

드디어 리팩터링이 끝났다. TagNode가 TagBuilder로 완전히 캡슐화되었다.

빌더 개선하기

나는 TagBuilder의 성능 개선 작업을 통해 Builder 패턴의 우아함과 단순함을 절 감했고, 그 내용을 여기서 다루고 싶다.

회사에 Evant라는 동료가 시스템을 프로파일링해 보더니, TagBuilder에서 사용 하는 StringBuffer 객체가 성능 저하를 일으킨다고 했다. 이 StringBuffer는 수집 파 라미터Collecting Parameter 역할을 하던 것으로, 한번 생성된 다음 TagNode 객체 컴 포짓 내의 모든 노드에 전달되어 각 노드의 toXml() 메서드가 리턴하는 값을 모아 결과를 생성하는 데 사용됐다. 수집 파라미터에 대한 구체적인 내용은 Move Ac-cumulation to Collecting Parameter 리팩터링(415쪽)의 예제 절을 참고하기 바란다.

StringBuffer 객체를 생성할 때 내부 버퍼의 크기를 특별히 지정하지 않았다. 이것은 XML이 추가될 때마다, 축적된 데이터의 크기가 내부 버퍼의 크기를 넘어 가면 버퍼가 자동으로 늘어나야 한다는 것을 의미한다. 물론 StringBuffer 클래스 는 필요할 경우 자동으로 버퍼 크기가 늘어나도록 설계되었기 때문에 별 문제는 아니다. 그러나 더 큰 버퍼를 새로 할당 받아 기존의 데이터를 복사하는 과정이 투명하게 진행되므로 성능상 손해고, 그 정도가 Evant의 시스템에서는 그냥 넘길 수 없는 수준이었다.

이 문제를 해결하는 데 있어서 관건은 필요한 버퍼의 크기를 StringBuffer 객체 의 생성 전에 알 수 있느냐는 것이었다. 버퍼의 적당한 크기를 어떻게 계산할 수 있을까? 답은 간단하다. TagBuilder 객체에 어떤 노드나 속성, 값이 추가될 때마다 추가된 요소가 가진 데이터의 크기를 합쳐나가면, 결국에는 필요한 버퍼의 크기 가 나온다. 그리고 StringBuffer 객체를 생성할 때 내부 버퍼의 크기를 계산된 결 과로 잡는다면, 실행 중에 내부 버퍼가 자동으로 확장되는 일도 없어진다.

이런 성능 개선 방안을 적용하기 위해, 우리는 평소처럼 실패할 것이 뻔한, 다음과 같은 테스트 코드부터 작성했다. TagBuilder 객체를 통해 XML 트리를 생성한 후, 빌더가 리턴한 XML의 크기와 계산된 버퍼의 크기를 비교하는 것이다.

```
public class TagBuilderTest...
    public void testToStringBufferSize() {
        String expected =
        "<requirements>" +
            "<requirement type='software'>" +
              "IDE" +
            "</requirement>" +
        "</requirements>";

        TagBuilder builder = new TagBuilder("requirements");
        builder.addChild("requirement");
        builder.addAttribute("type", "software");
        builder.addValue("IDE");

        int stringSize = builder.toXml().length();
        int computedSize = builder.bufferSize();
        assertEquals("buffer size", stringSize, computedSize);
    }
```

이 테스트를 통과하기 위해, TagBuilder 클래스를 다음과 같이 고쳤다.

```
public class TagBuilder...
    private int outputBufferSize;
    private static int TAG_CHARS_SIZE = 5;
    private static int ATTRIBUTE_CHARS_SIZE = 4;

    public TagBuilder(String rootTagName) {
        ...
        incrementBufferSizeByTagLength(rootTagName);
    }

    private void addTo(TagNode parentNode, String tagName) {
        ...
        incrementBufferSizeByTagLength(tagName);
    }
```

```
public void addAttribute(String name, String value) {
    ...
    incrementBufferSizeByAttributeLength(name, value);
}

public void addValue(String value) {
    ...
    incrementBufferSizeByValueLength(value);
}

public int bufferSize() {
    return outputBufferSize;
}

private void incrementBufferSizeByAttributeLength(String name, String value) {
    outputBufferSize += (name.length() + value.length() + ATTRIBUTE_CHARS_SIZE);
}

private void incrementBufferSizeByTagLength(String tag) {
    int sizeOfOpenAndCloseTags = tag.length() * 2;
    outputBufferSize += (sizeOfOpenAndCloseTags + TAG_CHARS_SIZE);
}

private void incrementBufferSizeByValueLength(String value) {
    outputBufferSize += value.length();
}
```

위와 같은 TagBuilder의 변화는 TagBuilder를 사용하는 클라이언트에게 투명하다(즉 보이지 않고, 아무런 영향도 끼치지 않는다). 성능을 위한 새 로직도 그 안에 캡슐화되기 때문이다. 이제 남은 것은 TagBuilder의 toXml() 메서드에서 StringBuffer 객체를 계산된 크기로 생성한 후, 그것을 루트 노드로 전달하여 XML이 그 안에 쌓이도록 수정하는 것이다. 이를 위해 다음 코드를,

```
public class TagBuilder...
    public String toXml() {
        return rootNode.toString();
    }
```

다음과 같이 수정했다.

```
public class TagBuilder...
   public String toXml() {
      StringBuffer xmlResult = new StringBuffer(outputBufferSize);
      rootNode.appendContentsTo(xmlResult);
      return xmlResult.toString();
   }
```

성능 개선 작업이 끝났다. 테스트도 통과했고, TagBuilder도 훨씬 빠르게 동작했다.

변형

스키마schema 기반의 빌더

TagBuilder 클래스는 컴포짓 구조에 노드 추가를 위해 세 개의 메서드를 제공한다.

- addChild(String childTagName)
- addSibling(String siblingTagName)
- addToParent(String parentTagName, String childTagName)

이 메서드들은 모두 새 태그 노드 객체를 생성하여 컴포짓 구조의 적당한 위치에 추가하는 과정을 포함한다. 나는 add(String tagName)이라는 하나의 메서드만으로도 컴포짓 구조를 만들 수 있도록 빌더를 구현할 수 있을지 궁금해졌다. 빌더가 주어진 태그를 추가할 위치를 알 수만 있다면 가능하다고 생각했다. 나는 이 생각을 실험해 보기로 했고, 그 결과 SchemaBasedTagBuilder라는 클래스를 만들었다. 다음은 새로 만든 클래스가 어떻게 동작하는지를 보이는 테스트 코드다.

```
public class SchemaBasedTagBuilderTest...
   public void testTwoSetsOfGreatGrandchildren() {
      TreeSchema schema = new TreeSchema(
         "orders" +
         "   order" +
         "      item" +
         "         apple" +
```

```
            "          orange"
    );

    String expected =
        "<orders>" +
            "<order>" +
                "<item>" +
                    "<apple/>" +
                    "<orange/>" +
                "</item>" +
                "<item>" +
                    "<apple/>" +
                    "<orange/>" +
                "</item>" +
            "</order>" +
        "</orders>";

    SchemaBasedTagBuilder builder = new SchemaBasedTagBuilder(schema);
    builder.add("orders");
        builder.add("order");
        for (int i=0; i<2; i++) {
            builder.add("item");
            builder.add("apple");
            builder.add("orange");
        }
    assertXmlEquals(expected, builder.toString());
}
```

SchemaBasedTagBuilder는 주어진 태그를 추가할 위치를 TreeSchema 객체로 부터 알아낸다. TreeSchema는 태그 이름의 트리 구조를 정의하는, 탭으로 구별되는 문자열을 생성자의 파라미터로 받는다.

```
"orders" +
"    order" +
"        item" +
"            apple" +
"            orange"
```

TreeSchema는 위와 같은 문자열을 다음과 같은 맵map으로 변환한다.

자식	부모
orders	null
order	orders
item	order
apple	item
orange	item

SchemaBasedTagBuilder는 이 맵을 통해 어떤 태그를 어느 위치에 추가할지 알수 있다. 예를 들어서 builder.add("orange")라는 코드가 실행되면, 빌더는 TreeSchema 객체를 통해 "orange" 태그의 부모는 "item" 태그임을 알게 되고, "orange" 태그 객체를 생성한 후 가장 가까운 곳에 있는 "item" 태그에 추가하는 것이다.

이런 방식은 다음과 같이 이름은 같지만 위치가 다를 수 있는 태그가 두 개 이상 생기기 전까지는 잘 동작한다.

```
"organization" +
"    name" +
"    departments" +
"        department" +
"            name"
```

위와 같은 경우, TreeSchema의 맵에는 "name" 태그의 부모가 두 가지로 명시되어야 한다.

자식	부모
...	...
name	organization, department
...	...

SchemaBasedTagBuilder는 추가할 새 태그를 위한 부모 태그의 이름 목록을 얻고, 가장 가까운 부모 태그에 새 태그 객체를 추가한다. 가장 가까운 부모 태그 대신에 추가될 위치를 정확히 지정하고 싶다면, 부모를 명시적으로 지정하는 add()

메서드를 사용하면 된다.

```
builder.add("department","name"); // "name"태그를 추가할 부모 태그를 명시적으로 지정
```

이상이 SchemaBasedTagBuilder 구현의 주요 내용이다. SchemaBasedTagBuilder는 동일한 작업을 TagBuilder와는 다른 방식으로 수행한다. 나는 XML을 생성하기 위해 보통은 TagBuilder를 사용하다가, XML 문서가 꽤 클 경우에는 SchemaBasedTagBuilder의 사용을 고려한다. 태그를 추가할 때마다 그 위치를 걱정하지 않아도 되기 때문이다. 또한 큰 XML 문서가 그와 관련된 XML 스키마를 갖고 있다면, 아마 이것을 TreeSchema로 변환하는 코드도 작성해 SchemaBasedTagBuilder에서 사용할 것이다.

Inline Singleton

코드의 여러 곳에서 접근할 수 있어야 하지만
전역적일 필요까지는 없는 객체가 싱글턴singleton으로 구현되어 있다면,

싱글턴 객체를 저장하고 그에 대한 접근 경로를 제공하는 클래스로
싱글턴의 기능을 옮긴다. 그리고 싱글턴은 제거한다.

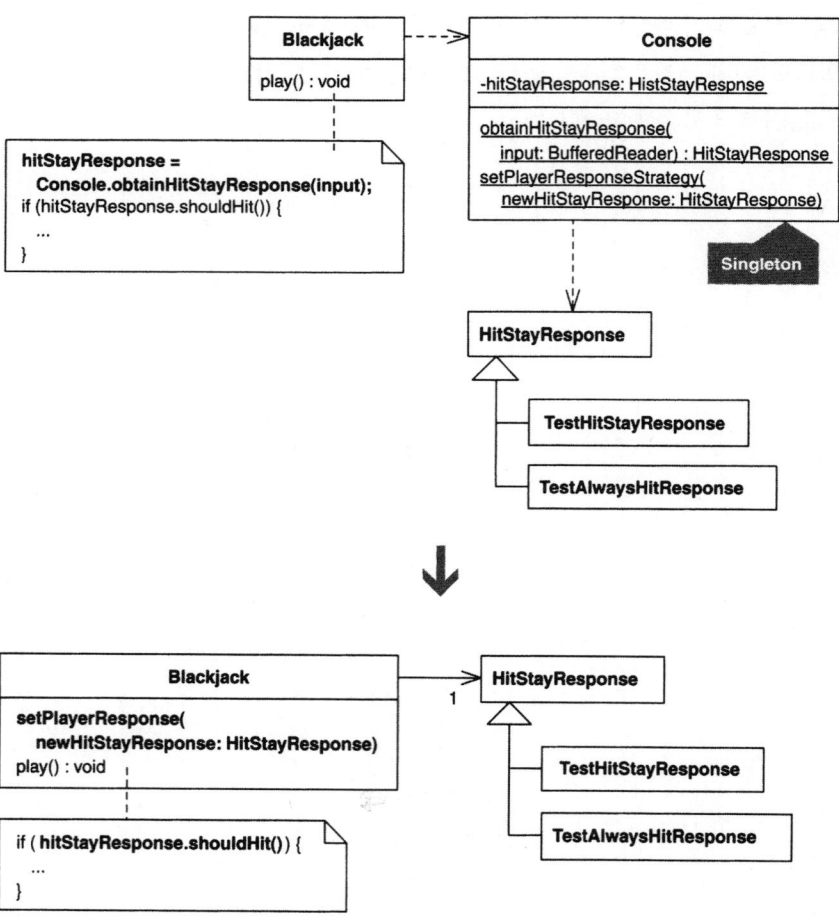

동기

Singleton 패턴에 집착하는 사람들을 가리켜 싱글턴 중독자라 한다. 물론 내가 지어낸 말이다. Singleton 패턴의 의도는 '어떤 클래스의 인스턴스를 단 하나만 허용하고, 그에 대한 전역적인 접근을 가능하게 하려는 것이다' [DP, 127]. Singleton 패턴에 대한 생각이 뼈 속 깊이 침투해 있어 다른 패턴 또는 더 단순한 설계보다 싱글턴이 좋다고 믿기 시작해 지나치게 많은 싱글턴을 만들고 있다면, 싱글턴에 중독된 것이다.

나도 한때는 싱글턴 중독자였다. 그러나 지금은 '싱글턴 중독자 갱생 모임'에 참여할까 생각 중이다. 그곳에 가면 싱글턴을 남용해 왔던 사람들이 모여 싱글턴 대신에 더 단순하고 비전역적인 객체를 사용하도록 서로 독려한다고 한다. Inline Singleton 리팩터링은 싱글턴 중독으로부터 해방될 수 있는 유용한 수단 중 하나다. 이 리팩터링을 적용하면 주어진 시스템에서 불필요한 싱글턴을 제거할 수 있다. 물론 이 질문은 꼭 짚고 넘어가야 한다. '싱글턴이 불필요한 상황은 언제인가?'

짧게 답하면, 대부분의 상황에서 불필요하다.

조금 길게 답하면, 어떤 객체에 전역적인 접근이 가능하도록 만드는 것보다 필

Singleton 패턴에 대한 Ward Cunningham의 견해

실제로 구현되는 싱글턴의 대부분은 프로그래밍 언어가 제공하는 여러 보호 기능을 '유일성'이라는 하나의 측면으로 몰아가는 것이다. 물론 개인적으로는 유일성을 보장하는 것이 중요할 수도 있다고 생각하지만, 너무 지나치게 강조되는 면이 있다.

모든 데이터는 적당한 컨텍스트에서 사용되어야 한다. 많은 객체지향 프로그래밍 기법이 컨텍스트를 설정하고 그에 따라 변수의 생존 기간을 적절하게 조절해 필요한 동안만 존재하다가 우아하게 소멸될 수 있도록 하는 것이다. 전역 데이터가 몇 개 정도 존재하는 것은 별 문제가 되지 않는다. 시스템의 모든 곳에서 이해할 수 있는 컨텍스트에서 사용되는 데이터라면 말이다. 그러나 너무 많은 전역 데이터가 존재해서는 안 된다. 그런 시스템을 나더러 수정하라고 하면, 나는 줄행랑을 칠 것이다.

요한 곳에 그 참조를 넘겨주는 것이 더 간단한 상황에서는, 싱글턴이 불필요하다. 얼마 안 되는 메모리 사용량이나 성능을 개선하기 위해 싱글턴을 사용한다면, 역시 쓸데없는 짓이다. 그 외에도 많다. 요컨대, 싱글턴에 대한 대안이 있는 상황이라면 언제나 싱글턴 사용을 피해야 한다.

이 리팩터링을 작성하면서 나는 Ward Cunningham과 Kent Beck에게 Singleton 패턴에 대한 견해를 물어봤다.

Singleton 패턴에 대한 Kent Beck의 견해

싱글턴이 야기하는 진짜 문제는 어떤 객체의 가시 범위를 어떻게 정할지를 크게 고민하지 않아도 되게 만든다는 점이다. 객체의 노출 영역과 보호 영역에 대한 균형을 적절하게 맞추는 것은 융통성을 유지하기 위한 필수 요건이다.

Massimo Arnoldi와 싱글턴에 환전율을 저장하는 어떤 시스템을 개발하던 때였다. 여러 통화를 한꺼번에 다루는 테스트 코드를 작성할 때마다, 기존의 환전율을 따로 저장했다가 새 환전율을 입력하고 다시 기존의 환전율을 복원하는 과정을 반복해야 했다. 따라서 실수로 잘못된 환전율을 테스트에 사용하는 일이 계속 발생했고, 우리는 그런 상황을 더는 견딜 수 없었다.

그러나 그 환전율은 시스템 전체에서 사용하는 데이터였으므로, 그것을 처리하는 방법을 바꾸는 작업은 보통 일이 아닐 거라 생각했다. 그래도 한번 시도해 보기로 마음 먹고, 환전율을 사용하는 코드를 모두 찾아 필요한 환전율을 파라미터를 통해 명시적으로 넘겨줬다. 처음에는 매우 많은 곳을 고쳐야 할 거라고 생각했지만, 막상 해보니 30분밖에 걸리지 않았다. 때로는 필요한 환전율에 접근하기 어려운 위치에 있는 코드도 있었지만, 그것을 어떻게 리팩터링해야 할지는 자명했다. 그리고 그렇게 리팩터링한 결과로, 어떻게 해결할지를 몰라 난감했던 몇몇 설계 문제도 함께 해결되었다.

그 30분 작업의 성과는 다음과 같았다.

- 전체 설계가 더 명확하고 유연해졌다.
- 안정적인 테스트 코드 작성이 가능해졌다.
- 시스템에 대한 신뢰도가 높아졌다.

Martin Fowler도, 물론 최후의 수단이기는 하지만, 전역 데이터의 필요성을 인정했다. 그의 『Patterns of Enterprise Application Architecture』에 나오는 Registry[PEAA] 패턴은 Singleton 패턴을 조금 변형한 것이다. Martin에 따르면, 레지스트리registry는 '다른 객체들이 공통의 객체 또는 서비스를 찾을 때 사용하는 잘 알려진 객체' 다. 그리고 이 패턴이 언제 필요한가에 대해서는 이렇게 설명했다.

> 레지스트리의 대안이 몇 가지 있다. 하나는 여기저기서 필요한 데이터를 그 때마다 파라미터로 넘기는 방법이다. 이 방법의 문제점은 그 파라미터가 호출된 메서드에서 직접 사용되는 것이 아니라 해당 호출 트리의 저 아래에 있는 메서드에서만 필요로 하는 것일 때에 발생한다. 어떤 데이터를 파라미터로 받는 메서드 중의 90%가 그 파라미터를 직접적으로는 사용하지 않는다면, 나는 레지스트리를 도입한다.......
>
> 따라서 레지스트리를 사용하는 것이 적당한 경우가 있기는 하다고 결론을 낼 수 있다. 그러나 전역 데이터에 대해서는 유죄 추정의 원칙이 적용됨을 반드시 기억하기 바란다. 즉, 전역 데이터는 반드시 필요하다는 것이 증명되기 전까지는 그 필요성을 의심해야 한다. [Fowler, PEAA, 482-483]

나는 『Design Patterns』[DP]를 꽤나 열심히 읽었던 관계로 싱글턴 중독자가 되었다. 그 책에 포함된 모든 패턴에는 '관련된 패턴들' 이 함께 소개되어 있는데, Singleton 패턴을 언급하는 경우가 많았다. 예를 들어 State 패턴에서는 '스테이트state 객체는 싱글턴으로 사용되는 경우가 많다' 고 설명되어 있고, Abstract Factory 패턴에 대해서는 '팩터리factory는 싱글턴으로 구현되는 경우가 많다' 고 적혀 있다. 사실 『Design Patterns』의 저자들이 말하고자 한 것은 단지 'State 클래스와 Abstract Factory 클래스는 Singleton으로 구현되는 경우가 많다' 일 뿐이었다. 그 책의 어디에도 '반드시 그래야만 한다' 고 쓰여있지 않다. 어떤 클래스를 싱글턴이나 레지스트리로 만들 충분한 이유가 있다면, 그렇게 하면 된다. Limit Instantiation with Singleton 리팩터링(396쪽)을 보면, Singleton 패턴으로 리팩터링하기 위해 갖춰야 하는 명분을 알 수 있다. 그것은 바로 '충분히 큰 성능 개선' 이다. 물론 그전에 다른 방법을 동원해 성능 개선을 시도한 후에나 유효한 얘기지만 말이다.

이것 한 가지는 확실하다. Singleton 패턴을 구현하려면 그 전에 정말 많이 생각하고 또 생각해야 한다. 그리고 싱글턴이어서는 안 될 싱글턴과 맞닥뜨린다면, 무슨 수를 써서라도 그것을 제거해야 한다.

> **장점과 단점**
>
> + 객체 간의 협력 관계를 좀더 명확하게 만든다.
> + 싱글턴 객체를 보호하기 위한 특수 코드가 필요 없어진다.
> − 객체의 참조를 호출 트리의 여러 계층에 넘겨야 해서 불편하고 힘들어졌다면, 설계를 더 복잡하게 만든 것이다.

절차

이 리팩터링의 절차는 Inline Class[F] 리팩터링의 절차와 동일하다. 다음에서 사용하는 '흡수 클래스' 라는 용어는 기존의 싱글턴이 맡고 있던 역할을 대신할 클래스를 지칭한다.

1. 싱글턴이 구현하고 있는 public 메서드를 흡수 클래스에 선언한다. 그리고 이 새 메서드의 구현은 기존의 싱글턴에 위임하도록 한다. 이 때 그 메서드 중에 static 메서드가 있다면, 흡수 클래스에 그에 대응하는 메서드를 선언할 때 static 키워드를 제거한다.

   만약 기존 싱글턴 클래스를 그대로 흡수 클래스로 삼을 생각이라면, static 메서드를 그대로 놔두어도 무방하다.

2. 클라이언트 코드에서 싱글턴을 참조하는 부분을 모두 흡수 클래스를 참조하도록 수정한다.

   ∨ 컴파일 후 테스트한다.

3. 싱글턴에 아무 기능도 남아있지 않도록, Move Method[F]와 Move Field[F] 리팩터링을 통해 싱글턴의 모든 기능을 흡수 클래스로 옮긴다.

단계 1에서와 같이 옮기려는 메서드 또는 필드가 static일 때에는 static 키워
드를 제거한다.

    ✓ 컴파일 후 테스트한다.

4. 싱글턴을 제거한다.

예제

이번 예제 코드는 콘솔 기반의 간단한 블랙잭 게임에서 따온 것이다. 그 게임에서
는 콘솔에 게이머의 패를 보여주고, 히트^{hit}할 것인지 또는 스테이^{stay}할 것인지를
반복적으로 입력받은 후, 게이머와 딜러의 패를 공개해 승부를 가른다. 그리고 테
스트 코드는 이 게임을 실행시킨 후 게이머의 입력을 시뮬레이션하는 일을 한다.

  시뮬레이션된 게이머의 입력은 런타임에 Console이라는 이름의 싱글턴으로
부터 얻어오는데, Console은 HitStayResponse 또는 그 서브클래스의 인스턴스 하
나를 멤버로 갖고 있다.

```
public class Console {
   static private HitStayResponse hitStayResponse =
      new HitStayResponse();

   private Console() {
      super();
   }

   public static HitStayResponse obtainHitStayResponse(BufferedReader input) {
      hitStayResponse.readFrom(input);
      return hitStayResponse;
   }

   public static void setPlayerResponse(HitStayResponse newHitStayResponse) {
      hitStayResponse = newHitStayResponse;
   }
}
```

테스트 코드에서는 게임을 실행하기 전에 특수한 목적의 HitStayResponse 객체를 Console에 등록한다. 예를 들어 다음은 Console에 TestAlwaysHitResponse 객체를 등록하는 테스트 코드다.

```
public class ScenarioTest extends TestCase...
   public void testDealerStandsWhenPlayerBusts() {
      Console.setPlayerResponse(new TestAlwaysHitResponse());
      int[] deck = { 10, 9, 7, 2, 6 };
      Blackjack blackjack = new Blackjack(deck);
      blackjack.play();
      assertTrue("dealer wins", blackjack.didDealerWin());
      assertTrue("player loses", !blackjack.didPlayerWin());
      assertEquals("dealer total", 11, blackjack.getDealerTotal());
      assertEquals("player total", 23, blackjack.getPlayerTotal());
   }
```

게임에서 Console에 등록된 HitStayResponse객체를 얻어오는 코드는 다음과 같이 별로 복잡하지 않다.

```
public class Blackjack...
   public void play() {
      deal();
      writeln(player.getHandAsString());
      writeln(dealer.getHandAsStringWithFirstCardDown());
      HitStayResponse hitStayResponse;
      do {
         write("H)it or S)tay: ");
         hitStayResponse = Console.obtainHitStayResponse(input);
         write(hitStayResponse.toString());
         if (hitStayResponse.shouldHit()) {
            dealCardTo(player);
            writeln(player.getHandAsString());
         }
      }
      while (canPlayerHit(hitStayResponse));
      // ...
   }
```

HitStayResponse 객체에 접근하는 모든 코드는 Blackjack 클래스에만 존재한다. 그런데 Blackjack 클래스에서 HitStayResponse 객체를 얻기 위해 Console을 통해야만 할까? 그럴 필요가 전혀 없다. 이 코드는 싱글턴일 필요가 없는 싱글턴의 예인 것이다. 따라서 리팩터링이 필요하다.

1. 첫 단계는 싱글턴인 Console의 public 메서드를 흡수 클래스인 Blackjack에 선언하는 것이다. Blackjack에 각각의 메서드를 추가할 때 Console로 위임하도록 구현하며, static 키워드는 삭제한다.

```
public class Blackjack...
    public static HitStayResponse obtainHitStayResponse(BufferedReader input) {
        return Console.obtainHitStayResponse(input);
    }

    public static void setPlayerResponse(HitStayResponse newHitStayResponse) {
        Console.setPlayerResponse(newHitStayResponse);
    }
```

2. Console의 메서드를 호출하던 부분을 Blackjack에 새로 추가한 메서드를 호출하도록 수정한다. ScenarioTest 클래스는 다음과 같이 고치고,

```
public class ScenarioTest extends TestCase...
    public void testDealerStandsWhenPlayerBusts() {
        Console.setPlayerResponse(new TestAlwaysHitResponse());
        int[] deck = { 10, 9, 7, 2, 6 };
        Blackjack blackjack = new Blackjack(deck);
        blackjack.setPlayerResponse(new TestAlwaysHitResponse());
        blackjack.play();
        assertTrue("dealer wins", blackjack.didDealerWin());
        assertTrue("player loses", !blackjack.didPlayerWin());
        assertEquals("dealer total", 11, blackjack.getDealerTotal());
        assertEquals("player total", 23, blackjack.getPlayerTotal());
    }
```

Blackjack 클래스는 다음과 같이 수정한다.

```
public class Blackjack...
    public void play() {
        deal();
        writeln(player.getHandAsString());
        writeln(dealer.getHandAsStringWithFirstCardDown());
        HitStayResponse hitStayResponse;
        do {
            write("H)it or S)tay: ");
            hitStayResponse = Console.obtainHitStayResponse(input);
            write(hitStayResponse.toString());
            if (hitStayResponse.shouldHit()) {
                dealCardTo(player);
                writeln(player.getHandAsString());
            }
        }
        while (canPlayerHit(hitStayResponse));
        //       ...
    }
```

이 시점에서, 컴파일을 하고 테스트를 돌려보고, 콘솔로 직접 게임을 진행해 모든 것이 제대로 동작하는지 확인한다.

3. Move Method[F]와 Move Field[F] 리팩터링을 통해 Console에 구현된 기능을 Blackjack으로 모두 옮긴다. 작업이 끝나면 컴파일하고 테스트를 해서 Blackjack이 여전히 제대로 동작하는지 확인한다.

4. Console을 제거한다. 그리고 Martin이 Inline Class[F] 리팩터링에서 권고한 대로, 이 불운한 싱글턴 클래스에 대해 짧고 간단한 장례식을 거행한다.

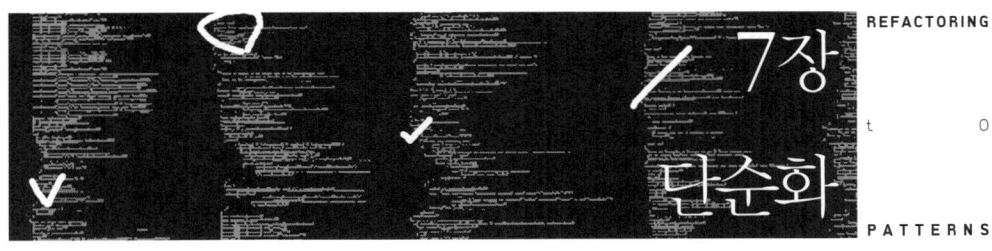

우리가 작성하는 코드의 상당 부분은 처음부터 그다지 단순하지 않다. 코드를 단순하게 만들려면, 코드의 어떤 부분이 단순하지 않은지 심사숙고하고 어떻게 해야 단순하게 만들 수 있을지 자신에게 계속 물어봐야 한다. 가끔은 현재와 완전히 다른 방식으로 구현해 코드를 단순하게 할 수도 있다. 이 장에서는 메서드의 내부 구현이나 상태 전이의 처리 방법, 그리고 트리 구조를 단순하게 만드는 리팩터링들을 설명한다.

Compose Method 리팩터링 (179쪽)은 메서드를 구현할 때 그 메서드가 무슨 일을 하며 그 일을 어떻게 처리하는지 효과적으로 드러나게 도와주는 리팩터링이다. Composed Method[Beck, SBPP]는 이름이 잘 지어진, 동등한 수준의 작업을 하는 여러 메서드에 대한 호출로 이루어진다. 시스템을 단순한 상태로 유지하고 싶다면, 곳곳에 Compose Method 리팩터링을 적용하도록 노력해야 한다.

알고리즘을 구현할 때 여러 상황에서 동작하도록 하려다 보면 복잡해지기 시작한다. Replace Conditional Logic with Strategy 리팩터링(187쪽)은 각각의 경우를 지원하는 알고리즘을 별도의 클래스로 분리해 코드를 단순화하는 방법을 보인다. 물론 알고리즘이 Strategy[DP] 패턴을 적용할 만큼 복잡하지 않다면, 이 리팩터링은 설계만 더 복잡하게 만드는 결과를 초래할 것이다.

Decorator[DP] 패턴으로 리팩터링하는 일은 그리 많지 않을 것이다. 그러나 특정 상황에서는 Decorator 패턴이 단순화에 큰 도움을 줄 수 있다. 어떤 클래스에 특수한 경우에 대한 처리 로직이나 꾸밈 코드가 많은 때가 이에 해당한다. Move Embellishment to Decorator 리팩터링(206쪽)에서는 Decorator 패턴이 정말 필요한 경우가 언제인지 판단하는 방법을 설명하고, 꾸밈 코드를 클래스의 핵심 기능에서 분리해내는 방법을 알려준다.

상태 전이를 처리하는 로직은 코드를 복잡하게 만드는 주범이다. 특히 클래스 하나에 상태를 계속 추가하는 경우에는 더욱 그렇다. Replace State-Altering Conditionals with State 리팩터링(234쪽)에서는 복잡한 상태 전이 로직을 획기적으로 단순하게 만드는 방법을 설명하고, 로직이 어느 정도 복잡해야 State[DP] 패턴을 구현할 만한 가치가 있는지 판단할 수 있도록 도와준다.

Replace Implicit Tree with Composite 리팩터링(249쪽)은 트리 구조의 자료를 생성, 조작하는 작업의 복잡성을 줄이는 것이 목표다. 그리고 트리 구조를 생성, 조작하는 클라이어트 코드가 Composite[DP] 패턴을 적용할 때 어떻게 단순해지는지 설명한다.

Command[DP] 패턴은 특별한 종류의 코드를 단순하게 하는 데 유용하다. Replace Conditional Dispatcher with Command 리팩터링(265쪽)에서는 실행할 동작을 제어하는 복잡한 조건 로직을 Command[DP] 패턴으로 어떻게 단순화할 수 있는지를 보여준다.

Compose Method

어떤 메서드의 내부 로직이 한 눈에 이해하기 어렵다면,

그 로직을 의도가 잘 드러나며 동등한 수준의 작업을 하는 여러 단계로 나눈다.

```java
public void add(Object element) {
    if (!readOnly) {
        int newSize = size + 1;
        if (newSize > elements.length) {
            Object[] newElements =
                new Object[elements.length + 10];
            for (int i = 0; i < size; i++)
                newElements[i] = elements[i];
            elements = newElements;
        }
        elements[size++] = element;
    }
}
```

↓

```java
public void add(Object element) {
    if (readOnly)
        return;
    if (atCapacity())
        grow();
    addElement(element);
}
```

동기

Kent Beck은 자기가 만들어 낸 최고의 패턴 중 몇몇은 겨우 그런 것을 글로 써서 출판까지 하느냐고 남들이 놀릴 만한 것이라고 말했다. Composed Method[Beck, SBPP]도 그런 패턴 중 하나일 것이다. Composed Method는 작고 단순해 몇 초 만에 이해할 수 있는 메서드를 말한다. 여러분은 이런 메서드를 많이 작성하고 있는

가? 내 경우에는 그렇다고 대답하고 싶지만, 그렇지 못한 경우도 많다. 그럴 때면 이 패턴으로 리팩터링을 해야 한다. Composed Method가 많은 코드는 읽기 쉽고, 사용하기 쉽고, 확장하기도 쉽다.

　Composed Method는 다른 메서드들에 대한 호출로 이루어진다. 또, 호출하는 각 메서드가 동등한 수준으로 작업할 때 더 좋은 Composed Method가 된다. 예를 들어, 아래 예제에서 볼드체로 표시된 코드는 다른 부분과 동등한 수준으로 작업하고 있지 않다.

```
private void paintCard(Graphics g) {
   Image image = null;
   if (card.getType().equals("Problem")) {
      image = explanations.getGameUI().problem;
   } else if (card.getType().equals("Solution")) {
      image = explanations.getGameUI().solution;
   } else if (card.getType().equals("Value")) {
      image = explanations.getGameUI().value;
   }
   g.drawImage(image,0,0,explanations.getGameUI());

   if (shouldHighlight())
      paintCardHighlight(g);
   paintCardText(g);
}
```

　이 코드를 Composed Method 패턴으로 리팩터링하면, paintCard() 메서드 내에서 호출하는 모든 메서드가 다음과 같이 동등한 수준의 작업을 하게 된다.

```
private void paintCard(Graphics g) {
   paintCardImage(g);
   if (shouldHighlight())
      paintCardHighlight(g);
   paintCardText(g);
}
```

　Composed Method 패턴으로 리팩터링하는 과정에는 대상 메서드가 자신이 수행하는 대부분의 작업을(전부는 아니더라도) 다른 메서드 호출로 처리할 때까지 Extract Method[F] 리팩터링을 여러 번 적용하는 작업을 포함한다. 이 때 가장 어려운 것은 어떤 부분을 메서드 내부에 남겨두고 어떤 부분을 다른 메서드로 뽑아낼 것인지 결정하는 일이다. 너무 많은 코드를 하나의 메서드로 뽑아내려 할 때에는 그 메서드가 의도하는 바를 적절히 표현하는 이름을 찾기 어려울 것이다. 이런 경우에는 Inline Method[F] 리팩터링을 적용하여 코드를 원래대로 돌려놓은 다음, 코드를 분리할 다른 방법을 찾아야 한다.

이 리팩터링을 완료하고 나면, Composed Method에서 호출하는 작은 private 메서드가 여러 개 생길 것이다. 어떤 사람들은 이렇게 작은 메서드가 많이 존재하는 것이 성능 저하를 일으킬지도 모른다고 생각한다. 그러나 성능 문제는 프로파일러profiler를 통해 확인할 때만 의미가 있다. 나는 Composed Method로 인해서 최악의 성능 문제가 발생하는 것을 본 적이 없다. 성능 문제의 대부분은 다른 코딩 문제에 관련된 것이었다.

한 클래스의 여러 메서드에 이 리팩터링을 적용하면, 그 클래스에 작은 private 메서드가 지나치게 많이 생길 수도 있다. 그런 경우는 Extract Class[F] 리팩터링을 적용하는 것이 좋다.

이 리팩터링의 결과로 생기는 또 다른 단점은 디버깅에 관련된 것이다. Composed Method를 디버깅할 때, 로직이 여러 작은 메서드에 분산되어 있으므로 실제 작업이 일어나는 곳을 찾기 어려울 수도 있다.

Composed Method의 이름은 그 메서드가 무슨 작업을 하는지 표현하고, 메서드 내부의 코드는 그 작업을 어떻게 수행하는지 나타낸다. 따라서 Composed Method는 코드를 빠르게 이해할 수 있게 한다. 다른 팀원들과 함께 어떤 시스템의 코드를 이해하려고 많은 시간을 허비하고 있을 경우, 그 시스템이 많은 Composed Method로 이루어져 있다면 얼마나 더 효과적이고 효율적으로 코드를 이해할 수 있을지 상상할 수 있을 것이다.

절차

Compose Method는 내가 아는 가장 중요한 리팩터링 중 하나다. 또한 개념적으로 볼 때 가장 간단한 리팩터링이기도 하다. 따라서 이 리팩터링을 수행하는 절차도 간단하리라고 여길 것이다. 그러나 사실은 정반대다. 단계 하나하나는 복잡하지 않지만, 간단하게 반복해서 적용할 수 있는 표준 절차는 존재하지 않는다. 대신에 다음과 같은 지침을 제시할 수 있다.

- **작게 만든다.** Composed Method의 코드는 10줄을 잘 넘어가지 않는다. 보통 5줄 정도다.[1]
- **사용되지 않거나 중복된 코드를 제거한다.** 이렇게 함으로써 메서드 내부의 코드량을 줄일 수 있다. 중복된 코드 중에는 명확하게 드러나는 것도 있지만 유심히 살펴봐야 발견할 수 있는 경우도 있음을 명심하기 바란다.
- **코드의 의도가 잘 드러나도록 한다.** 변수와 메서드, 파라미터의 이름이 그 목적을 잘 표현하도록 짓는다. (예를 들어, public void addChildTo(Node parent)와 같은 식으로)
- **단순화한다.** 코드를 가능한 한 단순하게 변경한다. 기존의 코드가 어떻게 작성됐는지 고찰하고, 다른 대안을 시험해본다.

---

1) 역자 주: 메서드를 단순하게 만드는 것이 목적이므로, 코드가 몇 줄인지는 중요한 기준이 아니다. 따라서 여기에 저자가 제시한 기준이 절대적인 것은 아니다.

● **동등한 수준으로 단계를 나눈다.** 메서드를 여러 작업 단계로 나눌 때, 각 단계가 동등한 수준이 되도록 해야 한다. 예를 들어, 세부 조건을 검사하는 로직과 몇 개의 고수준 메서드를 호출하는 코드가 섞여있다면, 동등하지 않은 수준의 단계들로 이루어진 것이다. 세부 조건 로직을 이름이 잘 지어진 별도의 메서드로 뽑아내, 다른 고수준 메서드와 동등한 수준으로 맞춰야 한다.

예제

다음 예제는 누군가가 직접 구현한 컬렉션 라이브러리에서 가져온 것이다. List 클래스에는 다음과 같은 add(...) 메서드가 있고, 사용자는 이 메서드를 통해 List 인스턴스에 임의의 객체를 추가할 수 있다.

```
public class List...
    public void add(Object element) {
        if (!readOnly) {
            int newSize = size + 1;
            if (newSize > elements.length) {
                Object[] newElements =
                    new Object[elements.length + 10];
                for (int i = 0; i < size; i++)
                    newElements[i] = elements[i];
                elements = newElements;
            }
            elements[size++] = element;
        }
    }
```

위의 11줄짜리 메서드에서 먼저 손대고 싶은 부분은 첫 번째 조건문이다. 조건문으로 메서드의 코드 전체를 감싸기보다는, 다음과 같이 초반에 메서드를 빠져나가도록 함으로써 메서드의 실행 요건을 명시하는 것이 낫다.

```
public class List...
    public void add(Object element) {
        if (readOnly)
            return;
        int newSize = size + 1;
```

```
    if (newSize > elements.length) {
       Object[] newElements =
          new Object[elements.length + 10];
       for (int i = 0; i < size; i++)
          newElements[i] = elements[i];
       elements = newElements;
    }
    elements[size++] = element;
}
```

다음에는 메서드 중간의 코드를 살펴보자. 이 코드는 객체가 새로 추가될 때 elements 배열의 용량을 초과하는지 검사하는 것이다. 만약 초과하면, elements 배열의 크기를 10만큼 늘린다. 이 매직넘버 10은 그 목적을 전혀 표현하지 못하는 숫자로 하드 코딩되어 있으므로, 먼저 이를 상수로 변경한다.

```
public class List...
   private final static int GROWTH_INCREMENT = 10;

   public void add(Object element)...
      ...
      Object[] newElements =
         new Object[elements.length + GROWTH_INCREMENT];
      ...
```

이제 elements 배열의 크기를 늘릴 필요가 있는지를 검사하는 코드에 Extract Method[F] 리팩터링을 적용한다. 그 결과 코드가 다음과 같이 바뀐다.

```
public class List...
   public void add(Object element) {
      if (readOnly)
         return;
      if (atCapacity()) {
         Object[] newElements =
            new Object[elements.length + GROWTH_INCREMENT];
         for (int i = 0; i < size; i++)
            newElements[i] = elements[i];
         elements = newElements;
      }
```

```
      elements[size++] = element;
   }

   private boolean atCapacity() {
      return (size + 1) > elements.length;
   }
```

그 다음, elements 배열의 크기를 늘리는 코드에 Extract Method[F] 리팩터링을
적용한다.

```
public class List...
   public void add(Object element) {
      if (readOnly)
         return;
      if (atCapacity())
         grow();
      elements[size++] = element;
   }

   private void grow() {
      Object[] newElements =
         new Object[elements.length + GROWTH_INCREMENT];
      for (int i = 0; i < size; i++)
         newElements[i] = elements[i];
      elements = newElements;
   }
```

마지막으로, 메서드의 맨 아랫줄을 보자.

```
   elements[size++] = element;
```

단 한 줄뿐이기는 하지만, 메서드의 다른 부분과 동등한 수준이 아니다. 따라서
이 코드도 별도의 메서드로 뽑아낸다.

```
public class List...
   public void add(Object element) {
      if (readOnly)
         return;
      if (atCapacity())
```

```
        grow();
    addElement(element);
}

private void addElement(Object element) {
    elements[size++] = element;
}
```

이제 add(...) 메서드는 단 5줄의 코드로 구현되었다. 리팩터링 전에는 이 메서드가 무슨 일을 하는지 이해하는 데 얼마간의 시간이 필요했다. 그러나 리팩터링 후에는 이 메서드가 무슨 일을 하는지 1초면 이해할 수 있게 됐다. 이것이 Compose Method 리팩터링을 적용했을 때 나타나는 전형적인 결과다.

Replace Conditional Logic with Strategy

메서드 내의 조건문을 통해 여러 개의 서로 다른
로직(계산법) 가운데 어떤 것을 실행할지 선택하고 있다면,

각 계산법에 대응하는 스트레티지Strategy 클래스를 만들고
해당 스트레티지 인스턴스에 계산을 위임하도록 메서드를 수정한다.

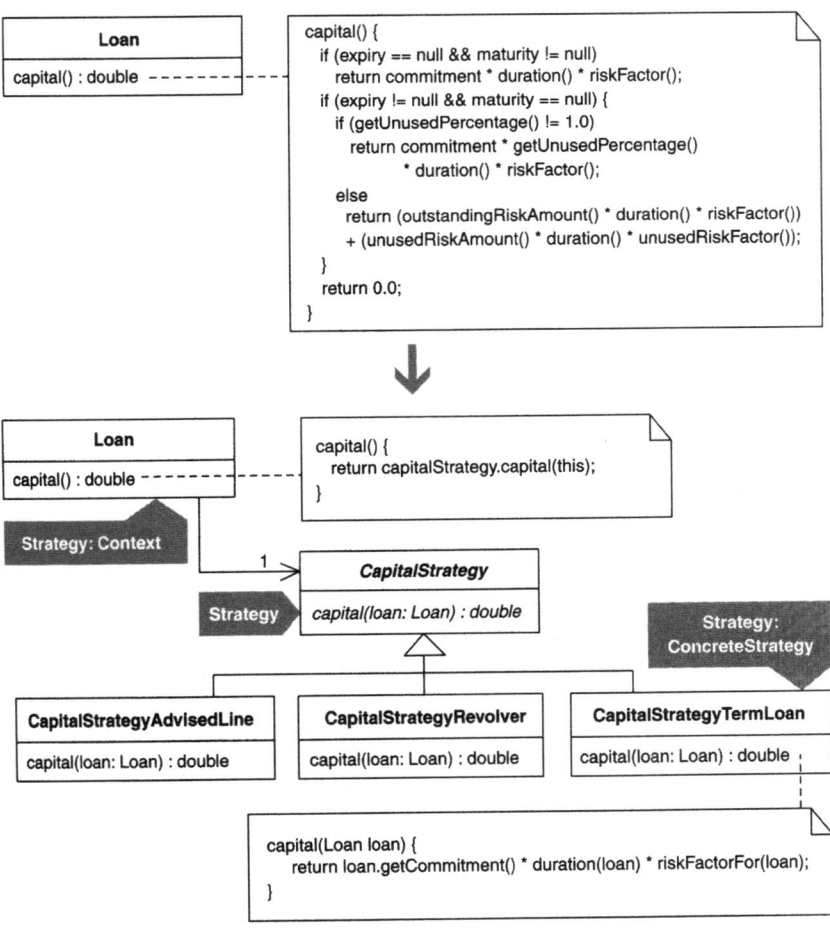

동기

『Refactoring』[F] 책의 「조건문의 단순화Simplifying Conditional Expressions」 장에는 조건문으로 인한 복잡성을 줄이는 데 매우 유용한 리팩터링이 여러 개 소개되어 있다. Decompose Conditional[F] 리팩터링에서 Martin Fowler는 '일반적으로 프로그램에서 가장 복잡한 부분 가운데 하나가 복잡한 조건 로직이다.' 라고 쓴 바 있다. 알고리즘에서 그런 로직을 자주 볼 수 있는데, 이는 시간이 지나면서 알고리즘이 점점 커지고 복잡해지는 경우가 많기 때문이다. 알고리즘이 여러 로직(또는 계산법)을 포함하기 때문에 생기는 복잡성을 관리하는 데에는 Strategy[DP] 패턴이 도움이 된다.

알고리즘 내에서 여러 로직 가운데 어떤 것을 사용할지 결정하는 데는 흔히 조건 로직이 사용된다. Decompose Conditional[F]이나 Compose Method(179쪽) 같은 리팩터링을 사용하면 그런 코드를 단순화할 수 있다. 그러나 그렇게 하면 특정 알고리즘의 실행에만 사용되는 작은 메서드가 너무 많이 생겨 호스트 클래스가 복잡해질 수 있다. 그럴 때에는 각 로직을 새로운 클래스나 호스트 클래스의 서브클래스로 옮기는 것이 더 나을 것이다. 새로운 클래스로 옮기면 객체 조합object composition을 이용하는 것이고, 서브클래스로 옮기면 상속inheritance을 이용하는 것이다.[2]

Replace Conditional Logic with Strategy 리팩터링(187쪽)은 객체 조합을 이용한다. 각 로직에 해당하는 스트레티지 클래스를 정의하고 호스트 클래스가 이들 가운데 하나의 스트레티지 인스턴스를 갖도록 하여, 런타임에 로직의 실행을 그 스트레티지 인스턴스에 위임한다. 이에 반해, Replace Conditional with Polymorphism[F] 리팩터링은 상속을 이용하는 방법이다. 이 리팩터링의 전제 조건은 알고리즘을 구현한 호스트 클래스가 서브클래스를 가지고 있어야 한다는 것이다. 서브클래스가 이미 존재하여 알고리즘들을 각각 하나의 서브클래스에 대응

---

[2] 역자 주: 상속과 객체 조합은 객체지향 시스템에서 이미 구현된 기능을 재사용 또는 확장하기 위해 사용하는 대표적인 기법이다. 상속은 어떤 클래스를 서브클래싱하여 원래의 기능 위에 새로운 기능을 추가하는 것이고, 객체 조합은 여러 객체의 기능을 모아서 원하는 기능을 구현하는 것이다. 이 두 방법은 서로 대비되는 장단점이 있다. 자세한 사항은 『Design Patterns』[DP]의 1.6절이나 다른 자료를 참고하기 바란다.

시키기 쉽다면, 이 리팩터링에 더 구미가 당길 것이다. 그러나 리팩터링에 앞서 서브클래스를 먼저 만들어야 하는 경우라면, 객체 조합을 이용해 Strategy [DP] 패턴으로 리팩터링하는 것이 더 쉬운 길이 아닐지 생각해봐야 한다. 알고리즘 내의 조건문이 타입 코드를 사용하는 경우에는 타입 코드의 값 하나마다 호스트 클래스의 서브클래스를 하나씩 만들면 쉬울 것이다(Replace Type Code with Subclasses[F] 리팩터링을 참조). 타입 코드가 없는 경우라면, Strategy 패턴으로 리팩터링하는 것이 더 좋다. 마지막으로, 클라이언트에서 런타임에 한 알고리즘을 다른 알고리즘으로 교체할 필요가 있다면, 상속을 이용한 방법은 피하는 것이 좋다. 이것은 한 스트레티지 인스턴스를 다른 인스턴스로 바꾸는 것이 아니라 클라이언트가 사용하는 객체의 타입을 바꾸는 것이 되기 때문이다.

Strategy 패턴을 '목표로to3)' 리팩터링을 할 것인지, Strategy 패턴을 '향해서toward3)' 리팩터링을 할 것인지 결정하려면, 각 스트레티지 내의 로직에서 실행에 필요한 데이터에 어떻게 접근하도록 할지를 고려해야 한다. 여기에는 두 가지 방법이 있다. 하나는 호스트 클래스의 인스턴스를 스트레티지에 직접 넘겨서, 호스트 클래스의 메서드 호출을 통해 필요한 데이터를 얻게 하는 것이다(Strategy[DP] 패턴에서는, 호스트 클래스를 컨텍스트Context라 부른다). 다른 하나는 필요한 데이터를 하나하나 파라미터로서 스트레티지에 넘기는 것이다. 이 두 가지 방법은 각각 장단점이 있는데, 더 자세한 내용은 절차 절에서 설명한다.

Strategy 패턴과 Decorator[DP] 패턴은 모두 특수한 경우나 대체 동작을 선택하기 위한 조건 로직을 제거하는 데 사용하는 방법이다. Move Embellishment to Decorator 리팩터링(206쪽)의 동기 절에 있는 'Decorator와 Strategy' 사이드바에서 이 두 패턴의 차이점을 설명한다.

Strategy 패턴을 사용한 설계를 구현할 때에는 컨텍스트 클래스가 스트레티지 객체를 어떻게 얻게 할지 고민하게 될 것이다. 스트레티지와 컨텍스트 클래스의 조합이 많지 않다면, 스트레티지 객체를 생성하고 이를 컨텍스트에 넘겨주는 과정을 클라이언트 코드에서 신경 쓰지 않도록 하는 것이 좋다. 그렇게 하는 데는

---

3) 역자 주: 3장 참조

Encapsulate Classes with Factory 리팩터링(124쪽)이 도움이 된다. 적당한 스트레티지 객체를 가지는 컨텍스트 객체를 생성해 리턴하는 메서드를 하나 이상 구현하면 되는 것이다.

절차

복잡한 조건 로직으로 이루어진 계산 메서드를 가지고 있는 클래스 즉, 컨텍스트 클래스를 찾는 것이 첫 단계다.

1. 스트레티지로 쓸 클래스를 하나 만든다. 클래스의 이름은 알고리즘이 수행하는 작업에 맞게 붙인다. 의도를 더 잘 표현하려면 클래스 이름 끝에 'Strategy' 를 붙이는 것이 좋다.

2. Move Method[F] 리팩터링을 적용해 계산 메서드를 단계 1에서 만든 스트레티지 클래스로 옮긴다. 컨텍스트 클래스의 계산 메서드는 스트레티지 클래스로 옮겨진 계산 메서드에 작업을 위임하도록 수정한다. 여기에는 스트레티지 객체를 생성하는 코드와 그 객체를 보관할 필드를 컨텍스트 클래스에 추가하는 작업도 포함된다.
대부분의 스트레티지는 계산을 수행하기 위해 데이터를 필요로 하므로 스트레티지가 그 데이터에 접근하는 방법을 정해야 하는데, 흔히 다음 두 방법이 쓰인다.

a. 컨텍스트 객체를 스트레티지의 생성자 또는 계산 메서드에 파라미터로 넘긴다. 여기에는 컨텍스트 클래스의 여러 메서드에 대한 접근 지정자를 public으로 풀어 스트레티지에서 원하는 정보를 얻을 수 있도록 하는 작업도 포함될 것이다. 이 방법의 단점은 정보 은폐information hiding의 원칙을 위배할 수 있다는 것이다. 즉, 컨텍스트 클래스 자신만 접근할 수 있었던 데이터에 이제 스트레티지는 물론이고 다른 모든 클래스도 접근할 수 있게 됨을 뜻한다. 컨텍스트 클래스에 새로운 public 메서드를 추가하면, 다른 코드를 거의 바꾸지 않아도 스트레티지에서 바로 접근할 수 있는 것은 장점이다. 이 방법을 사용한다면, 컨텍스트 클래스의 데이터에는 접근을 가능한 적게 허용하는 것이 좋다. 예를 들어 Java로 구현한다면, 컨텍스트와 스트레티지 클래스를 같은 패키지에 만들고 컨텍스트 클래스 메서드의 접근 지정자를 디폴트(또는 package private, 접근 지정자를 명시하지 않는 것)로 할 수 있다.

b. 계산 메서드의 파라미터로 필요한 데이터를 넘긴다. 이 방법의 단점은 특정 스트레티지가 그 데이터를 사용하는지 여부와 상관없이 모든 스트레티지에 데이터를 넘겨야 한다는 점이다. 반면, 컨텍스트와 스트레티지 사이의 종속성이 줄어든다는 장점도 있다.

이 방법을 사용할 때 고려해야 할 것은 넘겨야 할 데이터의 개수다. 파라미터 열 개를 만들어야 한다면, 차라리 컨텍스트 객체를 그대로 넘기는 편이 낫다. Introduce Parameter Object[F] 리팩터링을 적용하여 넘겨야 할 파라미터의 수를 줄이는 방법도 괜찮다. 특정 스트레티지에서만 요구하는 데이터가 있다면, 전체 파라미터 목록에서는 그 데이터를 제거하고, 그 스트레티지 클래스의 생성자나 초기화 메서드를 통해 넘겨도 된다.

이제 스트레티지에 있는 계산 메서드에서만 참조하기 때문에 실제로는 스트레티지에 있는 것이 더 옳은 도우미 메서드helper method[4]가 컨텍스트 클래스에 남아 있을지도 모른다. 그런 메서드는 스트레티지로 옮긴다.

---

4) 역자 주: 예제 절 참조, 192쪽

✓ 컴파일 후 테스트한다.

3. 컨텍스트 클래스의 코드 중 스트레티지 객체를 생성하고 필드에 대입하는 부분에 Extract Parameter 리팩터링(456쪽)을 적용하여, 클라이언트가 컨텍스트에 스트레티지를 넘겨주는 모양새가 되도록 한다.

✓ 컴파일 후 테스트한다.

4. 스트레티지의 계산 메서드에 Replace Conditional with Polymorphism[F] 리팩터링을 적용한다. 이 리팩터링을 적용할 때, 먼저 Replace Type Code with Subclasses[F] 리팩터링을 사용할 것인지 아니면 Replace Type Code with State/Strategy[F] 리팩터링을 사용할 것인지 결정해야 한다. 전자를 선택하기 바란다. 타입 코드가 명확하게 존재하지 않더라도, Replace Type Code with Subclasses[F] 리팩터링을 적용할 수 있다. 계산 메서드의 조건 로직에 포함된 검사 조건의 조각들을 타입 코드라고 생각하면, Replace Type Code with Subclasses[F] 리팩터링의 절차를 그대로 따를 수 있을 것이다. 한 번에 하나의 서브클래스를 만드는 데 집중해야 한다. 이 과정을 마치고 나면, 계산 메서드에 있던 조건 로직이 훨씬 간단해지거나 아예 없어지고, 각 알고리즘에 해당하는 스트레티지를 여러 개 얻게 된다. 가능하다면 이들의 수퍼클래스를 추상 클래스로 만들면 좋다.

✓ 컴파일 후 컨텍스트와 스트레티지의 여러 조합에 대해 테스트한다.

예제

이 리팩터링의 소개 부분에 제시한 스케치는 은행 대출의 3가지 종류(Term Loan, Revolver, Advised Line)에 대해 capital을 계산하는 예제다. 실제 코드에는 7가지 종류를 처리하기 위해 훨씬 더 많고 복잡한 조건 로직이 들어가 있지만, 예제로 사용하기 위해 종류를 조금 줄였다. 그럼에도 불구하고 조건 로직이 복잡한 것은 여전하다.

이번 예제에서는 Loan 클래스의 capital 계산 메서드를 Strategy 패턴으로 바꾸어 구현하는 방법을 다룰 것이다. 예제를 보면서, capital 계산 로직을 각각 지원하도록 Loan 클래스를 서브클래싱하는 것이 더 간단하지 않을까 하는 의구심이 들 수도 있다. 그러나 Loan에 대해 다음과 같은 사항들이 요구된다면 서브클래싱하는 것은 좋은 설계가 못 된다.

- capital을 다양한 방법으로 계산해야 한다. 계산 방법마다 Loan의 서브클래스가 하나씩 있다면, 다음 다이어그램과 같이 Loan의 상속 구조에 서브클래스가 지나치게 많아진다.

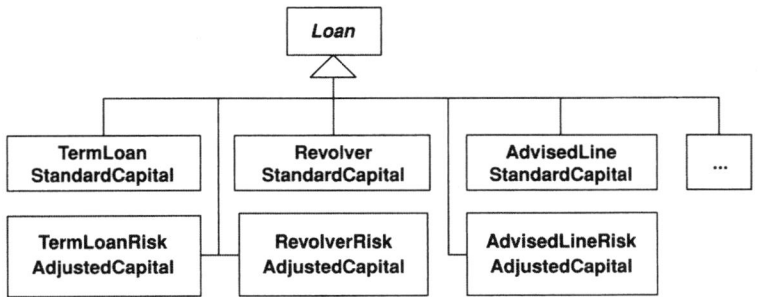

- capital의 계산 방법이 Loan 객체의 클래스 타입을 바꾸지 않고도 런타임에 변경될 수 있어야 한다. 이렇게 하려면 Loan 객체의 타입을 한 서브클래스에서 다른 서브클래스로 바꾸는 것보다, Loan 객체의 스트레티지 객체를 다른 타입의 스트레티지 객체로 바꾸는 것이 더 쉽다.

먼저 코드를 살펴보자. 컨텍스트(절차 절 참조) 역할을 하는 Loan 클래스에는 capital()이라는 계산 메서드가 있다.

```
public class Loan...
    public double capital() {
        if (expiry == null && maturity != null)
            return commitment * duration() * riskFactor();
        if (expiry != null && maturity == null) {
            if (getUnusedPercentage() != 1.0)
                return commitment * getUnusedPercentage() * duration() * riskFactor();
            else
```

```
                    return (outstandingRiskAmount() * duration() * riskFactor())
                        + (unusedRiskAmount() * duration() * unusedRiskFactor());
        }
        return 0.0;
    }
```

조건 로직은 대출의 종류를 정하기 위한 것이다. 예를 들어 expiry가 널이고 maturity가 널이 아니면 Term Loan임을 뜻한다. 그러나 예제의 코드로는 의도가 잘 드러나지 않는다. 일단 대출의 종류가 확인되면, 특정한 대출에 대한 capital 계산이 수행된다. 각 대출 종류마다 계산 로직이 한 개씩 있다. 그리고 세 개의 계산 로직은 모두 다음과 같은 도우미 메서드를 사용한다.

```
public class Loan...
    private double outstandingRiskAmount() {
        return outstanding;
    }

    private double unusedRiskAmount() {
        return (commitment - outstanding);
    }

    public double duration() {
        if (expiry == null && maturity != null)
            return weightedAverageDuration();
        else if (expiry != null && maturity == null)
            return yearsTo(expiry);
        return 0.0;
    }

    private double weightedAverageDuration() {
        double duration = 0.0;
        double weightedAverage = 0.0;
        double sumOfPayments = 0.0;
        Iterator loanPayments = payments.iterator();
        while (loanPayments.hasNext()) {
            Payment payment = (Payment)loanPayments.next();
            sumOfPayments += payment.amount();
            weightedAverage += yearsTo(payment.date()) * payment.amount();
        }
```

```
   if (commitment != 0.0)
      duration = weightedAverage / sumOfPayments;
   return duration;
}

private double yearsTo(Date endDate) {
   Date beginDate = (today == null ? start : today);
   return ((endDate.getTime() - beginDate.getTime()) / MILLIS_PER_DAY) / DAYS_PER_YEAR;
}

private double riskFactor() {
   return RiskFactor.getFactors().forRating(riskRating);
}

private double unusedRiskFactor() {
   return UnusedRiskFactors.getFactors().forRating(riskRating);
}
```

Loan 클래스는 계산 로직을 각각 개별적인 스트레티지 클래스로 뽑아냄으로써 간단해질 수 있을 것이다. 예를 들어, weightedAverageDuration()은 Term Loan을 계산하는 로직에서만 사용되므로 Loan 클래스에서 완전히 제거할 수 있다.

이제 Strategy 패턴을 목표로 리팩터링을 본격적으로 시작해보자.

1. 스트레티지를 만드는데, 대출에 대한 capital을 계산하는 것이 목적이므로 클래스의 이름을 CapitalStrategy라 짓는다.

```
public class CapitalStrategy {
}
```

2. Move Method[F] 리팩터링을 통해 capital()을 CapitalStrategy로 옮긴다. 이 때 Loan 클래스에도 capital()을 남겨두어야 한다. 단지 CapitalStrategy 객체에 계산을 위임할 뿐이지만 말이다.

첫 단계는 CapitalStrategy에 capital() 메서드를 선언하는 것이다.

```
public class CapitalStrategy {
   public double capital() {
      return 0.0;
```

```
      }
}
```

이제 Loan의 코드를 CapitalStrategy로 복사한다. 이 과정은 물론 capital()의 구현을 CapitalStrategy로 복사하려는 것이지만, Move Method[F] 리팩터링의 절차에 나와 있듯이 capital()에서만 사용하는 Loan의 필드나 메서드도 옮기는 것이 좋다. capital()만 먼저 옮겨 놓은 후에 Loan에서 CapitalStrategy로 쉽게 옮길 수 있는 다른 요소들이 없는지 확인한다. 결과적으로 코드가 다음과 같이 되지만, 아직 컴파일은 되지 않는 상태다.

```
public class CapitalStrategy...
    public double capital() { // Loan에서 복사함.
        if (expiry == null && maturity != null)
            return commitment * duration() * riskFactor();
        if (expiry != null && maturity == null) {
            if (getUnusedPercentage() != 1.0)
                return commitment * getUnusedPercentage() * duration() * riskFactor();
            else
                return (outstandingRiskAmount() * duration() * riskFactor())
                    + (unusedRiskAmount() * duration() * unusedRiskFactor());
        }
        return 0.0;
    }

    private double riskFactor() { // Loan에서 옮겨 옴.
        return RiskFactor.getFactors().forRating(riskRating);
    }

    private double unusedRiskFactor() { // Loan에서 옮겨 옴.
        return UnusedRiskFactors.getFactors().forRating(riskRating);
    }
```

duration()은 Loan에서 CapitalStrategy로 그냥 옮길 수는 없다. weightedAverageDuration()이 Loan의 payments 필드를 사용하고 있기 때문이다. payments 필드를 CapitalStrategy에서 접근할 수 있도록 고친다면, duration()과 그 도우미 메서드들까지 함께 CapitalStrategy로 옮길 수 있을 것이다. 그러

나 이 작업은 나중에 하기로 하고, 지금 당장은 CapitalStrategy의 코드가 컴파일되게 하는 것이 급선무다. 그렇게 하려면, capital()과 그 안에서 쓰이는 도우미 메서드 두 개에 Loan 객체의 참조를 파라미터로 넘길 것인지, 아니면 필요한 모든 데이터를 각각 별도의 파라미터로 capital()에 넘길 것인지 결정해야한다. capital()이 성공적으로 수행되기 위해 Loan 객체로부터 얻어야 할 정보를 나열해 보면 다음과 같다.

- Expiry date
- Maturity date
- duration
- commitment amount
- risk rating
- unused percentage
- outstanding risk amount
- unused risk amount

이 목록의 길이를 줄일 수 있다면 데이터를 각각 파라미터로 넘기는 방법을 쓸 수 있을 것이다. 따라서 날짜와 관련된(expiry와 maturity) 데이터를 묶을 LoanRange 클래스의 도입을 생각할 수도 있고, commitment amount, outstanding risk amount, unused risk amount를 아우르는 LoanRisk 클래스를 만들어 볼까 생각할 수도 있다.

그러나 Loan에서 CapitalStrategy로 옮길 또 다른 메서드(duration()과 같은)에서 위에 열거한 정보 외에 추가 정보(payments와 같은)가 필요하다는 사실을 깨닫고는, 이 생각을 접었다. 이런 상황에서는 Loan 객체의 참조를 넘기는 방법이 더 좋겠다고 생각했다. 그렇게 한다면, 코드를 다음과 같이 바꿀 수 있다.

```
public class CapitalStrategy...
    public double capital(Loan loan) {
        if (loan.getExpiry() == null && loan.getMaturity() != null)
            return loan.getCommitment() * loan.duration() * riskFactorFor(loan)
        if (loan.getExpiry() != null && loan.getMaturity() == null) {
```

```
        if (loan.getUnusedPercentage() != 1.0)
            return loan.getCommitment() * loan.getUnusedPercentage()
            * loan.duration() * riskFactorFor(loan);
        else
            return
                (loan.outstandingRiskAmount() * loan.duration() * riskFactorFor(loan))
            + (loan.unusedRiskAmount() * loan.duration() * unusedRiskFactorFor(loan));
    }
    return 0.0;
}

private double riskFactorFor(Loan loan) {
    return RiskFactor.getFactors().forRating(loan.getRiskRating());
}

private double unusedRiskFactorFor(Loan loan) {
    return UnusedRiskFactors.getFactors().forRating(loan.getRiskRating());
}
```

사실 위의 코드가 컴파일되려면, Loan 클래스에 데이터 접근을 위한 새로운
메서드를 만들어줘야 한다. Loan과 CapitalStrategy 클래스가 한 패키지에 속하
므로 접근 지정자를 디폴트(또는 package private이라고도 함)로 하면, 패키지
외부에서 이 메서드들에 대한 접근을 제한할 수 있다. public, private, pro-
tected와 같은 접근 지정자를 명시하지 않으면 된다.

```
public class Loan...
    Date getExpiry() {
        return expiry;
    }

    Date getMaturity() {
        return maturity;
    }

    double getCommitment() {
        return commitment;
    }

    double getUnusedPercentage() {
```

```
    return unusedPercentage;
}

private double outstandingRiskAmount() {
    return outstanding;
}

private double unusedRiskAmount() {
    return (commitment - outstanding);
}
```

이제 CapitalStrategy의 모든 코드가 컴파일된다. Move Method[F] 리팩터링의 다음 단계는 Loan이 capital 계산을 CapitalStrategy에 위임하도록 만드는 것이다.

```
public class Loan...
    public double capital() {
        return new CapitalStrategy().capital(this);
    }
```

모든 코드가 제대로 컴파일된다. 모든 것이 여전히 잘 동작하는지 확인하기 위해 다음과 같은 테스트를 실행해본다.

```
public class CapitalCalculationTests extends TestCase {
    public void testTermLoanSamePayments() {
        Date start = november(20, 2003);
        Date maturity = november(20, 2006);
        Loan termLoan = Loan.newTermLoan(LOAN_AMOUNT, start, maturity, HIGH_RISK_RATING);
        termLoan.payment(1000.00, november(20, 2004))
        termLoan.payment(1000.00, november(20, 2005));
        termLoan.payment(1000.00, november(20, 2006));
        assertEquals("duration", 2.0, termLoan.duration(), TWO_DIGIT_PRECISION);
        assertEquals("capital", 210.00, termLoan.capital(), TWO_DIGIT_PRECISION);
    }
```

모든 테스트가 통과한다. 이제 Loan에 아직 남아있는 Capital 계산 관련 코드를 마저 CapitalStrategy로 옮길 차례다. 앞에서 한 작업과 비슷하므로 자세한 내용은 적지 않겠다. 작업이 끝나면 CapitalStrategy는 다음과 같은 모습이 된다.

```
public class CapitalStrategy {
    private static final int MILLIS_PER_DAY = 86400000;
    private static final int DAYS_PER_YEAR = 365;

    public double capital(Loan loan) {
        if (loan.getExpiry() == null && loan.getMaturity() != null)
            return loan.getCommitment() * loan.duration() * riskFactorFor(loan);
        if (loan.getExpiry() != null && loan.getMaturity() == null) {
            if (loan.getUnusedPercentage() != 1.0)
                return loan.getCommitment() * loan.getUnusedPercentage()
                * loan.duration() * riskFactorFor(loan);
            else
                return
                (loan.outstandingRiskAmount() * loan.duration() * riskFactorFor(loan))
            + (loan.unusedRiskAmount() * loan.duration() * unusedRiskFactorFor(loan));
        }
        return 0.0;
    }

    private double riskFactorFor(Loan loan) {
        return RiskFactor.getFactors().forRating(loan.getRiskRating());
    }

    private double unusedRiskFactorFor(Loan loan) {
        return UnusedRiskFactors.getFactors().forRating(loan.getRiskRating());
    }

    public double duration(Loan loan) {
        if (loan.getExpiry() == null && loan.getMaturity() != null)
            return weightedAverageDuration(loan);
        else if (loan.getExpiry() != null && loan.getMaturity() == null)
            return yearsTo(loan.getExpiry(), loan);
        return 0.0;
    }

    private double weightedAverageDuration(Loan loan) {
        double duration = 0.0;
        double weightedAverage = 0.0;
        double sumOfPayments = 0.0;
```

```
    Iterator loanPayments = loan.getPayments().iterator();
    while (loanPayments.hasNext()) {
        Payment payment = (Payment)loanPayments.next();
        sumOfPayments += payment.amount();
        weightedAverage += yearsTo(payment.date(), loan) * payment.amount();
    }
    if (loan.getCommitment() != 0.0)
        duration = weightedAverage / sumOfPayments;
    return duration;
}

private double yearsTo(Date endDate, Loan loan) {
    Date beginDate = (loan.getToday() == null ? loan.getStart() : loan.getToday());
    return ((endDate.getTime() - beginDate.getTime()) / MILLIS_PER_DAY) / DAYS_PER_YEAR;
}
}
```

작업 결과, Loan의 capital()과 duration()은 다음과 같이 된다.

```
public class Loan...
    public double capital() {
        return new CapitalStrategy().capital(this);
    }

    public double duration() {
        return new CapitalStrategy().duration(this);
    }
```

Loan을 어설프게 최적화하고 싶은 충동을 자제하고, 중복을 제거할 수 있는 기회를 살펴보자. 다시 말하자면, Loan에서 두 번 등장하는 new CapitalStrategy() 코드를 한 번으로 줄일 때가 된 것이다.

```
public class Loan...
    private CapitalStrategy capitalStrategy;

    private Loan(double commitment, double outstanding,
                Date start, Date expiry, Date maturity, int riskRating) {
        capitalStrategy = new CapitalStrategy(); ...
    }
```

```
public double capital() {
    return capitalStrategy.capital(this);
}

public double duration() {
    return capitalStrategy.duration(this);
}
```

이제 Move Method[F] 리팩터링이 끝났다.

3. 이제 Extract Parameter 리팩터링(456쪽)을 적용해 현재 하드 코딩되어 있는 대리 객체delegate를 밖에서 설정할 수 있도록 한다. 이것은 다음 단계로 가기 위한 중요한 과정이다.

```
public class Loan...
    private Loan(..., CapitalStrategy capitalStrategy) {
        ...
        this.capitalStrategy = capitalStrategy;
    }

    public static Loan newTermLoan(
        double commitment, Date start, Date maturity, int riskRating) {

        return new Loan(
            commitment, commitment, start, null,
            maturity, riskRating, new CapitalStrategy()
        );
    }

    public static Loan newRevolver(
        double commitment, Date start, Date expiry, int riskRating) {

        return new Loan(commitment, 0, start, expiry,
            null, riskRating, new CapitalStrategy()
        );
    }

    public static Loan newAdvisedLine(
        double commitment, Date start, Date expiry, int riskRating) {
```

```
        if (riskRating > 3) return null;
        Loan advisedLine =
            new Loan(commitment, 0, start, expiry, null, riskRating, new CapitalStrategy());
        advisedLine.setUnusedPercentage(0.1);
        return advisedLine;
    }
```

4. 이제 CapitalStrategy의 capital() 메서드에 Replace Conditional with Polymor-
   phism[F] 리팩터링을 적용할 수 있다. 먼저 Term Loan의 capital을 계산하는
   서브클래스를 만든다. 이 과정에서 CapitalStrategy의 일부 메서드에 대한
   접근 지정자를 protected로 만들어야 하고(아래 코드에는 나타나지 않았지
   만), 또 일부 메서드는 CapitalStrategyTermLoan이라는 이름의 새 클래스로
   옮긴다.

```
public class CapitalStrategyTermLoan extends CapitalStrategy {
    public double capital(Loan loan) {
        return loan.getCommitment() * duration(loan) * riskFactorFor(loan);
    }

    public double duration(Loan loan) {
        return weightedAverageDuration(loan);
    }

    private double weightedAverageDuration(Loan loan) {
        double duration = 0.0;
        double weightedAverage = 0.0;
        double sumOfPayments = 0.0;
        Iterator loanPayments = loan.getPayments().iterator();
        while (loanPayments.hasNext()) {
            Payment payment = (Payment)loanPayments.next();
            sumOfPayments += payment.amount();
            weightedAverage += yearsTo(payment.date(), loan) * payment.amount();
        }
        if (loan.getCommitment() != 0.0)
            duration = weightedAverage / sumOfPayments;
        return duration;
    }
}
```

이 클래스를 테스트하기 전에, Loan 클래스를 다음과 같이 수정해야 한다.

```
public class Loan...
    public static Loan newTermLoan(
        double commitment, Date start, Date maturity, int riskRating) {
        return new Loan(
                commitment, commitment, start, null, maturity, riskRating,
                new CapitalStrategyTermLoan()
        );
    }
```

테스트는 문제없이 통과한다. 이제 나머지 두 개의 대출 종류(revolver와 advised line)에 대해서도 Replace Conditional with Polymorphism[F] 리팩터링을 적용해 서브클래스를 만든다. 결과적으로 Loan 클래스를 다음과 같이 수정해야 한다.

```
public class Loan...
    public static Loan newRevolver(
        double commitment, Date start, Date expiry, int riskRating) {
        return new Loan(
                commitment, 0, start, expiry, null, riskRating,
                new CapitalStrategyRevolver()
        );
    }

    public static Loan newAdvisedLine(
        double commitment, Date start, Date expiry, int riskRating) {
        if (riskRating > 3) return null;
        Loan advisedLine = new Loan(
                commitment, 0, start, expiry, null, riskRating,
                new CapitalStrategyAdvisedLine()
        );
        advisedLine.setUnusedPercentage(0.1);
        return advisedLine;
    }
```

스트레티지 클래스의 상속 구조는 다음 다이어그램과 같이 된다.

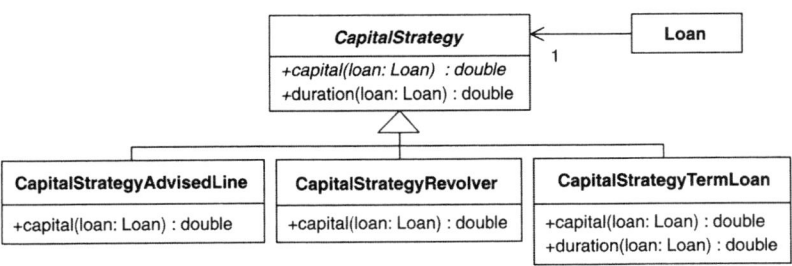

그림에서 CapitalStrategy 클래스가 추상 클래스로 표현되었음을 눈치 챘는가? CapitalStrategy 클래스를 아래와 같이 만들 수 있다.

```
public abstract class CapitalStrategy {
    private static final int MILLIS_PER_DAY = 86400000;
    private static final int DAYS_PER_YEAR = 365;

    public abstract double capital(Loan loan);

    protected double riskFactorFor(Loan loan) {
        return RiskFactor.getFactors().forRating(loan.getRiskRating());
    }

    public double duration(Loan loan) {
        return yearsTo(loan.getExpiry(), loan);
    }

    protected double yearsTo(Date endDate, Loan loan) {
        Date beginDate = (loan.getToday() == null ? loan.getStart() : loan.getToday());
        return ((endDate.getTime() - beginDate.getTime()) / MILLIS_PER_DAY) / DAYS_PER_YEAR;
    }
}
```

드디어 Replace Conditional Logic with Strategy 리팩터링을 완료했다. 이제 몇 개의 스트레티지가 Capital 계산을(더불어 duration의 계산도) 수행한다.

Move Embellishment to Decorator

어떤 클래스에 핵심 기능을 위한 코드와 꾸밈 코드가 뒤섞여 있으면,

꾸밈 코드를 데코레이터decorator로 옮긴다.

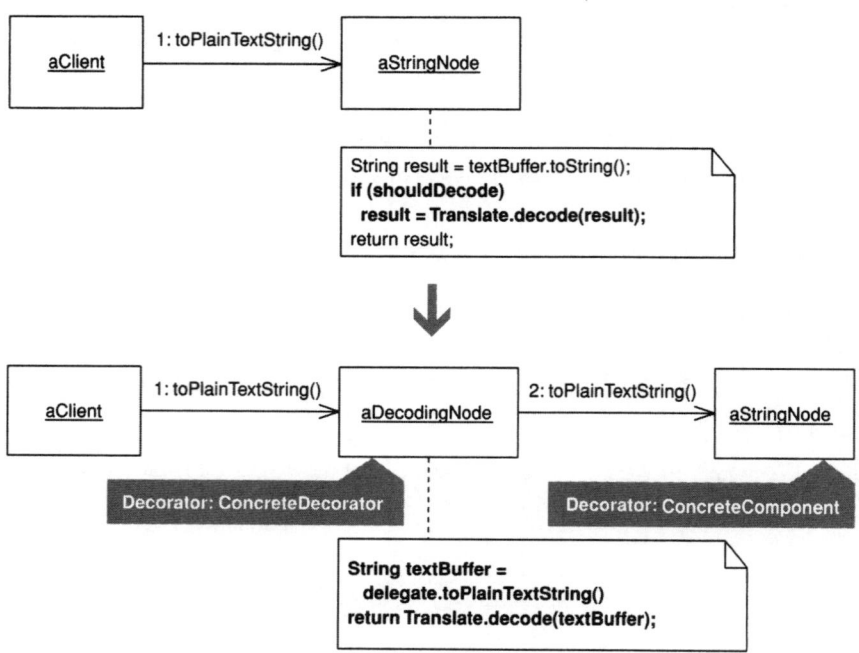

동기

시스템에 새 기능을 추가해야 할 때면, 보통은 기존 클래스에 코드를 덧붙인다. 이렇게 새로 추가된 코드는 기존 클래스의 핵심 기능 또는 주된 행동 양식에 대한 꾸밈 코드로서 동작하는 경우가 많다. 문제는 이런 꾸밈 코드로 인해 새로운 필드 또는 메서드, 로직이 추가되고 호스트 클래스가 복잡해진다는 것이다. 게다가 새로 추가된 부분은 특정 조건에서만 쓰이는 것이다.

위와 같은 문제의 해결책은 바로 Decorator[DP] 패턴이다. 즉, 꾸밈 코드를 각자의 클래스로 옮기고 그 객체가 호스트 객체를 감싸도록 만드는 것이다. 그렇게 하

면, 특별한 처리가 필요한 때에 클라이언트가 호스트 객체를 꾸밈 객체로 감싸 사용함으로써 특수 기능을 수행할 수 있다.

JUnit 테스트 프레임워크[Beck & Gamma]가 좋은 예다. JUnit을 이용하면 테스트 코드를 쉽게 작성하여 실행해 볼 수 있다. 각 테스트는 TestCase 타입의 객체가 되고, 작성된 모든 TestCase 객체를 프레임워크가 실행하도록 만드는 것도 매우 쉽다. 그러나 아쉽게도 TestCase에는 어떤 한 테스트를 여러 번 실행하는 기능이 없다. 따라서 이를 위해서는 직접 RepeatedTest라는 데코레이터를 만들고, 원하는 TestCase 객체를 RepeatedTest로 감싸 실행해야 할 것이다. 그 경우, 전체 구조는 다음과 같은 모습이 될 것이다.

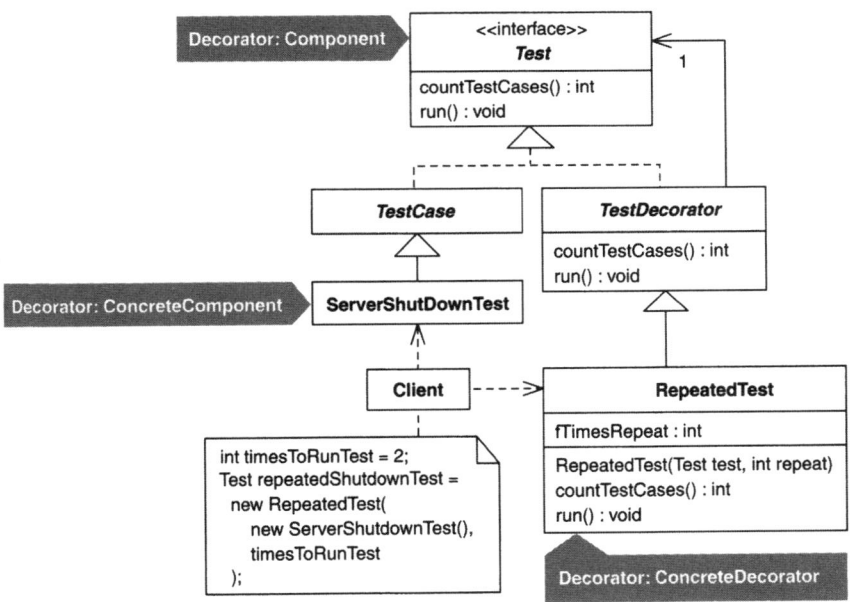

호스트 클래스에 public 메서드가 많은 경우에는 Decorator 패턴으로 리팩터링하는 것이 바람직하지 않다. 왜 그럴까? 데코레이터는 『Design Patterns』[DP]에서 말하는 '투명한 외투' 로서 존재해야 하기 때문이다. 즉, 호스트 클래스가 제공하는 모든 public 메서드를 데코레이터도 구현해야 한다[5]. 따라서 호스트 클래스에

public 메서드가 많다면, 꾸밈 기능과는 무관한 쓸데없는 코드가 데코레이터에 생길 가능성이 크다.

데코레이터 클래스와 그 대상이 되는 호스트 클래스는 동일한 인터페이스를 공유하므로, 데코레이터는 이것을 사용하는 클라이언트에 투명한 존재가 된다. 클라이언트에 객체의 타입을 명시적으로 검사하는 코드만 없다면 말이다. 그런 코드가 있다면, 데코레이터로 인해 문제가 생길 것이다. 데코레이터 객체와 그 대상이 되는 객체는 서로 타입이 다르기 때문이다. 예를 들어 다음과 같은 Java 코드가 있다고 하자.

```
if (node instanceof StringNode)
```

node가 어떤 데코레이터 객체에 감싸진 StringNode 객체라면, if문 내의 수식은 true가 되지 않을 것이다. 그러나 이런 코드가 있더라도, Decorator 패턴으로 가는 길에 큰 걸림돌이 되는 것은 아니다. 보통은 객체의 타입에 의존하지 않도록 클라이언트의 코드를 수정하는 것이 가능하기 때문이다.

이 패턴을 적용할 때에는 데코레이터 클래스가 여럿 존재하는 경우도 고려해야 한다. 어떤 클래스를 꾸미기 위한 데코레이터 클래스를 여러 개 만든다면, 그 객체를 하나 이상의 데코레이터 객체가 동시에 감쌀 수 있다는 말이 된다. 그럴 경우에는 적용된 데코레이터의 순서가 원하지 않는 결과를 초래할 수 있다. 예를 들어, 데이터를 암호화하는 데코레이터와 특정 단어를 걸러내는 필터링 데코레이터가 있는데, 암호화가 필터링보다 먼저 실행된다면 원하는 결과를 얻지 못할 것이다. 이상적으로는 데코레이터가 여러 개 있어도 서로 독립적이어서 배열 순서에 상관없이 동작하는 것이 좋다. 그러나 실제로는 그럴 수 없는 경우가 꽤 있다. 이런 경우라면, 클라이언트가 데코레이터 객체를 직접 만들 수 없도록 하고, 대신에 데코레이터 간의 안전한 조합을 제공하는 특별한 생성 메서드를 따로 만들어 클라이언트에 제공하는 것이 좋다(Encapsulate Classes with Factory 리팩터링, 124쪽 참조).

---

5) 저자 주: '투명한 외투'에는 두 가지 측면이 있다. 하나는 본문에서와 같이, 호스트 클래스의 public 메서드를 데코레이터 클래스가 고스란히 제공함으로써 클라이언트의 입장에서는 호스트와 데코레이터를 구별하지 않고 사용할 수 있어야 한다는 것이다. 다른 하나는, 호스트 객체의 입장에서도 데코레이터의 존재를 알거나 알 필요 없이 꾸밈 기능이 수행되어야 한다는 것이다.

Decorator와 Strategy

Move Embellishment to Decorator 리팩터링(206쪽)과 Replace Conditional Logic with Strategy 리팩터링(187쪽)은 서로 대비된다. 공통점은 둘 다 특수 경우나 별도의 동작 방식을 처리하기 위한 조건 로직을 하나 이상의 새로운 클래스로 옮겨 호스트 클래스에서 제거한다는 것이다. 그러나 새로 생성된 클래스가 사용되는 방법에는 차이가 있다. 다음 그림에 표현된 것처럼, 데코레이터는 호스트 객체를 감싸서 동작하지만, 스트레티지는 호스트 객체의 내부에서 사용된다.

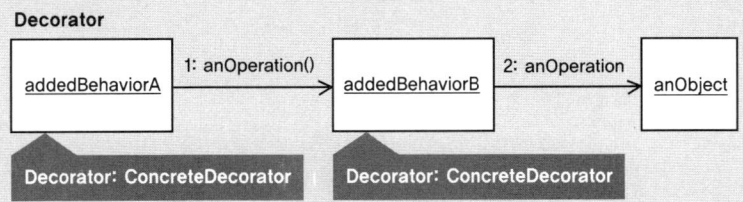

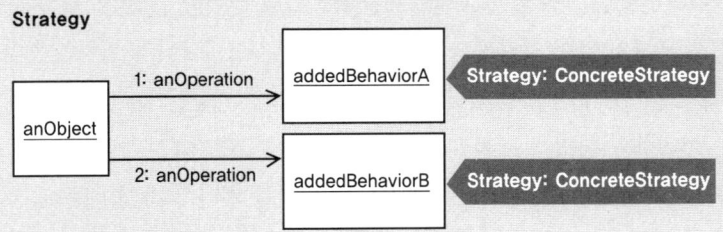

그러면 어떤 경우에 Decorator 패턴으로 리팩터링해야 하고, 또 어떤 경우에 Strategy 패턴으로 리팩터링해야 할까? 간단한 답은 없다. 둘 중 하나를 선택해야 한다면, 여러 가지 문제를 검토해봐야 한다. 다음은 검토해야 할 문제 중 일부를 정리한 것이다.

● 데코레이터는 공유할 수 없다. 데코레이터는 각각 자신이 꾸밀 객체를 참조하고 있기 때문이다. 반면에 스트레티지는 Singleton[DP]이나 Flyweight[DP] 패턴을 통해서 쉽게 공유할 수 있다.

- 스트레티지 클래스의 인터페이스는 자유롭게 구성할 수 있는 반면, 데코레이터 클래스는 호스트 클래스의 인터페이스에 맞춰야 한다.
- 데코레이터는 호스트 클래스와 인터페이스를 공유하는 한 호스트 클래스에 영향을 끼치지 않고 기능을 추가할 수 있다. 반면, 스트레티지를 사용하는 클래스는 스트레티지의 존재와 사용법을 알아야 한다.
- Strategy 패턴을 적용할 때는 호스트 클래스에 데이터나 public 메서드가 많다고 해서 장애가 되지 않는다. 그러나 그런 호스트 클래스에 Decorator 패턴을 적용한다면, 데코레이터 클래스가 무거워지고 지나치게 많은 메모리가 필요하게 될 것이다.

Strategy 패턴과 Decorator 패턴의 공통점과 차이점을 좀더 자세히 알고 싶다면, 『Design Patterns』[DP]를 참고하기 바란다.

객체 조합 기법을 좋아하는 사람들이 보기에는, Move Embellishment to Decorator 리팩터링으로 인해 설계가 단순해졌다고 느낄 것이다. 반면에, 객체 조합 기법을 잘 사용하지 않던 사람들은 한 클래스에 있던 코드들이 여기저기로 흩어져 버렸다고 느낄 것이다. 그렇게 코드가 분리되면 더 이상 한 눈에 들어오지 않기 때문에, 이해하기 어렵게 느껴질 수도 있다. 게다가 꾸밈의 대상이 되는 원래 객체까지 접근하려면 여러 단계의 데코레이터 객체를 지나야 하기 때문에, 디버깅도 더 어려울 수 있다. 즉, 객체에 꾸밈을 가하기 위해 객체 조합 기법을 이용하는 것이 썩 내키지 않는다면, 아직 Decorator 패턴을 사용할 준비가 안 된 것이다.

때로는 꾸밈 코드의 목적이 객체에 대한 보호 로직을 제공하기 위한 경우도 있다. 이런 경우에는 꾸밈 코드를 Protection Proxy[DP] 패턴으로 옮길 수 있다(Encapsulating Inner Classes 리팩터링의 예제, 131쪽 참조). Protection Proxy 패턴과 Decorator 패턴은 구조가 동일하지만, 사용 의도는 다르다. 보호 프락시는 대상 객체를 보호하는 반면, 데코레이터는 대상 객체에 별도의 동작을 추가한다.

나는 Decorator 패턴을 좋아한다. 이 패턴을 이용하면 우아한 해법을 만들 수 있기 때문이다. 그러나 막상 따지고 보면 나와 내 동료들이 Decorator 패턴을 그렇게 자주 사용하는 것은 아니다. 리팩터링을 통해 Decorator 패턴으로 설계를 옮겨 가다가 중간에 멈추는 경우가 많지, 끝까지 가서 완전한 Decorator 패턴으로 만드는 경우는 어쩌다 한번이다. 다시 한번 강조하는데, 어떤 패턴이 아무리 맘에 들더라도 정말 필요한 경우에만 사용해야 한다.

장점과 단점

+ 꾸밈 코드를 제거해 호스트 클래스를 단순하게 만든다.
+ 어떤 클래스의 핵심 기능과 부가 기능을 손쉽게 구별할 수 있다.
+ 서로 관련된 클래스에서 중복된 꾸밈 코드를 줄일 수 있다.
- 클라이언트의 입장에서는 대상 객체의 타입이 바뀐다.
- 코드를 이해하고 디버깅하기 더 어려워질 수도 있다.
- 데코레이터 객체의 조합 방식이 서로에게 영향을 끼친다면, 설계를 더 복잡하게 만들어야 한다.

절차

먼저 대상이 될 클래스를 찾는 것으로 시작한다. 즉, 핵심 기능에 다른 기능을 추가하기 위한 꾸밈 코드를 가지고 있는 클래스를 찾는다. 어떤 클래스가 꾸밈 코드를 갖고 있다 해서 무조건 Decorator 패턴으로 리팩터링해야 하는 것은 아니다. 리팩터링을 하기로 결정하기 전에 데코레이터 클래스가 구현해야 할 public 메서드가 너무 많지 않은지 살펴보는 것이 좋다. 데코레이터는 그 대상이 되는 호스트 객체에 대한 '투명한 외투'로 동작해, 클라이언트 코드에서는 데코레이터 객체를 호스트 객체와 완전히 동일한 인터페이스를 통해 조작할 수 있어야 하기 때문이다. 호스트 클래스에 직접 선언하거나 상속받은 public 메서드가 지나치게 많다면, 적절한 작업을 통해 그 수를 줄이거나[6] Replace Conditional Logic with Strategy 리팩터링(187쪽)과 같은 대안을 고려해야 한다.

---

6) 저자 주: 필요 없는 메서드를 제거하고, 다른 클래스로 옮기는 것이 가능한 메서드는 옮긴다. 또는 메서드에 대한 접근 제한을 변경해 public 메서드의 개수를 줄일 수 있다.

1. 인클로저 타입enclosure type을 찾아내거나 새로 만든다. 인클로저 타입이란 호스트 클래스의 클라이언트가 사용하는 모든 public 메서드를 제공하는 클래스 또는 인터페이스로, 데코레이터 클래스와 호스트 클래스 둘 모두에 대한 수퍼타입이 될 존재다. 즉,『Design Patterns』[DP]에서 말하는 Decorator: Component에 해당한다.

   어떤 경우에는 인클로저 타입을 새로 만들 필요 없이, 호스트 클래스가 구현한 인터페이스 타입이나 호스트 클래스의 수퍼클래스를 그대로 이용할 수도 있다. 그러나 그 클래스가 데이터를 유지하고 있다면 인클로저 타입으로 적당하지 않다. 데코레이터는 그런 데이터가 필요 없음에도 상속을 받게 되기 때문이다. 인클로저 타입으로 사용할 적당한 후보가 없을 때는 Unify Interfaces 리팩터링(453쪽) 또는 Extract Interface[F] 리팩터링을 통해 새로 만들어야 한다.

2. 호스트 클래스에서 꾸밈 코드에 해당하는 조건 로직을 찾아서 Replace Conditional with Polymorphism[F] 리팩터링을 통해 제거한다.『Refactoing』[F]을 보면, Replace Conditional with Polymorphism 리팩터링을 적용하기 위해서는 먼저 적절한 상속 구조를 가져야 하기 때문에 Replace Type Code with Subclasses[F] 또는 Replace Type Code with State/Strategy[F] 리팩터링을 사용하게 될 것이라고 나와 있다. Replace Type Code with Subclasses 리팩터링의 절차 절에서는 그 첫 단계로 타입 코드를 자체 캡슐화self-encapsulation[7]할 것을 제시하고 있는데, 그 지침에 따라 타입 코드에 대한 get 메서드를 만들 때에는 리턴 타입이 앞 단계에서 정의한 인클로저 타입이도록 하는 것이 중요하다. 또『Refactoring』[F]에 제시된 절차에는 수퍼클래스에서 타입 코드 필드를 제거할 때 타입 코드에 대한 get/set 메서드를 추상으로 선언하라고 되어 있지만, 꼭 그럴 필요는 없다.

---

7) 역자 주: 클래스 내부에서도 어떤 필드를 직접 참조해서 쓰는 것이 아니라, 그 필드에 대한 get/set 메서드를 만들고 항상 이 메서드를 통해 필드를 참조하는 것을 자체 캡슐화라 한다. Self-Encapsulate Field[F] 리팩터링을 참고하기 바란다.

만약 꾸밈 코드의 앞이나 뒤에 실행해야 할 로직이 있다면, Replace Conditional with Polymorphism 리팩터링과 함께 Form Template Method[F] 리팩터링을 사용할 수 있다.

✓ 컴파일 후 테스트한다.

3. 단계 2에서 호스트 클래스의 서브클래스를 하나 이상 만들었다. Replace Inheritance with Delegation[F] 리팩터링을 이용해 이 서브클래스들을 위임 클래스delegating class[8]로 변환한다. 이 때 다음 사항들을 지켜야 한다.

- 위임 클래스는 모두 인클로저 타입을 구현하도록 한다.
- 위임 클래스의 대리 객체delegate 필드도 인클로저 타입으로 한다.
- 꾸밈 코드를 위임 클래스가 위임 메서드를 호출하기 전에 실행할 것인지 아니면 그 후에 실행할 것인지를 결정한다.

앞 단계에서 Form Template Method 리팩터링을 적용했다면, 위임 클래스에서 대리 객체의 public이 아닌 메서드를 호출해야 하는 상황이 벌어질 수도 있다. 그렇다면 해당 메서드들을 public으로 변경하고 Unify Interfaces 리팩터링(453쪽)을 다시 적용하기 바란다.

✓ 컴파일 후 테스트한다.

4. 이제 각 위임 클래스의 대리 객체 필드에 호스트 클래스의 새 인스턴스를 만들어 대입한다. 이 대입문은 위임 클래스의 생성자에 위치해야 한다. 그 다음, 호스트 클래스의 인스턴스를 생성하는 코드에 Extract Parameter 리팩터링(456쪽)을 적용해 파라미터로 뽑아낸다. 마지막으로, 생성자의 파라미터 중 불필요한 것이 있다면 Remove Parameter[F] 리팩터링을 이용하여 제거한다.

✓ 컴파일 후 테스트한다.

---

8) 역자 주: 위임 클래스delegating class란 어떤 동작의 수행을 다른 객체에 위임하는 클래스를 말한다. 이때 수행을 위임 받는 객체를 대리 객체delegate라 한다.

예제

이번에는 어떤 오픈 소스 프로젝트에서 만든 HTML 파서[9]를 예제로 사용한다. 이 파서는 HTML 문서를 읽어가다가 태그나 태그 사이의 문자열을 만나면, 그에 대응하는 HTML 요소 객체로 변환하는 일을 한다. HTML 요소 객체로는 Tag, StringNode, EndTag, ImageTag 등이 있을 것이다. HTML 파서는 다음과 같은 작업을 위해 자주 사용된다.

- HTML 문서의 내용을 다른 형식으로 변환
- HTML로 기술된 내용에 대한 정보 생성
- HTML 문서의 내용 검증

Move Embellishment to Decorator 리팩터링 연습에 사용할 대상은 StringNode 클래스다. StringNode의 인스턴스는 파서가 태그 사이의 문자열을 만났을 때 생성된다. 예를 들어 다음과 같은 HTML을 살펴보자.

```
<BODY>This text will be recognized as a StringNode</BODY>
```

이 한 줄의 HTML을 파싱하면 다음과 같은 요소 객체들이 생성된다.

- Tag 객체 (〈BODY〉 태그)
- StringNode 객체 ("This text will be recognized as a StringNode" 문자열)
- EndTag 객체 (〈/BODY〉 태그)

어떤 HTML 요소 객체의 내용을 얻는 몇 가지 방법이 있다. toPlainTextString() 메서드를 통해 평문의 형태로 얻을 수도 있고, toHtml() 메서드로부터 HTML 형식으로 얻을 수도 있다. 또, StringNode와 같은 일부 클래스들은 getText()와 setText() 메서드도 제공한다. 그런데 StringNode 객체의 경우에는 getText(), toPlainText-String(), toHtml()이 모두 똑같이 평문을 반환한다. 왜 똑같은 결과를 내는 메서드가 세 개씩이나 있는 것일까? 프로그래머들이 기존 클래스에 새 기능을 위한 코드

---

9) 저자 주: http://sourceforge.net/projects/htmlparser

를 추가할 때 중복이 없는지 살펴보고 리팩터링 하는 것을 게을리하는 것은 일반적인 일이다. 이번 경우에는 getText()와 toPlainTextString()을 하나로 통합할 수 있을 것 같다. 그러나 이 프로젝트의 프로그래머들이 이런 통합 작업을 하지 않은 이유를 좀더 알게 되기 전까지는 잠시 유보하도록 하자.

한편 StringNode에는 일반적으로 요구되는 꾸밈 기능이 있다. 바로 특수기호 엔터티를 디코딩하는 것이다. 다음은 대표적인 특수기호 디코딩의 예다.

&   →   &
÷ →   ÷
<   →   〈
>   →   〉

이런 특수기호 엔터티에 대한 디코딩 기능은 Translate 클래스의 decode(String dataToDecode) 메서드가 수행하는데, StringNode 객체에 자주 적용되는 꾸밈 기능이다. 예를 들어, 다음 테스트 코드를 보자. HTML을 파싱한 후 Node 객체의 컬렉션을 순회하면서 StringNode 객체에 디코딩을 하고 있다.

```
public void testDecodingAmpersand() throws Exception {
    String ENCODED_WORKSHOP_TITLE =
        "The Testing &amp; Refactoring Workshop";

    String DECODED_WORKSHOP_TITLE =
        "The Testing & Refactoring Workshop";

    assertEquals(
        "ampersand in string",
        DECODED_WORKSHOP_TITLE,
        parseToObtainDecodedResult(ENCODED_WORKSHOP_TITLE));
}

private String parseToObtainDecodedResult(String stringToDecode)
    throws ParserException {

    StringBuffer decodedContent = new StringBuffer();
    createParser(stringToDecode);
```

```
NodeIterator nodes = parser.elements();
while (nodes.hasMoreNodes()) {
  Node node = nodes.nextNode();
  if (node instanceof StringNode) {
    StringNode stringNode = (StringNode) node;
    decodedContent.append(Translate.decode(stringNode.toPlainTextString())); // 디코딩
  }
  if (node instanceof Tag)
    decodedContent.append(node.toHtml());
}
return decodedContent.toString();
}
```

클라이언트 입장에서 보면, StringNode 객체 내의 특수기호를 디코딩하는 기능은 어쩌다 필요하다. 그러나 위의 클라이언트 코드를 보면 Node 객체들을 순회하다가 StringNode 객체를 만나면 디코딩하는 과정을 반복하면서 디코딩을 항상 직접 챙기고 있다. 파서가 디코딩이 필요할 경우 알아서 수행하게 한다면, 클라이언트에게 이처럼 귀찮은 작업을 요구할 필요가 없다.

나는 그렇게 되도록 리팩터링하는 방법이 몇 가지 떠올랐지만, 가장 간단한 방법을 시도해 보기로 결정했다. StringNode에 디코딩을 수행하는 코드를 직접 삽입하고, 코드가 어떻게 보이는지 시험해보기로 한 것이다. 이런 구현 방법이 정말 좋은 것인지는 조금 의심스러웠지만, 그보다 나은 설계가 필요하게 될 때까지 얼마나 더 밀어붙일 수 있는지 확인해보고 싶었다. 따라서 테스트 주도 개발test-driven development 방법을 적용해 StringNode에 디코딩 기능을 추가했고, 테스트 코드와 Parser 클래스, StringParser 클래스(StringNode 인스턴스를 생성하는 역할을 한다), StringNode 클래스를 수정했다.

테스트가 디코딩 꾸밈 코드 생성을 주도하도록 하기 위해 테스트 코드를 다음과 같이 수정했다.

```
public void testDecodingAmpersand() throws Exception {
  String ENCODED_WORKSHOP_TITLE =
  "The Testing &amp; Refactoring Workshop";
```

```
String DECODED_WORKSHOP_TITLE =
"The Testing & Refactoring Workshop";

StringBuffer decodedContent = new StringBuffer();
Parser parser = Parser.createParser(ENCODED_WORKSHOP_TITLE);
parser.setNodeDecoding(true); // parser의 디코딩 옵션을 켠다.
NodeIterator nodes = parser.elements();

while (nodes.hasMoreNodes())
    decodedContent.append(nodes.nextNode().toPlainTextString());

assertEquals("decoded content",
        DECODED_WORKSHOP_TITLE,
        decodedContent.toString()
);
}
```

테스트 주도 개발 방법을 사용한 것답게, 위와 같이 수정한 테스트 코드는 parser.setNodeDecoding(true)에 필요한 코드를 추가하기 전까지 컴파일조차 되지 않았다. 작업의 첫 단계로, StringNode에서 디코딩을 수행할 것인지의 여부를 나타내는 플래그 필드를 Parser 클래스에 추가했다.

```
public class Parser...
    private boolean shouldDecodeNodes = false;

    public void setNodeDecoding(boolean shouldDecodeNodes) {
        this.shouldDecodeNodes = shouldDecodeNodes;
    }
```

다음으로 StringParser를 수정해야 했다. 이 클래스에는 find(...)라는 메서드가 있어서, 파싱하는 동안 StringNode 객체를 생성해 리턴하는 역할을 한다. 다음은 그 코드의 일부다.

```
public class StringParser...
    public Node find(NodeReader reader, String input, int position, boolean balance_quotes) {
        ...
        return new StringNode(textBuffer, textBegin, textEnd);
    }
```

나는 이 부분에서도 디코딩 플래그를 사용하도록 수정했다.

```
public class StringParser...
    public Node find(NodeReader reader, String input, int position, boolean balance_quotes) {
        ...
        return new StringNode(
            textBuffer, textBegin, textEnd, reader.getParser().shouldDecodeNodes());
    }
```

이렇게 수정한 코드가 컴파일 되도록 하기 위하여, Parser 클래스에 shouldDe-
codeNodes() 메서드를 추가하고 StringNode에 boolean 타입의 파라미터를 받는
생성자도 추가해야 했다.

```
public class Parser...
    public boolean shouldDecodeNodes() {
        return shouldDecodeNodes;
    }

public class StringNode extends Node...
    private boolean shouldDecode = false;

    public StringNode(StringBuffer textBuffer, int textBegin, int textEnd, boolean shouldDecode) {
        this(textBuffer, textBegin, textEnd);
        this.shouldDecode = shouldDecode;
    }
```

마지막으로, 다음과 같이 StringNode에 디코딩을 실행하는 코드를 추가했다.

```
public class StringNode...
    public String toPlainTextString() {
        String result = textBuffer.toString();
        if (shouldDecode)
            result = Translate.decode(result);
        return result;
    }
```

테스트 코드를 실행해 보니 문제가 없었다. 그리고 이런 방식으로 고쳐도 코드
가 그럭저럭 볼만하다고 느꼈다. 그러나 꾸밈 기능은 보통 하나만이 아닐 공산이

크다. 아니나 다를까, 파서를 사용하는 클라이언트 코드를 좀더 살펴보니 String-Node 객체에서 \n(개행 문자), \t(탭)과 같은 확장 문자escape character를 제거하는 기능이 흔하게 사용되고 있었다. 따라서 이 기능도 특수 문자 디코딩과 같은 방법을 사용해 처리하기로 했다. 따라서 Parser 클래스에 또 다른 플래그(shouldRemoveEscapeCharacters)를 추가하고, 디코딩 옵션과 확장 문자 처리 옵션을 모두 지정할 수 있는 StringNode의 생성자를 호출하도록 StringParser를 수정하고, StringNode에 다음과 같이 코드를 추가해야 했다.

```
public class StringNode...
    private boolean shouldRemoveEscapeCharacters = false;

    public StringNode(StringBuffer textBuffer, int textBegin, int textEnd,
                      boolean shouldDecode, boolean shouldRemoveEscapeCharacters) {
        this(textBuffer, textBegin, textEnd);
        this.shouldDecode = shouldDecode;
        this.shouldRemoveEscapeCharacters = shouldRemoveEscapeCharacters;
    }

    public String toPlainTextString() {
        String result = textBuffer.toString()
        if (shouldDecode)
            result = Translate.decode(result);
        if (shouldRemoveEscapeCharacters)
            result = ParserUtils.removeEscapeCharacters(result);
        return result;
    }
```

작업한 결과, 파서를 사용하는 클라이언트 코드는 간단해졌다. 그러나 새로운 꾸밈 기능을 추가하려 할 때마다 파서 측의 클래스 여러 개를 동시에 수정해야 하는 것이 마음에 들지 않았다. 이렇게 여러 클래스에 손대야 한다는 것은 코드에 문어발 솔루션(83쪽) 냄새가 배어있음을 뜻한다. 이 냄새의 주범은 다음과 같다.

● 초기화 로직이 지나치게 많다. 꾸밈 기능 하나의 실행 여부를 알려주기 위해 Parser와 StringParser를 거쳐야 하고 StringNode 객체를 생성할 때에도 파라미터로 넘겨줘야 한다.

● 꾸밈 로직이 지나치게 많다. 즉, StringNode에 각 꾸밈 기능이 지원해야 하는 특수 경우를 처리하는 로직이 너무 많다.

나는 파서에 팩터리factory 객체를 넘겨주도록 수정하는 것이 지나치게 많은 초기화 로직 문제를 해결하는 가장 좋은 방법이라고 생각했다. 즉, 적절하게 설정된 StringNode 객체를 런타임에 만들어 주는 팩터리를 도입하는 것이다(Move Creation Knowledge to Factory 리팩터링, 110쪽 참조). 그리고 새로운 꾸밈 기능을 추가하기 어려운 문제는 Decorator 패턴이나 Strategy 패턴으로 리팩터링하면 해결될 것 같았다. 초기화 문제는 나중에 손보기로 하고, Decorator 패턴 또는 Strategy 패턴으로 리팩터링하는 작업을 먼저 시작하기로 결정했다.

그런데, 어느 패턴을 사용하는 것이 더 좋을까? 판단 근거를 얻기 위해 코드를 좀더 살펴봤는데, StringNode의 형제 클래스sibling class[10]들도 특수 문자 디코딩이나 확장 문자 제거 기능을 필요로 한다는 것을 발견했다. 따라서 Strategy 패턴으로 그 기능들을 구현한다면, StringNode와 그 형제 클래스들이 해당 스트레티지 클래스를 인식하도록 변경해야 할 터였다. 반면 Decorator 패턴을 이용한다면, 그 클래스들은 데코레이터의 존재를 몰라도 된다. 이 점이 마음에 들었다. 여러 클래스에 있는 많은 코드를 고치고 싶지는 않았다.

성능은 어떨까? 사실 나는 프로파일러profiler를 통해 성능에 문제가 있다는 사실을 확인하기 전까지 성능에 신경 쓰지 말자는 주의기 때문에, 오래 고민하지는 않았다. 나중에 Decorator 패턴을 사용한 것이 성능에 악영향을 미치는 것으로 밝혀진다 해도, 그때 Strategy 패턴으로 다시 리팩터링하는 작업이 그리 어려울 것 같지는 않았다.

Strategy 패턴보다 Decorator 패턴이 좋겠다고 결정했으니, 그 다음은 코드의 어느 부분에 Decorator 패턴을 적용하는 것이 적당할지 고민할 차례였다. 절차 절에 밝혔듯이, 이 리팩터링의 대상이 될 클래스는 데코레이터를 도입할 수 있을 만큼 충분히 단순해야 한다. 즉, 제공하는 public 메서드의 개수가 많지 않아야 하고 필드도 적어야 한다. StringNode 클래스 자체는 이 기준에 딱 맞지만, 그 수퍼클래스

---

10) 저자 주: 예를 들어, HTML 문서 내의 주석문을 나타내는 RemarkNode 클래스 등.

인 AbstractNode는 그렇지 않았다. 다음 다이어그램은 AbstractNode 클래스를 나타낸 것이다.

```
┌─────────────────────────────────────────────────────┐
│                   AbstractNode                       │
├─────────────────────────────────────────────────────┤
│ #nodeBegin : int                                     │
│ #nodeEnd : int                                       │
├─────────────────────────────────────────────────────┤
│ +AbstractNode(beginPosition: int, endPosition: int)  │
│ +toPlainTextString() : String                        │
│ +toHtml() : String                                   │
│ +toString() : String                                 │
│ +collectInto(nodes: NodeList, filter: String) : void │
│ +collectInto(nodes: NodeList, nodeType: class) : void│
│ +elementBegin() : int                                │
│ +elementEnd() : int                                  │
│ +accept(NodeVisitor) : void                          │
│ +setParent(tag: CompositeTag) : void                 │
│ +getParent() : CompositeTag                          │
└─────────────────────────────────────────────────────┘
```

AbstractNode 클래스에는 public 메서드가 10개 있다. 적은 수는 아니지만, 그렇다고 지나치게 많은 수도 아니다. 따라서 나는 이 리팩터링을 적용하기로 했다.

이 리팩터링의 목적은 StringNode 클래스 내의 꾸밈 로직을 꺼내서 각자의 데코레이터 클래스로 옮기는 것이다. 다단계의 꾸밈 기능이 필요할 때는 파싱을 실행하기에 앞서 데코레이터 객체 여러 개를 적절히 조합하면 될 것이다.

222쪽 첫 번째 다이어그램은 Node 클래스의 상속 구조를 나타낸 것이다. DecodingNode 데코레이터를 사용하도록 리팩터링하기 전에는 디코딩 로직이 어떻게 동작하는지를 볼 수 있다.

다음은 StringNode의 디코딩 로직을 데코레이터 클래스로 옮기는 리팩터링 과정이다.

1. 첫 단계는 인클로저 타입을 찾아내거나 새로 만드는 것이다. 절차 절에서도 설명했듯이, 인클로저 타입은 일단 호스트 클래스 즉, StringNode가 제공하는 모든 public 메서드를 제공해야 한다. 또 필드는 없는 것이 좋다. 따라서, StringNode의 수퍼클래스인 AbstractNode는 좋은 인클로저 타입 후보가 아

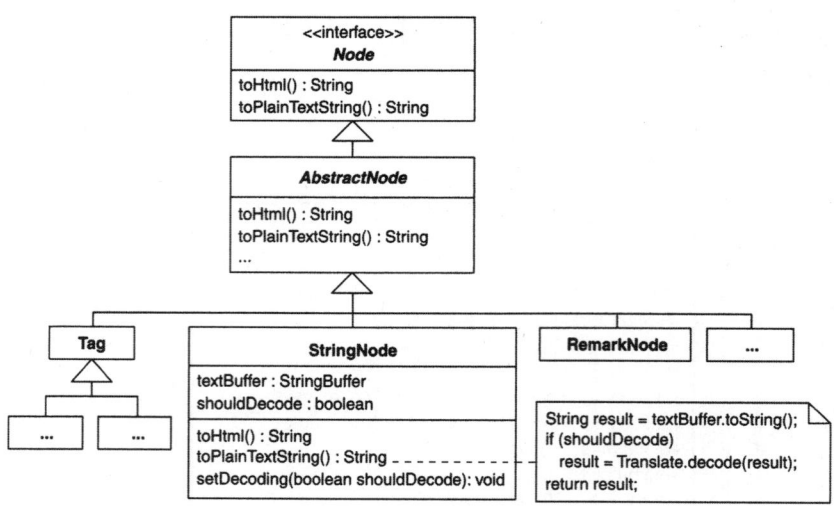

니다. AbstractNode에는 nodeBegin과 nodeEnd라는 필드가 있기 때문이다. 인클로저 타입에 필드가 있고 없음이 왜 중요할까? 데코레이터는 대상의 외부에서 기능을 추가하는 것이며, 대상 객체의 필드를 중복해서 가질 필요는 없다. 이 경우에는 StringNode가 AbstractNode로부터 이미 nodeBegin과 nodeEnd 필드를 상속받고 있으므로, StringNode의 데코레이터마저 그 필드를 상속받을 필요는 없다. 따라서 AbstractNode 클래스는 인클로저 타입 후보에서 제외했다. 그 다음으로 자연스럽게 AbstractNode가 구현한 Node 인터페이스를 살펴봤다. 다음 그림은 Node 인터페이스를 나타낸 것이다.

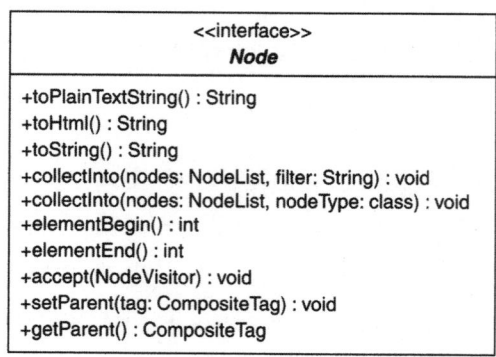

Node 인터페이스는 StringNode 클래스가 제공하는 getText()와 setText(...) 메서드가 없다는 점만 제외한다면 완벽한 인클로저 타입이다. 따라서 String-Node에 대한 '투명한 외투'를 만드는 작업에 숨통을 틔우기 위해 Node 인터페이스에 그 메서드들을 추가했다. 그러나 이 작업은 단지 리팩터링을 위해 Node 인터페이스를 확장하는 것이었으므로 썩 내키지는 않았다. 그래도 일단 계속 진행하기로 했다. 나중에 리팩터링을 통해 toPlainTextString()과 getText() 메서드를 하나로 합치면 Node 인터페이스가 줄어들 것이다.

Java 언어에서, Node 인터페이스에 getText()와 setText(...)를 추가하는 것은 Node 인터페이스를 구현하는 모든 구체 클래스에서 그 메서드를 구현하거나 구현된 메서드를 상속받아야 함을 뜻한다. StringNode에는 두 메서드가 모두 구현되어 있지만, AbstractNode와 그 서브클래스 중 일부(이 예제에는 등장하지 않지만)에는 두 메서드가 모두 없거나 하나만 구현되어 있었다. 따라서 목적을 달성하기 위해 Unify Interfaces 리팩터링(453쪽)을 적용해야 했다. 그 결과로, Node 인터페이스에 getText()와 *setText(...)* 메서드를 추가했고, AbstractNode 클래스에는 다음과 같이 아무런 일도 하지 않는 메서드를 추가했다.[11] 이 구현은 모든 서브클래스가 상속받거나 오버라이드하게 된다.

```
public abstract class AbstractNode...
    public String getText() {
        return null;
    }

    public void setText(String text) {
    }
```

2. 이제 StringNode 클래스의 내부에 있는 디코딩 꾸밈 로직을 대체하기 위해 Replace Conditional with Polymorphism[F] 리팩터링을 적용할 수 있다. 이 리팩터링을 하려면 다음과 같은 상속 구조가 필요하다.

---

11) 역자 주: 추상 클래스는 인터페이스를 구현하더라도 해당 인터페이스에 선언된 모든 메서드를 구현하지 않아도 된다. 예제에서 AbstractNode에 빈 메서드를 추가한 것은 서브클래스를 수정하는 일을 줄이기 위해서다.

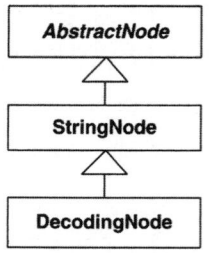

위와 같은 구조를 만들기 위해, Replace Type Code with Subclasses[F] 리팩터링을 사용했다. 그 첫 단계는 StringNode 내의 타입 코드인 shouldDecode 필드에 대해 Self-Encapsulate Field[F] 리팩터링을 적용하는 것이다. 다음 코드에서 shouldDecode 필드가 사용되는 곳을 확인할 수 있다.

```
public class StringNode extends AbstractNode ...
    private boolean shouldDecode = false;

    public StringNode(
        StringBuffer textBuffer, int textBegin, int textEnd, boolean shouldDecode) {
        this(textBuffer, textBegin, textEnd);
        this.shouldDecode= shouldDecode;
    }

    public String toPlainTextString() {
        String result = textBuffer.toString();
        if (shouldDecode)
            result = Translate.decode(result);
        return result;
    }
```

shouldDecode 필드를 자체 캡슐화하기 위해 코드를 다음과 같이 수정했다.

```
public class StringNode extends AbstractNode...
    public StringNode(
        StringBuffer textBuffer, int textBegin, int textEnd, boolean shouldDecode) {
        this(textBuffer, textBegin, textEnd);
        setShouldDecode(shouldDecode)
    }
```

```
public String toPlainTextString() {
    String result = textBuffer.toString();
    if (shouldDecode())
        result = Translate.decode(result);
    return result;
}

private void setShouldDecode(boolean shouldDecode) {
    this.shouldDecode = shouldDecode;
}

private boolean shouldDecode() {
    return shouldDecode;
}
```

StringNode의 생성자만 제외하고 shouldDecode 필드를 자기 캡슐화하는 작업은 거의 마쳤다. 생성자에서 타입 코드 shouldDecode를 파라미터로 받기 때문에, 이 생성자를 생성 메서드로 대체할 필요가 있었다(Replace Type Code with Subclasses[F] 리팩터링 참조). 또 절차 절에서 설명한 것과 같이, 이 생성 메서드의 리턴 타입은 인클로저 타입인 Node로 만들었다. 다음은 새로 만든 생성 메서드 코드다.

```
public class StringNode extends AbstractNode...
    private StringNode(
        StringBuffer textBuffer, int textBegin, int textEnd, boolean shouldDecode) {
        this(textBuffer, textBegin, textEnd);
        setShouldDecode(shouldDecode);
    }

    public static Node createStringNode(
        StringBuffer textBuffer, int textBegin, int textEnd, boolean shouldDecode) {
        return new StringNode(textBuffer, textBegin, textEnd, shouldDecode);
    }
```

그리고 다음은 위에서 만든 생성 메서드를 호출하도록 수정한 클라이언트 코드다.

```
public class StringParser...
   public Node find(

   NodeReader reader, String input, int position, boolean balance_quotes) {
      return StringNode.createStringNode(
         textBuffer, textBegin, textEnd, reader.getParser().shouldDecodeNodes());
```

나는 여기까지 수정한 후 컴파일하여 테스트 코드를 통과하는지 확인했
다. 이제 Replace Type Code with Subclasses[F] 리팩터링의 두 번째 단계 즉,
타입 코드의 값 각각에 대응하는 서브클래스를 하나씩 만든 다음 타입 코드
에 대한 get 메서드를 그 서브클래스에서 오버라이드해 적절한 값을 리턴하
도록 만들 차례다.

타입 코드인 shouldDecode는 true와 false라는 두 가지 값을 가질 수 있다.
나는 StringNode 클래스 자체에서 false인 경우 즉, 디코딩을 하지 않는 경우
를 처리하고, true인 경우는 새로 DecodingNode라는 서브클래스를 만들어
처리하기로 했다. 먼저, DecodingNode 클래스를 만들고 shouldDecode() 메
서드를 오버라이드하는 것으로 작업을 시작한다. 이 과정에서 메서드의 접
근 지정자를 protected로 바꿨음에 유의하기 바란다.

```
public class StringNode extends AbstractNode...
   protected boolean shouldDecode()...

public class DecodingNode extends StringNode {
   public DecodingNode(StringBuffer textBuffer, int textBegin, int textEnd) {
      super(textBuffer, textBegin, textEnd);
   }

   protected boolean shouldDecode() {
      return true;
   }
}
```

이제 생성 메서드에서 shouldDecode의 값에 따라 적절한 객체를 만들어
리턴하도록 수정해야 한다.

```
public class StringNode extends AbstractNode...
    private boolean shouldDecode = false;

    public static Node createStringNode(
        StringBuffer textBuffer, int textBegin, int textEnd, boolean shouldDecode) {
        if (shouldDecode)
            return new DecodingNode(textBuffer, textBegin, textEnd)
        return new StringNode(textBuffer, textBegin, textEnd, shouldDecode);
    }
```

컴파일하고 테스트하여 모든 것이 잘 동작하는지 본다.

이 시점에서 shouldDecode 필드와 그 set 메서드, 그 값을 파라미터로 받는 생성자를 제거해 StringNode 클래스를 단순하게 할 수 있다. 필요한 작업은 코드를 삭제하고 StringNode의 shouldDecode()가 false를 리턴하도록 수정하는 것뿐이다.

```
public class StringNode extends AbstractNode...
    private boolean shouldDecode = false;

    public StringNode(StringBuffer textBuffer,int textBegin,int textEnd) {
        super(textBegin,textEnd);
        this.textBuffer = textBuffer;
    }
    private StringNode(
        StringBuffer textBuffer, int textBegin, int textEnd, boolean shouldDecode) {
        this(textBuffer, textBegin, textEnd);
        setShouldDecode(shouldDecode);
    }

    public static Node createStringNode(
        StringBuffer textBuffer, int textBegin, int textEnd, boolean shouldDecode) {
        if (shouldDecode)
            return new DecodingNode(textBuffer, textBegin, textEnd);
        return new StringNode(textBuffer, textBegin, textEnd);
    }

    private void setShouldDecode(boolean shouldDecode) {
        this.shouldDecode = shouldDecode;
    }
```

```
    protected boolean shouldDecode() {
        return false
    }
```

컴파일 후 테스트해보니 모든 것이 정상이다. Replace Conditional with Polymorphism[F] 리팩터링 적용을 위한 토대가 되는 상속 구조를 만든 것이다.

이제 StringNode의 toPlainTextString()에 있는 조건 로직을 제거할 차례다. 다음은 수정하기 전의 코드다.

```
public class StringNode extends AbstractNode...
    public String toPlainTextString() {
        String result = textBuffer.toString();
        if (shouldDecode())
            result = Translate.decode(result);
        return result;
    }
```

먼저 DecodingNode의 toPlainTextString()을 오버라이드한다.

```
public class DecodingNode extends StringNode...
    public String toPlainTextString() {
        return Translate.decode(textBuffer.toString());
    }
```

약간의 수정으로 혹시 문제가 생기지는 않았는지 확인하기 위해 컴파일 후 테스트한다. 이제 StringNode의 toPlainTextString()에서 조건 로직을 제거한다.

```
public class StringNode extends AbstractNode...
    public String toPlainTextString() {
        return textBuffer.toString();
        String result = textBuffer.toString();
        if (shouldDecode())
            result = Translate.decode(result);
        return result;
    }
```

이제 StringNode와 DecodingNode 양쪽 모두에서 shouldDecode()를 제
거할 수 있다.

```
public class StringNode extends AbstractNode...
    protected boolean shouldDecode() {
        return false;
    }
```

```
public class DecodingNode extends StringNode...
    protected boolean shouldDecode() {
        return true;
    }
```

그런데 DecodingNode의 toPlainTextString()에 약간의 중복 코드가 있다.
textBuffer.toString()이 StringNode의 toPlainTextString()의 내부와 동일한 것
이다. 이는 다음과 같이 DecodingNode가 수퍼클래스 메서드를 호출하도
록 수정해 제거할 수 있다.

```
public class DecodingNode extends StringNode...
    public String toPlainTextString() {
        return Translate.decode(super.toPlainTextString());
    }
```

이제 StringNode에서 shouldDecode 타입 코드의 흔적이 완전히 사라졌고,
toPlainTextString()에 있던 조건 로직은 다형성으로 대체되었다.

3. 다음은 Replace Inheritance with Delegation[F] 리팩터링을 적용할 차례다. 이
리팩터링의 절차에 따라 서브클래스인 DecodingNode에 자기 자신을 참조
하는 대리 객체 필드를 만드는 것으로 시작한다.

```
public class DecodingNode extends StringNode...
    private Node delegate = this;
```

대리 객체 필드의 타입을 DecodingNode가 아닌 Node로 만들었는데, 이
는 DecodingNode가 곧 데코레이터가 될 것이고, 대리 객체와 데코레이터는

같은 인터페이스 즉, Node를 구현해야 하기 때문이다.

그 다음 StringNode로부터 상속받은 메서드를 직접 호출하는 부분은 위임을 사용하도록 수정해야 하는데, DecodingNode에서 수퍼클래스의 메서드를 호출하는 곳은 toPlainTextString() 메서드뿐이다.

```
public class DecodingNode extends StringNode...
    public String toPlainTextString() {
        return Translate.decode(super.toPlainTextString());
    }
```

이 부분을 앞에서 새로 만든 대리 객체 필드에 대한 호출로 바꾼다.

```
public class DecodingNode extends StringNode...
    public String toPlainTextString() {
        return Translate.decode(delegate.toPlainTextString());
    }
```

모든 것이 정상인지 확인하기 위해 컴파일한 후 테스트를 한다. 이런, 문제가 발생했다! 무한 루프에 빠진 것이다. 그제야 나는 Replace Inheritance with Delegation 리팩터링의 절차에서 Martin Fowler가 다음과 같이 써 놓은 것이 생각났다.

수퍼클래스로부터 상속 받은 메서드를 직접 호출하는 부분을 수정하는 데 바로 성공할 수는 없을 것이다. 무한 루프 문제가 발생할 것이기 때문이다. 그에 앞서 상속 관계를 먼저 제거해야 한다.

따라서 마지막 작업을 원래대로 되돌린 후 리팩터링을 계속했다. 먼저 상속 관계를 제거했다. 즉, DecodingNode는 이제 더 이상 StringNode의 서브클래스가 아니다. 그리고 delegate 필드에 StringNode의 실제 인스턴스를 생성해 대입했다.

```
public class DecodingNode extends StringNode ...
    private Node delegate = this;
```

```
   public DecodingNode(StringBuffer textBuffer, int textBegin, int textEnd) {
      delegate = new StringNode(textBuffer, textBegin, textEnd);
   }
```

이 코드는 문제없이 컴파일되었지만, StringNode의 다음 코드는 컴파일되지 않는 상태가 되었다.

```
public class StringNode extends AbstractNode...
   public static Node createStringNode(
      StringBuffer textBuffer, int textBegin, int textEnd, boolean shouldDecode) {

      if (shouldDecode)
         return new DecodingNode(textBuffer, textBegin, textEnd);
      return new StringNode(textBuffer, textBegin, textEnd);
   }
```

문제는, createStringNode() 메서드는 Node 인터페이스를 구현하는 객체를 리턴하려 하지만 DecodingNode는 더 이상 그 인터페이스를 구현하지 않는다는 것이다. 이는 DecodingNode가 Node 인터페이스를 직접 구현하도록 만들면 해결된다.

```
public class DecodingNode implements Node...
   private Node delegate;

   public DecodingNode(StringBuffer textBuffer, int textBegin, int textEnd) {
      delegate = new StringNode(textBuffer, textBegin, textEnd);
   }

   public String toPlainTextString() {
      return Translate.decode(delegate.toPlainTextString());
   }

   public void accept(NodeVisitor visitor) {
   }

   public void collectInto(NodeList collectionList, Class nodeType) {
   }

   // 기타 등등.
```

Replace Inheritance with Delegation 리팩터링의 마지막 단계는, Node 인 터페이스에 맞추기 위해 DecodingNode에 추가했던 메서드(Node에서 선언 된)에서 delegate의 해당 메서드를 호출하도록 적절히 수정하는 것이다.

```java
public class DecodingNode implements Node...

    public void accept(NodeVisitor visitor) {
        delegate.accept(visitor)
    }

    public void collectInto(NodeList collectionList, Class nodeType) {
        delegate.collectInto(collectionList, nodeType);
    }

    // 기타 등등.
```

4. 이제 DecodingNode는 거의 데코레이터가 되었다. 한 가지 모자란 점은 대 리 객체가 생성자의 파라미터를 통해 넘겨지는 것이 아니라, DecodingNode 내에서 생성되고 있다는 점이다. 이것을 수정하기 위해 Extract Parameter 리 팩터링(456쪽)과 Remove Parameter[F] 리팩터링(불필요한 파라미터를 제 거하기 위해)을 적용했고, 그 결과는 다음과 같다.

```java
public class StringNode extends AbstractNode...
    public static Node createStringNode(
        StringBuffer textBuffer, int textBegin, int textEnd, boolean shouldDecode) {
        if (shouldDecode)
            return new DecodingNode(new StringNode(textBuffer, textBegin, textEnd));
        return new StringNode(textBuffer, textBegin, textEnd);
}

public class DecodingNode implements Node...
    private Node delegate;

    public DecodingNode(Node newDelegate) {
        delegate = newDelegate;
    }
```

이제 DecodingNode는 흠잡을 곳 없는 데코레이터가 되었다. 다음 다이어그램은 DecodingNode 클래스가 Node의 상속 구조에 포함된 모습을 나타낸다.

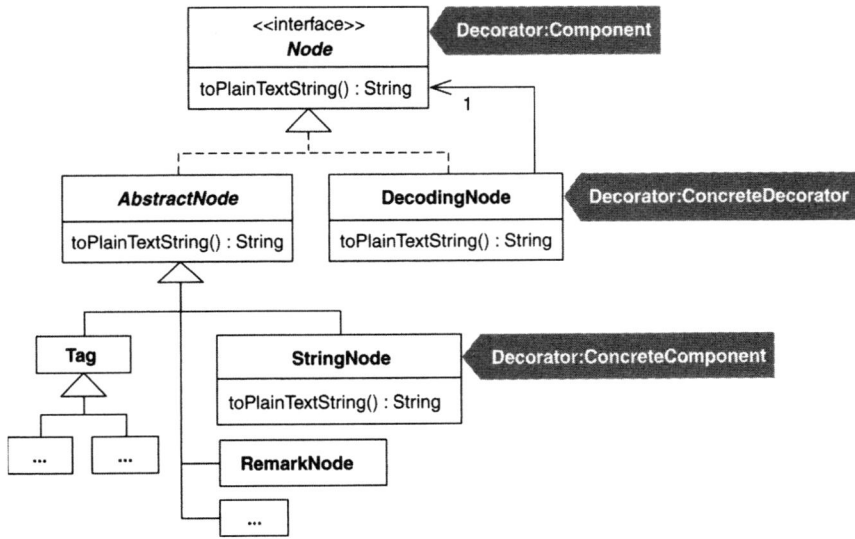

Replace State-Altering Conditionals with State

어떤 객체의 상태 전이를 제어하는 조건 로직이 복잡하다면,

각 상태에 해당하는 스테이트state 클래스를 하나씩 만들고 그들이
스스로 다른 상태로 전이하는 것을 책임지도록 하여 복잡한 조건 로직을 제거한다.

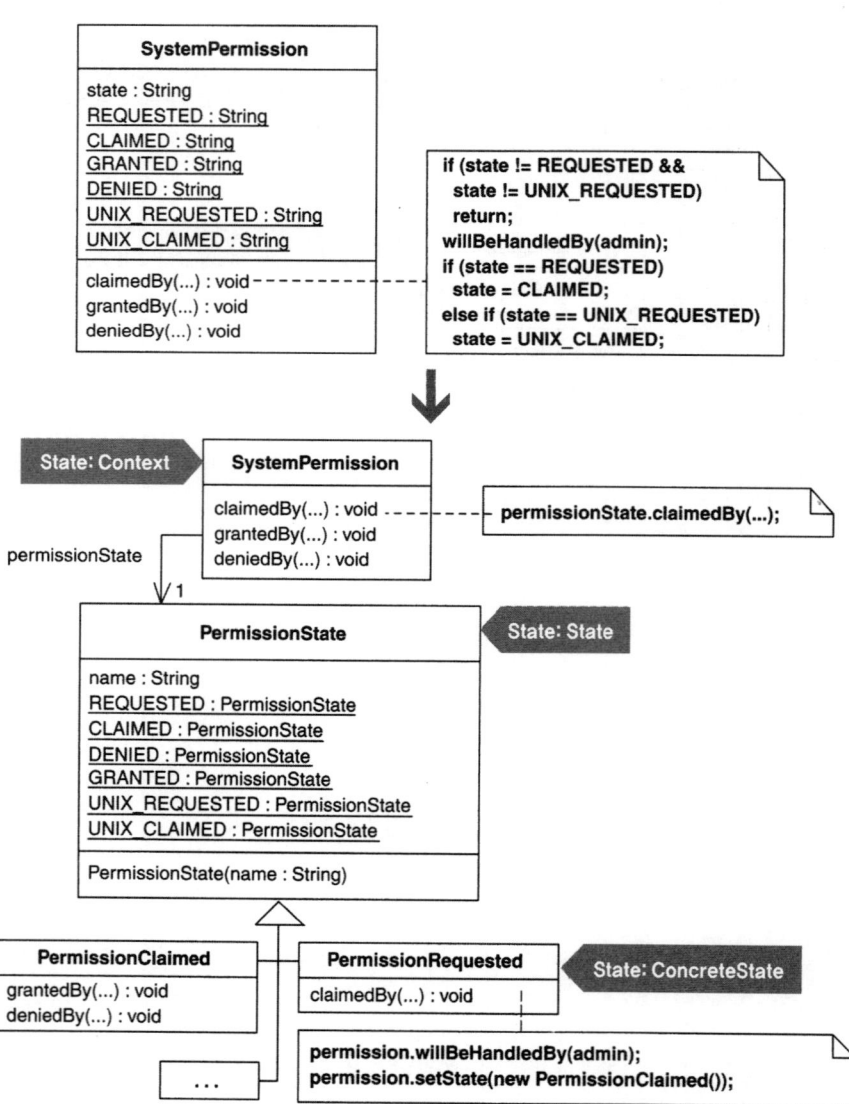

동기

State[DP] 패턴으로 리팩터링하는 주된 목적은 상태 전이를 위한 조건 로직이 지나치게 복잡한 경우 이를 해소하는 것이다. 상태 전이 로직이란 객체의 상태와 이들 간의 전이 방법을 제어하는 것으로, 클래스 내부 여기저기에 흩어져 존재하는 경향이 있다. State 패턴을 구현한다는 것은 각 상태에 대응하는 별도의 클래스를 만들고 상태 전이 로직을 그 클래스들로 옮기는 작업을 뜻한다. 이 때 원래의 호스트 객체를 『Design Patterns』[DP]에서는 컨텍스트^{context}라 부르는데, 컨텍스트 객체는 상태와 관련된 기능을 스테이트 객체에 위임한다. 그리고 상태 전이는 컨텍스트 객체의 대리 객체를 한 스테이트 객체에서 다른 스테이트 객체로 바꾸는 일이 된다.

클래스 하나에 모여 있던 상태 전이 로직을 꺼내어 각 상태를 나타내는 클래스로 분산시키면, 설계가 단순해져서 상태가 전이되는 방식을 좀더 쉽게 알아볼 수 있다. 그러나 원래의 설계에서도 상태 전이 로직을 쉽게 이해할 수 있었다면, 굳이 State 패턴으로 리팩터링할 필요가 없다. 앞으로 상태를 더 늘리거나 상태 전이를 더 복잡하게 만들 계획이 없다면 말이다. 이 리팩터링의 예제 절에서는 상태 전이 로직이 쉽게 파악할 수도 없고 확장하기도 어려운 경우, 이런 상황을 State 패턴으로 어떻게 개선할 수 있는지 설명할 것이다.

State 패턴으로 리팩터링을 시작하기 전에, Extract Method[F]와 같은 간단한 리팩터링이 상태 전이 로직을 단순하게 하는 데 도움이 되지는 않을지 살펴보는 것도 좋은 생각이다. 만약 그렇게 단순한 작업으로는 부족할 것 같다면, 역시 State 패턴으로 리팩터링하는 것이 좋다. 조건 로직이 줄어들거나 아예 없어져서, 이해하고 확장하기 쉬운 코드가 될 것이다.

참고로, 이 Replace State-Altering Conditionals with State 리팩터링은 Martin Fowler의 Replace Type Code with State/Strategy[F] 리팩터링과 다음과 같은 점에서 다르다.

- **State 패턴과 Strategy 패턴의 차이를 무시하지 않는다.** State 패턴은 어떤 객체가 여러 상태 간의 전이를 쉽게 하는 데 유용한 반면, Strategy 패턴은 대리

객체를 런타임에 바꿀 수 있게 하여 상황에 맞는 로직(또는 계산법) 선택을 쉽게 하는 데 유용하다. 이런 차이점으로 인해, State 패턴을 목표로 한 리팩터링과 Strategy 패턴을 목표로 한 리팩터링은 그 동기와 절차가 다르다(Replace Conditional Logic with Strategy 리팩터링, 187쪽 참조).

● **처음부터 끝까지 절차를 제시했다.** Martin Fowler는 State 패턴으로 리팩터링하는 전체 절차를 자세히 제시하지는 않았다. 그 뒤에 나오는 Replace Conditional with Polymorphism[F] 리팩터링과 밀접하게 관련된 내용이기 때문이다. 나는 그 결정을 존중하지만, 그래도 State 패턴으로 리팩터링하는 과정을 처음부터 끝까지 자세하게 기술했다. 그러는 편이 독자가 이해하는 데에 더 도움이 되리라 믿기 때문이다. 따라서 이 리팩터링의 절차 절과 예제 절에서는 조건문으로 된 상태 전이 로직을 State 패턴으로 리팩터링하는 모든 과정을 설명한다.

만약 스테이트 객체에 필드가 없다면, 컨텍스트 객체가 스테이트 객체를 공유하게 만들어서 메모리를 절약할 수 있다. 공유를 위해 자주 사용되는 패턴에는 Flyweight[DP]와 Singleton[DP]이 있다(Limit Instantiation with Singleton 리팩터링, 396쪽 참조). 그러나 너무 앞서서 State 객체의 공유 기능을 구현하기보다는 성능상 문제가 발생했을 때 스테이트 객체의 생성 코드가 주요 병목 지점임을 프로파일러profiler로 확인한 후에 적용하는 것이 좋다.

장점과 단점

+ 상태 전이를 위한 조건 로직을 줄이거나 제거할 수 있다.
+ 복잡한 상태 전이 로직이 단순해진다.
+ 상태 전이 로직을 더 쉽게 알아볼 수 있게 된다.
− 원래의 상태 전이 로직이 별로 복잡하지 않았다면, 괜히 설계만 복잡하게 만드는 것이다.

절차

1. 컨텍스트 클래스는 원래의 상태 필드를 갖고 있는 클래스다. 상태 필드에는 상태 전이가 일어나는 동안에 상태를 나타내는 상수 가운데 하나가 대입되고, 그 값이 서로 비교되기도 한다. Replace Type Code with Class 리팩터링 (383쪽)을 적용해 상태 필드의 타입이 새 클래스가 되도록 만든다. 이 새 클래스를 스테이트 수퍼클래스라고 부를 것이다.

   컨텍스트 클래스와 스테이트 수퍼클래스는 『Design Patterns』[DP]에서 각각 State:Context, State:State로 불린다.

   ∨ 컴파일한다.

2. 이제 스테이트 수퍼클래스에 정의된 각 상수는 스테이트 수퍼클래스의 인스턴스를 하나씩 참조하고 있다. Extract Subclass[F] 리팩터링을 통해 각 상수에 대해 서브클래스(『Design Patterns』[DP]에서의 State:ConcreteState에 해당한다)를 하나씩 만든 후, 스테이트 수퍼클래스의 상수를 그에 대응하는 서브클래스 인스턴스를 참조하도록 수정한다. 그리고 마무리 작업으로, 스테이트 수퍼클래스를 추상 클래스로 만든다.

   ∨ 컴파일한다.

3. 컨텍스트 클래스에서 상태 전이 로직에 따라 원래의 상태 필드의 값을 변경하는 작업을 수행하는 메서드를 찾는다. 그리고 이 메서드를 스테이트 수퍼클래스로 복사하는데, 단순히 복사만 해서는 코드가 동작하지 않을 수 있다. 복사된 메서드 내부에 컨텍스트 클래스의 다른 메서드를 호출하는 코드가 있을 수도 있기 때문이다. 그런 경우에는 다른 방법도 많겠지만, 가장 간단하게는 컨텍스트 객체를 새 메서드에 파라미터로 넘겨 해결할 수 있다. 마지막으로, 컨텍스트 클래스의 원본 메서드는 작업을 새로 만든 메서드에게 위임하도록 수정한다.

   ∨ 컴파일 후 테스트한다.

   그리고 상태 전이 로직에 따라, 원래의 상태 필드의 값을 변경하는 코드가 있는 다른 모든 메서드에 대해서 이 단계의 작업을 반복한다.

4. 컨텍스트 클래스가 가질 수 있는 특정 상태를 하나 선택한 다음, 스테이트 수퍼클래스의 메서드 중 선택한 상태에서 다른 상태로 상태를 전이하는 코드가 있는지 확인한다. 만약 있다면, 해당 메서드를 그 상태에 대응하는 서브클래스로 복사한 다음 상태 전이와 관련 없는 코드는 제거한다. 현재의 상태를 확인하는 코드나 현재와 관련이 없는 상태로 전이하는 로직은 특정 상태를 나타내는 서브클래스에서는 의미 없는 로직이다.

   ✔ 컴파일 후 테스트한다.

   컨텍스트 클래스가 가질 수 있는 다른 모든 상태에 대해 이 작업을 반복한다.

5. 앞의 단계 3에서 스테이트 수퍼클래스로 복사한 메서드의 내부 코드를 제거해, 빈 메서드로 만든다.

   ✔ 컴파일 후 테스트한다.

예제

State 패턴으로 리팩터링하는 것이 어떤 때 타당한지를 이해하려면, 역으로 State 패턴이 필요할 만큼 복잡하지는 않은 상태 관리 로직을 가진 클래스를 살펴보는 것이 도움이 된다. SystemPermission 클래스가 그런 경우에 해당한다. 이 클래스는 어떤 소프트웨어 시스템에 대한 접근 허가 요청 상태를 간단한 조건 로직을 통해 관리한다. 상태는 state라는 필드에 저장되고, 상태의 종류는 REQUESTED, CLAIMED, DENIED, GRANTED가 있다. 다음은 상태 전이도다.

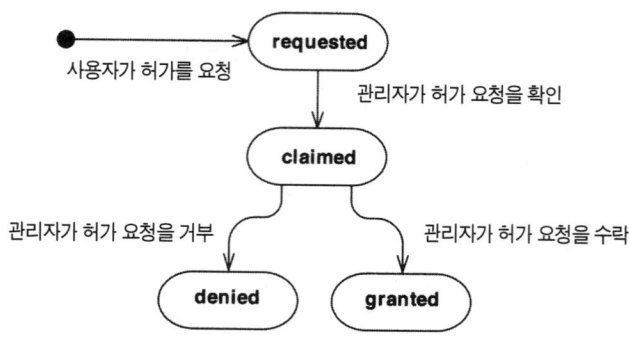

다음은 SystemPermission의 코드와 그 클래스가 어떻게 사용되는지 보여주는 테스트 코드다.

```java
public class SystemPermission...
   private SystemProfile profile;
   private SystemUser requestor;
   private SystemAdmin admin;
   private boolean isGranted;
   private String state;

   public final static String REQUESTED = "REQUESTED";
   public final static String CLAIMED = "CLAIMED";
   public final static String GRANTED = "GRANTED";
   public final static String DENIED = "DENIED";

   public SystemPermission(SystemUser requestor, SystemProfile profile) {
      this.requestor = requestor;
      this.profile = profile;
      state = REQUESTED;
      isGranted = false;
      notifyAdminOfPermissionRequest();
   }

   public void claimedBy(SystemAdmin admin) {
      if (!state.equals(REQUESTED))
         return;
      willBeHandledBy(admin);
      state = CLAIMED;
   }

   public void deniedBy(SystemAdmin admin) {
      if (!state.equals(CLAIMED))
         return;
      if (!this.admin.equals(admin))
         return;
      isGranted = false;
      state = DENIED;
      notifyUserOfPermissionRequestResult();
   }
```

```
    public void grantedBy(SystemAdmin admin) {
        if (!state.equals(CLAIMED))
            return;
        if (!this.admin.equals(admin))
            return;
        state = GRANTED;
        isGranted = true;
        notifyUserOfPermissionRequestResult();
    }

public class TestStates extends TestCase...
    private SystemPermission permission;

    public void setUp() {
        permission = new SystemPermission(user, profile);
    }

    public void testGrantedBy() {
        permission.grantedBy(admin);
        assertEquals("requested", permission.REQUESTED, permission.state());
        assertEquals("not granted", false, permission.isGranted());
        permission.claimedBy(admin);
        permission.grantedBy(admin);
        assertEquals("granted", permission.GRANTED, permission.state());
        assertEquals("granted", true, permission.isGranted());
    }
```

클라이언트가 SystemPermission의 여러 메서드를 호출할 때 state 필드의 값이
바뀌는 방식을 눈여겨보기 바란다. 그리고 SystemPermission 클래스 전체에 퍼져
있는 상태 전이 로직을 살펴보자. State 패턴이 필요할 정도로 복잡한 로직은 아
니다.

그러나 SystemPermission에 실제 사용 시 필요한 기능을 추가하다 보면, 상태
전이 로직이 따라갈 수 없을 정도로 복잡해지는 것은 한 순간이다. 예를 들어, 나
는 사용자가 주어진 소프트웨어 시스템에 접근하기 위한 일반적 권한을 얻기 전
에 UNIX/데이터베이스 접근 권한을 획득해야 하는 보안 시스템 설계를 도운 적
이 있다. 소프트웨어 시스템에 대한 접근 권한을 얻기 전에 UNIX에 대한 권한을
먼저 획득해야 한다면 상태 전이 로직은 다음 그림과 같을 것이다.

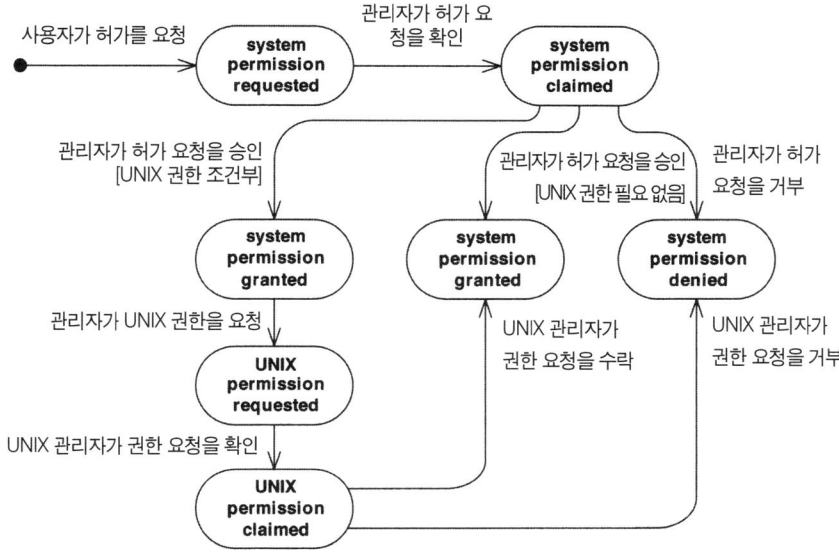

UNIX 권한을 지원하려면, SystemPermission의 상태 전이 로직이 원래보다 훨씬 복잡해진다. 즉, 다음과 같은 모습이 될 것이다.

```
public class SystemPermission...
   public void claimedBy(SystemAdmin admin) {
      if (!state.equals(REQUESTED) && !state.equals(UNIX_REQUESTED))
         return;
      willBeHandledBy(admin);
      if (state.equals(REQUESTED))
         state = CLAIMED;
      else if (state.equals(UNIX_REQUESTED))
         state = UNIX_CLAIMED;
   }

   public void deniedBy(SystemAdmin admin) {
      if (!state.equals(CLAIMED) && !state.equals(UNIX_CLAIMED))
         return;
      if (!this.admin.equals(admin))
         return;
```

```
        isGranted = false;
        isUnixPermissionGranted = false;
        state = DENIED;
        notifyUserOfPermissionRequestResult();
    }

    public void grantedBy(SystemAdmin admin) {
        if (!state.equals(CLAIMED) && !state.equals(UNIX_CLAIMED))
            return;
        if (!this.admin.equals(admin))
            return;

        if (profile.isUnixPermissionRequired() && state.equals(UNIX_CLAIMED))
            isUnixPermissionGranted = true;
        else if (profile.isUnixPermissionRequired() &&
            !isUnixPermissionGranted()) {
            state = UNIX_REQUESTED;
            notifyUnixAdminsOfPermissionRequest();
            return;
        }
        state = GRANTED;
        isGranted = true;
        notifyUserOfPermissionRequestResult();
    }
```

Extract Method[F] 리팩터링을 이용하면 위의 코드를 조금은 단순화할 수 있다.
예를 들어, grantedBy() 메서드를 다음과 같이 리팩터링할 수 있다.

```
public void grantedBy(SystemAdmin admin) {
    if (!isInClaimedState())
        return;
    if (!this.admin.equals(admin))
        return;
    if (isUnixPermissionRequestedAndClaimed())
        isUnixPermissionGranted = true;
    else if (isUnixPermisionDesiredButNotRequested()) {
        state = UNIX_REQUESTED;
        notifyUnixAdminsOfPermissionRequest();
        return;
    }
    ...
```

위와 같이 고치면 어느 정도 개선되지만, SystemPermission에는 이제 isUnixPermissionRequestedAndClaimed()와 같은 특정 상태에 관련된 Boolean 로직이 많아진다. 또한 grantedBy() 메서드도 그리 간단해진 것이 아니다. 이제는 State 패턴으로 리팩터링하여 코드를 단순하게 만들어야 할 상황인 것이다.

1. SystemPermission에는 String 타입의 state 필드가 있다. 첫 단계로, Replace Type Code with Class 리팩터링(383쪽)을 이용해 state 필드의 타입을 별도의 클래스로 만든다. 결과적으로 다음과 같은 새 클래스가 생긴다.

```java
public class PermissionState {
    private String name;

    private PermissionState(String name) {
        this.name = name;
    }

    public final static PermissionState REQUESTED = new PermissionState("REQUESTED");
    public final static PermissionState CLAIMED = new PermissionState("CLAIMED");
    public final static PermissionState GRANTED = new PermissionState("GRANTED");
    public final static PermissionState DENIED = new PermissionState("DENIED");
    public final static PermissionState UNIX_REQUESTED =
        new PermissionState("UNIX_REQUESTED");
    public final static PermissionState UNIX_CLAIMED = new PermissionState("UNIX_CLAIMED");

    public String toString() {
        return name;
    }
}
```

state 필드의 이름을 permissionState로 바꾸고 타입도 PermissionState가 되게 만든다.

```java
public class SystemPermission...
    private PermissionState permissionState;

    public SystemPermission(SystemUser requestor, SystemProfile profile) {
        ...
```

```
        setPermission(PermissionState.REQUESTED);
        ...
}

public PermissionState getState() {
    return permissionState;
}

private void setState(PermissionState state) {
    permissionState = state;
}

public void claimedBy(SystemAdmin admin) {
    if (!getState().equals(PermissionState.REQUESTED)
     && !getState().equals(PermissionState.UNIX_REQUESTED))
        return
    ...
}

// 이하 생략
```

2. PermissionState 클래스에는 상수가 6개 있는데, 각각은 특정 상태를 나타내는 PermissionState 인스턴스다. Extract Subclass[F] 리팩터링을 여섯 번 적용해, 이 상수들이 각각 PermissionState의 서브 클래스 인스턴스가 되도록 만든다. 결과적으로 다음 그림과 같은 상속 구조가 된다.

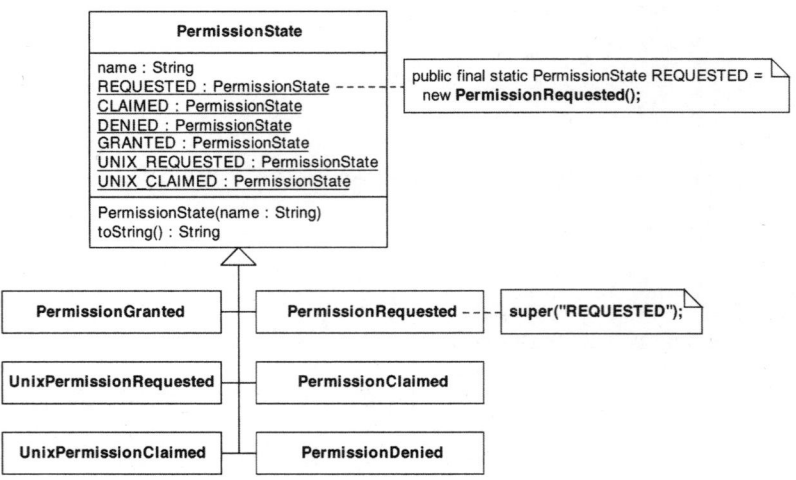

클라이언트에서 PermissionState의 인스턴스를 만들 필요는 없을 것이므로
PermissionState를 추상 클래스로 선언한다.

```
public abstract class PermissionState...
```

새 코드를 컴파일 해보면 아무 문제없을 것이다. 따라서 리팩터링을 계속
진행한다.

3. 다음은 SystemPermission에서 상태 전이 로직에 따라 permissionState 필드
   의 값을 바꾸는 메서드를 찾을 차례다. claimedBy(), deniedBy(), grantedBy()
   세 개의 메서드가 이에 해당한다. claimedBy()부터 처리하자. 이 메서드를
   PermissionState로 복사해야 하는데, 복사만 해서는 컴파일이 안 될 것이므로
   적절한 추가 작업이 필요하다. 그 다음에는 원래의 claimedBy() 내부를 수정
   해 PermissionState에 새로 만든 claimedBy() 메서드를 호출하도록 한다.

```
public class SystemPermission...
    private void setState(PermissionState state) { // 이제 패키지 내에서만 접근할 수 있음
        permissionState = state;
    }

    public void claimedBy(SystemAdmin admin) {
        state.claimedBy(admin, this);
    }

    void willBeHandledBy(SystemAdmin admin) {
        this.admin = admin;
    }

abstract class PermissionState...
    public void claimedBy(SystemAdmin admin, SystemPermission permission) {
        if (!permission.getState().equals(REQUESTED) &&
            !permission.getState().equals(UNIX_REQUESTED))
            return;
        permission.willBeHandledBy(admin);
        if (permission.getState().equals(REQUESTED))
            permission.setState(CLAIMED);
        else if (permission.getState().equals(UNIX_REQUESTED)) {
```

```
            permission.setState(UNIX_CLAIMED);
        }
    }
```

컴파일 후 테스트하여 문제가 없는지 확인한 다음, 이 단계의 작업을 de-niedBy()와 grantedBy()에 대해서도 반복한다.

4. 이번에는 SystemPermission이 가질 수 있는 상태를 하나 고르고, Permission-State에서 그 상태를 다른 상태로 바꾸는 일을 하는 메서드를 찾을 단계다. 우선 REQUESTED 상태부터 시작하자. 이 상태에서는 CLAIMED 상태로만 갈 수 있고, PermissionState.claimedBy()에서 그 전이가 일어난다. 이 메서드를 PermissionRequested 클래스로 복사한다.

```
class PermissionRequested extends PermissionState...
    public void claimedBy(SystemAdmin admin, SystemPermission permission) {
        if (!permission.getState().equals(REQUESTED) &&
            !permission.getState().equals(UNIX_REQUESTED))
            return;
        permission.willBeHandledBy(admin);
        if (permission.getState().equals(REQUESTED))
            permission.setState(CLAIMED);
        else if (permission.getState().equals(UNIX_REQUESTED)) {
            permission.setState(UNIX_CLAIMED);
        }
    }
}
```

이 메서드의 로직 가운데 많은 부분이 필요 없어졌다. 예를 들어, PermissionRequested는 REQUESTED 상태하고만 관련되므로, UNIX_REQUESTED 상태와 관련된 코드는 전혀 필요 없다. 또한 PermissionRequested 자체가 REQUESTED 상태를 의미하기 때문에, 현재 상태가 REQUESTED인지 확인할 필요도 없다. 따라서 코드를 다음과 같이 줄일 수 있다.

```
class PermissionRequested extends Permission...
    public void claimedBy(SystemAdmin admin, SystemPermission permission) {
        permission.willBeHandledBy(admin);
```

```
      permission.setState(CLAIMED);
   }
}
```

항상 마찬가지지만, 컴파일 후 테스트해 잘못된 것이 없는지 확인한다. 그리고 나머지 상태 다섯 개에 대해서도 같은 작업을 반복하면 되는데, CLAIMED와 GRANTED 상태에 대해서는 좀더 설명할 것이 있다.

CLAIMED 상태에서는 DENIED, GRANTED, UNIX_REQUESTED 상태로 전이할 수 있고, deniedBy()와 grantedBy()에 상태 전이 코드가 있다. 따라서 이 메서드를 PermissionClaimed로 복사하고 불필요한 코드는 삭제한다.

```
class PermissionClaimed extends PermissionState...
   public void deniedBy(SystemAdmin admin, SystemPermission permission) {
      if (!permission.getState().equals(CLAIMED) &&
          !permission.getState().equals(UNIX_CLAIMED))
        return;
      if (!permission.getAdmin().equals(admin))
         return;
      permission.setIsGranted(false);
      permission.setIsUnixPermissionGranted(false);
      permission.setState(DENIED);
      permission.notifyUserOfPermissionRequestResult();
   }

   public void grantedBy(SystemAdmin admin, SystemPermission permission) {
      if (!permission.getState().equals(CLAIMED) &&
          !permission.getState().equals(UNIX_CLAIMED))
        return;
      if (!permission.getAdmin().equals(admin))
         return;

      if (permission.getProfile().isUnixPermissionRequired()
        && permission.getState().equals(UNIX_CLAIMED))
        permission.setIsUnixPermissionGranted(true);
      else if (permission.getProfile().isUnixPermissionRequired()
          && !permission.isUnixPermissionGranted()) {
         permission.setState(UNIX_REQUESTED);
         permission.notifyUnixAdminsOfPermissionRequest();
```

```
        return;
    }
    permission.setState(GRANTED);
    permission.setIsGranted(true);
    permission.notifyUserOfPermissionRequestResult();
}
```

GRANTED 상태의 경우는 매우 간단하다. SystemPermission이 GRANTED 상태가 되면 상태 전이가 더는 일어나지 않기 때문이다. 따라서 Permission-Granted 클래스는 상태 전이에 관련된 메서드를 구현할 필요가 없다. 사실은 다음 단계의 작업이 끝난 후에 구현이 비어있는 상태 전이 메서드를 상속받게 될 것이다.

5. 이제 PermissionState의 claimedBy(), deniedBy(), grantedBy() 메서드 내부 코드를 모두 삭제할 수 있다. 따라서, 코드는 다음과 같이 된다.

```
abstract class PermissionState {
    public String toString();
    public void claimedBy(SystemAdmin admin, SystemPermission permission) {}
    public void deniedBy(SystemAdmin admin, SystemPermission permission) {}
    public void grantedBy(SystemAdmin admin, SystemPermission permission) {}
}
```

마지막으로, 컴파일 후 테스트해 상태 전이 로직이 잘 동작하는지 확인한다. 별 문제 없을 것이다. 남은 일은 어떻게 하면 State 패턴으로 리팩터링을 잘했다고 소문낼까 고민하는 것이다.

Replace Implicit Tree with Composite

실질적으로 트리 구조인 데이터를 String과 같은 기본 타입으로 표현하고 있다면,

그 기본 타입의 표현을 컴포짓 구조로 바꾼다.

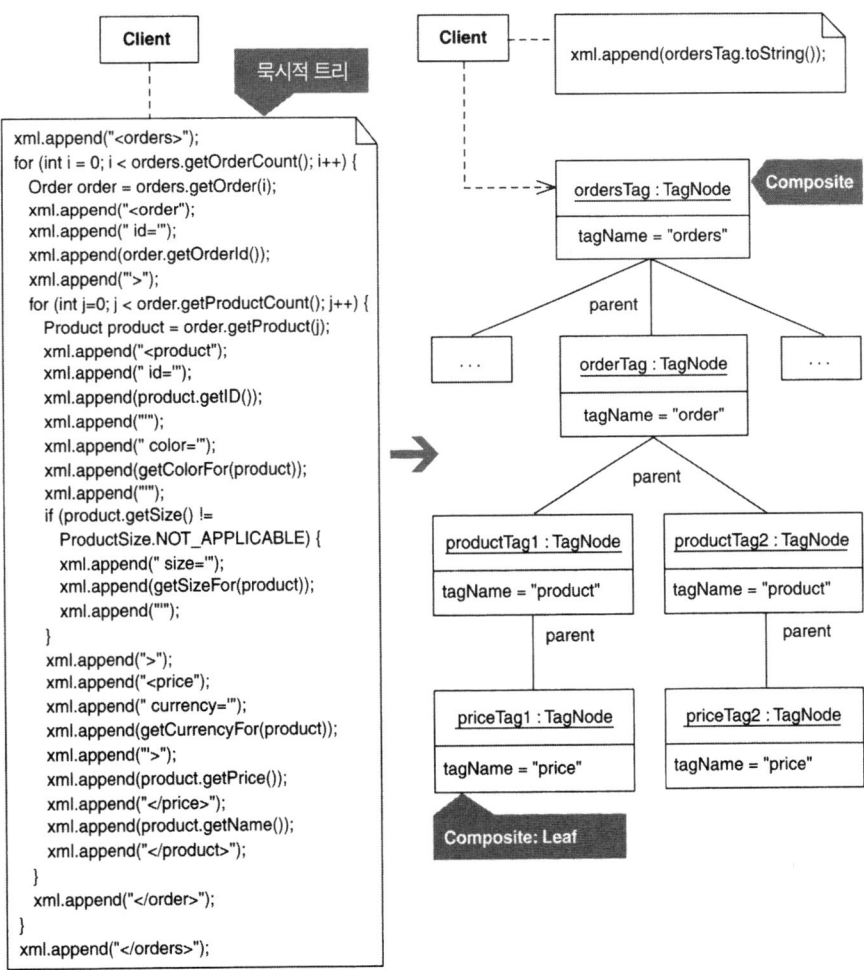

동기

데이터나 코드가 명시적으로 트리 구조를 가지는 것은 아니지만 트리 형태로 표현되는 경우를 가리켜 '묵시적 트리implicit tree를 형성하고 있다' 라고 한다. 예를 들어, 앞 그림의 스케치에 나오는 코드는 다음과 같은 XML 데이터를 생성할 것이다.

```
String expectedResult =
  "<orders>" +
    "<order id='321'>" +
      "<product id='f1234' color='red' size='medium'>" +
        "<price currency='USD'>" +
          "8.95" +
        "</price>" +
        "Fire Truck" +
      "</product>" +
      "<product id='p1112' color='red'>" +
        "<price currency='USD'>" +
          "230.0" +
        "</price>" +
        "Toy Porsche Convertible" +
      "</product>" +
    "</order>" +
  "</orders>";
```

이 XML의 구조는 다음과 같이 트리로 표현할 수 있다.

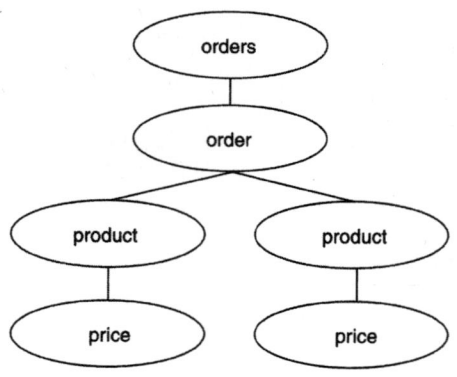

조건 로직도 묵시적 트리 형성의 예가 될 수 있다. 다음은 저장소에 상품 정보를 질의하는 코드인데 조건 로직을 살펴보기 바란다.

```
public class ProductFinder...
   public List belowPriceAvoidingAColor(float price, Color color) {
      List foundProducts = new ArrayList();
      Iterator products = repository.iterator();
      while (products.hasNext()) {
         Product product = (Product) products.next();
         if (product.getPrice() < price && product.getColor() != color)
            foundProducts.add(product);
      }
      return foundProducts;
   }
```

이 조건 로직의 구조는 다음과 같은 트리로 표현할 수 있다.

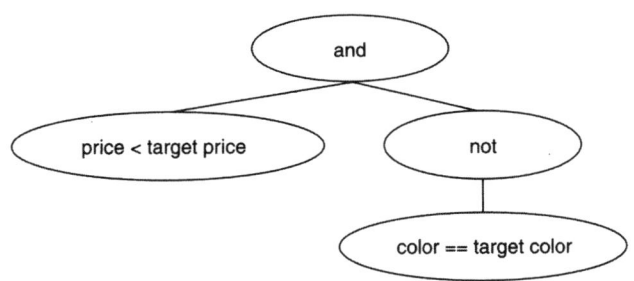

앞에서 예로 든 두 가지 묵시적 트리의 본질은 다르지만, Composite[DP] 패턴을 사용해서 모델화할 수 있다는 공통점이 있다. Composite 패턴으로 리팩터링하는 주된 목적은 무엇일까? 코드를 더 단순하게 만드는 것이다.

예를 들어, 컴포짓을 이용해 XML을 생성하면 태그나 속성을 추가하기 위한 코드를 반복할 필요가 없기 때문에(이 작업을 컴포짓 태그가 알아서 할 것이다) 코드가 단순해지고 코드량도 줄어든다. 위의 조건 로직을 컴포짓 구조로 변환하는 것도 비슷한 효과가 있다. 단, 비슷한 조건 로직이 여러 곳에서 사용되고 있는 경우에만 의미가 있다. 다음의 코드를 보자.

```
public class ProductFinder...
    public List byColor(Color color)...
        if (product.getColor() == color)...

    public List byColorAndBelowPrice(Color color, float price)...
        if (product.getPrice() < price && product.getColor() == color)...

    public List byColorAndAbovePrice(Color color, float price) {
        if (product.getColor() == color && product.getPrice() > price)...

    public List byColorSizeAndBelowPrice(Color color, int size, float price)...
        if (product.getColor() == color &&
            product.getSize() == size &&
            product.getPrice() < price)...
```

위 메서드는 각 상품 질의를 하나의 컴포짓 객체로 표현하는 메서드 하나로 일
반화할 수 있다. 이런 변환은 Replace Implicit Language with Interpreter 리팩터
링(360쪽)에서 다루는데, 컴포짓을 적용하는 과정도 포함되어 있다.

앞에서 제시한 XML의 예와 같이 묵시적인 트리를 형성하는 데이터를 사용하
면, 그 묵시적 트리를 생성하는 코드와 그 트리의 표현 방법이 단단하게 결합되는
문제가 생긴다. 그런 경우 코드를 Composite 패턴으로 리팩터링하면, 그 결합도
는 줄어들지만 클라이언트 코드가 컴포짓과 꼬이게 된다. 때로는 이런 결합도를
줄이기 위해 완전히 다른 수준의 인디렉션indirection이 필요할 수도 있다. 예를 들
어, 한 프로젝트 내에서 클라이언트 코드가 XML을 생성하기 위해 어떤 때는 컴포
짓을 사용하고, 어떤 때는 DOM을 사용할 수 있다. 이로 인해 Encapsulate Com-
posite with Builder 리팩터링(145쪽)이 필요할 수 있다.

트리를 많이 생성하지 않거나 트리가 작고 관리하기 쉬운 상태라면, 묵시적인
트리로도 충분하다. 그러나 묵시적 트리를 다루기가 점점 힘들어지거나 복잡한
트리 구조로 인해 코드가 비대해지는 상황이라면, Composite 패턴으로 리팩터링
을 고려할 수 있다. 코드 개발의 진행 상태에 따라 선택은 달라질 수도 있다. 나는
최근에 어떤 프로젝트에서 XSLT를 이용해 XML 데이터를 HTML 페이지로 변환하
는 작업을 했다. 이를 위해 XSLT 변환에 사용될 XML을 생성해야 했다. XML을 생
성하는 데 컴포짓을 사용할 수도 있었지만, 우선은 묵시적인 트리를 사용하기로

했다. 왜 그랬을까? 당시에는 XML 트리 생성 코드를 좋게 만드는 것보다, 작업을 빨리 진행하는 것과 XSLT 변환 과정에서 발생할 수 있을 기술적 문제에 빨리 부딪혀 보는 것이 더 중요하다고 생각했기 때문이다. XSLT 변환 작업의 구현을 마친 후에, 다시 돌아가 묵시적 트리를 사용하는 코드를 Composite 패턴으로 리팩터링했다. 시스템의 다른 많은 곳에서 그 코드를 본떠 개발할 예정이었기 때문이다.

장점과 단점

+ 노드를 추가/삭제/포매팅하는 등의 반복적인 코드를 캡슐화한다.
+ 빈번하게 사용하는 유사한 로직을 다루기 위한 일반화된 방법을 제공한다.
+ 클라이언트가 데이터를 생성하는 방법이 단순해진다.
− 묵시적인 트리로도 충분한 경우에는 괜히 설계만 복잡하게 만드는 것이다.

절차

이 리팩터링을 적용하는 경로는 두 가지다. 하나는 이 책 전체에 걸쳐 사용한 표준 방법대로 묵시적 트리를 조금씩 리팩터링해 컴포짓으로 바꾸는 것이고, 다른 하나는 여기에 테스트 주도 개발[Beck, TDD]을 포함시키는 것이다. 두 경로 모두 잘 동작한다. 묵시적 트리(앞의 예제에 나온 XML과 같은)에 Extract Class[F]와 같은 리팩터링을 적용하는 것이 여의치 않을 때는 테스트 주도 개발을 사용한다.

1. 묵시적 트리 중에서 새로운 클래스로 모델화할 수 있는 부분인, 묵시적 종단 implicit leaf을 찾는다. 이때 새로운 클래스는 종단 노드leaf node를 나타내는 것으로, 『Design Patterns』[DP]의 Composite:Leaf에 해당한다. 종단 노드 클래스는 Extract Class[F] 리팩터링 또는 테스트 주도 개발을 통해 생성할 수 있다. 상황에 따라 쉬운 방법을 선택하면 된다.
묵시적인 종단에 속성이 있다면, 각 속성에 해당하는 필드를 종단 노드 클래스에 만들어 결과적으로 새로 만든 종단 노드 클래스가 묵시적인 종단과 동일한 정보를 나타내게 해야 한다.
∨ 컴파일 후 테스트한다.

2. 묵시적 종단이 쓰인 곳은 모두 종단 노드 클래스의 인스턴스로 치환해, 묵시적 트리가 묵시적인 종단 대신 종단 노드로 구성되도록 한다.

   ✓ 컴파일 후 묵시적인 트리가 여전히 정상적으로 동작하는지 테스트한다.

3. 묵시적 트리에서 묵시적인 종단을 나타내는 다른 부분에 대해서도 단계 1, 2를 반복한다. 이때 주의할 것은 모든 종단 노드 클래스가 동일 인터페이스를 공유해야 한다는 점이다. Extract Superclass[F] 또는 Extract Interface[F] 리팩터링을 통해 이런 공통 인터페이스를 만들 수 있다.

4. 묵시적 트리 중에서 묵시적 종단의 부모 역할을 하는 묵시적인 부모implicit parent를 찾는다. 이 묵시적 부모는 부모 노드 클래스(Composite[DP]이라 부르는)가 될 것이다. 여기서도 리팩터링 또는 테스트 주도 개발을 적용할 수 있는데, 상황에 따라 쉬운 방법을 택하면 된다.

   클라이언트 코드에서는 생성자나 add(...) 메서드를 통해 부모 노드에 종단 노드를 추가할 수 있어야 한다. 부모 노드는 모든 자식 노드를 동일한 방법으로 다룰 수 있어야 한다(즉, 공통 인터페이스를 통해). 부모 노드도 종단 노드와 동일한 인터페이스를 구현하는 것은 선택 사항이다. 부모 노드도 또 다른 부모 노드의 자식이 될 수 있어야 하거나(단계 6에서 언급하는 것처럼) 클라이언트 코드에서 종단 노드와 부모 노드를 구별하지 않아도 되도록 하려면 (Replace One/Many Distinctions with Composite 리팩터링의 동기 절 참조, 303쪽), 부모 노드도 같은 인터페이스를 구현하게 해야 한다.

5. 묵시적인 부모가 쓰인 곳은 모두 부모 노드 클래스의 인스턴스로 치환한다. 부모 노드에 적절한 종단 노드 인스턴스가 들어가도록 주의한다.

   ✓ 컴파일 후 묵시적인 트리가 여전히 정상적으로 동작하는지 테스트한다.

6. 다른 묵시적 부모에 대해서도 단계 3, 4를 반복한다. 묵시적인 부모가 다른 묵시적인 부모의 자식이 될 수 있을 때만, 부모 노드 클래스에서도 그런 동작이 가능하도록 만든다.

예제

이 리팩터링 시작 부분의 코드 스케치에서 예로 든 묵시적 트리 생성 코드는 어떤 쇼핑 시스템에서 가져온 것이다. 그 시스템에는 OrdersWriter란 클래스가 있었는데, 거기에 getContents()란 메서드가 있었다. 원래의 getContents()는 꽤 컸기 때문에, Compose Method 리팩터링(179쪽)과 Move Accumulation to Collecting Parameter 리팩터링(415쪽)을 통해 다음과 같이 작은 메서드들로 분리했다.

```java
public class OrdersWriter {
   private Orders orders;

   public OrdersWriter(Orders orders) {
      this.orders = orders;
   }

   public String getContents() {
      StringBuffer xml = new StringBuffer();
      writeOrderTo(xml);
      return xml.toString();
   }

   private void writeOrderTo(StringBuffer xml) {
      xml.append("<orders>");
      for (int i = 0; i < orders.getOrderCount(); i++) {
         Order order = orders.getOrder(i);
         xml.append("<order");
         xml.append(" id='");
         xml.append(order.getOrderId());
         xml.append("'>");
         writeProductsTo(xml, order);
         xml.append("</order>");
      }
      xml.append("</orders>");
   }

   private void writeProductsTo(StringBuffer xml, Order order) {
      for (int j=0; j < order.getProductCount(); j++) {
         Product product = order.getProduct(j);
         xml.append("<product");
```

```
        xml.append(" id='");
        xml.append(product.getID());
        xml.append("'");
        xml.append(" color='");
        xml.append(colorFor(product));
        xml.append("'");
        if (product.getSize() != ProductSize.NOT_APPLICABLE) {
            xml.append(" size='");
            xml.append(sizeFor(product));
            xml.append("'");
        }
        xml.append(">");
        writePriceTo(xml, product);
        xml.append(product.getName());
        xml.append("</product>");
    }
}

    private void writePriceTo(StringBuffer xml, Product product) {
        xml.append("<price");
        xml.append(" currency='");
        xml.append(currencyFor(product));
        xml.append("'>");
        xml.append(product.getPrice());
        xml.append("</price>");
    }
```

getContents()가 위와 같이 리팩터링되어 있으면, 또 다른 리팩터링을 적용할 가능성을 찾기가 쉬워진다. 이 코드를 보고 누군가가 writeOrderTo(...), writeProductsTo(...), writePriceTo(...)가 모두 XML 생성에 사용될 데이터를 얻기 위해 도메인 객체인 Order, Product, Price에 대해 루프를 돌고 있음을 지적했다. 그 친구는 각 도메인 객체에 자신의 XML을 직접 생성하도록 요청하게 하지 않고, 도메인 객체 외부에서 XML을 생성하게 한 것에 대해 의문을 가졌다. 다시 말해, Order 클래스에 toXML() 메서드를 구현하고, Order에 대한 XML이 필요하면 간단히 그 메서드를 호출하면 되지 않겠냐는 것이다. Price와 Product 클래스도 마찬가지다. 이렇게 하면, Order의 toXML() 메서드 호출로 Order 객체에 대한 XML 뿐 아니라 그에 포함된 Product 객체의 XML, 그리고 Product 객체에 속한 Price 객체에 대한

XML을 한꺼번에 얻을 수 있다. 즉, 도메인 객체 간에 이미 존재하는 포함 관계를 그대로 이용해, writeOrderTo(...), writeProductsTo(...), writePriceTo(...)에서 그 구조를 재구성하지 않아도 된다는 장점이 있다.

이 아이디어는 그럴 듯하게 들리지만, 한 종류의 도메인 객체에 대해 여러 가지 XML을 만들어야 하는 시스템에서는 좋은 설계가 아니다. 예를 들어, 그 쇼핑 시스템에서는 하나의 도메인 객체로부터 다양한 XML 표현을 만들어야 했다.

```
<order id='987' totalPrice='14.00'>
   <product id='f1234' price='9.00' quantity='1'>
      Fire Truck
   </product>
   <product id='f4321' price='5.00' quantity='1'>
      Rubber Ball
   </product>
</order>

<orderHistory>
   <order date='20041120' totalPrice='14.00'>
      <product id='f1234'>
      <product id='f4321'>
   </order>
</orderHistory>

<order id='321'>
   <product id='f1234' color='red' size='medium'>
      <price currency='USD'>
         8.95
      </price>
      Fire Truck
   </product>
</order>
```

각 도메인 객체에 존재하는 toXML() 메서드 하나를 사용해 위와 같이 다양한 XML을 만들기는 어려울 것이다. 각 경우에 따라 XML이 매우 다르기 때문이다. 이런 상황에서는 writeOrderTo(...), writeProductsTo(...), writePriceTo(...)처럼 XML 생성을 도메인 객체의 외부에서 처리하거나 또는 Visitor[DP] 패턴을 고려할 수 있다(Move Accumulation to Visitor 리팩터링, 423쪽 참조).

이 쇼핑 시스템에서는 하나의 도메인 객체로부터 다양한 XML을 생성하므로, Visitor 패턴으로 리팩터링하는 것도 좋은 생각으로 보인다. 그러나 지금 당장은 XML을 만드는 과정이 간단하지 않다는 것이 더 급한 문제다. 적절히 포매팅하는 것도 그렇고, 모든 태그를 닫는 것도 잊지 말아야 한다. Visitor 패턴으로 리팩터링하기 전에 이 XML 생성 로직을 단순하게 만들고 싶다. Composite 패턴을 사용하면 XML 생성 로직을 단순하게 하는 데 도움이 되므로, 이 리팩터링을 진행한다.

1. 묵시적 종단을 찾기 위해, 다음과 같은 테스트 코드를 살펴본다.

```
String expectedResult =
"<orders>" +
  "<order id='321'>" +
    "<product id='f1234' color='red' size='medium'>" +
      "<price currency='USD'>" +
        "8.95" +
      "</price>" +
      "Fire Truck" +
    "</product>" +
  "</order>" +
"</orders>";
```

여기서 결정해야 할 것이 있다. 〈price〉...〈/price〉 태그를 묵시적인 종단으로 볼 것인가, 아니면 8.95를 묵시적인 종단으로 볼 것인가? 내가 생성할 종단 노드 클래스에서 태그의 값인 8.95를 쉽게 표현할 수 있을 것이기 때문에, 〈price〉...〈/price〉 태그를 묵시적인 종단으로 선택한다.

좀더 살펴보니 모든 XML 태그에는 이름이 반드시 있고 속성(이름/값의 쌍으로), 자식, 값을 옵션으로 가질 수 있다. 자식을 가지는 경우에 대한 처리는 일단 무시하자(단계 4에서 다룰 것이다). 이제 모든 묵시적 종단을 나타내는 종단 노드의 일반 타입을 만들 수 있다. 테스트 주도 개발을 통해 TagNode라는 이름의 클래스를 만든다. 다음은 몇몇 간단한 테스트를 통과한 후에 작성한 테스트 코드다.

```
public class TagTests extends TestCase...
    private static final String SAMPLE_PRICE = "8.95"
    public void testSimpleTagWithOneAttributeAndValue() {
        TagNode priceTag = new TagNode("price");
        priceTag.addAttribute("currency", "USD");
        priceTag.addValue(SAMPLE_PRICE);
        String expected =
            "<price currency=" +
            "'" +
            "USD" +
            "'>" +
            SAMPLE_PRICE +
            "</price>";
        assertEquals("price XML", expected, priceTag.toString());
    }
```

다음은 이 테스트를 통과하는 데 필요한 코드다.

```
public class TagNode {
    private String name = "";
    private String value = "";
    private StringBuffer attributes;

    public TagNode(String name) {
        this.name = name;
        attributes = new StringBuffer("");
    }

    public void addAttribute(String attribute, String value) {
        attributes.append(" ");
        attributes.append(attribute);
        attributes.append("='");
        attributes.append(value);
        attributes.append("'");
    }
        public void addValue(String value) {
        this.value = value;
    }

    public String toString() {
        String result;
```

```
        result =
            "<" + name + attributes + ">" +
            value +
            "</" + name + ">";
        return result;
    }
```

2. 이제 getContents() 메서드 내의 묵시적인 종단을 TagNode 인스턴스로 치환
   할 수 있다.

```
public class OrdersWriter...
    private void writePriceTo(StringBuffer xml, Product product) {
        TagNode priceNode = new TagNode("price");
        priceNode.addAttribute("currency", currencyFor(product));
        priceNode.addValue(priceFor(product));
        xml.append(priceNode.toString());
        xml.append(" currency='");   xml.append("<price");
        xml.append(currencyFor(product));
        xml.append("'>");
        xml.append(product.getPrice());
        xml.append("</price>");
    }
```

   컴파일 후 테스트를 실행해, 묵시적 트리가 여전히 제대로 생성되는지 확
   인한다.

3. TagNode 클래스는 XML 내의 모든 묵시적 종단을 대표하기 때문에, 다른 묵
   시적 종단에 대해 단계 1, 2를 반복할 필요가 없다. 새로운 종단 노드 클래스
   가 기존의 종단 노드 클래스와 공통 인터페이스를 갖게 만드는 작업 역시 필
   요 없다.

4. 이제 묵시적 부모를 찾을 차례다. 테스트 코드를 살펴보면 〈product〉 태그가
   〈price〉 태그의 부모이고, 〈order〉 태그가 〈product〉 태그의 부모이며,
   〈orders〉 태그가 〈order〉 태그의 부모임을 확인할 수 있다. 그런데 이들이 앞
   에서 확인한 묵시적 종단과 매우 비슷한 성질을 갖고 있으므로 TagNode에
   자식 처리 기능만 추가하면 된다. 이번에도 새 코드를 추가하기 위해 테스트

주도의 개발을 따른다. 다음은 내가 작성한 첫 테스트 코드다.

```java
public void testCompositeTagOneChild() {
    TagNode productTag = new TagNode("product");
    productTag.add(new TagNode("price"));
    String expected =
        "<product>" +
            "<price>" +
            "</price>" +
        "</product>";
    assertEquals("price XML", expected, productTag.toString());
}
```

위 테스트를 통과하기 위한 코드는 다음과 같다.

```java
public class TagNode...
    private List children;

    public String toString() {
        String result;
        result = "<" + name + attributes + ">";
        Iterator it = children().iterator();
        while (it.hasNext()) {
            TagNode node = (TagNode)it.next();
            result += node.toString();
        }
        result += value;
        result += "</" + name + ">";
        return result;
    }

    private List children() {
        if (children == null)
            children = new ArrayList();
        return children;
    }

    public void add(TagNode child) {
        children().add(child);
    }
```

다음은 좀더 견고한 테스트다.

```
public void testAddingChildrenAndGrandchildren() {
    String expected =
    "<orders>" +
        "<order>" +
            "<product>" +
            "</product>" +
        "</order>" +
    "</orders>";

    TagNode ordersTag = new TagNode("orders");
    TagNode orderTag = new TagNode("order");
    TagNode productTag = new TagNode("product");
    ordersTag.add(orderTag);
    orderTag.add(productTag);
    assertEquals("price XML", expected, ordersTag.toString());
}
```

TagNode가 부모 노드로서 적절히 동작할 수 있을 때까지 코드 작성과 테스트 실행을 계속한다. 작업이 끝나면, TagNode는 Composite 패턴의 세 구성 요소 역할을 모두 소화할 수 있는 클래스가 된다.

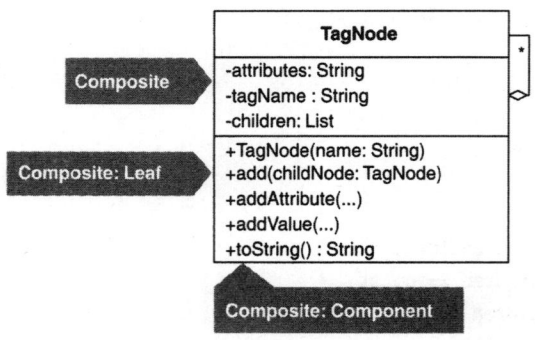

5. 이제 묵시적 부모가 쓰인 곳을 찾아 모두 부모 노드 인스턴스를 사용하도록 바꾼다. 부모 노드에는 적절한 종단 노드가 추가되도록 한다. 다음은 그 예다.

```
public class OrdersWriter...
    private void writeProductsTo(StringBuffer xml, Order order) {
        for (int j=0; j < order.getProductCount(); j++) {
            Product product = order.getProduct(j);
            TagNode productTag = new TagNode("product");
            productTag.addAttribute("id", product.getID());
            productTag.addAttribute("color", colorFor(product));
            if (product.getSize() != ProductSize.NOT_APPLICABLE)
                productTag.addAttribute("size", sizeFor(product));
            writePriceTo(productTag, product);
            productTag.addValue(product.getName())
            xml.append(productTag.toString());
        }
    }

    private void writePriceTo(TagNode productTag, Product product) {
        TagNode priceTag = new TagNode("price");
        priceTag.addAttribute("currency", currencyFor(product));
        priceTag.addValue(priceFor(product));
        productTag.add(priceTag);
    }
```

컴파일 후 테스트를 실행해, 묵시적인 트리가 여전히 제대로 생성되는지
확인한다.

6. 나머지 묵시적 부모에 대해 단계 4, 5를 반복하면, 코드가 다음과 같은 모양
이 될 것이다. 코드가 좀더 작은 메서드로 분리되었다는 점만 제외하면, 이
리팩터링의 첫 페이지에 있는 리팩터링 후 코드 스케치와 동일한 것이다.

```
public class OrdersWriter...
    public String getContents() {
        StringBuffer xml = new StringBuffer();
        writeOrderTo(xml);
        return xml.toString();
    }

    private void writeOrderTo(StringBuffer xml) {
        TagNode ordersTag = new TagNode("orders");
        for (int i = 0; i < orders.getOrderCount(); i++) {
```

```
            Order order = orders.getOrder(i);
            TagNode orderTag = new TagNode("order");
            orderTag.addAttribute("id", order.getOrderId());
            writeProductsTo(orderTag, order);
            ordersTag.add(orderTag);
        }
        xml.append(ordersTag.toString());
    }

    private void writeProductsTo(TagNode orderTag, Order order) {
        for (int j=0; j < order.getProductCount(); j++) {
            Product product = order.getProduct(j);
            TagNode productTag = new TagNode("product");
            productTag.addAttribute("id", product.getID());
            productTag.addAttribute("color", colorFor(product));
            if (product.getSize() != ProductSize.NOT_APPLICABLE)
                productTag.addAttribute("size", sizeFor(product));
            writePriceTo(productTag, product);
            productTag.addValue(product.getName());
            orderTag.add(productTag);
        }
    }

    private void writePriceTo(TagNode productTag, Product product) {
        TagNode priceNode = new TagNode("price");
        priceNode.addAttribute("currency", currencyFor(product));
        priceNode.addValue(priceFor(product));
        productTag.add(priceNode);
    }
```

Replace Conditional Dispatcher with Command

요청에 대한 디스패처dispatcher가 조건 로직으로 구현되어 있다면,

각 액션에 대한 커맨드Command 객체를 만들어 컬렉션에 저장해 두고,
조건 로직은 컬렉션에서 원하는 커맨드 객체를 찾아 실행하는 코드로 대체한다.

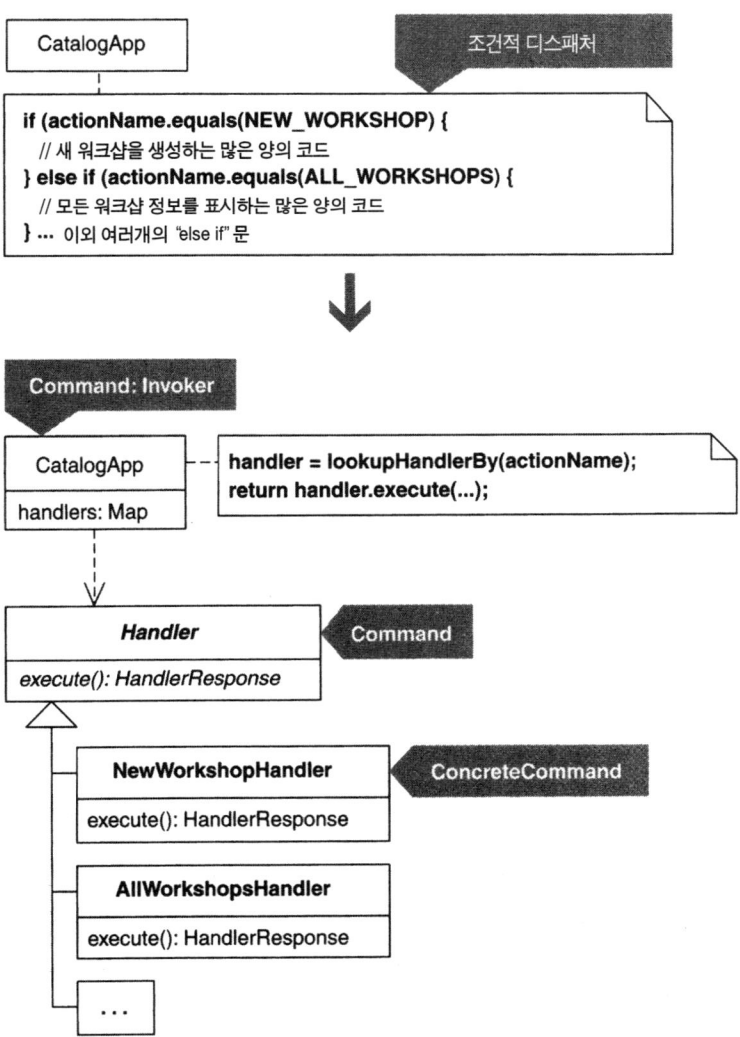

동기

많은 시스템에서 외부 요청을 받아 분배하고 실행하는 동작이 일어난다. 이때 요청을 분배하고 실행하는 조건문(switch와 같은)을 조건적 디스패처conditional dispatcher라 부른다. 어떤 경우에는 조건적 디스패처로 충분히 작업을 수행할 수 있지만, 그렇지 못한 경우도 있다.

처리해야 할 요청의 종류가 적고 이것을 처리하는 로직도 얼마 되지 않는다면 디스패처를 조건 로직으로 구현해도 무방하다. 조건 로직 전체의 코드를 모니터의 한 화면에서 스크롤 없이 볼 수 있을 정도로 작다면 말이다. 그런 경우에는 Command[DP] 패턴을 써서 얻을 것이 없다.

그러나 조건적 디스패처의 코드 크기가 작다고 할지라도 시스템에 적합한 구현은 아닐 수 있다. 조건적 디스패처를 Command 패턴으로 리팩터링하는 대표적인 이유는 다음과 같다.

1. **런타임에 충분히 유동적이지 못하다.** 요청이나 처리 로직이 동적으로 구성될 필요가 있는 경우, 조건적 디스패처는 적절하지 않다. 조건적 디스패처는 처리 로직이 조건문으로 하드 코딩되기 때문에, 로직의 동적 구성을 지원할 수 없다.

2. **코드가 비대해진다.** 새로운 종류의 요청을 처리하기 위한 로직이 추가되거나 새로운 요건에 의해 처리 로직이 복잡해지면, 조건적 디스패처의 코드는 무지막지하게 커질 수밖에 없다. 처리 로직을 별도의 메서드로 분리한다고 해도 그다지 도움이 되지 않는다. 분리된 메서드와 디스패처가 포함된 클래스가 여전히 다루기 힘들 정도로 크기 때문이다.

Command 패턴은 이런 종류의 문제에 대한 훌륭한 해결책이다. Command 패턴을 구현하려면, 일단 각 요청을 처리하는 로직을 execute() 또는 run()과 같은 공통 메서드를 가지는 별도의 커맨드 클래스로 옮겨 캡슐화한다. 이렇게 커맨드의 집합을 만들고 나면, 컬렉션을 이용해 그 인스턴스를 저장하고 조작할 수 있다 (추가, 삭제, 인스턴스 변경 등). 요청이 들어왔을 때 그에 해당하는 커맨드 인스턴스를 찾아 실행 메서드를 호출하면 된다.

요청을 분배하고 다양한 액션을 동일한 방식으로 실행시킬 수 있게 하는 것은 설계에 있어 매우 일반적이기 때문에 나중에 리팩터링하기보다는 개발 초기부터 이 패턴을 사용하고 있는 경우가 많을 것이다. 내가 개발한 서버 또는 웹 기반 시스템의 대부분에서는 요청을 분배하고 액션을 실행하거나 액션을 다른 액션으로 전달하기 위한 표준 방법으로 Command 패턴을 사용했다. 예제 절에서는 Command 패턴으로 리팩터링하는 방법을 다룰 것이다.

『Design Patterns』[DP]에는 Command 패턴이 실행취소/재실행undo/redo 기능을 구현하는 데 어떻게 사용되는지 설명되어 있다. 그래서인지 XPeXtremePro-gramming 모임에 가면, 실행취소/재실행 기능이 필요하게 될지 확실히 모르는 상황에서는 어떻게 해야 하냐는 질문이 자주 나온다. 만일을 대비해 Command 패턴으로 구현하는 것이 좋을까? 정말 필요해서가 아니라 추측에 기초하여 기능을 추가하는 것은 XP 원칙을 깨는 것일까? 내 경우에는, 작업 중인 시스템에서 Com-mand 패턴이 정말로 필요한지 확신할 수 없다면, 보통 Command 패턴을 구현하지 않는다. 나중에 정말 필요해지면 그때 Command 패턴으로 리팩터링하는 것이 그리 어렵지 않음을 경험으로 알고 있기 때문이다. 그러나 시스템의 덩치가 계속 커지고 있는 데다 실행취소/재실행 기능이 곧 필요할 것 같다면, 손쓸 수 없는 상황이 되기 전에 Command 패턴을 사용하도록 리팩터링하는 것도 의미가 있다. 어찌 보면, 이는 보험을 드는 것과 비슷한 이치다.

Command 패턴은 구현하기도 쉽고, 융통성 있으며, 매우 유용하다. 이 리팩터링에서는 사실 Command 패턴이 유용하게 쓰일 수 있는 분야 가운데 일부만을 다루고 있다. 다른 까다로운 문제들도 Command 패턴으로 해결할 수 있는 경우가 많기 때문에, Command 패턴으로 가는 다른 리팩터링은 이외에도 많이 있을 수 있다.

장점과 단점

+ 다양한 액션을 단일한 방식으로 실행하는 단순한 구조를 제공한다.
+ 요청을 처리하는 로직의 구성을 런타임에 변경할 수 있다.
+ 간단한 코드로 구현할 수 있다.
– 조건적 디스패처로도 충분한 상황에서는 괜히 설계만 복잡하게 만드는 것이다.

절차

1. 조건적 디스패처를 포함한 클래스에서 요청을 실행하는 코드를 찾고, Extract Method[F] 리팩터링을 적용해 별도의 실행 메서드로 뽑아낸다.

   ✓ 컴파일 후 테스트한다.

2. 요청을 실행하는 나머지 다른 코드에 대해서도 단계 1을 반복해 모두 별도의 실행 메서드로 바꾼다.

3. 각각의 실행 메서드에 Extract Class[F] 리팩터링을 적용해 요청을 처리하는 구체 커맨드 클래스로 만든다. 이 과정에서 구체 커맨드 클래스로 옮긴 실행 메서드들은 보통 public 메서드가 될 것이다. 만약 옮긴 실행 메서드가 너무 크거나 쉽게 이해할 수 없다면, Compose Method 리팩터링(179쪽)을 적용한다.

   ✓ 컴파일 후 테스트한다.

   구체 커맨드 클래스를 모두 만들고 난 후에는, 중복된 코드가 없는지 살펴본다. 만약 있다면, Form Template Method 리팩터링(281쪽)을 적용해 중복을 제거할 수 있다.

4. 앞서 만든 모든 구체 커맨드 클래스에 공통으로 적용될 수 있는 실행 메서드를 선언하는 인터페이스나 추상클래스를 하나 정의한다. 이는 모든 구체 커맨드의 수퍼타입 역할을 할 것이다. 이 과정에서 커맨드 클래스들의 공통점과 차이점을 찾아야 한다. 다음 질문에 대한 답을 찾아보기 바란다.

   ● 공통 실행 메서드에는 어떤 파라미터를 넘겨야 할까?
   ● 구체 커맨드 인스턴스를 만들 때에는 어떤 파라미터를 넘겨줄 수 있을까?
   ● 실행 메서드에 직접 넘기기보다는 구체 커맨드 클래스에서 파라미터에 대한 콜백call-back을 통해 얻도록 하는 것이 나은 정보에는 어떤 것들이 있는가?
   ● 모든 구체 커맨드 클래스에 동일하게 적용할 수 있는 실행 메서드의 가장 간단한 시그너처는 무엇인가?

구체 커맨드 클래스에 대해 Extract Superclass[F] 또는 Extract Interface[F] 리팩터링을 적용해, 초기 버전의 커맨드(구체 커맨드의 수퍼타입)를 만드는 것을 고려한다.

✓ 컴파일한다.

5. 모든 구체 커맨드 클래스가 단계 4에서 만든 커맨드 타입을 구현하거나 상속하도록 수정한다. 그리고 클라이언트 코드에서도 구체 커맨드 클래스를 커맨드 수퍼타입을 통해 다루도록 고친다.

✓ 컴파일 후 테스트한다.

6. 조건적 디스패처가 있는 클래스에 커맨드 맵map을 만든다. 즉, 각 구체 커맨드 클래스의 인스턴스를 맵에 저장하는데 클래스 이름 등의 유일한 식별자를 키key로 사용한다. 유일한 식별자는 런타임에 커맨드 객체를 찾는 데 사용할 것이다.

커맨드 클래스의 개수가 많다면, 맵에 커맨드 객체를 만들어 넣는 코드가 매우 길어질 것이다. 그럴 경우에는 『Patterns of Enterprise Application Architecture』[Fowler, PEAA]에 나오는 Plugin 패턴을 도입하면 도움이 된다. 이 패턴을 이용하면 적절한 설정 데이터(커맨드 클래스의 이름 목록 또는 클래스 파일이 있는 디렉터리의 위치와 같은)를 통해 커맨드 맵이 반자동적으로 생성되도록 할 수 있다.

✓ 컴파일한다.

7. 조건적 디스패처가 있는 클래스에서 요청을 분배하는 코드를 제거하고, 커맨드 객체를 맵에서 찾아 그 실행 메서드를 호출하는 코드로 대체한다. 이제 이 클래스는 『Design Patterns』[DP]에서 말하는 Invoker가 된다.

✓ 컴파일 후 테스트한다.

예제

이번에 사용할 예제 코드는 내가 몸담고 있는 회사인 Industrial Logic이 주관하는

워크샵의 카탈로그를 HTML로 생성하는 시스템에서 가져온 것이다. 사실 그 시스템에서는 처음부터 Command 패턴을 아주 충실하게 사용하고 있었다. 그러나 예제로 사용하려면 Command 패턴을 사용하지 않아 너무 비대해진 코드가 필요했다. 따라서 Command 패턴을 사용하지 않도록 코드를 재작성해, 실제 현장에서 자주 접하게 되는 Command 패턴의 도움을 절실히 필요로 하는 코드로 만들었다.

예제를 위해 작성한 코드에서 CatalogApp 클래스가 요청을 분배/실행하고 응답을 리턴하는 역할을 맡고 있다. 그 구현은 다음과 같이 큰 조건 로직 하나로 이루어져 있다.

```
public class CatalogApp...
    private HandlerResponse executeActionAndGetResponse(String actionName, Map parameters)...
        if (actionName.equals(NEW_WORKSHOP)) {
            String nextWorkshopID = workshopManager.getNextWorkshopID();
            StringBuffer newWorkshopContents =
                workshopManager.createNewFileFromTemplate(
                    nextWorkshopID,
                    workshopManager.getWorkshopDir(),
                    workshopManager.getWorkshopTemplate()
                );
            workshopManager.addWorkshop(newWorkshopContents);
            parameters.put("id",nextWorkshopID);
            executeActionAndGetResponse(ALL_WORKSHOPS, parameters);
        } else if (actionName.equals(ALL_WORKSHOPS)) {
            XMLBuilder allWorkshopsXml = new XMLBuilder("workshops");
            WorkshopRepository repository =
                workshopManager.getWorkshopRepository();
            Iterator ids = repository.keyIterator();
            while (ids.hasNext()) {
                String id = (String)ids.next();
                Workshop workshop = repository.getWorkshop(id);
                allWorkshopsXml.addBelowParent("workshop");
                allWorkshopsXml.addAttribute("id", workshop.getID());
                allWorkshopsXml.addAttribute("name", workshop.getName());
                allWorkshopsXml.addAttribute("status", workshop.getStatus());
                allWorkshopsXml.addAttribute("duration",
                    workshop.getDurationAsString());
```

```
        }
        String formattedXml = getFormattedData(allWorkshopsXml.toString());
        return new HandlerResponse(
            new StringBuffer(formattedXml),
            ALL_WORKSHOPS_STYLESHEET
        );
    } ...아래로 수많은 "else if" 계속됨.
```

조건 로직 전체를 보이자면 여러 쪽이 필요하겠지만, 자세한 부분은 편의상 생략했다. 조건 로직을 보면, 첫 번째 분기는 새 워크샵을 생성하는 것이고, 두 번째 분기는 Industrial Logic 워크샵 전체에 대한 요약 정보를 XML로 만드는 것이다. 이제 이 코드를 Command 패턴으로 리팩터링해 보자.

1. 첫 번째 분기문부터 시작하자. Extract Method[F] 리팩터링을 적용해 getNew-WorkshopResponse()라는 실행 메서드를 만든다.

```
public class CatalogApp...
    private HandlerResponse executeActionAndGetResponse(String actionName, Map parameters)...
        if (actionName.equals(NEW_WORKSHOP)) {
            getNewWorkshopResponse(parameters);
        } else if (actionName.equals(ALL_WORKSHOPS)) {
            ...
        } ...아래로 수많은 "else if" 계속됨.

    private void getNewWorkshopResponse(Map parameters) throws Exception {
        String nextWorkshopID = workshopManager.getNextWorkshopID();
        StringBuffer newWorkshopContents =
            workshopManager.createNewFileFromTemplate(
                nextWorkshopID,
                workshopManager.getWorkshopDir(),
                workshopManager.getWorkshopTemplate()
            );
        workshopManager.addWorkshop(newWorkshopContents);
        parameters.put("id",nextWorkshopID);
        executeActionAndGetResponse(ALL_WORKSHOPS, parameters);
    }
```

2. 카탈로그의 모든 워크샵 목록을 처리하는 두 번째 분기문에 대해서도 단계 1

을 반복한다.

```
public class CatalogApp...
    private HandlerResponse executeActionAndGetResponse(String actionName, Map parameters)...
        if (actionName.equals(NEW_WORKSHOP)) {
            getNewWorkshopResponse(parameters);
        } else if (actionName.equals(ALL_WORKSHOPS)) {
            getAllWorkshopsResponse();
        } ...아래로 수많은 "else if" 계속됨.

    public HandlerResponse getAllWorkshopsResponse() {
        XMLBuilder allWorkshopsXml = new XMLBuilder("workshops");
        WorkshopRepository repository =
            workshopManager.getWorkshopRepository();
        Iterator ids = repository.keyIterator();
        while (ids.hasNext()) {
            String id = (String)ids.next();
            Workshop workshop = repository.getWorkshop(id);
            allWorkshopsXml.addBelowParent("workshop");
            allWorkshopsXml.addAttribute("id", workshop.getID());
            allWorkshopsXml.addAttribute("name", workshop.getName());
            allWorkshopsXml.addAttribute("status", workshop.getStatus());
            allWorkshopsXml.addAttribute("duraction",
                workshop.getDurationAsString());
        }
        String formattedXml = getFormattedData(allWorkshopsXml.toString());
        return new HandlerResponse(
            new StringBuffer(formattedXml),
            ALL_WORKSHOPS_STYLESHEET
        );
    }
```

컴파일 후 테스트한다. 다른 요청 처리 코드에 대해서도 이 단계를 반복
한다.

3. 구체 커맨드 클래스를 만들기 시작한다. 먼저 getNewWorkshopResponse()
   메서드에 Extract Class[F] 리팩터링을 적용해 NewWorkshopHandler라는 구
   체 커맨드 클래스를 만든다.

```
public class NewWorkshopHandler {
    private CatalogApp catalogApp;

    public NewWorkshopHandler(CatalogApp catalogApp) {
        this.catalogApp = catalogApp;
    }

    public HandlerResponse getNewWorkshopResponse(Map parameters) throws Exception {
        String nextWorkshopID = workshopManager().getNextWorkshopID();
        StringBuffer newWorkshopContents =
            WorkshopManager().createNewFileFromTemplate(
                nextWorkshopID,
                workshopManager().getWorkshopDir(),
                workshopManager().getWorkshopTemplate()
            );
        workshopManager().addWorkshop(newWorkshopContents);
        parameters.put("id", nextWorkshopID);
        catalogApp.executeActionAndGetResponse(ALL_WORKSHOPS, parameters);
    }

    private WorkshopManager workshopManager() {
        return catalogApp.getWorkshopManager();
    }
}
```

CatalogApp에서는 다음과 같이 NewWorkshopHandler 객체를 만들고 그
실행 메서드를 호출한다.

```
public class CatalogApp...
    public HandlerResponse executeActionAndGetResponse(
        String actionName, Map parameters) throws Exception {
        if (actionName.equals(NEW_WORKSHOP)) {
            return new NewWorkshopHandler(this).getNewWorkshopResponse(parameters);
        } else if (actionName.equals(ALL_WORKSHOPS)) {
            ...
        } ...
```

컴파일 후 테스트해 정상 동작하는지 확인한다. NewWorkshopHandler가
이 메서드를 호출하기 때문에 executeActionAndGetResponse()를 public

으로 만든 것에 주의하기 바란다.

더 진행하기 전에, NewWorkshopHandler의 실행 메서드에 Compose Method 리팩터링(179쪽)을 적용한다.

```
public class NewWorkshopHandler...
    public HandlerResponse getNewWorkshopResponse(Map parameters) throws Exception {
        createNewWorkshop(parameters);
        return catalogApp.executeActionAndGetResponse(
            CatalogApp.ALL_WORKSHOPS, parameters);
    }

    private void createNewWorkshop(Map parameters) throws Exception {
        String nextWorkshopID = workshopManager().getNextWorkshopID();
        workshopManager().addWorkshop(newWorkshopContents(nextWorkshopID));
        parameters.put("id",nextWorkshopID);
    }

    private StringBuffer newWorkshopContents(String nextWorkshopID) throws Exception {
        StringBuffer newWorkshopContents = workshopManager().createNewFileFromTemplate(
            nextWorkshopID,
            workshopManager().getWorkshopDir(),
            workshopManager().getWorkshopTemplate()
        );
        return newWorkshopContents;
    }
```

나머지 실행 메서드도 별도의 구체 커맨드 클래스로 분리하고 Composed Method로 만든다. 다음은 AllWorkshopsHandler를 구체 커맨드로 뽑아낼 차례다.

```
public class AllWorkshopsHandler...
    private CatalogApp catalogApp;
    private static String ALL_WORKSHOPS_STYLESHEET="allWorkshops.xsl";
    private PrettyPrinter prettyPrinter = new PrettyPrinter();

    public AllWorkshopsHandler(CatalogApp catalogApp) {
        this.catalogApp = catalogApp;
    }
    public HandlerResponse getAllWorkshopsResponse() throws Exception {
```

```
      return new HandlerResponse(
         new StringBuffer(prettyPrint(allWorkshopsData())),
         ALL_WORKSHOPS_STYLESHEET
      );
   }

   private String allWorkshopsData() ...

   private String prettyPrint(String buffer) {
      return prettyPrinter.format(buffer);
   }
```

모든 구체 커맨드에 대하여 이 단계를 마친 후, 커맨드 클래스 사이에 중복된 코드가 없는지 확인한다. 중복이 별로 없으므로 Form Template Method 리팩터링(281쪽)을 적용할 필요가 없다.

4. 다음은 커맨드 수퍼타입을 정의할 차례다. 절차 절에서도 설명했듯이 커맨드 수퍼타입이란 모든 구체 커맨드 클래스가 구현해야 할 공통의 실행 메서드를 선언하는 인터페이스 또는 추상 클래스다. 그러나 현재 상태를 보면, 구체 커맨드 클래스의 실행 메서드는 각각 이름도 다르고 파라미터의 개수와 타입도 다르다.

```
if (actionName.equals(NEW_WORKSHOP)) {
   return new NewWorkshopHandler(this).getNewWorkshopResponse(parameters);
} else if (actionName.equals(ALL_WORKSHOPS)) {
   return new AllWorkshopsHandler(this).getAllWorkshopsResponse();
} ...
```

커맨드 수퍼타입을 만들려면 다음 사항을 결정해야 한다.

● 공통 실행 메서드의 이름
● 실행 메서드로 넘겨야 할 정보와 실행 메서드로부터 받을 정보

공통 실행 메서드의 이름은 execute를 쓰기로 했다. 이 이름이 Command 패턴을 구현할 때 자주 사용되기는 하지만, 꼭 이것을 써야 하는 것은 아니

다. 이제 execute()에 넘겨야 할 정보와 execute()로부터 받을 정보를 결정할 차례다. 앞에서 생성한 구체 커맨드 클래스들을 살펴보니, 많은 실행 메서드가 다음과 같음을 알 수 있다.

- parameters라는 이름의 Map에 포함된 정보를 필요로 한다.
- HandlerResponse 타입의 객체를 리턴한다.
- Exception을 발생한다.

이로부터, execute() 메서드의 시그너처는 다음과 같이 정할 수 있다.

```
public HandlerResponse execute(Map parameters) throws Exception
```

이제 커맨드 수퍼타입을 실제로 만들 수 있다. 먼저, getNewWorkshop Response() 메서드의 이름을 execute로 바꾼다.

```
public class NewWorkshopHandler...
    public HandlerResponse execute(Map parameters) throws Exception
```

그 다음 Extract Superclass[F] 리팩터링을 이용하여 Handler라는 추상 클래스를 만든다.

```
public abstract class Handler {
    protected CatalogApp catalogApp;

    public Handler(CatalogApp catalogApp) {
        this.catalogApp = catalogApp;
    }
}

public class NewWorkshopHandler extends Handler...
    public NewWorkshopHandler(CatalogApp catalogApp) {
        super(catalogApp);
    }
```

컴파일 후 테스트해 보고, 문제가 없으면 다음 단계로 넘어간다.

5. 커맨드 수퍼타입을 만들었으므로 기존의 구체 커맨드 클래스가 이 커맨드 수퍼타입을 상속하도록 수정한다. Hadler 클래스를 상속해, execute() 메서드를 구현하면 된다. 이 과정까지 마치면 모든 커맨드 객체의 실행 메서드를 다음과 같이 단일한 방식으로 호출할 수 있게 될 것이다.

```
if (actionName.equals(NEW_WORKSHOP)) {
    return new NewWorkshopHandler(this).execute(parameters)
} else if (actionName.equals(ALL_WORKSHOPS)) {
    return new AllWorkshopsHandler(this).execute(parameters)
} ...
```

컴파일 후, 테스트 해 모든 것이 제대로 동작하는지 확인한다.

6. 이제 흥미로운 부분이다. CatalogApp 클래스의 조건 로직은 단지 매핑mapping의 역할만 하고 있으므로, 커맨드 인스턴스를 저장하는 진짜 맵으로 대체하는 것이 더 좋겠다. handlers라는 이름의 Map 객체를 만들고, 액션 이름을 키로 해서 커맨드 객체를 Map에 넣는다.

```
public class CatalogApp...
    private Map handlers;
    public CatalogApp(...) {
        ...
        createHandlers();
        ...
    }

    public void createHandlers() {
        handlers = new HashMap();
        handlers.put(NEW_WORKSHOP, new NewWorkshopHandler(this));
        handlers.put(ALL_WORKSHOPS, new AllWorkshopsHandler(this));
        ...
    }
```

당장은 커맨드 클래스가 많지 않기 때문에, 절차 절에서 언급한 Plugin 패턴을 도입할 필요까지는 없다. 컴파일 해보면 아무 문제없다.

7. 마지막으로 CatalogApp 클래스의 조건 로직을 제거하고, Map 객체에서 원하는 커맨드 객체를 찾아 실행하는 코드로 대체한다.

```
public class CatalogApp...
    public HandlerResponse executeActionAndGetResponse(
        String handlerName, Map parameters) throws Exception {
        Handler handler = lookupHandlerBy(handlerName);
        return handler.execute(parameters);
    }

    private Handler lookupHandlerBy(String handlerName) {
        return (Handler)handlers.get(handlerName);
    }
```

컴파일 후 최종 테스트를 해보면, 별 문제는 없을 것이다. 이제 CatalogApp 클래스는 액션을 실행하고 응답을 돌려주는 데 Command 패턴을 사용하고 있다. 이렇게 설계하면, 새로운 액션의 추가가 매우 쉬워진다. 새로운 커맨드 클래스를 만들고 커맨드 맵에 그 객체를 등록하기만 하면, 런타임에 알아서 실행될 것이다.

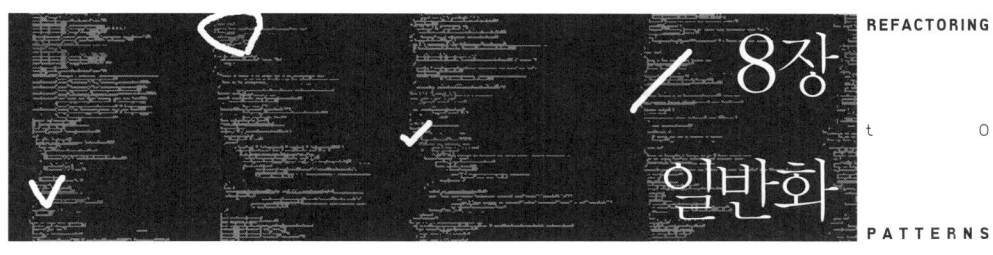

REFACTORING

8장

t   o

일반화

PATTERNS

일반화는 특수한 코드를 범용적인 코드로 변형하는 과정을 말하며, 보통은 리팩터링의 결과로서 일반화된 코드를 얻을 수 있다. 이 장에서 설명하는 리팩터링 7가지는 모두 일반화를 위한 것이다. 일반화 리팩터링을 적용하는 첫 번째 목적은 중복 코드를 제거하는 것이고, 두 번째 목적은 코드를 단순하고 명확하게 정리하는 것이다.

Form Template Method 리팩터링(281쪽)은 어떤 상속 구조 내의 여러 서브클래스에 존재하는 유사한 메서드 사이의 중복을 제거하는 데 도움이 된다. 여러 메서드가 대략 비슷한 단계와 순서로 작업을 수행하지만 각 단계의 세부 사항이 약간 다른 경우, Template Method[DP]라는 수퍼클래스 메서드를 만들어 일정한 부분과 변하는 부분을 분리할 수 있다.

Extract Composite 리팩터링(291쪽)은 Extract Superclass[F] 리팩터링을 응용한 것으로, 어떤 상속 구조 내의 여러 서브클래스들이 특별한 이유 없이 각자 저마다의 컴포짓Composite 기능을 구현하고 있을 때 사용할 수 있다. 컴포짓 기능을 수퍼클래스로 뽑아내고, 서브클래스에서는 수퍼클래스가 제공하는 컴포짓 기능을 공유하도록 만든다.

처리하려는 객체가 하나일 때와 여러 개일 때를 구별하여 각각을 위한 별도의 로직을 구현하고 있는 경우에도 Composite 패턴의 도입을 고려해야 한다. Replace One/Many Distinctions with Composite 리팩터링(303쪽)을 적용하면, 대

상 객체가 하나인지 여럿인지에 상관없이 하나의 로직으로 처리하는 일반적인
코드를 만들 수 있다.

Replace Hard-Coded Notifications with Observer 리팩터링(319쪽)은 특수한 경우를 위한 코드를 일반화시키는 전형적인 예로, 통보notify의 주체가 되는 객체와 그 통보를 받는 객체가 너무 단단하게 결합되어 있는 문제를 해결하기 위한 것이다. 이 리팩터링을 통해 Observer[DP] 패턴을 구현하면, 결합 관계가 느슨해지고 좀더 일반적인 통보 메커니즘을 얻을 수 있다.

Adapter[DP] 패턴은 인터페이스를 통합하기 위한 또 하나의 방법이다. 클라이언트가 유사한 클래스 여러 개를 사용할 때 각각 다른 인터페이스를 통하고 있다면, 보통 중복된 처리 로직이 있기 마련이다. 이런 경우에 Unify Interfaces with Adapter 리팩터링(333쪽)을 적용하면, 여러 클래스를 동일한 방법으로 처리할 수 있다. 이 리팩터링은 클라이언트 코드의 중복된 처리 로직을 제거하기 위한 다른 리팩터링 작업을 시작하기 전에 행하는 사전 포석으로 사용하는 경우가 많다.

외부 컴포넌트, 라이브러리, API, 또는 기타 외부 코드가 여러 버전으로 제공되는 경우, 이들을 동시에 지원하기 위해 어댑터adapter 역할을 하는 클래스가 있다면 그 클래스에는 중복된 코드가 존재할 가능성이 크고 설계도 복잡해지기 마련이다. 그렇다면 Extract Adapter 리팩터링(347쪽)을 적용해, 외부 코드의 버전마다 클래스를 별도로 하나씩 만들어 해당 버전을 지원하기 위한 코드를 구현한다. 더불어, 그 클래스들이 공통된 인터페이스를 가지게 만들면 중복 코드도 없어지고 설계도 간단해진다.

이 장의 마지막 리팩터링인 Replace Implicit Language with Interpreter 리팩터링(360쪽)은 명시적 언어를 사용하도록 설계했으면 더 좋을 법한 코드를 개선하기 위한 것이다. 보통 이런 코드는 언어가 할 수 있는 동작을 구현하기 위해 많은 메서드를 통한 훨씬 원시적이고 반복적인 방법을 동원한다. 이를 Interpreter[DP] 패턴으로 리팩터링하면 좀더 작고 단순하며, 유연한 범용 솔루션을 만들 수 있다.

Form Template Method

한 상속 구조 내의 어떤 두 서브클래스가 유사한 단위 작업을
같은 순서로 실행하는 메서드를 각자 구현하고 있다면,

각 단위 작업을 별도의 메서드로 뽑아내어 두 메서드를 일반화하고
이렇게 일반화된 메서드를 수퍼클래스로 올려 템플릿 메서드^{template method}로 만든다.

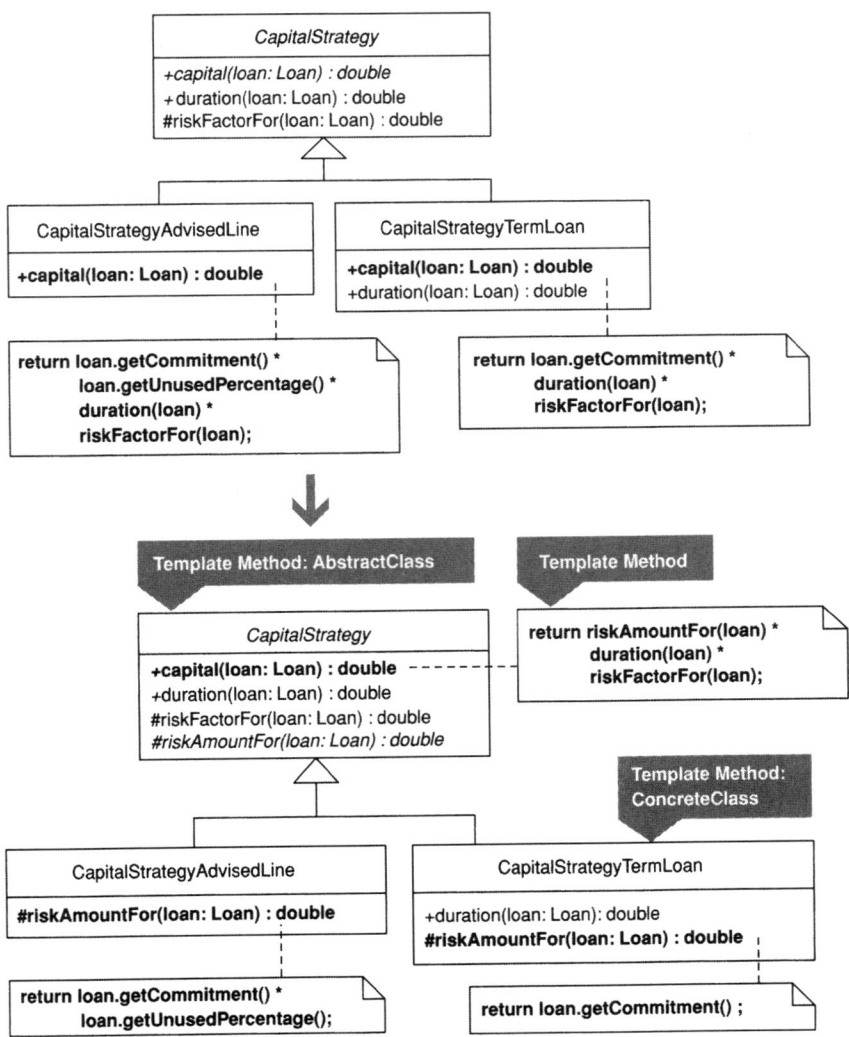

동기

템플릿 메서드는 '알고리즘에서 불변적인 부분은 한 번만 구현하고 가변적인 동작은 서브클래스에서 구현할 수 있도록 남겨둔 것'을 말한다[DP, 326]. 서브클래스에 불변적인 부분과 가변적인 부분이 뒤섞여 있다면, 불변적인 부분이 여러 서브클래스에서 중복될 것이다. 이런 코드를 Template Method 패턴으로 리팩터링하면, 불변적인 부분에 대한 구현은 한 곳에만, 즉 수퍼클래스 메서드 내의 일반화된 알고리즘에만 존재하게 되므로 코드 중복이 사라진다.

템플릿 메서드의 불변적 동작은 다음을 포함한다.

- 알고리즘을 구성하는 메서드 목록과 그 호출 순서
- 서브클래스가 꼭 오버라이드해야 할 추상 메서드
- 서브클래스가 오버라이드해도 되는 훅 메서드hook method, 즉 구체 메서드

예를 들어, 다음 코드를 살펴보자.

```
public abstract class Game...
    public void initialize() {
        deck = createDeck();
        shuffle(deck);
        drawGameBoard();
        dealCardsFrom(deck);
    }
    protected abstract Deck createDeck();

    protected void shuffle(Deck deck) {
        ...shuffle implementation
    }

    protected abstract void drawGameBoard();
    protected abstract void dealCardsFrom(Deck deck);
```

위의 initialize() 메서드는 알고리즘을 구성하는 메서드의 목록을 정의하고 그 호출 순서를 규정한다. 서브클래스가 추상 메서드를 반드시 오버라이드해야 한다는 사실도 불변적 부분이다. Game 클래스가 제공하는 shuffle() 메서드는 불변

적 부분이 아니라 혹 메서드이며, 서브클래스에서 그 구현을 상속해 그대로 사용할 수도 있고 오버라이드해서 변경할 수도 있다.

Template Method 패턴을 구현할 때에 실무적인 주의사항이 하나 있는데, 서브클래스에서 오버라이드해야 하는 메서드가 너무 많으면 곤란하다는 것이다. 서브클래스를 구현하기가 어려워지기 때문이다. 그래서 『Design Patterns』[DP]에서는 서브클래스에서 오버라이드해야 하는 추상 메서드의 개수를 최소화해야 한다고 지적한다. 그러지 않으면 템플릿 메서드의 내용을 자세히 살펴보지 않고는 프로그래머가 어떤 메서드를 오버라이드해야 할지 쉽게 알 수 없을 것이다.

템플릿 메서드는 앞의 예제와 같이 종종 팩터리 메서드(createDeck())를 호출하기도 한다. Introduce Polymorphic Creation with Factory Method 리팩터링(134쪽)에 이에 대한 자세한 예제가 있다.

Java같은 프로그래밍 언어에서는 템플릿 메서드를 final로 선언해 서브클래스가 실수로 오버라이드하는 것을 예방할 수도 있다. 단, 이런 방법은 클라이언트 코드에서 템플릿 메서드의 불변적인 부분을 전혀 변경할 필요가 없는 것이 확실할 때에만 사용해야 한다.

참고로, Martin Folwer의 Form Template Method[F] 리팩터링과 지금 설명하는 리팩터링은 매우 비슷하기 때문에 거의 동일한 것으로 볼 수 있다. 그러나 리팩터링의 절차를 설명할 때 사용한 용어가 다르고, 마지막 단계에서 취하는 방법도 다르다. 게다가 Martin이 사용한 예제에서는 중복된 코드가 확연히 드러나지만, 이 책의 예제는 코드가 아주 교묘하게 중복되어 있어서 알아채기가 쉽지 않다. 만약 Template Method 패턴에 익숙하지 않다면, 두 가지 리팩터링을 모두 공부하는 것이 좋다.

장점과 단점

+ 서브클래스들의 공통 기능을 수퍼클래스로 옮겨, 중복 코드가 제거된다.
+ 알고리즘의 과정이 단순해지고, 쉽게 알아볼 수 있다.
+ 서브클래스에서 알고리즘의 구현을 재정의하는 것이 쉬워진다.
− 서브클래스가 꼭 구현해야 하는 메서드의 개수가 많다면, 설계가 복잡해진다.

절차

1. 주어진 상속 구조 내의 두 서브클래스 사이에 유사 메서드가 존재하는지 확인한다. 유사 메서드란, 다른 서브클래스에 있는 메서드와 비슷한 작업을 비슷한 순서로 수행하는 메서드를 말한다. 유사 메서드가 확인되면, 양쪽에 모두 Compose Method 리팩터링(179쪽)을 적용한다. 이 과정에서 동일한 시그너처와 내용을 가지는 메서드(이하 공통 메서드)와 그렇지 않은 메서드(이하 특수 메서드)가 새로 생성될 수 있다.

   메서드를 공통 메서드로 뽑아낼지, 특수 메서드로 뽑아낼지를 결정하기 전에 고려해야 할 것이 있다. 특수 메서드로 만든다면 나중에는 결국 이것을 수퍼클래스의 추상 메서드 또는 훅 메서드로 만들어야 한다(단계 5 참조). 다른 서브클래스가 이 특수 메서드를 상속하거나 오버라이드할 필요가 있는가? 그렇지 않다면 처음부터 공통 메서드로 만들어야 한다.

2. 공통 메서드를 Pull Up Method[F] 리팩터링을 통해 수퍼클래스로 올린다.

3. 양쪽 서브클래스에서 유사 메서드의 내용이 서로 같아지도록, 각 특수 메서드에 Rename Method[F] 리팩터링을 적용한다.

   ✓ Rename Method[F] 리팩터링을 한 번 적용할 때마다, 컴파일 후 테스트한다.

4. 혹시 두 유사 메서드의 시그너처가 동일하지 않다면, Rename Method[F] 리팩터링을 적용해 동일하게 만든다.

5. 이제 양쪽 유사 메서드를 Pull Up Method[F] 리팩터링을 통해 수퍼클래스로 올린다. 그리고 각각의 특수 메서드에 대응하는 추상 메서드를 수퍼클래스에 정의한다[1]. 수퍼클래스로 올린 유사 메서드는 이제 템플릿 메서드가 되었다.

   ✓ 컴파일 후 테스트한다.

---

[1] 역자 주: 이 과정 때문에 앞에서 특수 메서드라 하더라도 시그너처는 같아야 한다고 설명한 것이다.

예제

Replace Conditional Logic with Strategy 리팩터링(187쪽) 예제의 마지막 부분을 보면, 다음 그림과 같이 CapitalStrategy 추상 클래스와 서브클래스 세 개가 있다.

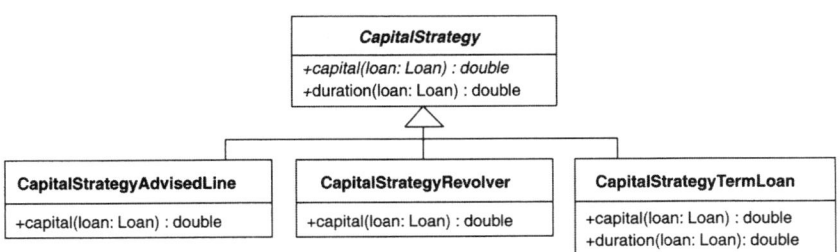

이 세 서브클래스에는 중복된 코드가 약간 있는데, Form Template Method 리 팩터링을 통해 중복을 제거할 것이다. 참고로, 서브클래스 사이에 중복된 부분을 최소화하거나 제거하기 위해서 Strategy 패턴과 Template Method 패턴을 결합하 는 것은 상당히 자주 애용되는 방법이다.

CapitalStrategy 클래스는 capital을 계산하기 위한 추상 메서드를 선언한다.

```
public abstract class CapitalStrategy...
    public abstract double capital(Loan loan);
```

CapitalStrategy의 서브클래스에서 capital을 계산하는 방식은 서로 비슷하다.

```
public class CapitalStrategyAdvisedLine...
    public double capital(Loan loan) {
        return loan.getCommitment() * loan.getUnusedPercentage() *
                duration(loan) * riskFactorFor(loan);
    }

public class CapitalStrategyRevolver...
    public double capital(Loan loan) {
        return (loan.outstandingRiskAmount() * duration(loan) * riskFactorFor(loan))
                + (loan.unusedRiskAmount() * duration(loan) * unusedRiskFactor(loan));
    }
```

```
public class CapitalStrategyTermLoan...
    public double capital(Loan loan) {
        return loan.getCommitment() * duration(loan) * riskFactorFor(loan);
    }
    protected double duration(Loan loan) {
        return weightedAverageDuration(loan);
    }
    private double weightedAverageDuration(Loan loan)...
```

CapitalStrategyAdvisedLine 클래스의 capital() 메서드를 보면 loan.getUnused-Percentage()의 결과 값을 곱하는 과정만 제외하고는 CapitalStrategyTermLoan 클래스의 capital()과 동일하다. 이렇게 약간 다르기는 하지만 과정이 거의 동일하다는 것은 Form Template Method 리팩터링을 통해 이 알고리즘을 일반화할 수 있음을 의미한다. 따라서 다음 과정에 따라 두 클래스에 대해 Form Template Method 리팩터링을 적용해 보자. CapitalStrategyRevolver 클래스는 일단 신경 쓰지 말기 바란다. 이 클래스는 예제 절의 맨 마지막 단계에서 처리할 것이다.

1. CapitalStrategyAdvisedLine과 CapitalStrategyTermLoan이 구현한 capital()
   이 이번 예제에서 대상으로 삼을 유사 메서드에 해당한다.

   절차에 따라, 두 capital() 메서드에 Compose Method 리팩터링(179쪽)을 적용해 공통 메서드와 특수 메서드를 뽑아낸다. CapitalStrategyAdvisedLine 에서 load.getUnusedPercentage()의 결과값을 곱하는 것만 제외하면 두 메서드는 동일하므로 이 부분만 특수 메서드로 뽑아낼지, 아니면 이 부분을 다른 코드를 포함하는 메서드의 일부로 뽑아낼지 결정해야 한다. 어떻게 하든 상관없다. 은행에서 다년간 대출 계산기를 프로그래밍한 경험이 이번 결정을 내리는 데 도움이 됐다. Aadvised Line에 대한 Risk Amount는 loan.getCommitment() * loan.getUnusedPercetage()로 구할 수 있다. 게다가, 나는 risk-adjusted capital을 계산하는 표준 공식도 알고 있다.

   $$\text{Risk Amount} \times \text{Duration} \times \text{Risk Factor}$$

   이런 지식을 통해 CapitalStrategyAdvisedLine 코드에서, loan.getCommit-

ment() * loan.getUnusedPercentage()를 riskAmountFor()로 따로 뽑아낼
수 있음을 알 수 있다. CapitalStrategyTermLoan에 대해서도 비슷한 단계를 수
행한다.

```
public class CapitalStrategyAdvisedLine...
    public double capital(Loan loan) {
        return riskAmountFor(loan) * duration(loan) * riskFactorFor(loan);
    }
    private double riskAmountFor(Loan loan) {
        return loan.getCommitment() * loan.getUnusedPercentage();
    }

public class CapitalStrategyTermLoan...
    public double capital(Loan loan) {
        return riskAmountFor(loan) * duration(loan) * riskFactorFor(loan);
    }
    private double riskAmountFor(Loan loan) {
        return loan.getCommitment();
    }
```

여기서는 도메인 지식이 리팩터링에 많은 영향을 미쳤다. Eric Evans의
『Domain-Driven Design』[Evans]에는 도메인 지식이 리팩터링에 어떻게 영향
을 미칠 수 있는지 설명되어 있다.

2. 공통 메서드를 수퍼클래스인 CapitalStrategy로 올린다. 이 때 riskAmount-
For(...) 메서드는 서브클래스마다 그 구현이 다르기 때문에 공통 메서드가
아니다. 따라서 그 메서드를 옮기는 것은 다음 단계에서 할 일이다.

3. 이제 각 서브클래스에서 서로 대응하는 특수 메서드들이 동일한 시그너처를
갖도록 만들 차례다. riskAmountFor(...) 메서드의 경우에는 이미 그 조건을
만족하므로, 다음 단계로 넘어간다.

4. 유사 메서드인 capital(...)이 모든 서브클래스들에서 동일한 시그너처를 갖도
록 만들 차례지만, 이 역시 이미 그런 상태다. 따라서 다시 다음 단계로 넘어
간다.

5. 각 서브클래스에서 capital(...)의 시그너처도 동일하고 구현도 같으므로, 이
   메서드를 Pull Up Method[F] 리팩터링을 통해 CapitalStrategy 클래스로 옮긴
   다. 더불어, 특수 메서드인 riskAmountFor(...)를 위해 CapitalStrategy에 같은
   이름의 추상 메서드를 선언한다.

```
public abstract class CapitalStrategy...
   public abstract double capital(Loan loan);
   public double capital(Loan loan) {
      return riskAmountFor(loan) * duration(loan) * riskFactorFor(loan);
   }
   public abstract double riskAmountFor(Loan loan);
```

   capital(...)은 이제 템플릿 메서드가 되었다. 지금까지 한 작업으로 Capital-
StrategyAdvisedLine과 CapitalStrategyTermLoan에 대한 리팩터링이 완료되
었다.

다음은 CapitalStrategyRevolver를 수정할 차례인데, 그 전에 앞의 단계 1에서
riskAmountFor(...) 메서드를 만들지 않았다면 어떤 상황이 되었을지 짚고 넘어가
야겠다. CapitalStrategyAdvisedLine.capital(...)의 내부 코드 중 loan.getUnused-
Percentage() 부분만을 unusedPercentageFor(...)라는 이름의 특수 메서드로 뽑았
다고 가정하면, 그 메서드는 결국 다음과 같이 CapitalStrategy의 훅 메서드가 될
것이다.

```
public abstract class CapitalStrategy...
   public double capital(Loan loan) {
      return loan.getCommitment() * unusedPercentageFor(loan) *
            duration(loan) * riskFactorFor(loan);
   }
   public abstract double riskAmountFor(Loan loan);

   protected double unusedPercentageFor(Loan loan) { // 훅 메서드
      return 1.0
   };
```

이 훅 메서드는 1.0을 리턴하므로, CapitalStrategyAdvisedLine처럼 오버라이드

하지 않는 한 계산 결과에 아무런 영향을 주지 않는다.

```
public class CapitalStrategyAdvisedLine...
    protected double unusedPercentageFor(Loan loan) {
        return loan.getUnusedPercentage();
    };
```

그리고 CapitalStrategyTermLoan은 riskAmountFor(...)를 구현하는 것이 아니라 수퍼클래스의 capital(...) 메서드 구현을 상속 받기만 하면 된다.

```
public class CapitalStrategyTermLoan...
    public double capital(Loan loan) {
        return loan.getCommitment() * duration(loan) * riskFactorFor(loan);
    }
    protected double duration(Loan loan) {
        return weightedAverageDuration(loan);
    }
    private double weightedAverageDuration(Loan loan)...
```

결과적으로, 이렇게 해도 Template Method 패턴이 되는 것은 똑같다. 그러나 첫 번째 방식에 비해 다음과 같은 단점이 있다.

- risk-adjusted capital을 계산하는 표준 공식(Risk Amount × Duration × Risk Factor)이 명확히 드러나지 않는다.

- CapitalStrategyTermLoan과 (뒤에서 다루겠지만) CapitalStrategyRevolver 에게는 상속 받은 훅 메서드가 전혀 쓸모없다. CapitalStrategy의 서브클래스 중 3분의 2가 그런 상황에 놓이는 것이다.

이제 다시 첫 번째 방식으로 돌아와서, CapitalStrategyRevolver까지 수정해 리팩터링을 마무리하자. CapitalStrategyRevolver의 capital()은 원래 다음과 같았다.

```
public class CapitalStrategyRevolver...
    public double capital(Loan loan) {
        return (loan.outstandingRiskAmount() * duration(loan) * riskFactorFor(loan))
            + (loan.unusedRiskAmount() * duration(loan) * unusedRiskFactor(loan));
    }
```

계산 코드의 앞 절반은 Risk Amount × Duration × Risk Factor라는 표준 공식과 비슷하게 생겼다. 뒷 절반도 역시 비슷하지만, 앞부분과 다른 것은 loan의 Unused Portion을 고려한다는 점이다. 따라서, 수퍼클래스가 제공하는 템플릿 메서드를 그대로 이용하면서도 원하는 계산을 할 수 있도록 다음과 같이 리팩터링할 수 있다.

```
public class CapitalStrategyRevolver...
    public double capital(Loan loan) {
        return
            super.capital(loan)
            + (loan.unusedRiskAmount() * duration(loan) * unusedRiskFactor(loan));
    }

    protected double riskAmountFor(Loan loan) {
        return loan.outstandingRiskAmount();
    }
```

자, Form Template Method 리팩터링을 모두 완료했다. 이제, 과연 리팩터링 후의 코드가 원래 코드보다 이해하기 더 쉬운지를 따져보자. 일단, 코드 사이의 미묘한 중복이 없어진 것은 확실하다. 코드를 보고 계산 공식을 알아보기가 더 쉬워졌는가? 나는 그렇다고 생각한다. 보통은 공통의 계산 방식을 따르다가 Revolver의 경우에만 Unused Capital을 추가적으로 고려해 준다는 사실이 잘 드러나기 때문이다. Extract Method[F] 리팩터링을 적용하여 코드를 아래와 같이 고친다면, 이 점은 더 명확해진다.

```
public class CapitalStrategyRevolver...
    public double capital(Loan loan) {
        return super.capital(loan) + unusedCapital(loan);
    }
    public double unusedCapital(Loan loan) {
        return loan.unusedRiskAmount() * duration(loan) * unusedRiskFactor(loan);
    }
```

Extract Composite

한 상속 구조 내의 서브클래스가 동일한 컴포짓composite 기능을 각자 구현하고 있다면,

컴포짓 기능을 수퍼클래스로 옮겨 구현한다.

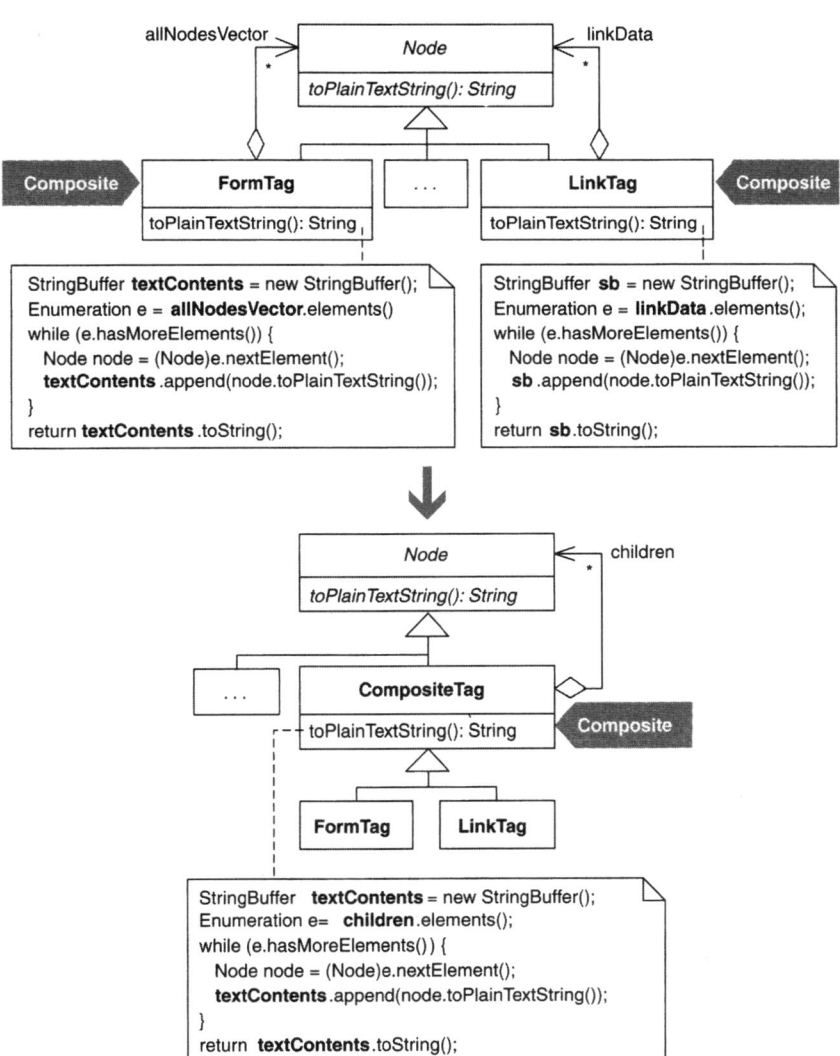

동기

Martin Fowler의 설명에 따르면, Extract Superclass[F] 리팩터링은 몇몇 클래스들이 비슷한 기능을 각자 구현하고 있을 때 그 기능을 공통의 수퍼클래스로 옮기는 것이다. Extract Composite 리팩터링도 이와 유사한데, 컴포짓 기능에 대한 것이라는 점이 다르다.

어떤 상속 구조 내의 서브클래스들이 자신의 자식 객체를 컬렉션에 저장하고 그 자식 객체들의 기능에 접근하기 위한 메서드를 각자 구현하는 것은 자주 볼 수 있다. 이때 만약 자식 객체의 타입이 부모 객체와 동일한 상속 구조 내의 타입이라면, Composite[DP] 패턴으로 리팩터링하여 많은 코드 중복을 제거할 수 있다.

위와 같은 경우에 중복된 코드를 제거하면 서브클래스들이 매우 단순해진다. 내가 경험한 어떤 프로젝트에서는 개발자들이 시스템에 새 기능을 추가하기 위해 어떤 상속 구조에 새로운 서브클래스를 만들어 넣는 것을 어려워하고 있었다. 그 원인은 대부분 수많은 서브클래스에 퍼져있는 복잡한 자식 객체 처리 로직에 있었다. 그런 상황에서 Extract Composite 리팩터링을 적용했고, 결과적으로 서브클래스의 코드가 간단해졌다. 따라서 개발자들이 새 서브클래스를 만드는 방법을 이해하기가 훨씬 쉬워졌다. 게다가 리팩터링의 결과로 만들어진 수퍼클래스의 이름에 'Composite'이라는 단어를 붙여놨기 때문에, 개발자들은 그 클래스를 서브클래싱하면 컴포짓 기능을 상속 받아 그냥 쓸 수 있다는 점을 쉽게 알 수 있었다.

이 리팩터링과 Extract Superclass[F] 리팩터링은 근본적으로는 동일하지만, 대상이 다르다. 자식 객체 처리 로직을 수퍼클래스로 올리는 일을 할 때에는 Extract Composite 리팩터링을 사용하고, 그 후에도 계속 중복된 로직이 남아있다면 Extract Superclass[F] 리팩터링을 사용하면 된다.

장점과 단점

+ 중복된 자식 객체 저장/처리 로직을 제거한다.
+ 자식 객체 처리 로직을 상속 받아 그대로 사용할 수 있음이 명확히 드러난다.

절차

이 리팩터링의 절차는 Extract Superclass[F] 리팩터링의 절차를 기반으로 한다.

1. 처음에는 컴포짓 기능이 없는 상태지만 리팩터링 후에는 『Design Patterns』 [DP]에서 설명하는 컴포짓이 될 클래스를 하나 만든다. 그리고 그 이름에는 추후에 다룰 자식 객체의 종류를 표시하는 것이 좋다(예를 들어, Composite-Tag).

   ∨ 컴파일한다.

2. 자식 객체 컨테이너(상속 구조에서 중복된 자식 객체 처리 로직을 포함하는 클래스)를 앞서 만든 컴포짓 클래스의 서브클래스로 만든다.

   ∨ 컴파일한다.

3. 자식 객체 컨테이너 사이에 중복된 자식 객체 처리 메서드를 하나 찾아낸다. 이런 경우는 두 가지가 있는데, 하나는 메서드 몸체 구현이 완전히 동일한 경우고 다른 하나는 메서드 몸체 구현에 공통되는 부분과 다른 부분이 혼재하는 경우다. 전자를 완전 중복 메서드라고 하고 후자를 부분 중복 메서드라고 하자.

   찾아낸 중복 메서드의 이름이 통일되어있지 않다면, Rename Method[F] 리팩터링을 적용해서 메서드 이름을 동일하게 만든다.

   완전 중복 메서드인 경우에는, 그 메서드에서 사용하는 자식 객체 컬렉션 필드를 Pull Up Field[F] 리팩터링을 통해 컴포짓 클래스로 옮긴다. 이때 그 필드는 모든 자식 객체 컨테이너에게 의미 있는 일반적인 이름으로 바꾼다. 필드를 옮긴 후에는 Pull Up Method[F] 리팩터링을 통해 메서드도 컴포짓 클래스로 올린다. 이때, 그 메서드가 클래스의 생성자 코드에 의존하는 부분이 있다면 그 생성자 코드도 컴포짓 클래스의 생성자로 올려야 한다.

   부분 중복 메서드인 경우, 먼저 Substitute Algorithm[F] 리팩터링을 통해 메서드 구현을 모두 동일하게 만들 수 있는지 살핀다. 만약 그렇다면, 리팩터링을 통해 완전 중복 메서드로 만든다. 그렇지 않다면, Extract Method[F] 리팩터링을 통해 공통적인 부분을 별도의 메서드로 뽑아낸 후, Pull Up Method[F] 리팩터링을 적용하여 컴포짓 클래스로 옮긴다. 참고로, 메서드들의 내부 구현이 동일한 단계를 따르지만 각 단계가 조금씩 다르게 구현되어 있다면, Form Template Method 리팩터링(281쪽)을 고려해 볼 수 있다.

　✓ 각 리팩터링을 완료할 때마다 컴파일하고 테스트한다.

4. 다른 중복된 자식 객체 처리 메서드를 찾아 각각 단계 3의 작업을 반복한다.

5. 가능하다면, 클라이언트 코드에서 각 자식 객체 컨테이너를 사용할 때 일률적으로 컴포짓 클래스 타입만을 통하도록 만든다.

　✓ 컴파일 후 테스트한다.

예제

이 리팩터링은 오픈 소스 HTML 파서[2]를 작성할 때 적용됐다. 이 파서는 HTML 문서를 읽어가면서 태그나 문자열을 만나면 그에 대응하는 HTML 요소 객체를 생성한다. 예를 들어, 다음과 같은 HTML 문서가 있다고 하자.

```
<HTML>
  <BODY>
    Hello, and welcome to my Web page! I work for
    <A HREF="http://industriallogic.com">
      <IMG SRC="http://industriallogic.com/images/logo141x145.gif">
    </A>
  </BODY>
</HTML>
```

위 HTML에 대해 파서는 다음과 같은 타입의 객체를 생성한다.

- 〈body〉 등의 태그를 위한 각종 Tag 객체
- 'Hello, and welcome ...' 과 같은 문자열을 위한 StringNode 객체
- 〈A HREF="..."〉 태그에 대응되는 LinkTag 객체

---

2) 역자 주: http://sourceforge.net/projects/htmlparser

예제를 보면, 링크 태그(〈A HREF="..."〉)가 이미지 태그(〈IMG SRC="..."〉)를 포함하고 있는데, 파서가 이 부분을 어떻게 처리하는지 궁금할 것이다. 파서가 작업을 수행하다가 링크 태그 내에 이미지 태그가 있는 것을 발견하면, 이미지 태그에 대응하는 ImageTag 객체를 생성하고 그것을 LinkTag 객체의 자식 객체로 만든다.

LinkTag 뿐만 아니라 FormTag, TitleTag 등의 태그도 자식 컨테이너가 된다. 그런데 이 클래스들을 살펴보니, 자식 객체를 저장하고 처리하는 기능을 다음과 같이 각자 구현하고 있었다.

```
public class LinkTag extends Tag...
    private Vector nodeVector;

    public String toPlainTextString() {
        StringBuffer sb = new StringBuffer();
        Node node;
        for (Enumeration e=linkData();e.hasMoreElements();) {
            node = (Node)e.nextElement();
            sb.append(node.toPlainTextString());
        }
        return sb.toString();
    }
}

public class FormTag extends Tag...
    protected Vector allNodesVector;

    public String toPlainTextString() {
        StringBuffer stringRepresentation = new StringBuffer();
        Node node;
        for (Enumeration e=getAllNodesVector().elements();e.hasMoreElements();) {
            node = (Node)e.nextElement();
            stringRepresentation.append(node.toPlainTextString());
        }
        return stringRepresentation.toString();
    }
}
```

FormTag 객체와 LinkTag 객체는 모두 자식 객체를 가질 수 있기 때문에 둘 다 자식 노드를 저장할 Vector 필드를 가진다. 필드의 이름은 다르지만 말이다. 그리고 두 클래스의 toPlainTextString() 메서드를 보면, 자식 객체들을 하나씩 순회하면서 각각의 정보를 바탕으로 평문을 생성하는 로직을 각자 구현하고 있다. 그런데 그 코드가 거의 같다. 실제로 자식 컨테이너 클래스에는 거의 같은 메서드가 여러 개 있었는데, 이 모든 것이 중복의 악취를 풍기고 있었다. 따라서 나는 이 코드에 Extract Composite 리팩터링을 적용하기 위해 다음과 같은 단계를 따랐다.

1. 자식 컨테이너 클래스들의 수퍼클래스가 될 추상 클래스를 만든다. 그런데 LinkTag, FormTag 등의 자식 컨테이너 클래스는 이미 모두 Tag의 서브클래스이므로 다음과 같이 만들 수 있다.

```
public abstract class CompositeTag extends Tag {
    public CompositeTag(
        int tagBegin,
        int tagEnd,
        String tagContents,
        String tagLine) {
        super(tagBegin, tagEnd, tagContents, tagLine);
    }
}
```

2. 자식 컨테이너 클래스들을 앞에서 만든 CompositeTag의 서브클래스가 되도록 수정한다.

```
public class LinkTag extends CompositeTag
```

```
public class FormTag extends CompositeTag
```

```
// 이하 생략
```

　　참고로, 이 책에서는 예를 드는 것이 목적이기 때문에 자식 컨테이너 클래스를 두 개밖에 제시하지 않았지만, 실제 코드에서는 훨씬 더 많다.

3. 모든 자식 컨테이너를 조사해서 완전 중복 메서드를 찾는다. 여기서는 toPlainTextString()이 이에 해당하는데(코드가 겉으로는 동일해 보이지 않지만 자세히 따져보면 같다), 양쪽 클래스에 있는 메서드 이름이 동일하므로

Rename Method[F] 리팩터링은 사용할 필요가 없다. 따라서 첫 단계는 자식 객체를 저장하는 Vector 필드를 수퍼클래스로 옮기는 것이다. 먼저 LinkTag 를 다음과 같이 수정한다.

```
public abstract class CompositeTag extends Tag...
  protected Vector nodeVector; // 수퍼클래스로 옮겨온 필드

public class LinkTag extends CompositeTag...
  private Vector nodeVector;
```

다음은 FormTag의 Vector 필드 이름을 수퍼클래스로 옮긴 필드 이름인 nodeVector로 바꾼다.

```
public class FormTag extends CompositeTag...
  protected Vector allNodesVector;
  protected Vector nodeVector;
...
```

그리고 이 필드를 제거한다. 즉, 수퍼클래스로부터 상속받아 그대로 사용 하게 하는 것이다.

```
public class FormTag extends CompositeTag...
  protected Vector nodeVector;
```

nodeVector라는 이름도 별로 마음에 들지 않으므로, 다음과 같이 수정한다.

```
public abstract class CompositeTag extends Tag...
  protected Vector nodeVector;
  protected Vector children;
```

이제 toPlainTextString()을 CompositeTag로 옮길 차례다. 리팩터링 자동 화 도구를 사용한다면 아마도 백이면 백 실패할 것이다. 두 클래스의 코드가 완전히 동일하지는 않기 때문이다. LinkTag에서 자식 객체에 대한 열거자 iterator 객체를 얻기 위해 linkData()를 사용하지만, FormTag에서는 getAll-NodesVector().elements()를 사용하고 있다.

```
public class LinkTag extends CompositeTag
  public Enumeration linkData() {
    return children.elements();
  }

  public String toPlainTextString()...
    for (Enumeration e=linkData();e.hasMoreElements();)
      ...

public class FormTag extends CompositeTag...
  public Vector getAllNodesVector() {
    return children;
  }
  public String toPlainTextString()...
    for (Enumeration e=getAllNodesVector().elements();e.hasMoreElements();)
      ...
```

이 문제를 해결하려면, 컴포짓 클래스에 자식 객체에 대한 열거자를 리턴하는 메서드를 구현해야 한다. 다른 방법도 있겠지만, LinkTag와 FormTag 모두 children()이라는 메서드를 구현한 다음 그것을 CompositeTag로 옮기는 방법이 좋을 것이다.

```
public abstract class CompositeTag extends Tag...
  public Enumeration children() {
    return children.elements();
  }
```

이제 IDE에 포함된 리팩터링 자동화 도구를 통해서도 정상적으로 작업할 수 있다. 컴파일 후 테스트하여 문제가 생기지는 않았는지 살펴본다.

4. 나머지 중복 메서드에 대해서도 단계 3을 반복해 CompositeTag로 옮겨야 한다. 원래 코드에는 이런 류의 메서드가 여러 개 있지만, 여기서는 toHTML() 만 설명할 것이다. 이 메서드는 해당 객체에 대응하는 HTML 문자열을 생성하는 것이다. LinkTag와 FormTag는 이 메서드를 따로따로 구현하고 있는데, 단계 3을 수행하기 위해서 우선 이 메서드가 완전 중복인지 아니면 부분 중복인지를 확인해야 한다.

다음은 LinkTag에 구현된 toHTML() 코드다.

```java
public class LinkTag extends CompositeTag
    public String toHTML() {
        StringBuffer sb = new StringBuffer();
        putLinkStartTagInto(sb);
        Node node;
        for (Enumeration e = children();e.hasMoreElements();) {
            node = (Node)e.nextElement();
            sb.append(node.toHTML());
        }
        sb.append("</A>");
        return sb.toString();
    }

    public void putLinkStartTagInto(StringBuffer sb) {
        sb.append("<A ");
        String key,value;
        int i = 0;
        for (Enumeration e = parsed.keys();e.hasMoreElements();) {
            key = (String)e.nextElement();
            i++;
            if (key!=TAGNAME) {
                value = getParameter(key);
                sb.append(key+"=\""+value+"\"");
                if (i<parsed.size()-1) sb.append(" ");
            }
        }
        sb.append(">");
    }
```

버퍼를 생성한 다음, putLinkStartTagInto(...) 메서드를 통해 시작 태그의 속성 내용을 버퍼에 채운다. 시작 태그가 〈A HREF="..."〉 또는 〈A NA-ME="..."〉과 같이 되어 있다면, HREF와 NAME이 속성에 해당한다. 그 다음은, 태그 사이의 문자열에 해당하는 StringNode 또는 ImageTag 객체를 자식으로 가지고 있을 수 있으므로 자식 객체를 하나씩 순회하며 그 내용을 처리한다. 마지막으로, 종료 태그 〈/A〉를 버퍼에 쓴다.

다음은 FormTag에 구현된 toHTML() 코드다.

```
public class FormTag extends CompositeTag...
    public String toHTML() {
        StringBuffer rawBuffer = new StringBuffer();
        Node node,prevNode=null;
        rawBuffer.append("<FORM METHOD=\""+formMethod+"\" ACTION=\""+formURL+"\"");
        if (formName!=null && formName.length()>0)
            rawBuffer.append(" NAME=\""+formName+"\"");
        Enumeration e = children.elements();
        node = (Node)e.nextElement();
        Tag tag = (Tag)node;
        Hashtable table = tag.getParsed();
        String key,value;
        for (Enumeration en = table.keys();en.hasMoreElements();) {
            key=(String)en.nextElement();
            if (!(key.equals("METHOD")
                || key.equals("ACTION")
                || key.equals("NAME")
                || key.equals(Tag.TAGNAME))) {
                value = (String)table.get(key);
                rawBuffer.append(" "+key+"="+"\""+value+"\"");
            }
        }
        rawBuffer.append(">");
        rawBuffer.append(lineSeparator);
        for (;e.hasMoreElements();) {
            node = (Node)e.nextElement();
            if (prevNode!=null) {
                if (prevNode.elementEnd()>node.elementBegin()) {
                    // 새 줄이다.
                    rawBuffer.append(lineSeparator);
                }
            }
            rawBuffer.append(node.toHTML());
            prevNode=node;
        }
        return rawBuffer.toString();
    }
}
```

FormTag의 toHTML() 구현은 LinkTag와 비교할 때 일부는 비슷하지만 그렇지 않은 부분도 있다. 즉, toHTML()은 부분 중복 메서드다. 따라서 절차 절에서 설명한대로 Substitute Algorithm[F] 리팩터링을 통해 완전 중복으로 만들 수 있는지 살펴봐야 한다.

결론부터 말하면, 가능하다. 그렇게 만드는 것은 보기보다 쉬운데, toHTML()이 하는 일을 다음과 같은 세 가지 과정으로 나눌 수 있고, 이는 두 클래스에 모두 적용되기 때문이다.

- 시작 태그 및 그 속성에 대한 처리
- 자식 태그에 대한 처리
- 종료 태그에 대한 처리

위의 사실을 고려하면, 각 과정에 해당하는 공통 메서드를 CompositeTag에 만들고 두 서브클래스에서는 그 메서드를 사용하여 toHTML()을 구현하면 된다는 것을 알 수 있다. 다음은 시작 태그를 처리하는 과정에 대해 이 방법을 적용한 코드다.

```
public abstract class CompositeTag extends Tag...
   public void putStartTagInto(StringBuffer sb) {
      sb.append("<" + getTagName() + " ");
      String key,value;
      int i = 0;
      for (Enumeration e = parsed.keys();e.hasMoreElements();) {
         key = (String)e.nextElement();
         i++;
         if (key!=TAGNAME) {
            value = getParameter(key);
            sb.append(key+"=\""+value+"\"");
            if (i<parsed.size()) sb.append(" ");
         }
      }
      sb.append(">");
   }

public class LinkTag extends CompositeTag...
   public String toHTML() {
      StringBuffer sb = new StringBuffer();
      putStartTagInto(sb);
```

```
...

public class FormTag extends CompositeTag
    public String toHTML() {
        StringBuffer rawBuffer = new StringBuffer();
        putStartTagInto(rawBuffer);
        ...
```

자식 태그와 종료 태그에 대해서도 같은 작업을 반복하면 toHTML()을 다음과 같이 CompositeTag로 옮길 수 있다.

```
public abstract class CompositeTag extends Tag...
    public String toHTML() {
        StringBuffer htmlContents = new StringBuffer();
        putStartTagInto(htmlContents);
        putChildrenTagsInto(htmlContents);
        putEndTagInto(htmlContents);
        return htmlContents.toString();
    }
```

사실 이렇게 하려면 자식 객체에 관련된 모든 메서드도 CompositeTag로 옮겨야 하지만 이 부분은 독자의 몫으로 남겨 두겠다.

5. 마지막 단계로, 자식 컨테이너 클래스에 대한 클라이언트 코드가 CompositeTag 타입만을 사용하도록 할 수 있는지 확인해야 하는데, 파서 자체에는 그럴 일이 없으므로 리팩터링을 이대로 완료한다.

Replace One/Many Distinctions with Composite

어떤 클래스에서 주어진 객체를 처리할 때,

그 객체의 개수에 따라 서로 다른 로직을 사용하고 있다면,

컴포짓을 사용해 객체의 개수에 상관없이 한 로직으로 처리할 수 있도록 만든다.

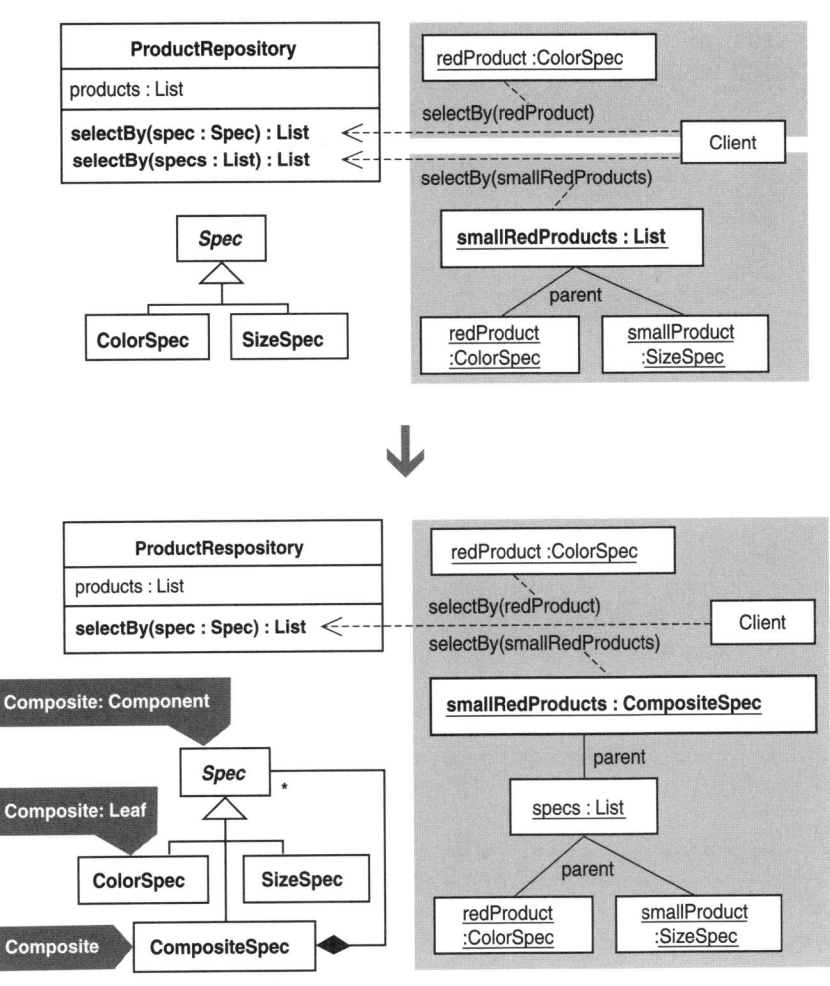

동기

어떤 클래스에 하나의 객체를 처리하는 메서드가 있는데, 로직이 이와 거의 비슷하면서 여러 객체(즉, 객체의 컬렉션)를 처리하는 메서드가 있다면, 이는 한 객체와 여러 객체를 구별하고 있는 것이다. 이런 구별은 다음과 같은 문제가 있다.

- **코드가 중복된다.** 처리할 객체가 하나일 때와 여러 개일 때의 처리 로직은 기본적으로 동일한 경우가 많기 때문에 두 메서드 사이에는 코드가 중복되기 마련이다. Composite[DP] 패턴을 도입하지 않고도 중복을 감소시킬 수 있지만, 그렇다 해도 여전히 거의 같은 일을 하는 메서드가 두 개 존재한다는 문제점이 남는다.

- **클라이언트 코드가 복잡해진다.** 클라이언트에서는 객체의 개수에 상관없이 동일한 방법으로 처리하고 싶을 것이다. 그러나 처리할 객체의 개수에 따라 메서드가 별도로 존재하고 시그너처마저 다르기 때문에, 클라이언트에서도 어쩔 수 없이 경우에 따라, 호출을 다르게 해야 한다. 따라서 클라이언트 코드가 복잡해진다.

- **처리 결과를 취합하기 위해서 추가적인 처리가 필요하다.** 이를 테면, 빨간색이면서 가격이 5달러 이하이거나 파란색이면서 가격이 10달러 이하인 상품을 검색하는 코드를 만드는 경우를 생각해보자. 상품 검색은 ProductRepository 클래스의 selectBy(List specs) 메서드를 이용한다고 하자. 이 메서드는 결과 목록을 List 객체로 만들어 리턴한다. 다음 코드는 selectBy(...) 메서드를 사용하는 예다.

```
List redProductsUnderFiveDollars = new ArrayList();
redProductsUnderFiveDollars.add(new ColorSpec(Color.red));
redProductsUnderFiveDollars.add(new BelowPriceSpec(5.00));

List foundRedProductsUnderFiveDollars =
    productRepository.selectBy(redProductsUnderFiveDollars);
```

그런데 selectBy(List specs)는 OR 조건을 줄 수 없다는 단점이 있다. 따라서 빨간색이면서 가격이 5달러 이하이거나 파란색이면서 가격이 10달러 이하인 상품을 찾으려면, 다음과 같이 두 조건에 대해서 각각 검색한 후 그 결과를 합쳐야 하는데, 별로 좋은 방법이 아니다.

```
List foundRedProductsUnderFiveDollars =
    productRepository.selectBy(redProductsUnderFiveDollars);

List foundBlueProductsAboveTenDollars =
    productRepository.selectBy(blueProductsAboveTenDollars);

List foundProducts = new ArrayList();
foundProducts.addAll(foundRedProductsUnderFiveDollars);
foundProducts.addAll(foundBlueProductsAboveTenDollars);
```

이런 상황에서는 Composite 패턴을 사용하는 것이 훨씬 좋으며, 다음과 같은 장점이 있다.

● 객체의 개수와 무관하게 메서드 하나로 처리할 수 있어 코드의 중복이 없어진다.

● 클라이언트 코드에서도 객체의 개수에 상관없이 동일한 메서드를 사용할 수 있다.

● 객체의 트리를 처리할 때에도 클라이언트는 처리 메서드를 한번만 호출할 수 있다. 객체를 처리하는 메서드를 객체의 서브 트리에 따라 각각 따로 호출한 후 그 결과를 합치는 성가신 과정을 거치지 않아도 되는 것이다. 예를 들어, 빨간색이면서 가격이 5달러 이하이거나 파란색이면서 가격이 10달러 이하인 상품을 찾을 때, 클라이언트는 다음 그림과 같은 컴포짓을 생성해 처리 메서드에 넘겨주면 되는 것이다.

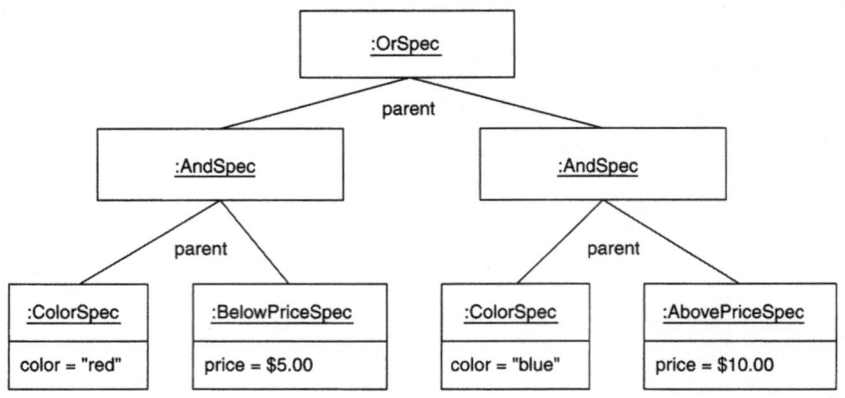

Replace One/Many Distinctions with Composite 리팩터링을 적용하면, 코드 중복이 사라지고 클라이언트 코드가 단순해지며 객체의 트리를 처리하는 기능을 구현할 수 있다. 이 리팩터링을 사용할 때 한 가지 주의할 점이 있다. 위에서 열거한 장점 중 뒤의 두 가지가 별로 중요하지 않고, 한 객체와 여러 객체를 구별하면서도 코드 중복을 최소화할 수 있다면 굳이 Composite 패턴을 사용할 필요가 없다는 것이다.

Composite 패턴의 단점 가운데 하나는 타입 안전성과 관련된 문제다. 클라이언트에서 컴포짓에 유효하지 않은 타입의 객체를 넣는 것을 예방하기 위해, 컴포짓 코드에는 클라이언트가 객체를 추가하려 할 때마다 객체를 확인하는 절차가 포함되어야 한다. 이는 컴포짓 뿐만 아니라 일반적인 컬렉션에도 해당하는 문제다.

장점과 단점

+ 객체가 하나일 때와 여러 개일 때를 처리하기 위해 각각 존재했던 중복된 처리 코드를 제거할 수 있다.
+ 객체 하나를 처리하는 방법과 객체 여러 개를 처리하는 방법이 하나로 통일된다.
+ 여러 개의 객체를 처리하기 위해 필요한 추가적인 기능을 부여할 수 있다. (예를 들어, OR 조건 표현)
− 컴포짓을 생성하는 동안 타입 안전성을 위해 런타임 타입 검사가 필요할 수 있다.

절차

절차 절과 예제 절에서는 하나의 객체를 처리하는 메서드를 단수 객체 메서드, 여러 개의 객체를 처리하는 메서드를 복수 객체 메서드라 부르겠다.

1. 복수 객체 메서드는 컬렉션을 파라미터로 받는다. 이때 새 클래스를 하나 만들어서 생성자가 컬렉션을 파라미터로 받도록 하고, 그 컬렉션을 리턴하는 get 메서드도 구현한다. 여기서 새로 만든 클래스는 나중에 컴포짓 클래스가 될 것이다.

   복수 객체 메서드 안에서 새로 만든 클래스 즉, 컴포짓 클래스 변수를 선언하고 그 인스턴스를 하나 생성한다. 그리고 복수 객체 메서드의 기존 코드 가운데 컬렉션에 접근하는 부분을 모두 앞서 만든 get 메서드를 통해 접근하도록 수정한다.

   ✓ 컴파일 후 테스트한다.

2. 복수 객체 메서드 내부에서 컬렉션을 다루는 코드에 Extract Method[F] 리팩터링을 적용해 별도의 메서드로 뽑아낸다. 이 메서드는 public으로 만든다. 그 다음, 이 메서드에 Move Method[F] 리팩터링을 적용해 컴포짓 클래스로 옮긴다.

   ✓ 컴파일 후 테스트한다.

3. 이제 복수 객체 메서드와 단수 객체 메서드의 구현이 거의 동일할 것이다. 주된 차이점은, 복수 객체 메서드에서는 컴포짓을 생성해 사용한다는 것이다. 그 외의 차이점이 있다면 리팩터링을 통해 제거한다.

   ✓ 컴파일 후 테스트한다.

4. 컴포짓 객체를 파라미터로 하여 단수 객체 메서드를 호출하는 한 줄의 코드만을 포함하도록 복수 객체 메서드를 수정한다. 이렇게 하려면 컴포짓 클래스가 단수 객체 메서드에서 사용하는 타입과 인터페이스 또는 수퍼클래스를 공유하도록 수정해야 하는데, 컴포짓 클래스를 대상 타입의 서브클래스로 만들어도 되고, Extract Interface[F] 리팩터링을 통해 이 둘을 포괄하는 새로운

인터페이스를 만들어도 된다.

   ✓ 컴파일 후 테스트한다.

5. 이제 복수 객체 메서드는 단 한 줄의 코드로만 구현되어 있으므로, Inline
   Method[F] 리팩터링을 통해 인라인화한다.

   ✓ 컴파일 후 테스트한다.

6. 컴포짓 클래스에 Encapsulate Collection[F] 리팩터링을 적용한다. 그 결과로
   컴포짓 클래스에 add(...) 메서드가 새로 생길 것이다. 클라이언트가 컴포짓
   클래스의 생성자에 컬렉션 객체를 파라미터로 넣어주는 대신 add() 메서드
   를 호출하도록 수정한다. 또, get 메서드도 수정 불가능한 컬렉션 객체를 리
   턴하도록 수정한다.

   ✓ 컴파일 후 테스트한다.

예제

이번 예제는 앞에서 잠시 언급했던 상품 검색 시스템을 사용한다. ProductReposi-
tory 객체로부터 원하는 Product 객체의 목록을 얻기 위해 Spec 객체를 사용하는
코드다. 참고로, 이 예제는 Specification[Evans] 패턴과도 관련이 있다. Specification
패턴은 뒤에 나올 Replace Implicit Language with Interpreter 리팩터링(360쪽)에
서 자세히 다룬다.

   먼저 ProductRepository를 위한 테스트 코드를 살펴보자. 테스트를 시작하기 전
에, ProductRepository 객체에 테스트용 상품 정보가 있는 Product 객체들을 넣어
야 한다. 즉, 테스트용 상품 저장소를 만드는 것이다.

```
public class ProductRepositoryTest extends TestCase...
   private ProductRepository repository;

   private Product fireTruck =
      new Product("f1234", "Fire Truck",
         Color.red, 8.95f, ProductSize.MEDIUM);
```

```
private Product barbieClassic =
    new Product("b7654", "Barbie Classic",
        Color.yellow, 15.95f, ProductSize.SMALL);

private Product frisbee =
    new Product("f4321", "Frisbee",
        Color.pink, 9.99f, ProductSize.LARGE);

private Product baseball =
    new Product("b2343", "Baseball",
        Color.white, 8.95f, ProductSize.NOT_APPLICABLE);

private Product toyConvertible =
    new Product("p1112", "Toy Porsche Convertible",
        Color.red, 230.00f, ProductSize.NOT_APPLICABLE);

protected void setUp() {
    repository = new ProductRepository();
    repository.add(fireTruck);
    repository.add(barbieClassic);
    repository.add(frisbee);
    repository.add(baseball);
    repository.add(toyConvertible);
}
```

첫 번째 테스트는 repository.selectBy(Spec spec)를 호출해 특정 색상의 Product 객체를 찾는 것이다.

```
public class ProductRepositoryTest extends TestCase...
    public void testFindByColor() {
        List foundProducts = repository.selectBy(new ColorSpec(Color.red));
        assertEquals("found 2 red products", 2, foundProducts.size());
        assertTrue("found fireTruck", foundProducts.contains(fireTruck));
        assertTrue(
                "found Toy Porsche Convertible",
                foundProducts.contains(toyConvertible));
    }
```

repository.selectBy(...)는 다음과 같이 구현되어 있다.

```
public class ProductRepository...
   private List products = new ArrayList();

   public Iterator iterator() {
      return products.iterator();
   }

   public List selectBy(Spec spec) {
      List foundProducts = new ArrayList();
      Iterator products = iterator();
      while (products.hasNext()) {
         Product product = (Product)products.next();
         if (spec.isSatisfiedBy(product))
            foundProducts.add(product);
      }
      return foundProducts;
   }
```

앞의 테스트에서와는 다른 repository.selectBy(...)를 호출하는 테스트를 살펴보자. 이 테스트에서는 복잡한 조건으로 검색하기 위해 여러 Spec 객체를 하나의 List 객체에 담는다.

```
public class ProductRepositoryTest extends TestCase...
   public void testFindByColorSizeAndBelowPrice() {
      List specs = new ArrayList()
      specs.add(new ColorSpec(Color.red));
      specs.add(new SizeSpec(ProductSize.SMALL));
      specs.add(new BelowPriceSpec(10.00));
      List foundProducts = repository.selectBy(specs);
      assertEquals(
            "small red products below $10.00",
            0,
            foundProducts.size());
   }
```

List를 사용하는 repository.selectBy(...)는 다음과 같다.

```
public class ProductRepository {
   public List selectBy(List specs) {
      List foundProducts = new ArrayList();
```

```
    Iterator products = iterator();
    while (products.hasNext()) {
        Product product = (Product)products.next();
        Iterator specifications = specs.iterator();
        boolean satisfiesAllSpecs = true;
        while (specifications.hasNext()) {
            Spec productSpec = ((Spec)specifications.next());
            satisfiesAllSpecs &= productSpec.isSatisfiedBy(product);
        }
        if (satisfiesAllSpecs)
            foundProducts.add(product);
    }
    return foundProducts;
}
```

위의 코드를 보면 알 수 있듯이, 여러 Spec 객체를 처리하는 selectBy(...)는 하나의 Spec 객체를 처리하는 selectBy(...)보다 훨씬 복잡하다. 두 메서드의 코드를 자세히 살펴보면, 중복된 코드가 꽤 많다. Composite 패턴이 이런 중복을 제거하는데 도움이 될 수도 있지만, Composite 패턴을 사용하지 않고도 중복을 제거할 수 있다. 다음 코드를 보자.

```
public class ProductRepository...
    public List selectBy(Spec spec) {
        Spec[] specs = { spec };
        return selectBy(Arrays.asList(specs));
    }

    public List selectBy(List specs)...
    // 앞에서와 동일
```

이렇게 수정하면, 복잡한 selectBy(List specs)는 그대로지만 selectBy (Spec spec)는 아주 간단해지고 코드 중복도 사라진다. 두 가지의 selectBy(...) 메서드가 있다는 점은 이 방법으로는 어쩔 수가 없지만 말이다.

그렇다면, Composite 패턴으로 리팩터링하는 것보다 위 방법을 사용하는 것이 좋을까? 그럴 수도 있고 아닐 수도 있다. 답은 주어진 상황에서 요구되는 기능에 따라 다르다. 이번 예제 코드가 쓰이는 시스템에서는 다음과 같은 OR, AND,

NOT 조건을 사용할 수 있어야 한다.

```
product.getColor() != targetColor ||
product.getPrice() < targetPrice
```

selectBy(List specs)는 위와 같은 조건을 처리할 수 없다. 또한, 클라이언트 측에서도 selectBy(...)가 하나만 있어서 조건의 종류에 관계없이 그 메서드 하나만 사용하게 하는 것이 좋다. 그러므로 이번 예제 코드는 Composite 패턴으로 리팩터링하는 것이 더 좋은 경우에 해당한다.

1. selectBy(List specs)는 복수 객체 메서드고, List 타입의 파라미터를 받는다. 이 파라미터의 값을 보관하고 그에 대한 get 메서드를 제공하는 클래스를 새로 만드는 것이 첫 번째로 할 일이다.

```
public class CompositeSpec {
  private List specs;

  public CompositeSpec(List specs) {
    this.specs = specs;
  }

  public List getSpecs() {
    return specs;
  }
}
```

다음은, 이렇게 만든 새 클래스의 인스턴스를 selectBy(List specs) 메서드 안에서 생성하고, List 객체에 접근하는 코드를 get 메서드에 대한 호출 코드로 대체한다.

```
public class ProductRepository...
  public List selectBy(List specs) {
    CompositeSpec spec = new CompositeSpec(specs);
    List foundProducts = new ArrayList();
    Iterator products = iterator();
    while (products.hasNext()) {
```

```
        Product product = (Product)products.next();
        Iterator specifications = spec.getSpecs().iterator();
        boolean satisfiesAllSpecs = true;
        while (specifications.hasNext()) {
            Spec productSpec = ((Spec)specifications.next());
            satisfiesAllSpecs &= productSpec.isSatisfiedBy(product);
        }
        if (satisfiesAllSpecs)
            foundProducts.add(product);
    }
    return foundProducts;
}
```

수정한 것이 정상 작동하는지 컴파일 후 테스트한다.

2. selectBy(List Specs)에 Extract Method[F] 리팩터링을 적용하여 List 객체 내부
   의 Spec 객체들을 처리하는 코드를 별도의 메서드로 분리한다.

```
public class ProductRepository...
    public List selectBy(List specs) {
        CompositeSpec spec = new CompositeSpec(specs);
        List foundProducts = new ArrayList();
        Iterator products = iterator();
        while (products.hasNext()) {
            Product product = (Product)products.next();
            if (isSatisfiedBy(spec, product))
                foundProducts.add(product);
        }
        return foundProducts;
    }

    public boolean isSatisfiedBy(CompositeSpec spec, Product product) {
        Iterator specifications = spec.getSpecs().iterator();
        boolean satisfiesAllSpecs = true;
        while (specifications.hasNext()) {
            Spec productSpec = ((Spec)specifications.next());
            satisfiesAllSpecs &= productSpec.isSatisfiedBy(product);
        }
        return satisfiesAllSpecs;
    }
```

컴파일하고 테스트해본 후, Move Method[F] 리팩터링을 통해 isSatis-
fiedBy(...)를 CompositeSpec으로 옮긴다.

```
public class ProductRepository...
    public List selectBy(List specs) {
        CompositeSpec spec = new CompositeSpec(specs);
        List foundProducts = new ArrayList();
        Iterator products = iterator();
        while (products.hasNext()) {
            Product product = (Product)products.next();
            if (spec.isSatisfiedBy(product))
                foundProducts.add(product);
        }
        return foundProducts;
    }

public class CompositeSpec...
    public boolean isSatisfiedBy(Product product) {
        Iterator specifications = getSpecs().iterator();
        boolean satisfiesAllSpecs = true;
        while (specifications.hasNext()) {
            Spec productSpec = ((Spec)specifications.next());
            satisfiesAllSpecs &= productSpec.isSatisfiedBy(product);
        }
        return satisfiesAllSpecs;
    }
```

다시 한번 컴파일하고 테스트 해보자. 컴파일도 정상적으로 끝나고, 테스
트도 문제없이 통과한다.

3. 이제 두 selectBy(...) 메서드의 구현이 거의 동일해졌다. 유일하게 다른 점
은 selectBy(List specs)에서는 CompositeSpec 객체를 생성한다는 점뿐
이다.

```
public class ProductRepository...
    public List selectBy(Spec spec) {
        // 코드 동일
    }
```

```
public List selectBy(List specs) {
    CompositeSpec spec = new CompositeSpec(specs);
    // 코드 동일
}
```

다음 단계에서 위와 같이 중복된 코드를 제거할 것이다.

4. selectBy(List specs)에서 다음과 같이 selectBy(Spec spec)를 호출하도록 수정한다.

```
public class ProductRepository...
    public List selectBy(Spec spec)...

    public List selectBy(List specs) {
        return selectBy(new CompositeSpec(specs));
    }
```

이렇게 수정하면 컴파일되지 않을 것이다. CompositeSpec이 Spec 타입이 아니기 때문이다. 이를 해결하기 위해 Spec 클래스를 살펴보자. 사실 Spec은 다음과 같은 모습의 추상 클래스다.

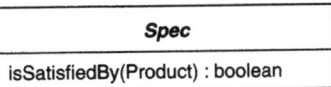

Spec
isSatisfiedBy(Product) : boolean

CompositeSpec에도 이미 isSatisfiedBy(...)가 구현되어 있으므로, CompositeSpec을 Spec의 서브클래스로 만드는 것은 매우 간단하다.

```
public class CompositeSpec extends Spec...
```

이제 코드가 컴파일될 것이다.

5. selectBy(List specs)의 코드는 단 한 줄이므로, Inline Method[F] 리팩터링을 적용해 인라인화한다. 클라이언트 코드에서는 selectBy(List specs) 대신 selectBy(Spec spec)를 호출하는 결과가 된다. 예를 들어, 앞에서 제시했던 테스

트 코드는 다음과 같이 바뀐다.

```
public class ProductRepositoryTest...
   public void testFindByColorSizeAndBelowPrice() {
      List specs = new ArrayList();
      specs.add(new ColorSpec(Color.red));
      specs.add(new SizeSpec(ProductSize.SMALL));
      specs.add(new BelowPriceSpec(10.00));
      List foundProducts = repository.selectBy(specs);
      List foundProducts = repository.selectBy(new CompositeSpec(specs));
      ...
```

이제 selectBy(...)는 하나만 존재한다. 좋은 출발이다. 그러나 product.-getColor()! = targetColor ‖ product.getPrice() 〈 targetPrice와 같은 조건으로 상품을 검색하려면, NotSpec 또는 OrSpec 같은 클래스가 추가로 필요하다. 이 부분은 지금 설명하지 않을 것이다. 뒤에 나오는 Replace Implicit Language with Interpreter 리팩터링(360쪽)에 자세히 설명되어 있으니 참조하기 바란다.

6. 마지막 단계는 CompositeSpec 클래스 내부의 컬렉션 필드에 Encapsulate Collection[F] 리팩터링을 적용하는 것이다. 이 작업은 CompositeSpec 객체를 생성할 때의 타입 안전성을 좀더 확보하기 위한 즉, 클라이언트 코드에서 Spec의 서브클래스 타입이 아닌 객체를 CompositeSpec 객체에 넣는 것을 방지하기 위한 것이다.

우선, add(Spec spec) 메서드를 구현한다.

```
public class CompositeSpec extends Spec...
   private List specs;

   public void add(Spec spec) {
      specs.add(spec);
   }
```

다음에는 specs 필드를 빈 List 객체로 초기화한다.

```
public class CompositeSpec extends Spec...
   private List specs = new ArrayList();
```

그리고 CompositeSpec의 생성자를 호출하는 코드를 모두 찾아서 기본 생성자를 호출하도록 수정하고, 앞서 만든 add(...) 메서드를 사용하여 Spec 객체들을 넣도록 한다. 예를 들어, 테스트 코드는 다음과 같이 수정한다.

```
public class ProductRepositoryTest...
   public void testFindByColorSizeAndBelowPrice()...
      List specs = new ArrayList();
      CompositeSpec specs = new CompositeSpec();
      specs.add(new ColorSpec(Color.red));
      specs.add(new SizeSpec(ProductSize.SMALL));
      specs.add(new BelowPriceSpec(10.00));
      List foundProducts = repository.selectBy(specs);
      ...
```

위의 과정을 모두 마친 후에는 CompositeSpec의 생성자를 호출하는 코드가 하나도 없을 것이다. 따라서 제거할 수 있다.

```
public class CompositeSpec extends Spec...
   public CompositeSpec(List specs) {
      this.specs = specs;
   }
```

마무리로, CompositeSpec의 getSpecs(...)가 수정이 불가능한 컬렉션을 리턴하도록 수정한다.

```
public class CompositeSpec extends Spec...
   private List specs = new ArrayList();

   public List getSpecs()
      return Collections.unmodifiableList(specs);
   }
```

컴파일 후 테스트하여, 모두 문제없이 실행되는지 확인하자. 이제 Composi-teSpec 클래스는 다음 그림과 같이 Composite 패턴으로 구현되었다.

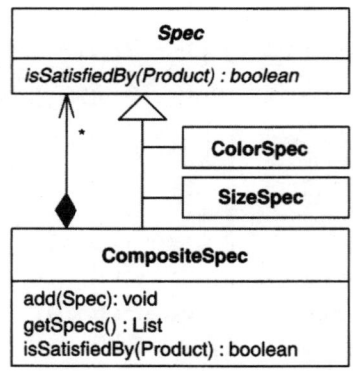

Replace Hard-Coded Notifications with Observer

어떤 상속 구조 내의 서브클래스들이 자신과 관련된
클래스에 통보notify하는 기능을 하드 코딩으로 각자 구현하고 있다면,

Observer 인터페이스를 통해 그 수퍼클래스가 임의의 다른 클래스에
통보할 수 있도록 일반적인 통보 기능을 만들고 서브클래스는 제거한다.

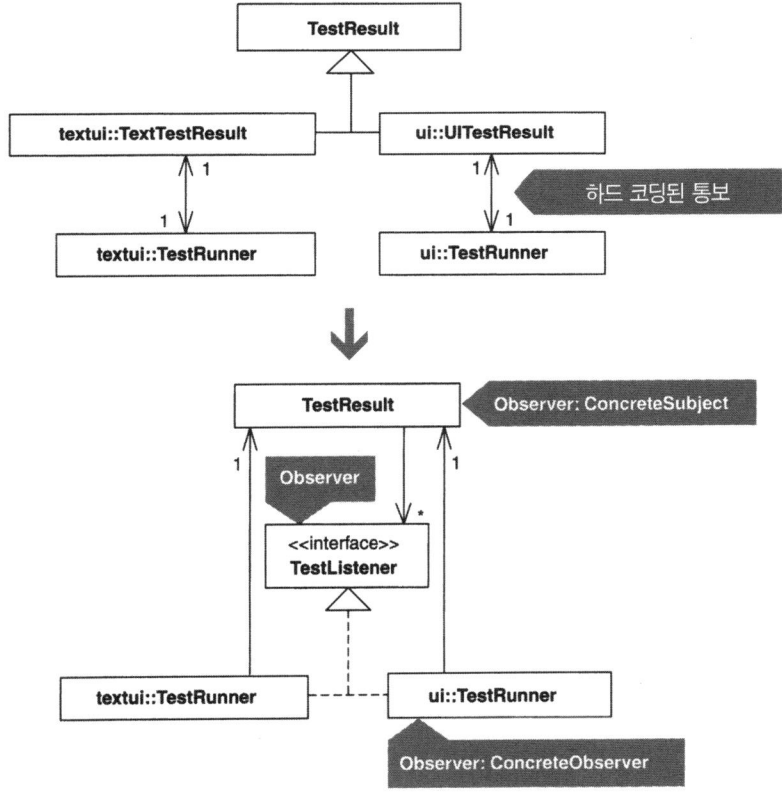

동기

Observer[DP] 패턴으로 리팩터링하는 것이 어떤 상황에서 필요한지 이해하려면,
거꾸로 어떤 상황에서는 필요하지 않은지를 알아야 한다. 다음 그림과 같이,

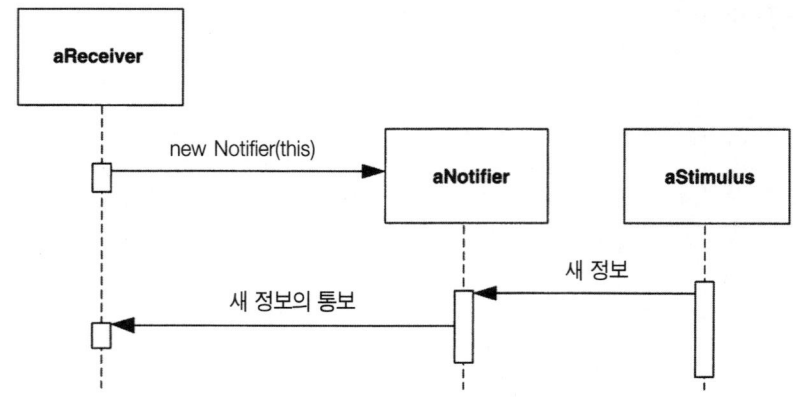

Notifier 객체의 상태가 변할 때 연결된 Receiver 객체의 상태도 바뀌는 시스템을 생각해보자.

　위 시스템은 Notifier 객체가 Receiver 객체의 참조를 갖고 있고 Notifier 객체의 상태가 변했을 때 그 참조를 통해서 Receiver 객체에게 상태의 변경을 통보하는 방식을 취한다. Notifier 객체가 통보할 대상(Receiver 객체)이 하나뿐이라면, Notifier 클래스와 Receiver 클래스가 단단하게 결합되어 있어도 큰 문제가 되지 않는다. 그러나 시스템이 더 복잡해져서 Notifier 객체 하나가 Receiver 객체 여러 개와 연관되거나 다른 타입의 객체에도 통보해야 한다면, 설계를 바꿔야 한다. 이는 Kent Beck과 Erich Gamma가 JUnit 프레임워크를 개발하다가 부딪힌 상황과 정확히 일치한다. 예제 절에서 다루겠지만, 사람들이 JUnit 프레임워크를 사용하다가 TestResult 객체의 변화를 하나 이상의 서브시스템에서 통보 받기를 원하자, 기존에 하드 코딩되어 있던 통보 기능을 Observer 패턴으로 리팩터링했다.

　Observer 패턴을 구현하면, 통보의 주체subject가 되는 클래스와 통보를 받는(주체를 관찰하는) 관찰자observer 클래스 사이의 결합이 느슨해진다. 모든 관찰자를 위한 관찰자 인터페이스를 정의하여 사용하기 때문이다. 변경된 상태를 통보 받기 위한 클래스는 관찰자 인터페이스를 구현하고 자신을 통보 주체에 등록하기만 하면 된다. 통보 주체 클래스는 관찰자 인터페이스를 구현한 객체의 컬렉션을 보관하고 있다가 상태의 변화가 생겼을 때 그들에게 통보하면 된다.

통보 주체는 관찰자 객체를 컬렉션에 추가하는 메서드를 제공해야 한다. 관찰자 객체를 컬렉션에서 삭제하는 메서드도 포함시킬 수 있는데, 통보 주체 인스턴스의 생존 기간 동안, 관찰자 객체를 삭제할 필요가 없다면 삭제 메서드를 제공하지 않아도 된다. Observer 패턴을 구현할 때 많은 프로그래머들이 자주 빠지는 함정은 항상 책의 클래스 다이어그램과 동일한 구조로 구현하려 한다는 것이다.

Observer 패턴을 구현할 때 흔히 생기는 문제점이 두 가지 있다. 그것은 통보 체인과 메모리 누수다. 통보 체인이란, 한 관찰자가 통보를 받았을 때 자신이 다시 그 주체가 되어 또 다른 관찰자에게 통보를 하고, 그 관찰자는 또 다른 관찰자에게 통보하는 식으로 연속적인 통보가 발생하는 것을 말한다. 이런 식의 통보 체인이 불가피한 상황에서 Observer 패턴을 적용하면, 설계가 복잡해지고 디버깅도 어려워진다. 이럴 때는 Mediator[DP] 패턴을 도입하면 도움이 된다. 메모리 누수는 관찰자 객체가 제때에 쓰레기 수집garbage collection되지 않는 현상으로, 통보 주체가 관찰자 객체의 참조를 갖고 있기 때문에 발생한다. 통보 주체가 이것을 제때 삭제해준다면, 메모리 누수를 피할 수 있다.

Observer는 자주 사용되는 패턴이다. 구현하기도 어렵지 않기 때문에, 실제로 필요하지 않을 때에도 이 패턴을 적용하고 싶은 유혹에 빠지기도 한다. 그 유혹을 견뎌내기 바란다. 처음에 통보 기능을 하드 코딩으로 구현했더라도, 나중에 일반화가 필요할 때 언제라도 리팩터링을 통해 Observer 패턴을 구현할 수 있기 때문이다.

장점과 단점

+ 통보 주체 클래스와 관찰자 클래스 사이의 결합을 느슨하게 한다.
+ 관찰자가 여럿인 경우도 지원한다.
- 하드 코딩으로 구현된 통보 기능으로도 충분한 상황에서 적용한다면 설계만 복잡해진다.
- 통보 체인이 불가피한 상황에서는 설계가 더 복잡해진다.
- 관찰자 객체에 대한 참조를 제때 삭제하지 않으면 메모리 누수가 발생한다.

절차

다른 클래스의 객체에 대한 참조를 갖고 있다가 어떤 통보를 보내는 클래스를 통보자notifier라 하고, 통보자에게 자신을 등록해놓고 그로부터 통보를 받는 클래스를 수령자receiver라 하자. 이번 리팩터링은 통보자들의 수퍼클래스를 『Design Patterns』[DP]에서 말하는 ConcreteSubject로 만들어 쓸데없는 통보자 클래스를 없애고, 수령자를 관찰자(『Design Patterns』[DP]의 ConcreteObservers에 해당한다)로 변경하는 과정을 설명한다.

1. 통보자가 수령자를 대신해 어떤 기능을 수행하고 있다면, Move Method[F] 리팩터링을 통해 그 기능을 해당 수령자로 옮긴다. 작업이 끝나면 통보자에는 순수한 통보 메서드만 남는다.

   모든 통보자에 대해 이 과정을 반복한다.

   ✓ 컴파일 후 테스트한다.

2. 수령자의 메서드 중 통보자가 호출하는 메서드에 Extract Interface[F] 리팩터링을 적용해 관찰자 인터페이스를 만든다. 다른 수령자에게 이 인터페이스에 없는 메서드가 있다면, 그 메서드도 인터페이스에 추가한다. 모든 수령자에 이 과정을 반복한다.

   ✓ 컴파일 한다.

3. 모든 수령자가 앞서 만든 관찰자 인터페이스를 구현하도록 수정한다. 그리고 모든 통보자가 관찰자 인터페이스를 통해서 수령자에게 통보하도록 수정한다. 이제 모든 수령자가 관찰자로 변경되었다.

   ✓ 컴파일 후 테스트한다.

4. 통보자 하나를 고른 후, 통보 메서드에 Pull Up Method[F] 리팩터링을 적용한다. 이 과정에서 관찰자 인터페이스 타입의 필드를 선언하고 참조를 등록하는 코드도 함께 옮긴다. 이 통보자의 수퍼클래스는 이제 통보 주체Subject가 된다.

   모든 통보자에 대해 이 과정을 반복한다.

✓ 컴파일 한다.

5. 이제 통보자 대신에 앞에서 만든 통보 주체에 모든 관찰자를 등록하고 그와 통신하도록 수정한다. 그리고 통보자들은 제거한다.

✓ 컴파일 후 테스트한다.

6. 통보 주체가 한 개의 관찰자에 대한 참조 대신에 관찰자 객체의 컬렉션을 가지도록 리팩터링한다. 이렇게 하고 나면 관찰자가 통보 주체에 자신을 등록하는 방식도 바꿔야 하는데, 관찰자 객체 하나를 추가하는 메서드(예를 들면, addObserver(Observer observer))로 바꾸면 된다. 마지막으로, 컬렉션을 순회하며 컬렉션 내에 있는 모든 관찰자에게 통보하도록 통보 메서드를 고친다.

✓ 컴파일 후 테스트한다.

예제

이 리팩터링의 도입부에 제시한 코드 스케치는 Kent Beck과 Erich Gamma가 개발한 JUnit 테스트 프레임워크 설계의 일부다. JUnit의 버전 2.x에서는 TestResult에 UITestResult와 TextTestResult라는 두 서브클래스가 있었는데, 이 두 클래스는 모두 수집 파라미터collecting parameter에 해당한다. 수집 파라미터에 대한 자세한 사항은 Move Accumulation to Collecting Parameter 리팩터링(415쪽)을 참고하기 바란다.

TestResult의 서브클래스는 테스트 케이스 객체로부터 테스트의 성공 여부에 대한 정보를 모아서, 테스트 결과를 화면에 표시하는 TestRunner 클래스에게 보고하는 역할을 한다. 그런데, UITestResult는 Java AWTAbstract Window Toolkit을 사용하는 TestRunner에 보고하도록 하드 코딩되어 있었고, TextTestResult 클래스 역시 콘솔로 정보를 표시하는 TestRunner와 통신하도록 하드 코딩되어 있었다. 다음은 UITestResult와 그에 관련된 TestRunner의 코드 중 일부다.

```
class UITestResult extends TestResult {
    private TestRunner fRunner;
    UITestResult(TestRunner runner) {
        fRunner= runner;
    }
    public synchronized void addFailure(Test test, Throwable t) {
        super.addFailure(test, t);
        fRunner.addFailure(this, test, t); // TestRunner에게 통보
    }
    ...
}


package ui;
public class TestRunner extends Frame { // AWT용 TestRunner
    private TestResult fTestResult;
    ...
    protected TestResult createTestResult() {
        return new UITestResult(this); // UITestResult를 사용하도록 하드코딩
    }
    synchronized public void runSuite() {
        ...
        fTestResult = createTestResult();
        testSuite.run(fTestResult);
    }
    public void addFailure(TestResult result, Test test, Throwable t) {
        ... // AWT 윈도우를 통해 테스트 실패를 표시
    }
}
```

    JUnit의 버전이 2.x인 시절에는 위와 같은 설계로도 충분했다. 만약 그 단계에서 이미 Observer 패턴을 구현했더라면 필요 이상으로 복잡한 설계가 되었을 것이다. 그러나 JUnit 사용자들이 여러 객체가 한 TestResult 객체를 동시에 관찰할 수 있도록 해달라고 요구하면서부터 상황이 달라졌다. 이제 기존의 TestResult 객체와 TestRunner 객체 간의 하드 코딩된 통보 기능으로는 충분치 않게 된 것이다. 한 TestResult 객체에 여러 관찰자를 붙이기 위해 Observer 패턴을 적용해야 했다.

    그런데 그렇게 수정하는 것이 리팩터링에 해당할까 아니면 기능 개선에 해당

할까? TestRunner가 TestResult의 특정 서브클래스에 하드 코딩으로 연결되던 것을 Observer 패턴을 사용하도록 수정하는 것은 TestRunner의 기능을 바꾸는 것이 아니다. 단지 TestResult와의 결합을 느슨하게 만드는 것이다. 반면에, TestResult 객체가 갖고 있던 하나의 관찰자에 대한 참조를 관찰자의 컬렉션으로 대체한 것은 기능 추가에 해당한다. 따라서 이 예제 절에서 설명하는 Observer 패턴 구현은 리팩터링(기능은 그대로 보존한 채 코드만 변환하는)인 동시에 기능 개선이기도 하다 그러나 이 중에서 리팩터링이 핵심이고, 기능 개선은 Observer 패턴의 도입으로 인한 부수 효과다.

1. 이 리팩터링 과정의 첫 단계는 모든 통보자에 순수한 통보 기능만을 남기고 다른 기능은 제거하는 것이다. UITestResult에는 통보 기능 뿐이지만 Text-TestResult는 그렇지 않다. 다음 코드에서 보듯이, TextTestResult는 테스트 결과를 TestRunner에 통보하는 대신에 콘솔로 메시지를 직접 출력하고 있다.

```
public class TextTestResult extends TestResult...
   public synchronized void addError(Test test, Throwable t) {
      super.addError(test, t);
      System.out.println("E");
   }
   public synchronized void addFailure(Test test, Throwable t) {
      super.addFailure(test, t);
      System.out.print("F");
   }
```

   TextTestResult에 Move Method[F] 리팩터링을 적용해, 화면에 테스트 결과를 출력하는 부분을 TestRunner로 옮긴다.

```
package textui;
public class TextTestResult extends TestResult...
   private TestRunner fRunner;
   TextTestResult(TestRunner runner) {
      fRunner= runner;
   }
   public synchronized void addError(Test test, Throwable t) {
      super.addError(test, t);
```

```
        fRunner.addError(this, test, t);
    }

    ...

package textui;
public class TestRunner...
    protected TextTestResult createTestResult() {
        return new TextTestResult(this);
    }

    // 옮겨온 메서드
    public void addError(TestResult testResult, Test test, Throwable t) {
        System.out.println("E");
    }

    ...
```

TextTestResult 객체도 자신과 연관된 TestRunner 객체에 통보하는 방식으로 수정되었다. 화면에 테스트 결과를 출력하는 작업을 TestRunner에 맡긴 것이다. 컴파일 후 테스트하여 문제가 생기지 않았는지 확인한다.

2. 이제 관찰자 인터페이스를 만들 차례다. TextTestResult에 대응하는 textui. TestRunner 클래스에 Extract Interface[F] 리팩터링을 적용해 TestListener란 이름의 인터페이스를 만든다. 새로 만든 인터페이스에 포함시킬 메서드를 정하려면, TextTestResult에서 호출하는 메서드가 어떤 것들인지 알아야 한다. 다음의 코드에서 굵은 글씨체로 표시된 부분이 바로 그런 메서드들이다.

```
class TextTestResult extends TestResult...
    public synchronized void addError(Test test, Throwable t) {
        super.addError(test, t);
        fRunner.addError(this, test, t);
    }
    public synchronized void addFailure(Test test, Throwable t) {
        super.addFailure(test, t);
        fRunner.addFailure(this, test, t);
    }
```

```
public synchronized void startTest(Test test) {
    super.startTest(test);
    fRunner.startTest(this, test);
}
```

따라서 TestListener 인터페이스는 일단 다음과 같이 만들 수 있다.

```
public interface TestListener {
    public void addError(TestResult testResult, Test test, Throwable t);
    public void addFailure(TestResult testResult, Test test, Throwable t);
    public void startTest(TestResult testResult, Test test);
}

public class TestRunner implements TestListener...
```

이제 다른 통보자인 UITestResult가 앞에서 만든 TestListener 인터페이스에 없는 메서드를 호출하고 있는지 확인한다. UITestResult는 endTest(...) 라는 또 다른 메서드를 사용하고 있다.

```
package ui;
class UITestResult extends TestResult...
    public synchronized void endTest(Test test) {
        super.endTest(test);
        fRunner.endTest(this, test);
    }
```

따라서 TestListener 인터페이스에 다음과 같이 메서드를 추가한다.

```
public interface TestListener...
    public void endTest(TestResult testResult, Test test);
```

이 단계에서 컴파일을 해보면 실패한다. textui.TestRunner 클래스가 TestListener 인터페이스를 구현하면서 endTest(...) 메서드를 선언하지 않았기 때문이다. 별 문제는 아니다. TextTestResult는 endTest()를 사용하지 않으므로 다음과 같이 빈 메서드를 추가하면 된다.

```
public class TestRunner implements TestListener...
  public void endTest(TestResult testResult, Test test) {
  }
```

3. ui.TestRunner 클래스가 TestListener 인터페이스를 구현하도록 수정한다. 그리고 TextTestResult와 UITestResult도 각각에 대응하는 TestRunner와 통신할 때 TestListener 인터페이스를 통하도록 만든다. 즉, 코드를 다음과 같은 식으로 수정한다.

```
public class TestRunner extends Frame implements TestListener...

class UITestResult extends TestResult...
  protected TestListener fRunner;

  UITestResult(TestListener runner) {
    fRunner= runner;
  }

public class TextTestResult extends TestResult...
  protected TestListener fRunner;

  TextTestResult(TestListener runner) {
    fRunner= runner;
  }
```

  컴파일 후 테스트 한다.

4. 다음은 TextTestResult와 UITestResult의 모든 통보 메서드에 대해 Pull Up Method[F] 리팩터링을 적용할 차례다. 그런데 옮길 메서드가 수퍼클래스인 TestResult에 이미 존재하기 때문에 좀 까다롭다. 두 서브클래스의 코드를 TestResult 클래스로 끼워 넣어야 하기 때문이다. 결과적으로 코드가 다음과 같이 될 것이다.

```
public class TestResult...
  protected TestListener fRunner;

  public TestResult(TestListener runner) {
```

```
        this();
        fRunner= runner;
    }

    public TestResult() {
        fFailures= new Vector(10);
        fErrors= new Vector(10);
        fRunTests= 0;
        fStop= false;
    }

    public synchronized void addError(Test test, Throwable t) {
        fErrors.addElement(new TestFailure(test, t));
        fRunner.addError(this, test, t);
    }

    public synchronized void addFailure(Test test, Throwable t) {
        fFailures.addElement(new TestFailure(test, t));
        fRunner.addFailure(this, test, t);
    }

    public synchronized void endTest(Test test) {
        fRunner.endTest(this, test);
    }

    public synchronized void startTest(Test test) {
        fRunTests++;
        fRunner.startTest(this, test);
    }

package ui;
class UITestResult extends TestResult {
}

package textui;
class TextTestResult extends TestResult {
}
```

컴파일해 보면 아무 문제없이 통과한다.

5. 이제 TestRunner가 TestResult와 직접적인 관계가 되도록 고칠 수 있다. 다음은 textui.TestRunner를 수정한 예다.

```
package textui;
public class TestRunner implements TestListener...
    protected TestResult createTestResult() {
        return new TestResult(this)
    }

    protected void doRun(Test suite, boolean wait)...
        TestResult result= createTestResult();
```

ui.TestRunner 클래스도 위와 비슷하게 수정하면, 마침내 TextTestResult와 UITestResult를 제거할 수 있는 상태가 된다. 그러나 그 전에, 컴파일과 테스트를 해보자. 컴파일은 되지만, 테스트는 실패할 것이다.

따라서 디버깅을 약간 해야 한다. TestResult에서 NPE^{Null Pointer Exception}가 발생하는데, 그 원인은 fRunner 필드가 초기화되지 않았기 때문이다. 그런데 그런 상황은 객체를 생성할 때 TestResult에 원래부터 있던 생성자를 통한 경우에만 발생한다. 그러므로 fRunner 필드를 사용하기 전에 널인지 확인하는 조건문을 추가해야 한다.

```
public class TestResult...
    public synchronized void addError(Test test, Throwable t) {
        fErrors.addElement(new TestFailure(test, t));
        if (null != fRunner)
            fRunner.addError(this, test, t);
    }

    public synchronized void addFailure(Test test, Throwable t) {
        fFailures.addElement(new TestFailure(test, t));
        if (null != fRunner)
            fRunner.addFailure(this, test, t);
    }

    // 이하 생략
```

위와 같이 모두 수정하면 테스트를 통과할 수 있을 것이다. 이제 결과적으로 두 TestRunner 클래스가 TestResult에 대한 관찰자가 되었다. 더 이상 쓰이지 않는 TextTestResult와 UITestResult는 마음 놓고 삭제할 수 있다.

6. 마지막으로, TestResult 객체 하나에 대한 관찰자가 동시에 여러 개 존재할 수 있도록 만들자. 먼저 관찰자를 보관할 컬렉션을 만든다.

```
public class TestResult...
   private List observers = new ArrayList();
```

그리고 관찰자를 등록하는 메서드를 구현한다.

```
public class TestResult...
   public void addObserver(TestListener testListener) {
      observers.add(testListener);
   }
```

TestResult의 통보 메서드가 컬렉션에 등록된 모든 관찰자를 순회하며 통보하도록 수정한다. 따라서 코드는 다음과 같이 된다.

```
public class TestResult...
   public synchronized void addError(Test test, Throwable t) {
      fErrors.addElement(new TestFailure(test, t));
      for (Iterator i = observers.iterator();i.hasNext();) {
          TestListener observer = (TestListener)i.next();
          observer.addError(this, test, t);
      }
   }
```

이제 TestRunner 클래스들에서 TestResult 클래스의 생성자에 자신을 파라미터로 넘기는 대신 앞에서 새로 만든 addObserver() 메서드를 사용하도록 수정한다. 다음은 textui.TestRunner 클래스를 수정한 예다.

```
package textui;
public class TestRunner implements TestListener...
   protected TestResult createTestResult() {
```

```
      TestResult testResult = new TestResult();
      testResult.addObserver(this);
      return testResult;
   }
```

컴파일 후 테스트해 문제가 없으면, TestResult에서 더 이상 사용하지 않는
생성자를 삭제해도 된다.

```
public class TestResult...
   ~~public TestResult(TestListener runner) {~~
      ~~this();~~
      ~~fRunner= runner;~~
   ~~}~~
```

이것으로 Observer 패턴을 목표로 한 리팩터링이 마무리되었다. 이제,
TestResult 클래스는 특정 TestRunner와 하드 코딩으로 연결되어 있지 않다.
더불어 관찰자를 한 개 이상 사용할 수 있게 되었다.

Unify Interfaces with Adapter

클라이언트가 두 개의 유사한 클래스를 사용하고 있는데

그중 한 인터페이스가 다른 하나보다 더 좋아 보이면,

어댑터adapter를 도입해 인터페이스를 통합한다.

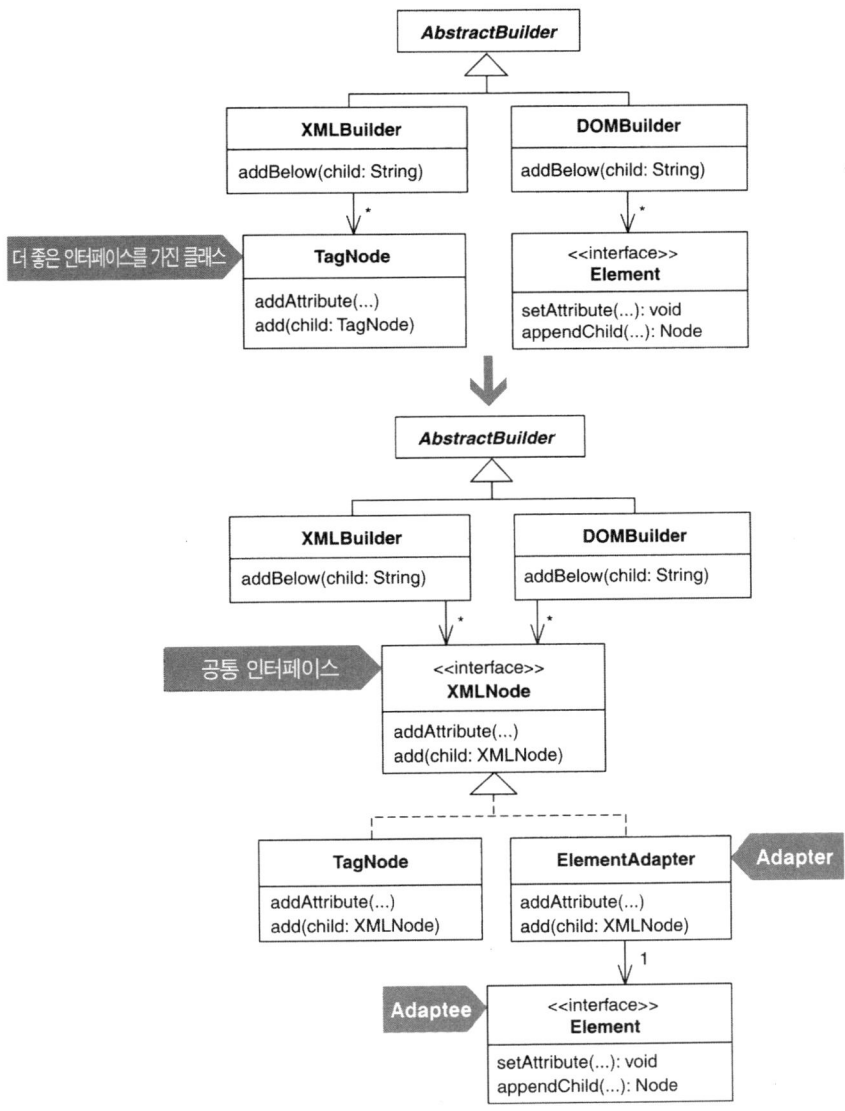

동기

다음의 조건을 모두 만족하는 상황이라면 Adapter[DP] 패턴으로 리팩터링하는 것이 좋다.

- 두 클래스가 동일하거나 유사한 작업을 수행하지만 인터페이스가 서로 다른 경우.
- 두 클래스가 공통 인터페이스를 가지면, 클라이언트 코드가 더 간단하고 명료해질 수 있는 경우.
- 외부 라이브러리라서 인터페이스를 바꾸고 싶어도 쉽게 바꿀 수 없는 경우, 또는 인터페이스가 프레임워크의 일부라서 이미 많은 클라이먼트에서 사용되고 있는 경우, 또는 소스 코드를 갖고 있지 않는 경우.

위와 같이, 비슷한 일을 하는 클래스지만 공통 인터페이스가 없어 각각을 별도의 방식으로 사용해야 하는 상황을 가리켜 '인터페이스가 서로 다른 대체 클래스 (83쪽)' 의 냄새가 난다고 표현한다. 이 냄새를 제거하는 가장 간단한 방법은 메서드의 이름을 바꾸거나 메서드 자체를 옮겨서 인터페이스를 서로 동일하게 만드는 것이다. 그러나 위의 설명과 같은 이유로 그렇게 할 수 없다면, Adapter 패턴의 도입을 고려해야 한다.

Adapter 패턴으로 리팩터링하면 코드가 일반화되는 경향이 있다. 그리고 이 리팩터링은 코드 중복을 제거하기 위한 다른 리팩터링의 토대가 된다. Adapter 패턴을 도입하여 대체 관계에 있는 클래스의 인터페이스를 하나로 통합하면, 클라이언트가 대체 클래스를 사용하는 방식 또한 일반화된다. 그 이후에 Form Template Method 리팩터링(281쪽) 등을 적용하면 클라이언트 코드의 중복된 처리 로직을 제거할 수 있다. 따라서 클라이어트 코드가 더 간단해지며 읽기도 쉬워진다.

절차

1. 대체 클래스 중 가장 일반적이고 적합한 인터페이스를 가진 클래스에 Ex-
   tract Interface[F] 리팩터링을 적용해 공통 인터페이스를 만든다. 그리고 인터
   페이스로 뽑아낸 메서드의 파라미터를 조사해, 대체 클래스 타입을 쓰는 것
   이 있으면 새로 정의한 공통 인터페이스 타입을 사용하도록 변경한다.

   나머지 단계에서는, 클라이언트가 어댑팅adapting의 대상이 되는 어댑티
   adaptee 클래스[3]를 사용할 때 이 단계에서 만든 공통 인터페이스를 통하도록
   수정할 것이다.

   ∨ 컴파일 후 테스트한다.

2. 어댑티 클래스를 사용하는 클라이언트 클래스를 찾는다. 그리고 Extract
   Class[F] 리팩터링을 적용해, 원시 어댑터[4]를 만든다. 원시 어댑터란, 어댑티
   객체를 저장하는 필드를 선언하고 그에 대한 get/set 메서드를 제공하는 클래
   스를 말한다. 이 때 set 메서드는 생성자의 파라미터로 대신할 수도 있다.

3. 클라이언트 코드 중에 어댑티 클래스 타입의 필드 또는 지역 변수, 메서드
   파라미터가 있다면, 모두 원시 어댑터 타입으로 치환한다.

---

3) 역자 주: 대체 클래스 중에서 상대적으로 좋지 않은 인터페이스를 가진 클래스를 말한다.
4) 역자 주: 이 리팩터링의 결과로 만들어질 어댑터의 초기 버전이라는 뜻이다. 즉, 처음에는
   완전한 어댑터가 아니지만, 나중에는 어댑터의 역할을 할 클래스다. 따라서 이후의 본문에
   서 그냥 어댑터라고 부르기도 하므로 혼동하지 말기 바란다.

✓ 컴파일 후 테스트한다.

4. 클라이언트 코드 중에서 어댑티의 메서드를(어댑터의 get 메서드를 경유하여) 호출하는 부분을 모두 별도의 메서드로 뽑아낸다. 즉, 어댑팅되어야 할 메서드에 Extract Method[F] 리팩터링을 적용하는 것이다. 이 때 뽑아낸 메서드 안에서 사용할, 어댑팅되는 객체에 대한 참조는 파라미터를 통해 받도록 한다. 예를 들어, 다음과 같이 클라이언트가 ElementAdapter 타입의 current 객체를 통해 어댑팅되는 클래스의 메서드를 호출하고 있다면,

```
ElementAdapter childNode = new ElementAdapter(...);
current.getElement().appendChild(childNode.getElement()); // 호출
```

current 객체에 대해 메서드를 호출하는 부분을 다음과 같은 메서드로 뽑아낸다.

```
appendChild(current, childNode);
```

이 메서드의 내부 코드는 다음과 같은 모양으로 만든다.

```
private void appendChild(
    ElementAdapter parent, ElementAdapter childNode) {
    parent.getElement().appendChild(childNode.getElement());
}
```

✓ 컴파일 후 테스트한다. 어댑티의 메서드를 호출하는 모든 클라이언트 코드에 대해 이 과정을 반복한다.

5. 단계 4에서 뽑아낸 메서드 중 하나에 Move Method[F] 리팩터링을 적용해 단계 2에서 만든 어댑터 클래스로 옮긴다. 즉, 클라이언트가 어댑티 클래스의 메서드를 호출할 때에는 항상 어댑터를 통하도록 만드는 것이다.

이 때 주의할 점이 하나 있다. 단계 1에서 만든 공통 인터페이스를 살펴보면 지금 옮기려는 메서드에 대응하는 메서드가 하나씩 있을 텐데, 메서드를 옮긴 후의 시그너처가 대응 메서드의 시그너처와 최대한 비슷해야 한다. 그

리고 만약 옮겨진 메서드의 내부 코드에서 클라이언트로부터 얻어야 하는 추가적인 정보가 있다고 해도, 파라미터를 추가하는 것은 피해야 한다. 메서드의 시그너처가 이에 대응하는 공통 인터페이스의 메서드와 달라질 것이기 때문이다. 가능하면 메서드의 시그너처를 바꾸지 않고 해결할 수 있는 방법을 찾아야 한다. 어댑터 클래스 생성자의 파라미터로 전달하거나 어댑터에 객체를 넘겨서 런타임에 그 객체를 통해 값을 얻도록 할 수 있다. 그러나 꼭 메서드의 파라미터로 넘길 수밖에 없다면, 공통 인터페이스에 있는 대응 메서드의 시그너처를 적절히 수정해 두 메서드를 일치시켜야 한다.

　√ 컴파일 후 테스트한다.

　어댑터 클래스의 메서드가 공통 인터페이스의 메서드와 완전히 일치할 때까지 위 과정을 반복한다.

6. 어댑터 클래스가 공통 인터페이스를 구현하도록 수정한다. 이 때, 메서드의 파라미터 중에서 어댑터 타입인 것이 있다면 모두 공통 인터페이스 타입으로 변경한다.

　√ 컴파일 후 테스트한다.

7. 클라이언트 코드에서 어댑터 타입을 사용하는 모든 부분을 공통 인터페이스 타입으로 변경한다.

　√ 컴파일 후 테스트한다.

이제 클라이언트는 하나의 인터페이스를 통해 두 클래스를 사용할 수 있다. 이후에도 클라이언트 코드의 중복을 제거하기 위해, Form Template Method(281쪽) 또는 Introduce Polymorphic Creation with Factory Method(134쪽) 같은 리팩터링을 적용할 수 있다.

예제

이번 예제는 XML 빌더builder와 관련된 것이다(Replace Implicit Tree with Composite 리팩터링, 249쪽, Encapsulate Composite with Builder 리팩터링,

145쪽, Introduce Polymorphic Creation with Factory Mothod 리팩터링, 134쪽 참조). 빌더 클래스에는 XMLBuilder와 DOMBuilder 두 가지가 있고, 이들은 모두 AbstractBuilder를 상속한다. 그리고 AbstractBuilder는 OutputBuilder 인터페이스를 구현한다.

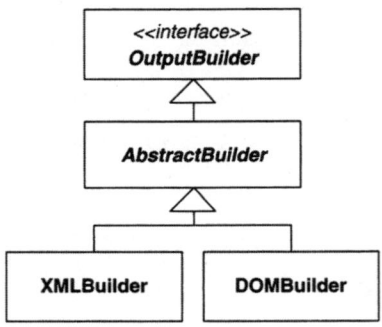

XMLBuilder와 DOMBuilder의 구현은 거의 동일하다. XMLBuilder는 TagNode 클래스를 사용하는 반면에, DOMBuilder는 Element 인터페이스를 사용한다는 점이 다를 뿐이다. DOMBuilder의 코드는 다음과 같다.

```
public class DOMBuilder extends AbstractBuilder...
   private Document document;
   private Element root;
   private Element parent;
   private Element current;

   public void addAttribute(String name, String value) {
      current.setAttribute(name, value);
   }

   public void addBelow(String child) {
      Element childNode = document.createElement(child);
      current.appendChild(childNode);
      parent = current;
      current = childNode;
      history.push(current);
   }
```

```java
public void addBeside(String sibling) {
    if (current == root)
        throw new RuntimeException(CANNOT_ADD_BESIDE_ROOT);
    Element siblingNode = document.createElement(sibling);
    parent.appendChild(siblingNode);
    current = siblingNode;
    history.pop();
    history.push(current);
}

public void addValue(String value) {
    current.appendChild(document.createTextNode(value));
}
```

다음은 XMLBuilder의 코드다.

```java
public class XMLBuilder extends AbstractBuilder...
    private TagNode rootNode;
    private TagNode currentNode;

    public void addChild(String childTagName) {
        addTo(currentNode, childTagName);
    }

    public void addSibling(String siblingTagName) {
        addTo(currentNode.getParent(), siblingTagName);
    }

    private void addTo(TagNode parentNode, String tagName) {
        currentNode = new TagNode(tagName);
        parentNode.add(currentNode);
    }

    public void addAttribute(String name, String value) {
        currentNode.addAttribute(name, value);
    }

    public void addValue(String value) {
        currentNode.addValue(value);
    }
```

위 코드를 보면, 두 빌더 클래스가 거의 동일한 메서드를 구현하고 있다. 지면을 아끼기 위해 생략한 메서드들 역시 마찬가지다. 차이점이 있다면, 한 클래스는 TagNode를, 다른 클래스는 Element를 사용한다는 것뿐이다. 따라서 TagNode와 Element에 대한 공통 인터페이스를 만들어 두 빌더 클래스 사이에 중복된 코드를 제거하는 것이 이 리팩터링의 목표다.

1. 첫 번째로 할 일은 공통 인터페이스를 만드는 것이다. TagNode의 인터페이스가 클라이언트에서 사용하기 더 좋아 보이므로 TagNode를 기준으로 인터페이스를 만들 것이다. TagNode에는 메서드가 10개 있고, 그중 public 메서드는 5개다. 공통 인터페이스에는 그중 3개만 포함시키면 된다. TagNode에 Extract Interface[F] 리팩터링을 적용해 다음과 같이 만든다.

```
public interface XMLNode {
    public abstract void add(XMLNode childNode);
    public abstract void addAttribute(String attribute, String value);
    public abstract void addValue(String value);
}

public class TagNode implements XMLNode...
    public void add(XMLNode childNode) {
        children().add(childNode);
    }
    // 이하 생략
```

이상이 없는지 컴파일 후 테스트해 본다.

2. 이제 DOMBuilder를 수정할 차례다. DOMBuilder에 Extract Class[F] 리팩터링을 적용해 Element를 위한 원시 어댑터 클래스를 만든다.

```
public class ElementAdapter {
    Element element;

    public ElementAdapter(Element element) {
        this.element = element;
    }
```

```
    public Element getElement() {
       return element;
    }
}
```

3. DOMBuilder에 있는 Element 타입의 필드를 모두 원시 어댑터인 ElementA-
   dapter 타입으로 변경한다. 물론 해당 필드를 사용하는 코드도 함께 수정해
   야 한다.

```
public class DOMBuilder extends AbstractBuilder...
    private Document document;
    private ElementAdapter rootNode;
    private ElementAdapter parentNode;
    private ElementAdapter currentNode;

    public void addAttribute(String name, String value) {
        currentNode.getElement().setAttribute(name, value);
    }

    public void addChild(String childTagName) {
        ElementAdapter childNode =
            new ElementAdapter(document.createElement(childTagName));
        currentNode.getElement().appendChild(childNode.getElement());
        parentNode = currentNode;
        currentNode = childNode;
        history.push(currentNode);
    }

    public void addSibling(String siblingTagName) {
        if (currentNode == root)
            throw new RuntimeException(CANNOT_ADD_BESIDE_ROOT);
        ElementAdapter siblingNode =
            new ElementAdapter(document.createElement(siblingTagName));
        parentNode.getElement().appendChild(siblingNode.getElement());
        currentNode = siblingNode;
        history.pop();
        history.push(currentNode);
    }
```

4. DOMBuilder에서 Element 인터페이스의 메서드를 호출하는 부분을 Extract Method[F] 리팩터링을 통해 별도의 메서드로 뽑아낸다. 이 때 핵심은 메서드 호출의 대상이 되는 Element 객체에 대한 참조를 파라미터를 통해 얻도록 만드는 것이다.

```
public class DOMBuilder extends AbstractBuilder...
   public void addAttribute(String name, String value) {
      addAttribute(currentNode, name, value);
   }

   private void addAttribute(ElementAdapter current, String name, String value) {
      currentNode.getElement().setAttribute(name, value);
   }

   public void addChild(String childTagName) {
      ElementAdapter childNode =
         new ElementAdapter(document.createElement(childTagName));
      add(currentNode, childNode);
      parentNode = currentNode;
      currentNode = childNode;
      history.push(currentNode);
   }

   private void add(ElementAdapter parent, ElementAdapter child) {
      parent.getElement().appendChild(child.getElement());
   }

   public void addSibling(String siblingTagName) {
      if (currentNode == root)
         throw new RuntimeException(CANNOT_ADD_BESIDE_ROOT);
      ElementAdapter siblingNode =
         new ElementAdapter(document.createElement(siblingTagName));
      add(parentNode, siblingNode);
      currentNode = siblingNode;
      history.pop();
      history.push(currentNode);
   }

   public void addValue(String value) {
```

```
        addValue(currentNode, value);
    }

    private void addValue(ElementAdapter current, String value) {
        currentNode.getElement().appendChild(document.createTextNode(value));
    }
```

5. 앞에서 뽑아낸 메서드를 Move Method[F] 리팩터링을 통해 ElementAdapter
   로 옮기는데, 절차에서 설명했듯이 공통 인터페이스 XMLNode의 대응 메서
   드와 시그너처가 가능한 유사해야 한다. addValue(…)를 제외한 대부분의
   메서드에 대해서는 이렇게 인터페이스를 통합하는 데 별 문제가 없다.
   addValue(…)의 수정은 조금 뒤로 미루고, 우선 addAttribute(…)와 add(…)를
   옮긴다.

```
public class ElementAdapter {
    Element element;

    public ElementAdapter(Element element) {
        this.element = element;
    }

    public Element getElement() {
        return element;
    }

    public void addAttribute(String name, String value) {
        getElement().setAttribute(name, value);
    }

    public void add(ElementAdapter child) {
        getElement().appendChild(child.getElement());
    }
}
```

　위와 같이 메서드를 옮기고 나면 DOMBuilder의 코드도 다음과 같은 식으
로 바꿔야 할 것이다.

```
public class DOMBuilder extends AbstractBuilder...
  public void addAttribute(String name, String value) {
    currentNode.addAttribute(name, value);
  }

  public void addChild(String childTagName) {
    ElementAdapter childNode =
      new ElementAdapter(document.createElement(childTagName));
    currentNode.add(childNode);
    parentNode = currentNode;
    currentNode = childNode;
    history.push(currentNode);
  }

  // 이하 생략
```

이제 addValue(...)를 옮길 차례인데, 이 메서드는 document 필드를 참조하기 때문에 조금 까다롭다.

```
public class DOMBuilder extends AbstractBuilder...
  private Document document;

  public void addValue(ElementAdapter current, String value) {
    current.getElement().appendChild(document.createTextNode(value));
  }
```

XMLNode의 addValue(...)는 다음과 같으므로, ElementAdapter의 addValue(...)에 Document 타입의 파라미터를 추가하는 것은 바람직하지 않다.

```
public interface XMLNode...
  public abstract void addValue(String value);
```

다행히도 이 경우에는 ElementAdapter의 생성자를 통해 Document 객체를 전달할 수 있다.

```
public class ElementAdapter...
  Element element;
  Document document;
```

```
public ElementAdapter(Element element, Document document) {
    this.element = element;
    this.document = document;
}
```

그리고 바뀐 생성자에 맞추어 DOMBuilder의 코드를 수정한다. 이제는
addValue(…)를 손쉽게 옮길 수 있다.

```
public class ElementAdapter...
    public void addValue(String value) {
        getElement().appendChild(document.createTextNode(value));
    }
```

6. ElementAdapter가 XMLNode 인터페이스를 구현하도록 만든다. 이 과정은
별다른 설명이 필요 없을 정도로 단순하다. 다만, add(…)에서 XMLNode 인
터페이스가 제공하지 않는 getElement()를 호출하므로 다음과 같이 수정해
야 하는 것만 주의하면 된다.

```
public class ElementAdapter implements XMLNode...
    public void add(XMLNode child) {
        ElementAdapter childElement = (ElementAdapter)child;
        getElement().appendChild(childElement.getElement());
    }
```

7. 마지막으로, DOMBuilder의 코드 중에서 ElementAdapter 타입으로 되어
있는 필드 또는 지역 변수, 메서드 파라미터를 모두 XMLNode 타입으로 바
꾼다.

```
public class DOMBuilder extends AbstractBuilder...
    private Document document;
    private XMLNode rootNode;
    private XMLNode parentNode;
    private XMLNode currentNode;

    public void addChild(String childTagName) {
        XMLNode childNode =
            new ElementAdapter(document.createElement(childTagName), document);
```

```
        ...
    }

    protected void init(String rootName) {
        document = new DocumentImpl();
        rootNode = new ElementAdapter(document.createElement(rootName), document);
        document.appendChild(((ElementAdapter)rootNode).getElement());
        ...
    }
```

위 과정을 모두 거쳐서 DOMBuilder가 사용하는 Element 인터페이스를 어
댑팅하면 XMLBuilder와 DOMBuilder의 코드가 매우 비슷해진다. 따라서
Form Template Method 리팩터링(281쪽)이나 Introduce Polymorphic
Creation with Factory Method 리팩터링(134쪽)을 통해 공통 부분을 수퍼클래
스인 AbstractBuilder로 옮길 수 있다. 다음은 그렇게 했을 때의 결과다.

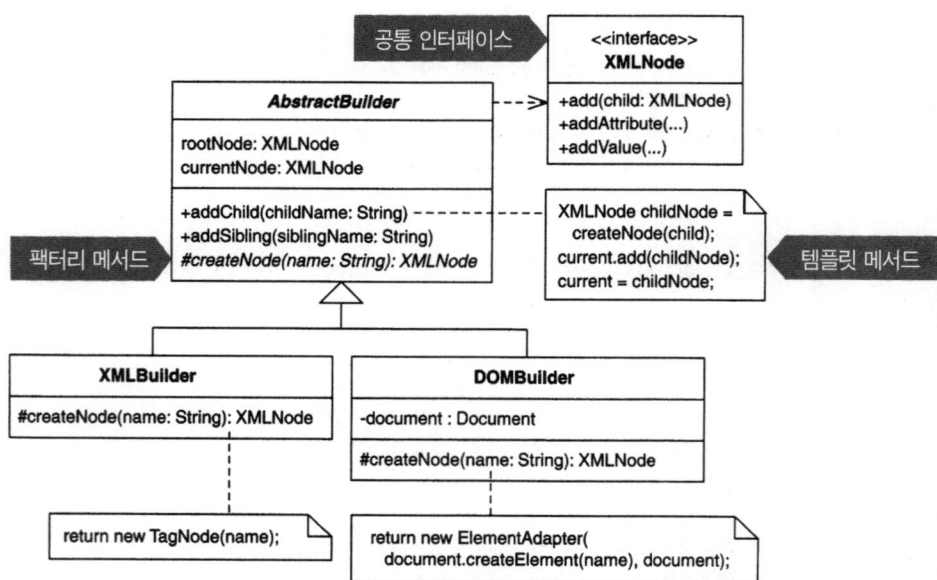

Extract Adapter

하나의 클래스가 컴포넌트, 라이브러리, API 등의 여러 버전을
동시에 지원하기 위한 어댑터adapter 역할을 하고 있다면,

각 버전을 위한 기능을 별도의 어댑터로 뽑아낸다.

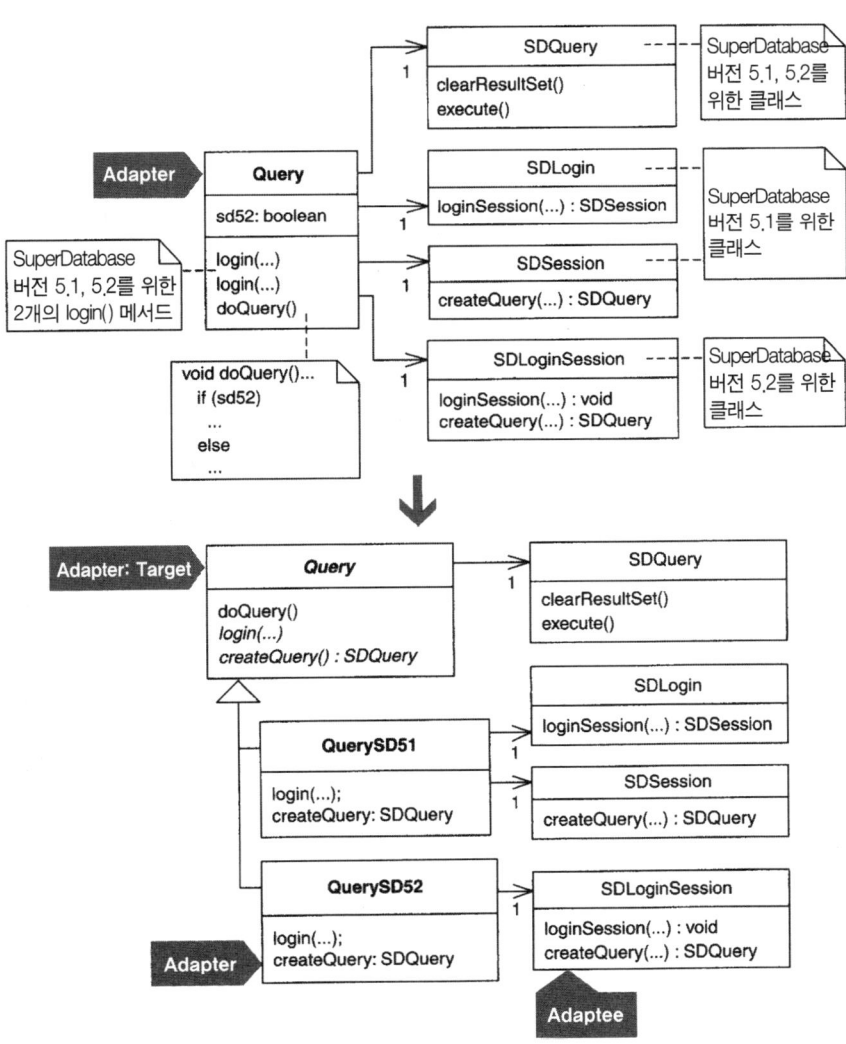

동기

소프트웨어를 개발하다 보면 컴포넌트, 라이브러리 또는 API를 동시에 여러 버전으로 지원해야 할 때가 있지만, 이런 버전 처리 코드가 굳이 복잡해질 필요는 없다. 그러나 특정 버전만을 위한 상태 변수, 생성자, 메서드 등을 한 클래스에 오버로딩해 구현한 경우를 자주 볼 수 있다. 그런 코드에는 '이 코드는 버전 X를 위한 것임. 버전 Y로 옮겨가면 이 코드를 반드시 삭제할 것' 과 같은 식의 주석이 달려 있다. 그러나 대부분의 프로그래머들은 버전 Y로 옮기면서도 버전 X를 위해 존재하는 코드를 삭제하지 않는다. 그 코드와 관계된 다른 부분에서 문제가 생길지도 모른다는 걱정 때문이다. 따라서 주석이 붙은 코드는 삭제되지 않고, 여러 버전을 지원하는 코드가 그대로 남게 된다.

이제, 각 버전을 지원하는 별도 클래스를 만든다고 생각해보자. 클래스 이름에 지원하는 버전을 명시하는 것도 좋다. 그런 클래스를 어댑터라 부른다. 어댑터는 공통 인터페이스를 구현하고, 특정 버전의 코드에 대해 정확히 동작해야 한다. 어댑터를 사용하면 클라이언트 코드에서 어떤 라이브러리나 API를 다른 버전으로 교체하기가 매우 쉬워진다. 그리고 프로그래머는 머리 아프게 고민할 필요 없이 프로그램이 런타임 정보에 따라 적절한 어댑터를 설정하도록 할 수 있다.

나는 Adapter 패턴으로 리팩터링하는 작업을 꽤 자주 하고 좋아한다. Adapter 패턴을 사용하면 외부 코드를 사용하는 방식을 내가 결정할 수 있기 때문이다. 특히 오픈 소스 그룹에서 개발한 라이브러리는 API가 끊임없이 바뀌는 경우가 많은데, 유용한 라이브러리라면 어댑터로 감싸 API의 변경에 대응하는 것이 좋다.

어떤 경우에는 한 어댑터가 매우 많은 기능을 어댑팅adapting할 수도 있다. 예를 들어, 클라이언트에서 어댑티adaptee[5]의 특정 기능에 접근해야 하는데, 어댑터를 통해야만 하기 때문에 해당 기능을 사용할 수 없는 경우가 있다. 이런 경우에는 클라이언트의 요구사항을 충족할 수 있도록 어댑터를 재설계해야 한다.

여러 버전의 컴포넌트, 라이브러리 또는 API를 동시에 사용하는 시스템은 전체 코드에 걸쳐 버전 종속적인 로직들이 흩어져 있기 마련이다(문어발 솔루션 냄새의 확실한 징조, 83쪽 참조). 초기부터 Adapter 패턴으로 설계를 복잡하게 만들 필

---

5) 역자 주: 어댑팅의 대상이 되는 객체

요는 없지만, 여러 버전을 처리하기 위한 코드 때문에 복잡성이 증가하거나, 조건 문이 늘어나고, 유지 보수에 문제가 생기기 시작한다면 바로 Adapter 패턴으로 리팩터링하는 것이 좋다.

Adapter와 Facade

Adapter 패턴은 Facade[DP] 패턴과 자주 혼동된다. 두 패턴이 모두 어떤 코드를 더 쉽게 사용할 수 있도록 만든다는 공통점이 있지만 적용하는 수준이 다르다. A-dapter 패턴은 객체 수준에서의 어댑팅을 수행하는 것이고, Facade 패턴은 어떤 서브시스템 전체를 어댑팅하는 것이다.

Facade 패턴은 레거시 시스템과 통신하기 위해 사용하는 경우가 많다. 예를 들어, 어떤 기업에 COBOL로 작성된 시스템이 있는데, 이 시스템의 코드가 매우 복잡 미묘하고 2백만 줄이나 된다고 하자. 이 시스템은 한번도 리팩터링 작업을 거친 적이 없기 때문에, 확장과 유지보수가 매우 어렵다. 그럼에도 불구하고, 이 시스템에는 중요한 기능이 포함되어 있기 때문에 새로 만드는 시스템도 이 레거시 시스템에 의존할 수밖에 없다.

이런 상황에서는 Facade 패턴이 유용하다. 퍼사드facade는 새 시스템에 설계가 좋지 않고 복잡한 레거시 코드에 대한 좀더 단순한 뷰view를 제공한다. 새 시스템은 퍼사드 객체와 통신하고, 이 퍼사드 객체가 레거시 코드와 관련된 복잡한 작업을 대신하는 것이다.

레거시 시스템의 서브시스템 하나씩을 퍼사드로 대체해 나가면서, 결국에는 레거시 시스템 전체를 안전하게 새로 구현할 수도 있다. 이 과정은 다음과 같은 식으로 이루어진다.

- 주어진 레거시 시스템의 서브시스템을 확인한다.
- 그 서브시스템을 위한 퍼사드를 구현한다.
- 앞서 만든 퍼사드를 사용하도록 클라이언트 코드를 수정한다.
- 레거시 시스템의 기능을 신기술로 다시 구현하고, 그를 어댑팅하는 새 퍼사드를 만든다.
- 기존의 퍼사드와 새 퍼사드가 동일하게 동작하는지 테스트한다.
- 새 퍼사드를 사용하도록 클라이언트 코드를 수정한다.
- 나머지 서브시스템에 대해서 위의 과정을 반복한다.

절차

이 리팩터링의 절차는 상황에 따라 다르다. 어떤 외부 코드의 여러 버전을 지원하기 위해 많은 조건 로직을 사용하고 있다면, Replace Conditional with Polymorphism[F] 리팩터링을 적용해 각 버전을 위한 어댑터를 만들 수 있다. 앞의 코드 스케치에서와 같이, 어댑터 하나가 라이브러리의 여러 버전을 지원하기 위해 버전 종속적인 변수나 메서드를 여러 개 포함하고 있다면, 다른 방법을 사용해 어댑터를 여러 개 뽑아내야 한다. 다음은 그 과정을 요약한 것이다.

1. 여러 버전의 코드를 어댑팅하기 위해 과중한 책임을 떠맡고 있는 어댑터 클래스를 찾는다.

2. 과중한 책임을 맡고 있는 어댑터 클래스에 Extract Subclass[F] 또는 Extract Class[F] 리팩터링을 적용해 특정 버전에 종속적인 부분을 각각 별도의 클래스로 뽑아낸다. 특정 버전을 지원하기 위해 배타적으로 사용되는 인스턴스 변수와 메서드를 새로 만든 어댑터로 모두 복사하거나 옮긴다.

   이 과정에서 기존 어댑터 클래스의 private 필드나 메서드 중 일부를 public 또는 protected로 수정해야 할 수도 있다. 또, 어떤 필드의 값은 새로 만든 어댑터 클래스의 생성자를 통해 넘겨 초기화해야 할지도 모른다. 이 경우에는 그 생성자를 호출하는 코드도 수정해야 한다.

   ∨ 컴파일 후 테스트한다.

3. 기존의 어댑터 클래스에 버전 종속적인 코드가 모두 사라질 때까지 단계 2 를 반복한다.

4. 새로 만든 어댑터 클래스들 사이에 존재하는 중복 코드는 Pull Up Method[F] 또는 Form Template Method 리팩터링(281쪽)을 통해 제거한다.

   ∨ 컴파일 후 테스트한다.

예제

이번에 사용할 예제는 써드파티 라이브러리를 이용해 데이터베이스 쿼리를 처리하는 실세계 코드를 기초로 한 것이다(도입부의 코드 스케치 참조). 작성자의 신원을 보호하기 위해 라이브러리의 이름을 바꿨는데, SD는 SuperDatabase를 뜻한다.

1. 먼저 여러 버전의 SuperDatabase를 지원하기 위해 과중한 책임을 떠맡고 있는 어댑터를 찾는다. Query 클래스는 SuperDatabase의 버전 5.1과 5.2를 지원하고 있다.

   다음의 코드에서 특정 버전에 의존적인 필드, 중복된 login() 메서드, doQuery() 메서드 내의 조건문에 주목하기 바란다.

```
public class Query...
    private SDLogin sdLogin; // SD 5.1
    private SDSession sdSession; // SD 5.1
    private SDLoginSession sdLoginSession; // SD 5.2
    private boolean sd52; // SD 5.2로 동작하고 있음을 나타내는 플래그
    private SDQuery sdQuery; // SD 5.1, 5.2 모두

    // SD 5.1을 위한 로그인 메서드
    // 주의: 모든 애플리케이션이 5.2로 전환하면, 이 코드를 삭제할 것.
    public void login(String server, String user, String password) throws QueryException {
        sd52 = false;
        try {
            sdSession = sdLogin.loginSession(server, user, password);
        } catch (SDLoginFailedException lfe) {
```

```
                throw new QueryException(QueryException.LOGIN_FAILED,
                                "Login failure\n" + lfe, lfe);
        } catch (SDSocketInitFailedException ife) {
            throw new QueryException(QueryException.LOGIN_FAILED,
                                "Socket fail\n" + ife, ife);
        }
    }

    // SD 5.2를 위한 로그인 메서드
    public void login(String server, String user, String password,
                    String sdConfigFileName) throws QueryException {
        sd52 = true;
        sdLoginSession = new SDLoginSession(sdConfigFileName, false);
        try {
            sdLoginSession.loginSession(server, user, password);
        } catch (SDLoginFailedException lfe) {
            throw new QueryException(QueryException.LOGIN_FAILED,
                                "Login failure\n" + lfe, lfe);
        } catch (SDSocketInitFailedException ife) {
            throw new QueryException(QueryException.LOGIN_FAILED,
                                "Socket fail\n" + ife, ife);
        } catch (SDNotFoundException nfe) {
            throw new QueryException(QueryException.LOGIN_FAILED,
                                "Not found exception\n" + nfe, nfe);
        }
    }

    public void doQuery() throws QueryException {
        if (sdQuery != null)
            sdQuery.clearResultSet();
        if (sd52)
            sdQuery = sdLoginSession.createQuery(SDQuery.OPEN_FOR_QUERY);
        else
            sdQuery = sdSession.createQuery(SDQuery.OPEN_FOR_QUERY);
        executeQuery();
    }
```

2. Query에는 아직 서브클래스가 없으므로, Extract Subclass[F] 리팩터링으로
   SuperDatabase 5.1을 위한 코드를 분리하기로 하자. 그 첫 단계는 다음과 같
   이 서브클래스를 정의하는 것이다.

```
class QuerySD51 extends Query {
   public QuerySD51() {
      super();
   }
}
```

그 다음, 클라이언트 코드에서 Query의 생성자를 호출하는 부분을 모두
찾아, 적절한 곳이라면 QuerySD51의 생성자를 호출하도록 바꾼다. 이때 생
성자를 무조건 바꾸면 안 된다. 예를 들어, 다음과 같이 Query 객체를 생성
해 query라는 이름의 필드에 저장하는 코드가 있다면,

```
public void loginToDatabase(String db, String user, String password)...
   query = new Query();
   try {
      if (usingSDVersion52()) {
         query.login(db, user, password, getSD52ConfigFileName()); // SD 5.2로 로그인
      } else {
         query.login(db, user, password); // SD 5.1로 로그인
      }
      ...
   } catch(QueryException qe)...
```

다음과 같이 수정해야 한다.

```
public void loginToDatabase(String db, String user, String password)...
   query = new Query();
   try {
      if (usingSDVersion52()) {
         query = new Query();
         query.login(db, user, password, getSD52ConfigFileName()); // SD 5.2로 로그인
      } else {
         query = new QuerySD51();
         query.login(db, user, password); // SD 5.1로 로그인
      }
      ...
   } catch(QueryException qe) {
```

다음에는 QuerySD51이 필요한 메서드와 필드를 가질 수 있도록 Push

Down Method[F]와 Push Down Field[F] 리팩터링을 적용한다. 이 작업을 할 때는 Query의 public 메서드를 호출하는 클라이언트를 고려해야 하므로 주의가 필요하다. login()과 같은 public 메서드를 Query에서 QuerySD51로 옮기면, 그 메서드를 호출하던 클라이언트는 객체의 타입을 QuerySD51로 바꾸지 않는 한 호출할 수 없기 때문이다. 그러나 클라이언트 코드를 그런 식으로 수정하고 싶지 않기 때문에, public 메서드를 Query에서 완전히 제거하기보다는 복사와 수정을 병행하며 조심스럽게 작업한다. 물론 이렇게 하면 중복 코드가 생기겠지만, 당장은 신경 쓰지 않을 것이다. 중복 코드는 이 리팩터링의 마지막 단계에서 제거할 것이다.

```
class Query...
    private SDLogin sdLogin;
    private SDSession sdSession;
    protected SDQuery sdQuery;

    // SD 5.1을 위한 로그인 메서드
    public void login(String server, String user, String password) throws QueryException {
        // 아무 작업도 하지 않음
    }

    public void doQuery() throws QueryException {
        if (sdQuery != null)
            sdQuery.clearResultSet();
        if (sd52)
        sdQuery = sdLoginSession.createQuery(SDQuery.OPEN_FOR_QUERY);
        else
            sdQuery = sdSession.createQuery(SDQuery.OPEN_FOR_QUERY);
        executeQuery();
    }

class QuerySD51 {
    private SDLogin sdLogin;
    private SDSession sdSession;

    public void login(String server, String user, String password) throws QueryException {
        sd52 = false;
        try {
```

```
         sdSession = sdLogin.loginSession(server, user, password);
      } catch (SDLoginFailedException lfe) {
         throw new QueryException(QueryException.LOGIN_FAILED,
                            "Login failure\n" + lfe, lfe);
      } catch (SDSocketInitFailedException ife) {
         throw new QueryException(QueryException.LOGIN_FAILED,
                            "Socket fail\n" + ife, ife);
      }
   }

   public void doQuery() throws QueryException {
      if (sdQuery != null)
         sdQuery.clearResultSet();
      if (sd52)
         sdQuery = sdLoginSession.createQuery(SDQuery.OPEN_FOR_QUERY);
      else
      sdQuery = sdSession.createQuery(SDQuery.OPEN_FOR_QUERY);
      executeQuery();
   }
}
```

컴파일 후 테스트해 QuerySD51이 잘 동작하는지 확인한다. 아무 문제도
발생하지 않는다.

3. 단계 2를 반복해 QuerySD52 클래스를 만든다. 그리고 Query를 추상 클래스
로, doQuery()도 추상 메서드로 바꾼다. 결과적으로 다음 그림처럼 된다.

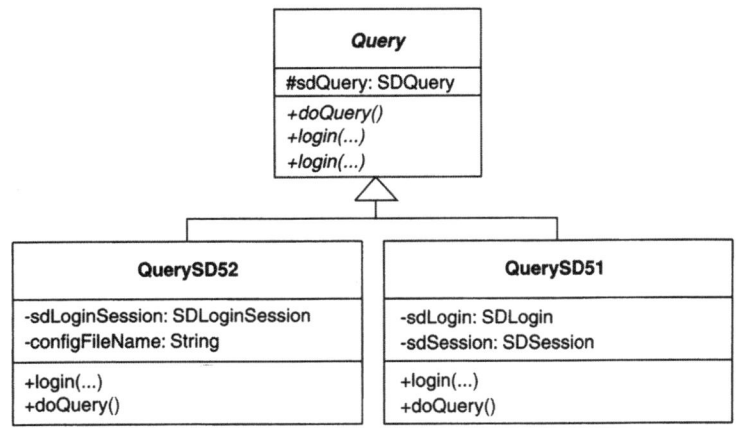

Query에는 버전 종속적인 코드가 없다. 그러나 아직 중복 코드가 남아 있다.

4. 이제 코드 중복을 제거할 차례다. 두 서브클래스에 있는 doQuery()에 코드 중복이 있음을 쉽게 확인할 수 있다.

```
abstract class Query...
    public abstract void doQuery() throws QueryException;

class QuerySD51...
    public void doQuery() throws QueryException {
        if (sdQuery != null)
            sdQuery.clearResultSet();

        sdQuery = sdSession.createQuery(SDQuery.OPEN_FOR_QUERY);
        executeQuery();
    }

class QuerySD52...
    public void doQuery() throws QueryException {
        if (sdQuery != null)
            sdQuery.clearResultSet();

        sdQuery = sdLoginSession.createQuery(SDQuery.OPEN_FOR_QUERY);
        executeQuery();
    }
```

이 두 메서드는 sdQuery 객체를 얻는 방식만 다르다. 따라서 Introduce Polymorphic Creation with Factory Method 리팩터링(134쪽)과 Form Template Method 리팩터링(281쪽)을 통해 다음과 같이 doQuery() 메서드를 수퍼클래스로 옮길 수 있다.

```
public abstract class Query...
    protected abstract SDQuery createQuery(); // 팩터리 메서드

    public void doQuery() throws QueryException { // 템플릿 메서드
        if (sdQuery != null)
            sdQuery.clearResultSet();
```

```
      sdQuery = createQuery(); // 팩터리 메서드 호출
      executeQuery();
   }

class QuerySD51...
   protected SDQuery createQuery() {
      return sdSession.createQuery(SDQuery.OPEN_FOR_QUERY);
   }

class QuerySD52...
   protected SDQuery createQuery() {
      return sdLoginSession.createQuery(SDQuery.OPEN_FOR_QUERY);
   }
```

수정 사항을 컴파일 후 테스트로 확인하고 나니, 더 명확한 중복이 눈에 띈다. Query에 SD 5.1과 5.2를 위한 login() 메서드가 남아 있는데, 사실 아무 일도 안한다(실제 로그인 작업은 서브클래스에서 처리한다). 이 두 login() 메서드의 시그너처는 파라미터 하나만 빼고 동일하다.

```
//SD 5.1 로그인
public void login(String server, String user, String password) throws QueryException...

// SD 5.2 로그인
public void login(String server, String user,
                  String password, String sdConfigFileName) throws QueryException...
```

sdConfigFileName 정보를 QuerySD52 클래스의 생성자를 통해 넘기면 login() 메서드에서 sdConfigFileName 파라미터를 제거해 시그너처를 동일하게 만들 수 있다.

```
class QuerySD52...
   private String sdConfigFileName;
   public QuerySD52(String sdConfigFileName) {
      super();
      this.sdConfigFileName = sdConfigFileName;
   }
```

Query 클래스에는 다음과 같이 추상 메서드 logic() 하나만 남게 된다.

```
abstract class Query...
   public abstract void login(String server, String user,
                              String password) throws QueryException...
```

결과적으로 클라이언트 코드는 다음과 같이 수정해야 한다.

```
public void loginToDatabase(String db, String user, String password)...
   if (usingSDVersion52())
      query = new QuerySD52(getSD52ConfigFileName());
   else
      query = new QuerySD51();

   try {
      query.login(db, user, password);
      ...
   } catch(QueryException qe)...
```

이제 작업 막바지에 이르렀다. Query는 이제 추상 클래스가 되었으므로, 이름을 AbstractQuery로 바꾸어 그 특성이 명확하게 드러나도록 하는 것이 좋다. 그런데 이름을 바꾸면 클라이언트 코드에서 Query 타입의 변수를 선언한 곳을 모두 찾아 AbstractQuery로 바꿔야 한다. 그렇게 하고 싶지는 않으므로, AbstractQuery에 Extract Interface[F] 리팩터링을 적용하여 Query 인터페이스를 만들고 AbstractQuery가 구현하도록 한다.

```
interface Query {
   public void login(String server, String user, String password) throws QueryException;
   public void doQuery() throws QueryException;
}
```

```
abstract class AbstractQuery implements Query...
   public abstract void login(String server, String user,
                              String password) throws QueryException
```

이제 AbstractQuery의 서브클래스에서 login() 메서드를 구현하고 있고, AbstractQuery는 추상 클래스이기 때문에 login() 메서드를 선언할 필요가 없다. 모든 것이 생각대로 돌아가는지 컴파일 후 테스트한다. 결과적으로, 두 버전의 SuperDatabase가 완전히 어댑팅되었다. 코드가 원래보다 간단해졌고, 두 버전을 동일한 방식으로 다룰 수 있게 되었으며, 더 나아가 다음과 같은 이득을 얻게 되었다.

- 각 버전 간의 유사점과 차이점을 쉽게 알아볼 수 있게 되었다.
- 오래되어 사용되지 않는 버전을 위한 코드를 쉽게 제거할 수 있게 되었다.
- 새 버전을 지원하는 일이 쉬워졌다.

변형

익명 내부 클래스를 사용해 어댑팅하기

Java의 첫 버전(JDK 1.0)에는 Enumeration이라는 인터페이스가 있어서 Vector나 Hashtable과 같은 컬렉션을 순회하는 데 사용되었다. 그런데 Java가 점점 더 발전하면서 JDK에 더 나은 컬렉션 클래스들이 추가되었고 Iterator 인터페이스가 그 역할을 대신하게 되었다. 그러나 Enumeration 인터페이스를 사용해 작성된 코드와도 상호 동작이 가능해야 하므로, JDK에는 다음과 같이 Java의 익명 내부 클래스 기능을 이용해 Iterator를 어댑팅하는 생성 메서드를 제공한다.

```
public class Collections...
   public static Enumeration enumeration(final Collection c) {
      return new Enumeration() {
         Iterator i = c.iterator();

         public boolean hasMoreElements() {
            return i.hasNext();
         }
         public Object nextElement() {
            return i.next();
         }
      };
   }
```

Replace Implicit Language with Interpreter

한 클래스 내의 여러 메서드에서
일종의 묵시적 언어를 이루는 요소들을 조합하고 있다면,

그 묵시적 언어의 요소들을 각각의 클래스로 정의하고
그 객체의 조합을 통해 해석 가능한 수식을 만들어 낼 수 있도록 한다.

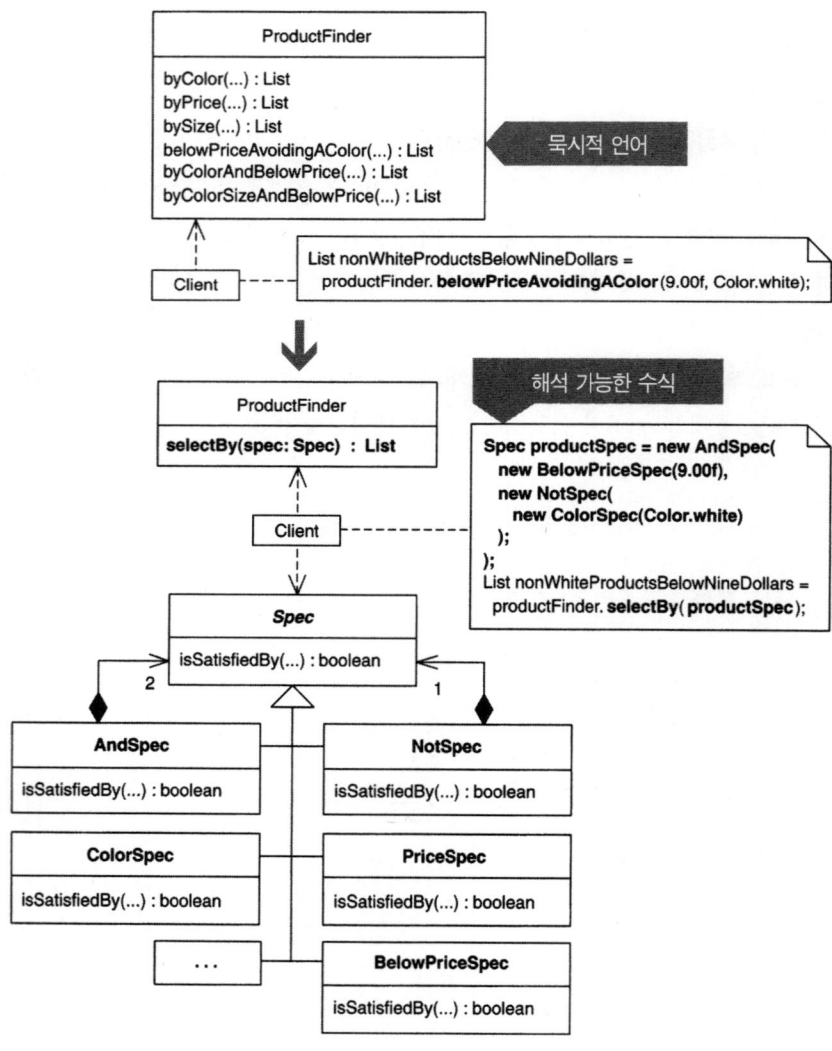

동기

Interpreter[DP]는 단순한 언어를 해석할 때 유용한 패턴이다. 문법을 불과 클래스 몇 개로 모델화할 수 있을 때, 그 언어는 단순하다고 말한다. 단순한 언어의 문장 sentence이나 수식expression은 그 문법을 정의하는 클래스들의 인스턴스를 조합해 표현할 수 있다. 이때는 보통, Composite[DP] 패턴을 이용한다.

Interpreter 패턴에 대한 반응에 따라 프로그래머를 두 부류로 나눌 수 있다. 한 쪽은 인터프리터의 구현을 쉽게 생각하는 반면, 다른 한 쪽은 전혀 그렇게 생각하지 않는다. 그러나 구문 분석 트리parse tree나 추상 문법 트리abstract syntax tree, 종단/비종단 수식terminal/nonterminal expression 등과 같은 용어를 아느냐 모르느냐에 상관없이, Interpreter 패턴을 구현하는 것은 Composite 패턴보다 약간 더 복잡할 뿐이다. 단지 어려운 점은 어떤 경우에 인터프리터가 필요한지를 아는 것이다.

언어가 복잡하거나 반대로 아주 단순한 경우에는 인터프리터가 필요 없다. 복잡한 언어를 다룬다면, 파싱과 문법 정의, 해석 등의 기능을 지원하는 JavaCC[6] 같은 전문 도구를 사용하는 것이 좋다. 예를 들어, 나는 어떤 프로젝트에서 동료들과 함께 20개가 넘는 클래스가 필요한 문법을 구현하기 위해 파서 생성기를 이용했다. 클래스 20개는 Interpreter 패턴을 이용해 직접 만들기에 버거운 숫자였기 때문이다. 또 다른 프로젝트에서는 언어의 문법이 너무 단순해서, 해석을 위한 클래스를 따로 구현할 필요도 없었다.

어떤 언어의 문법을 10개 이하의 클래스로 구현할 수 있다면, Interpreter 패턴을 사용하는 것이 좋다. 검색 조건식을 통해 객체나 데이터베이스를 검색하는 것이 바로 그런 문법에 해당한다. 전형적인 검색 조건식은 '그리고and', '~이 아닌not', '또는or' 등의 비종단 수식과 '10달러', '작다', '파랗다' 등의 종단 수식으로 이뤄진다. 예를 들면 다음과 같다.

- 10달러 이하의 상품을 찾아라.
- 흰색이 아니고 10달러 이하인 상품을 찾아라.

---

6) 역자 주: JavaCC는 Java Compiler Compiler의 약자로, Java 애플리케이션을 위한 오픈 소스 파서생성기다. 자세한 사항은 프로젝트 홈페이지(https://javacc.dev.java.net/)를 참고하기 바란다.

● 파란색이고 작으며 20달러 이하인 상품을 찾아라.

그런데, 위와 같은 검색 조건식을 명시적인 언어로 취급하지 않은 채 다음과 같이 구현하는 경우가 자주 있다.

```
ProductFinder...
    public List byColor(Color colorOfProductToFind)...
    public List byPrice(float priceLimit)...
    public List bySize(int sizeToFind)...
    public List belowPrice(float price)...
    public List belowPriceAvoidingAColor(float price)...
    public List byColorAndBelowPrice(Color color, float price)...
    public List byColorSizeAndBelowPrice(Color color, int size, float price)...
```

위와 같이 구현된 경우에는, 상품 검색 언어가 '묵시적'이다. 분명히 검색을 위한 언어가 존재하지만, 겉으로는 드러나지 않았다는 뜻이다. 묵시적 언어를 사용하면 두 가지 문제점이 있다. 첫째, 검색 조건의 새로운 조합이 필요할 때마다 그에 대응하는 새로운 메서드를 추가해야 한다. 둘째, 검색 메서드 사이에 중복 코드가 매우 많이 생기곤 한다. 이런 경우에 인터프리터를 이용하면, 검색 조건의 다양한 조합을 단 몇 개의 클래스로 모두 처리할 수 있고 코드 중복도 제거할 수 있다.

Interpreter 패턴으로 리팩터링할 때에는 초기 비용이 만만치 않다. 문법을 표현하는 클래스를 정의해야 하고, 클라이언트 코드에서도 그 문법 클래스의 조합을 통해 수식을 표현하도록 고쳐야 한다. 그런데도 리팩터링할 만한 가치가 있는 것일까? 위에서 예로 든 ProductFinder 클래스 내의 수많은 검색 메서드와 같이, 묵시적 언어에서 끝없이 증가하는 수식의 조합을 처리하기 위해 수많은 중복 코드가 양산된다면 분명 가치가 있을 것이다.

Specification[Evans]과 Query Object[Fowler, PEAA] 패턴은 Interpreter 패턴을 매우 적극적으로 사용하는 예다. 두 패턴은 모두 단순한 문법과 객체의 조합을 이용해 검색 조건식을 모델화하는 것으로, 검색 조건식과 그 표현을 분리하는 데 유용하게 쓰일 수 있다. 예를 들어, Query Object 패턴은 쿼리를 일반화해 모델로 만들기 때문에 데이터베이스에 실제로 쿼리할 때 사용되는 SQL로 쉽게 변환할 수 있다.

인터프리터는 시스템 설정을 런타임에 변경하기 위해 사용되는 경우도 많다. 예를 들어, 시스템에서 사용자 인터페이스를 통해 사용자가 원하는 설정을 쿼리 형태로 입력받은 다음, 그 쿼리를 나타내는 해석 가능한 객체 구조를 동적으로 생성할 수 있다. 이런 식으로 인터프리터는 시스템 내의 모든 동작이 정적이어서, 동적으로 설정할 수 없는 경우에는 불가능한 훨씬 더 큰 강력함과 융통성을 제공할 수 있다.

장점과 단점

+ 언어를 묵시적으로 처리할 때보다 언어 요소를 쉽게 조합할 수 있다.
+ 언어 요소의 새 조합을 지원하기 위해 코드를 추가 작성할 필요가 없다.
+ 시스템의 동작 설정을 런타임에 변경할 수 있게 된다.
− 문법을 정의하고 이를 이용하도록 클라이언트 코드를 수정하는 초기 비용이 든다.
− 언어가 복잡하면, 지나치게 많은 작업이 필요하다.
− 언어가 단순하면, 설계만 복잡해지는 것이다.

절차

지금부터 설명하는 절차는 Specification과 Query Object 패턴에서 Interpreter 패턴을 사용하는 방식과 관련이 많다. 내가 그동안 보아 왔거나 직접 행한 Interpreter 패턴의 구현은 대부분 그 두 패턴에 해당했기 때문이다. 이 절차에서 묵시적 언어는 많은 객체 선택 메서드를 사용하는 모델로 되어있고, 각각의 메서드는 주어진 조건을 만족하는 객체를 찾기 위해 컬렉션을 순회한다.

1. 한 가지 조건을 입력 받아 그에 맞는 객체의 집합을 검색하는 객체 선택 메서드를 찾고, 그 조건 파라미터에 대한 명세 클래스를 만든다. 이때 파라미터의 값은 생성자를 통해 받도록 하고 get 메서드도 제공해야 한다. 객체 선택 메서드 내에서는 명세 클래스 타입의 변수를 선언해 인스턴스를 만들고,

조건은 명세 객체로부터 get 메서드를 통해 얻도록 수정한다.

명세 클래스의 이름은 그 역할이 잘 드러나도록 짓는다. 조건이 색상이었다면 ColorSpec 정도로 할 수 있다.

객체 선택 메서드에 조건이 두 개 이상 있다면, 각 조건에 대해 위의 과정과 단계 2의 과정을 반복한다. 나중에 단계 4에서 이 명세 클래스들에 Composite[DP] 패턴을 적용할 것이다.

✓ 컴파일 후 객체 선택 메서드가 제대로 동작하는지 테스트한다.

2. 객체 선택 메서드 내의 조건문에 Extract Method[F] 리팩터링을 적용해 isSatisfiedBy(...) 메서드로 뽑아내는데, 이 메서드의 리턴값은 true 또는 false여야 한다. 그리고 뽑아낸 메서드를 Move Method[F] 리팩터링을 통해 명세 클래스로 옮긴다.

명세 클래스에 아직 수퍼클래스가 없다면 Extract Superclass[F] 리팩터링을 통해 만든다. 새로 만든 수퍼클래스는 추상클래스로 정의하고, isSatisfiedBy(...)를 추상 메서드로 선언한다.

✓ 컴파일 후 객체 선택 메서드가 여전히 잘 동작하는지 테스트한다.

3. 다른 객체 선택 메서드에 대해서도 단계 1과 2를 반복한다. 객체 선택 조건을 사용하는 다른 메서드에 대해서도 같은 작업을 한다.

4. 명세를 두 개 이상 사용하는 객체 선택 메서드(즉, 객체 선택 로직에서 두 개 이상의 명세 클래스 인스턴스를 생성하는 메서드)가 있다면, 조합 명세 클래스(객체 선택 메서드 안에서 명세 클래스의 인스턴스를 조합해 사용하는 클래스)를 만드는 식으로 단계 1을 약간 수정해 적용한다. 조합 명세 클래스의 생성자에 명세 객체를 넘길 수도 있고, 명세 클래스의 종류가 많은 경우에는 조합 명세 클래스에 add(...) 메서드를 추가할 수도 있다.

그 다음, 객체 선택 메서드의 조건문에 단계 2를 적용해 로직을 컴포짓 클래스의 isSatisfiedBy(...)로 옮긴다. 그리고 조합 명세 클래스도 명세 클래스들의 수퍼클래스를 상속하도록 수정한다.

5. 이제 모든 객체 선택메서드가 한 명세 객체(즉, 하나의 명세 객체 또는 하나의 조합 명세 객체)를 사용한다. 또한 모든 객체 선택 메서드가 명세 객체를 생성하는 코드만 제외하면 완전히 동일할 것이다. 이 동일한 부분을 Extract Method[F] 리팩터링을 통해 별도의 메서드로 뽑아낸다. 이 메서드의 이름은 selectBy(...)와 같은 식으로 짓는다. 그리고 단계 2에서 만든 수퍼클래스 타입의 파라미터를 하나 받도록 하고, 객체의 컬렉션을 리턴하도록 한다. 예를 들면, public List selectBy(Spec spec)과 같이 정의할 수 있다.

   ✓ 컴파일 후 테스트한다.

   모든 객체 선택 메서드에서 selectBy(...) 메서드를 사용하도록 수정한다.

   ✓ 컴파일 후 테스트한다.

6. 모든 객체 선택 메서드에 Inline Method[F] 리팩터링을 적용한다.

   ✓ 컴파일 후 테스트한다.

예제

예제로 사용할 코드는 어떤 장바구니 관리 시스템에서 착안한 것으로, 앞의 코드 스케치와 동기 절에서 이미 소개했다. 그 시스템에는 AccountFinder, InvoiceFinder, ProductFinder 등의 Finder 클래스가 있었는데 조합의 폭발적 증가(85쪽) 악취가 심한 상태여서 Specification 패턴으로 리팩터링할 필요가 있었다. Finder 클래스들에 어떤 문제가 있다기보다는 Specification 패턴으로 리팩터링할 때가 된 것이다.

ProductFinder의 코드와 테스트를 살펴보는 것으로 시작한다. 먼저 테스트 코드를 살피자. 테스트를 실행하려면 다양한 Product 객체를 담고 있는 ProductRepository 객체가 필요하고, ProductFinder 객체는 그 ProductRepository 객체를 알고 있어야 한다.

```
public class ProductFinderTests extends TestCase...
    private ProductFinder finder;
```

```java
private Product fireTruck =
    new Product("f1234", "Fire Truck",
        Color.red, 8.95f, ProductSize.MEDIUM);

private Product barbieClassic =
    new Product("b7654", "Barbie Classic",
        Color.yellow, 15.95f, ProductSize.SMALL);

private Product frisbee =
    new Product("f4321", "Frisbee",
        Color.pink, 9.99f, ProductSize.LARGE);

private Product baseball =
    new Product("b2343", "Baseball",
        Color.white, 8.95f, ProductSize.NOT_APPLICABLE);

private Product toyConvertible =
    new Product("p1112", "Toy Porsche Convertible",
        Color.red, 230.00f, ProductSize.NOT_APPLICABLE);

protected void setUp() {
    finder = new ProductFinder(createProductRepository());
}

private ProductRepository createProductRepository() {
    ProductRepository repository = new ProductRepository();
    repository.add(fireTruck);
    repository.add(barbieClassic);
    repository.add(frisbee)
    repository.add(baseball);
    repository.add(toyConvertible);
    return repository;
}
```

위의 '장난감' 제품들은 테스트 코드에서 잘 동작한다. 물론, 실제 코드에서는 OR 매핑object-relational mapping을 이용해 얻은 실제 제품 객체를 사용한다.

이제 샘플 테스트 한두 개와 테스트를 만족시킬 구현 코드를 살펴보자. testFind-ByColor()는 ProductFinder.byColor(...)가 빨간 색 장난감을 제대로 찾는지 확인하고, testFindByPrice()는 ProductFinder.byPrice(...)가 주어진 가격의 장난감을 제대로 찾는지 확인한다.

```
public class ProductFinderTests extends TestCase...
    public void testFindByColor() {
        List foundProducts = finder.byColor(Color.red);
        assertEquals("found 2 red products", 2, foundProducts.size());
        assertTrue("found fireTruck", foundProducts.contains(fireTruck));
        assertTrue(
            "found Toy Porsche Convertible",
            foundProducts.contains(toyConvertible));
    }

    public void testFindByPrice() {
        List foundProducts = finder.byPrice(8.95f);
        assertEquals("found products that cost $8.95", 2, foundProducts.size());
        for (Iterator i = foundProducts.iterator(); i.hasNext();) {
            Product p = (Product) i.next();
            assertTrue(p.getPrice() == 8.95f);
        }
    }
}
```

다음은 이 테스트를 만족시킬 구현 코드다.

```
public class ProductFinder...
    private ProductRepository repository;

    public ProductFinder(ProductRepository repository) {
        this.repository = repository;
    }

    public List byColor(Color colorOfProductToFind) {
        List foundProducts = new ArrayList();
        Iterator products = repository.iterator();
        while (products.hasNext()) {
            Product product = (Product) products.next();
            if (product.getColor().equals(colorOfProductToFind))
                foundProducts.add(product);
        }
        return foundProducts;
    }
    public List byPrice(float priceLimit) {
```

```
List foundProducts = new ArrayList();
Iterator products = repository.iterator();
while (products.hasNext()) {
    Product product = (Product) products.next();
    if (product.getPrice() == priceLimit)
        foundProducts.add(product);
}
return foundProducts;
}
```

위의 두 메서드에는 중복된 코드가 많다. 리팩터링을 하면서 이런 코드 중복을 제거할 것이다. 그와 동시에 '조합의 폭발적 증가' 문제와 연관된 테스트와 구현 코드도 함께 살펴볼 것이다. 다음 테스트 중 하나는 특정 색상, 특정 크기, 특정 가격 미만의 Product 객체를 찾는 것이고 다른 하나는 특정 색상, 특정 가격 이상의 Product 객체를 찾는 것이다.

```
public class ProductFinderTests extends TestCase...
    public void testFindByColorSizeAndBelowPrice() {
        List foundProducts =
            finder.byColorSizeAndBelowPrice(Color.red, ProductSize.SMALL, 10.00f);
        assertEquals(
            "found no small red products below $10.00",
            0,
            foundProducts.size());

        foundProducts =
            finder.byColorSizeAndBelowPrice(Color.red, ProductSize.MEDIUM, 10.00f);
        assertEquals(
            "found firetruck when looking for cheap medium red toys",
            fireTruck,
            foundProducts.get(0));
    }

    public void testFindBelowPriceAvoidingAColor() {
        List foundProducts =
            finder.belowPriceAvoidingAColor(9.00f, Color.white);
        assertEquals(
            "found 1 non-white product < $9.00",
            1,
```

```
                foundProducts.size());
        assertTrue("found fireTruck", foundProducts.contains(fireTruck));

        foundProducts = finder.belowPriceAvoidingAColor(9.00f, Color.red);
        assertEquals(
            "found 1 non-red product < $9.00",
            1,
            foundProducts.size());
        assertTrue("found baseball", foundProducts.contains(baseball));
    }
```

다음은 이 테스트에 대한 구현 코드다.

```
public class ProductFinder...
    public List byColorSizeAndBelowPrice(Color color, int size, float price) {
        List foundProducts = new ArrayList();
        Iterator products = repository.iterator();
        while (products.hasNext()) {
            Product product = (Product) products.next();
            if (product.getColor() == color
                && product.getSize() == size
                && product.getPrice() < price)
                foundProducts.add(product);
        }
        return foundProducts;
    }
    public List belowPriceAvoidingAColor(float price, Color color) {
        List foundProducts = new ArrayList();
        Iterator products = repository.iterator();
        while (products.hasNext()) {
            Product product = (Product) products.next();
            if (product.getPrice() < price && product.getColor() != color)
                foundProducts.add(product);
        }
        return foundProducts;
    }
```

여기서도 코드 중복이 많이 보인다. 각각의 검색 메서드가 동일한 저장소를 순
회하면서 주어진 조건을 만족하는 Product 객체를 찾기 때문이다. 이제 리팩터링
을 시작할 준비가 된 것 같다.

1. 첫 단계는 조건 하나로 검색을 수행하는 객체 선택 메서드를 찾는 것이다.
ProductFinder의 byColor(Color colorOfProductToFind)가 이에 해당한다.

```
public class ProductFinder...
   public List byColor(Color colorOfProductToFind) {
      List foundProducts = new ArrayList();
      Iterator products = repository.iterator();
      while (products.hasNext()) {
         Product product = (Product) products.next();
         if (product.getColor().equals(colorOfProductToFind))
            foundProducts.add(product);
      }
      return foundProducts;
   }
```

조건 파라미터 Color colorOfProductToFind에 대한 명세 클래스를 만든다.
클래스 이름은 ColorSpec으로 하는 것이 좋겠다. 이 클래스에는 Color 타입
의 필드와 이에 대한 get 메서드가 있어야 한다.

```
public class ColorSpec {
   private Color colorOfProductToFind;

   public ColorSpec(Color colorOfProductToFind) {
      this.colorOfProductToFind = colorOfProductToFind;
   }

   public Color getColorOfProductToFind() {
      return colorOfProductToFind;
   }
}
```

이제 byColor(...)에 ColorSpec 타입의 변수를 추가하고 colorOfProduct
ToFind 파라미터를 사용하던 곳을 ColorSpec의 get 메서드 호출로 대체한다.

```
public List byColor(Color colorOfProductToFind) {
   ColorSpec spec = new ColorSpec(colorOfProductToFind);
   List foundProducts = new ArrayList();
   Iterator products = repository.iterator();
```

```
   while (products.hasNext()) {
      Product product = (Product) products.next();
      if (product.getColor().equals(spec.getColorOfProductToFind()))
         foundProducts.add(product);
   }
   return foundProducts;
}
```

이렇게 수정한 후에 컴파일하고 테스트를 실행한다. 다음은 테스트 코드의 예다.

```
public void testFindByColor() {
   List foundProducts = finder.byColor(Color.red);
   assertEquals("found 2 red products", 2, foundProducts.size());
   assertTrue("found fireTruck", foundProducts.contains(fireTruck));
   assertTrue("found Toy Porsche Convertible", foundProducts.contains(toyConvertible));
}
```

2. Extract Method[F] 리팩터링을 적용해 while 루프 내의 조건 로직을 isSat-isfiedBy(...) 메서드로 뽑아낸다.

```
public List byColor(Color colorOfProductToFind) {
   ColorSpec spec = new ColorSpec(colorOfProductToFind);
   List foundProducts = new ArrayList();
   Iterator products = repository.iterator();
   while (products.hasNext()) {
      Product product = (Product) products.next();
      if (isSatisfiedBy(spec, product))
         foundProducts.add(product);
   }
   return foundProducts;
}

private boolean isSatisfiedBy(ColorSpec spec, Product product) {
   return product.getColor().equals(spec.getColorOfProductToFind());
}
```

이제 Move Method[F] 리팩터링을 통해 isSatisfiedBy(...)를 ColorSpec 클래스로 옮길 수 있다.

```
public class ProductFinder...
   public List byColor(Color colorOfProductToFind) {
      ColorSpec spec = new ColorSpec(colorOfProductToFind);
      List foundProducts = new ArrayList();
      Iterator products = repository.iterator();
      while (products.hasNext()) {
         Product product = (Product) products.next();
         if (spec.isSatisfiedBy(product))
            foundProducts.add(product);
      }
      return foundProducts;
   }
```

```
public class ColorSpec...
   boolean isSatisfiedBy(Product product) {
      return product.getColor().equals(getColorOfProductToFind());
   }
```

ColorSpec 클래스에 Extract Superclass[F] 리팩터링을 적용하여 명세 수퍼
클래스를 만든다.

```
public abstract class Spec {
   public abstract boolean isSatisfiedBy(Product product);
}
```

그리고 ColorSpec가 이 클래스를 상속하도록 한다.

```
public class ColorSpec extends Spec...
```

컴파일 후 테스트해 주어진 색상에 대해 Product 객체가 제대로 검색되는
지 확인한다. 모든 것이 잘 동작한다.

3. 이제 다른 객체 선택 메서드에 대해서도 단계 1, 2를 반복한다. 조건이 두 개
   이상인 메서드도 포함해서 작업해야 한다. 예를 들어, byColorAndBelow-
   Price(...)는 저장소에서 Product 객체를 검색하는 데 사용할 조건으로 두 개
   의 파라미터를 받는다.

```
public List byColorAndBelowPrice(Color color, float price) {
    List foundProducts = new ArrayList();
    Iterator products = repository.iterator();
    while (products.hasNext()) {
        Product product = (Product)products.next();
        if (product.getPrice() < price && product.getColor() == color)
            foundProducts.add(product);
    }
    return foundProducts;
}
```

이 메서드에 단계 1, 2를 적용해, 다음과 같이 BelowPriceSpec 클래스를 만들 수 있다.

```
public class BelowPriceSpec extends Spec {
    private float priceThreshold;

    public BelowPriceSpec(float priceThreshold) {
        this.priceThreshold = priceThreshold;
    }
    public boolean isSatisfiedBy(Product product) {
        return product.getPrice() < getPriceThreshold();
    }
    public float getPriceThreshold() {
        return priceThreshold;
    }
}
```

이제 두 개의 명세 클래스를 사용하는 새로운 버전의 byColorAndBe-lowPrice(...) 메서드를 만들 수 있다.

```
public List byColorAndBelowPrice(Color color, float price) {
    ColorSpec colorSpec = new ColorSpec(color);
    BelowPriceSpec priceSpec = new BelowPriceSpec(price);
    List foundProducts = new ArrayList();
    Iterator products = repository.iterator();
    while (products.hasNext()) {
        Product product = (Product)products.next();
        if (colorSpec.isSatisfiedBy(product) &&
```

```
        priceSpec.isSatisfiedBy(product))
           foundProducts.add(product);
    }
    return foundProducts;
}
```

4. byColorAndBelowPrice(...)는 객체 선택 로직에서 두 개의 명세 클래스를 사용하는데, 명세를 각각 따로 쓸 것이 아니라 하나의 조합 명세를 사용하게 하고 싶다. 그러기 위해서는 단계 1을 약간 변형해서 적용한 다음, 단계 2를 적용해야 한다. 다음은 byColorAndBelowPrice(...) 메서드에 단계 1을 적용한 후의 모습이다.

```
public List byColorAndBelowPrice(Color color, float price) {
    ColorSpec colorSpec = new ColorSpec(color);
    BelowPriceSpec priceSpec = new BelowPriceSpec(price);
    AndSpec spec = new AndSpec(colorSpec, priceSpec);

    List foundProducts = new ArrayList();
    Iterator products = repository.iterator();
    while (products.hasNext()) {
        Product product = (Product)products.next();
        if (spec.getAugend().isSatisfiedBy(product) &&
            spec.getAddend().isSatisfiedBy(product))
            foundProducts.add(product);
    }
    return foundProducts;
}
```

   AndSpec 클래스는 다음과 같이 된다.

```
public class AndSpec {
    private Spec augend, addend;

    public AndSpec(Spec augend, Spec addend) {
        this.augend = augend;
        this.addend = addend;
    }
    public Spec getAddend() {
```

```
        return addend;
    }
    public Spec getAugend() {
        return augend;
    }
}
```

단계 2까지 적용하면 코드는 다음과 같이 된다.

```
public List byColorAndBelowPrice(Color color, float price) {
    ...
    AndSpec spec = new AndSpec(colorSpec, priceSpec);

    while (products.hasNext()) {
        Product product = (Product)products.next();
        if (spec.isSatisfiedBy(product))
            foundProducts.add(product);
    }
    return foundProducts;
}
```

```
public class AndSpec extends Spec...
    public boolean isSatisfiedBy(Product product) {
        return getAugend().isSatisfiedBy(product) &&
            getAddend().isSatisfiedBy(product);
    }
```

이제 두 명세를 연결해 AND 연산으로 합쳐 처리할 수 있는 조합 명세가 생겼다. 그런데 다른 객체 선택 메서드 belowPriceAvoidingAColor(...)의 경우에는 조건 로직이 더욱 복잡하다.

```
public class ProductFinder...
    public List belowPriceAvoidingAColor(float price, Color color) {
        List foundProducts = new ArrayList();
        Iterator products = repository.iterator();
        while (products.hasNext()) {
            Product product = (Product) products.next();
            if (product.getPrice() < price && product.getColor() != color)
                foundProducts.add(product);
        }
```

```
      return foundProducts;
    }
```

이 코드는 조합 명세(AndSpec과 NotSpec)와 (일반) 명세가 각각 두 개씩 필요하다. 메서드 내의 조건 로직은 다음과 같은 다이어그램으로 나타낼 수 있다.

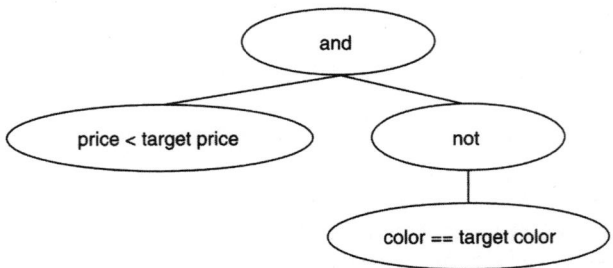

먼저 다음과 같이 NotSpec 클래스를 만든다.

```
public class NotSpec extends Spec {
   private Spec specToNegate;

   public NotSpec(Spec specToNegate) {
      this.specToNegate = specToNegate;
   }
   public boolean isSatisfiedBy(Product product) {
      return !specToNegate.isSatisfiedBy(product);
   }
}
```

그리고 AndSpec과 NotSpec을 사용해 조건 로직을 수정한다.

```
public List belowPriceAvoidingAColor(float price, Color color) {
   AndSpec spec =
      new AndSpec(
         new BelowPriceSpec(price),
         new NotSpec(
            new ColorSpec(color)
         )
      );
```

```
    List foundProducts = new ArrayList();
    Iterator products = repository.iterator();
    while (products.hasNext()) {
        Product product = (Product) products.next();
        if (spec.isSatisfiedBy(product))
            foundProducts.add(product);
    }
    return foundProducts;
}
```

이것으로 belowPriceAvoidingAColor(...)에 대한 작업은 끝났다. 다른 모든 객체 선택 메서드에 대해서도 지금까지 해 온 작업을 반복해 하나의 (일반) 명세 객체 또는 하나의 조합 명세 객체를 사용하도록 수정한다.

5. 이제 모든 객체 선택 메서드의 코드가 명세 객체 생성 로직만 제외하면 동일 할 것이다.

```
Spec spec = ...spec 객체 생성
List foundProducts = new ArrayList();
Iterator products = repository.iterator();
while (products.hasNext()) {
    Product product = (Product) products.next();
    if (spec.isSatisfiedBy(product))
        foundProducts.add(product);
}
return foundProducts;
```

이것은 모든 객체 선택 메서드에서 명세 객체 생성 로직을 제외한 부분에 Extract Method[F]를 적용해 selectBy(...) 메서드를 만들 수 있음을 의미한다. belowPrice(...)부터 이 단계를 시작하자.

```
public List belowPrice(float price) {
    BelowPriceSpec spec = new BelowPriceSpec(price);
    return selectBy(spec);
}

private List selectBy(Spec spec) {
    List foundProducts = new ArrayList();
```

```
      Iterator products = repository.iterator();
      while (products.hasNext()) {
         Product product = (Product)products.next();
         if (spec.isSatisfiedBy(product))
            foundProducts.add(product);
      }
      return foundProducts;
}
```

제대로 동작하는지를 확인하기 위해 컴파일한 후 테스트한다. 이제 Prod-
uctFinder의 나머지 객체 선택 메서드에서도 selectBy(...)를 사용하도록 수정
한다. 예를 들어, belowPriceAvoidingAColor(...)는 다음과 같이 수정할 수
있다.

```
public List belowPriceAvoidingAColor(float price, Color color) {
   Spec spec =
      new AndProduct(
         new BelowPriceSpec(price),
         new NotSpec(
            new ColorSpec(color)
         )
      );
   return selectBy(spec);
}
```

6. 마지막으로 모든 객체 선택 메서드에 Inline Method[F] 리팩터링을 적용해 인
   라인화할 차례다.

```
public class ProductFinder...
   public List byColor(Color colorOfProductToFind) {
      ColorSpec spec = new ColorSpec(colorOfProductToFind));
      return selectBy(spec);
   }
public class ProductFinderTests extends TestCase...
   public void testFindByColor()...
      List foundProducts = finder.byColor(Color.red);
      ColorSpec spec = new ColorSpec(Color.red));
      List foundProducts = finder.selectBy(spec);
```

컴파일과 테스트를 통해 모든 것이 제대로 동작하는지 확인한다. 그리고
나머지 객체 선택 메서드에 대해서도 단계 6을 반복한다.

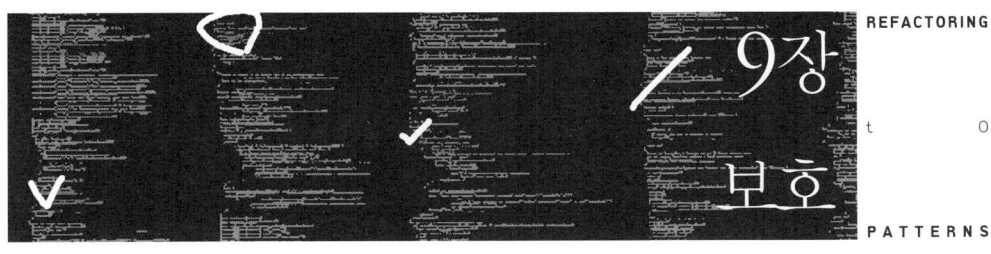

기존 코드의 보호성protection을 향상시키는 리팩터링 또한 코드의 동작을 바꾸지는 않아야 한다. 이 장에서 설명하는 세 리팩터링이 그렇다. 이 리팩터링들을 적용하는 이유는 보호성을 높이기 위한 것일 수도 있고, 다른 리팩터링과 마찬가지로 코드 중복을 줄이거나 코드를 단순하고 깔끔하게 만들기 위한 것일 수도 있다.

Replace Type Code with Class 리팩터링(383쪽)은 어떤 필드에 부적합하거나 위험한 값을 대입하는 것을 방지하는 데 도움이 된다. 이는 그 필드가 런타임에 수행되는 어떤 동작을 제어하는 경우에 특히 중요하다. 필드에 부적절한 값이 설정되면 객체가 유효하지 않은 상태로 빠질 수 있기 때문이다. Replace Type Code with Class 리팩터링은 어떤 필드에 대입할 수 있는 값을 제한하기 위해 열거자enumeration 대신 클래스를 이용한다. 열거자를 이용하는 것이 더 좋은 방법이 아닐까 또는 이 리팩터링이 시대에 뒤떨어진 구식이 아닐까 생각할 수도 있지만, 그렇지 않다. 열거자와는 달리, 클래스에는 어떤 기능을 추가할 수 있다. 이 점은 중요한데, 또 다른 일련의 리팩터링을 적용하기 위해 Replace Type Code with Class 리팩터링의 결과로 생성된 클래스를 확장 구현해야 할 필요가 생길 수 있기 때문이다. Replace StateAltering Conditionals with State 리팩터링(234쪽)이 바로 그런 예다.

Limit Instantiation with Singleton 리팩터링(396쪽)은 어떤 클래스의 인스턴스가 생성되는 개수를 제어하고 싶을 때 유용하다. 보통 메모리 사용량을 줄이고 성능을 향상시키기 위해 이 리팩터링을 사용한다. 접근이 불편한 정보를 간편하게 얻기 위해 Singleton[DP] 패턴을 도입하는 것은 좋지 않다(Inline Singleton 리팩터링 참조, 168쪽). 일반적으로 Limit Instantiation with Singleton 리팩터링(396쪽)은 프로파일러profiler를 통해 성능 문제를 확인한 후에 그럴 만한 가치가 있다고 판단될 때에만 적용하는 것이 좋다.

Introduce Null Object 리팩터링(402쪽)은 코드를 널 값으로 인해 발생하는 에러로부터 보호하기 위한 것이다. 코드에 널 값을 검사하는 동일한 조건문이 여럿 있다면, Null Object[Woolf] 패턴을 도입하여 코드를 단순하게 만들 수 있다.

Replace Type Code with Class

어떤 필드 타입(예를 들어, String 또는 int 등)이 부적합한 값의 대입이나
유효하지 않은 동일성 검사(비교)를 방지하지 못한다면,

필드의 타입을 클래스로 바꿔 값의 대입과 동일성 검사에 제약 조건을 부여한다.

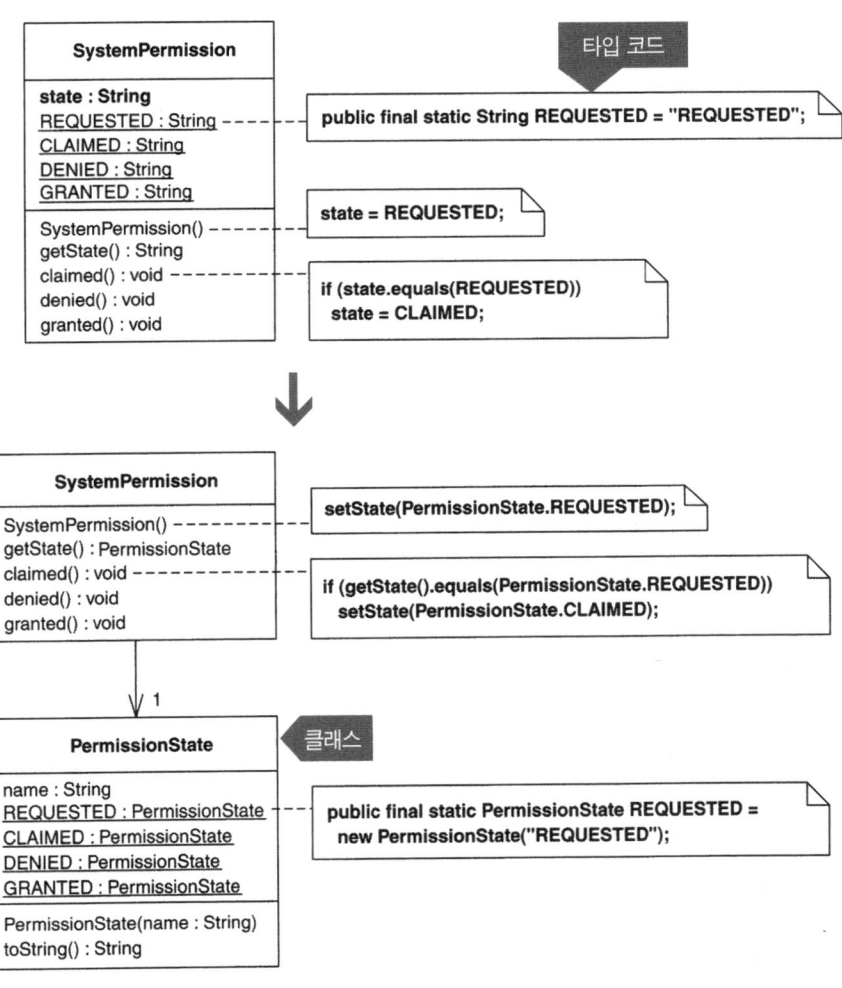

동기

타입 코드를 클래스로 리팩터링하는 주된 이유는 코드의 타입 안전성을 보장하려는 것이다. 그러기 위한 한 가지 방법은 대입이나 동일성 검사에 사용될 수 있는 값을 제한하는 것이다. 예를 들어, 다음과 같은 코드는 타입 안전성이 보장되지 않는다.

```
public void testDefaultsToPermissionRequested() {
    SystemPermission permission = new SystemPermission();
    assertEquals(permission.REQUESTED, permission.state());
    assertEquals("REQUESTED", permission.state());
}
```

위의 코드는 SystemPermission 객체를 생성하는데, 이 객체의 생성자에서는 state 필드에 SystemPermission.REQUESTED 상태 상수를 대입한다.

```
public SystemPermission() {
    state = REQUESTED;
}
```

SystemPermission의 다른 메서드에서는 state 필드에 GRANTED 또는 DENIED 등의 상태 상수를 대입한다. 각 상태 상수는 문자열로 정의되어 있고(public final static String REQUESTED = "REQUESTED" 와 같이), state 필드는 String 타입이다. 따라서 앞의 코드에 있는 assert 문 두 개는 모두 성공한다. SystemPermission.REQUESTED와 "REQUESTED"를 구별할 수 없기 때문이다.

그렇다면 무엇이 문제일까? 이런 상황에서 String 값을 사용하는 것은 오류 발생 가능성을 높인다. 예를 들어, 실수로 assert 문을 다음과 같이 작성했다고 하자.

```
assertEquals("REQEUSTED", permission.state());
```

이 assert 문이 성공할까? 문자열에 오타가 있기 때문에 실패한다. SystemPermission의 state 필드가 String 타입인 이런 종류의 오류는 항상 발생할 수 있다. 다음도 그런 예다.

```
public class SystemPermission...
   public void setState(String newState){
      state = newState;
   }
```

```
permission.setState("REQESTED"); // "REQUESTED"의 또 다른 오타
```

위와 같이 문자열을 실수로 잘못 입력해도 컴파일 에러는 발생하지 않는다. 그러나 SystemPermission 객체가 유효하지 않은 상태로 빠진다. 일단 그렇게 되면, SystemPermission 객체의 상태 전이 로직으로는 상태를 다시 복구할 수가 없다.

String 대신에 SystemPermission의 state 필드를 나타내는 특별한 클래스를 사용하면 이와 같은 오류를 줄일 수 있다. 값의 대입과 비교에 타입 안전성이 보장된 일련의 상수들만 사용되기 때문이다. 상수를 특별한 클래스 타입으로 정의하면 정의되지 않은 값이 대입되는 것을 방지할 수 있다. 따라서 타입 안정성이 보장된다. 예를 들어, 다음 코드에서 REQUESTED 상수의 실제 값은 어떤 클래스 내부에 존재하기 때문에 다른 값으로 오해 받을 가능성이 없다.

```
public class PermissionState {
   public final static PermissionState REQUESTED = new PermissionState();
```

클라이언트 코드에서 REQUESTED 상태를 표현하려면 PermissionState. REQUESTED 상수를 참조하는 수밖에 없다.

Joshua Bloch는 일련의 상수에 대한 타입 안전성을 보장하기 위해 클래스를 이용하는 방법을 Type-Safe Enum[Bloch] 패턴이라 기술했다. Joshua는 Type-Safe Enum 패턴과 이에 관련된 직렬화 문제serialization/deserialization를 매우 훌륭하게 설명했다. 보통 'enums'로 불리는 열거자 기능을 기본으로 제공하는 프로그래밍 언어 입장에서 보면, 이 리팩터링이 쓸모없어 보일 수도 있다. 그러나 이 리팩터링을 수행한 후에 코드에 더 많은 기능을 추가하려는 경우라면, 단순 열거자로는 불가능하다. 예를 들어, Replace State-Altering Conditionals with State 리팩터링 (234쪽)의 첫 번째 단계에서는 이 리팩터링을 사용해야 하는데, 프로그래밍 언어가 지원하는 열거자로는 그 다음 단계를 수행할 수가 없다.

절차

다음에서 사용하는 '타입 안전성이 없는 상수' 라는 용어는 int 등의 기본 타입 또는 String으로 정의된 상수를 말한다.

1. 타입 안전성이 없는 필드를 확인한다. 즉, 타입 안전성이 없는 상수를 대입하거나 그 상수와 동일성 검사를 하는 필드를 찾는 것이다. 찾은 필드에 Self Encapsulate Field[F] 리팩터링을 적용하여 자체 캡슐화한다.

   ✓ 컴파일 후 테스트한다.

2. 새로운 클래스를 하나 만든다. 이 클래스는 나중에 앞에서 찾은 필드의 타입을 대체할 것이다. 클래스의 이름은 관련 상수의 의미를 참고하여 짓는다. 당장은 생성자를 별도로 선언하지 않는다.

3. 타입 안전성이 없는 필드에 대입되거나 이와 비교되는 상수를 하나 선택해, 이에 대응하는 새로운 상수를 앞에서 만든 새 클래스에 선언하는데, 새로운 상수는 이 클래스의 인스턴스가 되어야 한다. Java에서는 상수를 public final static으로 정의하는 것이 일반적이다. 이 과정을 다른 모든 관련 상수에 대해서 반복한다.

   ✓ 컴파일한다.

   이제 새 클래스에 일련의 상수를 정의했다. 만약 클라이언트 코드가 새로운 상수를 임의로 추가하는 것을 막고 싶다면, 생성자의 접근 지정자를 private으로 한다. 또는 프로그래밍 언어가 지원한다면, 새 클래스를 final로 선언한다.

4. 타입 안전성이 없는 필드가 선언된 클래스에 앞에서 만든 새 클래스 타입의
   필드를 선언한다(이 필드는 타입 안전성이 보장된다). 그리고 그에 대한 set
   메서드를 구현한다.

5. 타입 안전성이 없는 필드에 값을 대입하는 코드를 모두 찾아, 타입 안전성이
   보장된 필드에 대한 적절한 대입문을 추가한다. 이 때 대입값은 새 클래스에
   정의한 상수 중 하나다.

   ✓ 컴파일한다.

6. 타입 안전성이 없는 필드에 대한 get 메서드를 수정해, 타입 안전성이 보장
   된 필드로부터 얻은 값을 리턴하도록 한다. 물론, 새 클래스도 올바른 상수
   값을 리턴할 수 있도록 수정해야 한다.

   ✓ 컴파일 후 테스트한다.

7. 타입 안전성이 없는 필드와 그에 대한 set 메서드, 그리고 그 메서드를 호출
   하던 코드를 모두 제거한다.

   ✓ 컴파일 후 테스트한다.

8. 타입 안전성이 없는 상수를 참조하던 코드를 모두 찾아서 새 클래스에 있는
   상수 가운데 그에 대응하는 것으로 치환한다. 이 과정에서 타입 안전성이 없
   는 필드에 대한 get 메서드의 리턴 타입을 새 클래스로 변경하고, 그 get 메서
   드를 호출하는 모든 코드도 적절하게 수정해야 한다.

   결과적으로 기본 타입을 사용하던 동일성 검사 로직이 새 클래스의 인스턴
   스를 비교하는 방식으로 바뀐다. 프로그래밍 언어가 객체 동일성 검사 로직
   을 기본적으로 제공할 수도 있다. 만약 그렇지 않다면, 새 클래스의 객체 동
   일성 검사가 제대로 이뤄질 수 있도록 코드를 추가해야 한다.

   ✓ 컴파일 후 테스트한다.

   타입 안전성이 없는 상수는 이제 더 이상 사용하지 않으므로 삭제한다.

예제

이번 예제는 앞의 코드 스케치와 동기 절에서 제시했던 것으로, 소프트웨어 시스템에 대한 접근 권한요청을 처리하는 프로그램이다. 우선 SystemPermission 클래스의 코드를 살펴보는 것으로 시작하자.

```
public class SystemPermission {
   private String state;
   private boolean granted;

   public final static String REQUESTED = "REQUESTED";
   public final static String CLAIMED = "CLAIMED";
   public final static String DENIED = "DENIED";
   public final static String GRANTED = "GRANTED";

   public SystemPermission() {
      state = REQUESTED;
      granted = false;
   }

   public void claimed() {
      if (state.equals(REQUESTED))
         state = CLAIMED;
   }

   public void denied() {
      if (state.equals(CLAIMED))
         state = DENIED;
   }

   public void granted() {
      if (!state.equals(CLAIMED)) return;
      state = GRANTED;
      granted = true;
   }

   public boolean isGranted() {
      return granted;
   }
```

```
public String getState() {
    return state;
}
}
```

1. SystemPermission에는 state라는 이름의 타입 안전성이 없는 필드가 있다. 이 필드에는 String 타입의 상수가 대입된다. 따라서 이 필드의 타입을 String이 아닌 다른 클래스로 바꾸어 타입 안전성을 확보하는 것이 리팩터링의 목표다.

   우선 state 필드를 자체 캡슐화한다.

```
public class SystemPermission...
    public SystemPermission() {
        setState(REQUESTED);
        granted = false;
    }

    public void claimed() {
        if (getState().equals(REQUESTED))
            setState(CLAIMED)
    }

    private void setState(String state) {
        this.state = state;
    }

    public String getState() { // 참고: 이 메서드는 이미 존재하고 있었다.
        return state;
    }

    // 이하 생략
```

2. PermissionState라는 이름의 새 클래스를 만든다. 이 클래스가 SystemPermission 객체의 상태를 표현하게 될 것이다.

```
public class PermissionState {
}
```

3. state 필드에 대입되거나 또는 비교되는 상수를 하나 골라 그에 대응하는 상수를 PermissionState에 정의한다. 이때 새로 만드는 상수는 PermissionState 타입으로 한다.

```
public final class PermissionState {
    public final static PermissionState REQUESTED = new PermissionState();
}
```

다른 상수에 대해서도 같은 작업을 반복한다. 결과적으로 코드가 다음과 같이 된다.

```
public class PermissionState {
    public final static PermissionState REQUESTED = new PermissionState();
    public final static PermissionState CLAIMED = new PermissionState();
    public final static PermissionState GRANTED = new PermissionState();
    public final static PermissionState DENIED = new PermissionState();
}
```

컴파일해 보면 이상이 없을 것이다.

이제 클라이언트에서 PermissionState 클래스를 상속하거나 인스턴스를 만들지 못하게 막아, 이 클래스의 인스턴스가 위의 상수 네 개 외에는 존재할 수 없도록 제한할 것인지 결정해야 한다. 이번 경우에는 이런 엄격한 수준의 타입 안전성이 필요하지 않으므로, private 생성자를 만들거나 클래스에 final 키워드를 사용하지는 않는다.

4. SystemPermission에 PermissionState 타입의 필드를 만든다. 이 필드는 타입 안전성이 보장된다. 그리고 그에 대한 set 메서드를 구현한다.

```
public class SystemPermission...
    private String state;
    private PermissionState permission;

    private void setState(PermissionState permission) {
        this.permission = permission;
    }
```

5. 타입 안전성이 없는 state 필드에 값을 대입하는 곳을 찾아, 그에 대응하여
   permission 필드에 대한 대입문을 적절히 추가한다.

```
public class SystemPermission...
    public SystemPermission() {
        setState(REQUESTED);
        setState(PermissionState.REQUESTED);
        granted = false;
    }

    public void claimed() {
        if (getState().equals(REQUESTED)) {
            setState(CLAIMED);
            setState(PermissionState.CLAIMED);
        }
    }

    public void denied() {
        if (getState().equals(CLAIMED)) {
            setState(DENIED);
            setState(PermissionState.DENIED);
        }
    }

    public void granted() {
        if (!getState().equals(CLAIMED))
            return;
        setState(GRANTED);
        setState(PermissionState.GRANTED);
        granted = true;
    }
```

컴파일이 잘 되는지 확인한다.

6. state 필드에 대한 get 메서드가 타입 안전성이 보장된 permission 필드 값을
   리턴하도록 수정할 차례다. state에 대한 get 메서드가 String을 리턴하므로,
   permission 또한 String을 리턴할 수 있도록 해야 할 것이다. 그 첫 단계는 각
   상수의 이름을 리턴하는 toString() 메서드를 PermissionState에 추가하는

것이다.

```
public class PermissionState {
    private final String name;

    private PermissionState(String name) {
        this.name = name;
    }

    public String toString() {
        return name;
    }

    public final static PermissionState REQUESTED = new PermissionState("REQUESTED");
    public final static PermissionState CLAIMED = new PermissionState("CLAIMED");
    public final static PermissionState GRANTED = new PermissionState("GRANTED");
    public final static PermissionState DENIED = new PermissionState("DENIED");
}
```

이제 state 필드에 대한 get 메서드를 수정한다.

```
public class SystemPermission...
    public String getState() {
        return state;
        return permission.toString();
    }
```

컴파일 후 테스트해 모든 것이 잘 동작하는지 확인한다.

7. 이제 SystemPermission에서 타입 안전성이 없는 state 필드를 제거할 수 있다.
   더불어 그에 대한 set 메서드와 이 메서드를 호출하는 코드도 제거한다.

```
public class SystemPermission...
    private String state;
    private PermissionState permission;
    private boolean granted;

    public SystemPermission() {
        setState(REQUESTED);
```

```
      setState(PermissionState.REQUESTED);
      granted = false;
   }

   public void claimed() {
      if (getState().equals(REQUESTED)) {
         setState(CLAIMED);
         setState(PermissionState.CLAIMED);
      }
   }

   public void denied() {
      if (getState().equals(CLAIMED)) {
         setState(DENIED);
         setState(PermissionState.DENIED);
      }
   }

   public void granted() {
      if (!getState().equals(CLAIMED))
         return;
      setState(GRANTED);
      setState(PermissionState.GRANTED);
      granted = true;
   }

   private void setState(String state) {
      this.state = state;
   }
```

SystemPermission이 여전히 잘 동작하는지 테스트한다.

8. SystemPermission에 정의된 타입 안전성이 없는 상수를 참조하는 모든 코드
   를 PermissionState에 정의된 상수를 참조하도록 고친다. 예를 들어서,
   claimed()에서는 타입 안정성이 없는 'REQUESTED' 상수를 참조하는데,

```
public class SystemPermission...
   public void claimed() {
      if (getState().equals(REQUESTED)) // 타입 안전성이 없는 상수와의 동일성 검사.
```

```
            setState(PermissionState.CLAIMED);
    }
```

위 코드는 다음과 같이 수정한다.

```
public class SystemPermission...
    public PermissionState getState() {
        return permission.toString()
    }

    public void claimed() {
        if (getState().equals(PermissionState.REQUESTED)) {
            setState(PermissionState.CLAIMED);
    }
```

SystemPermission 코드 전체에 대해 위와 같은 작업을 수행한다. 또, get-State() 메서드를 호출하는 곳에서도 PermissionState에 정의된 상수를 사용하도록 수정한다. 예를 들어, 다음 테스트 코드는 그런 작업이 필요하다.

```
public class TestStates...
    public void testClaimedBy() {
        SystemPermission permission = new SystemPermission();
        permission.claimed();
        assertEquals(SystemPermission.CLAIMED, permission.getState());
    }
```

위와 같은 코드는 다음처럼 고친다.

```
public class TestStates...
    public void testClaimedBy() {
        SystemPermission permission = new SystemPermission();
        permission.claimed();
        assertEquals(PermissionState.CLAIMED, permission.getState());
    }
```

전체 코드에 대해 이 작업을 수행한 후, 새로 구현한 동일성 검사 로직이 정확히 동작하는지 테스트한다.

마지막으로 SystemPermission에 정의된 타입 안전성이 없는 상수는 더 이상 사용하지 않으므로 삭제한다.

```
public class SystemPermission...
    public final static String REQUESTED = "REQUESTED";
    public final static String CLAIMED = "CLAIMED";
    public final static String DENIED = "DENIED";
    public final static String GRANTED = "GRANTED";
```

이제 permission 필드에 대한 대입 또는 동일성 검사에 대한 타입 안전성이 보장된다.

Limit Instantiation with Singleton

어떤 클래스의 인스턴스를 여러 개 생성해 사용하고 있는데
그로 인해 메모리 사용량이 너무 커지거나 시스템 성능이 저하된다면,

여러 개의 객체를 하나의 싱글턴Singleton 객체로 대체한다.

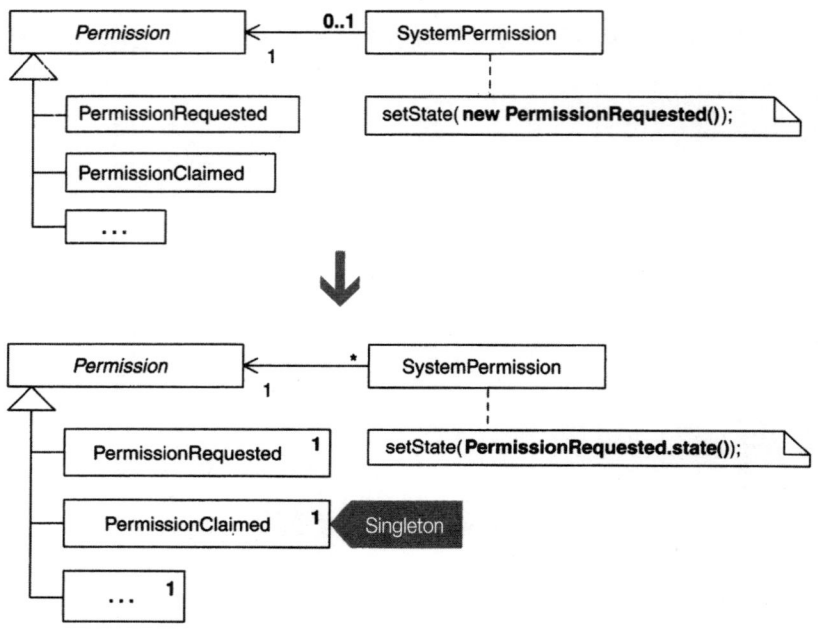

동기

훌륭한 소프트웨어 설계자가 되고 싶다면, 코드를 조급하게 최적화하는 것을 피해야 한다. 조급하게 최적화를 시도한 코드는 그렇지 않은 코드보다 리팩터링하기 어렵다. 일반적으로, 코드가 최적화된 상태보다는 그 전의 상태에서 설계 개선을 위한 대안을 찾아내는 것이 더 쉽다.

만약 여러분이 '코드를 더 효율적으로 만들어 준다'는 이유로 Singleton[DP] 패턴을 습관적으로 사용하고 있다면, 이는 조급하게 코드를 최적화하고 있는 것이

다. 그런 경우에는 Inline Singleton 리팩터링(168쪽)의 교훈에 귀를 기울이는 것이 좋다. 반면에, 다음과 같은 상황에 해당하는 경우라면 Singleton 패턴으로 리팩터링하는 것이 적합하다.

- 시스템 성능에 대한 사용자의 불만이 높다.
- 프로파일러를 통해 확인한 결과, 어떤 객체를 계속 반복해서 생성하는 것이 시스템 성능에 악영향을 미치고 있다.
- 공유하려는 객체가 상태를 갖지 않거나, 갖더라도 상태를 공유할 수 있다.

나는 동료와 함께 어떤 프로젝트에서 보안 권한을 처리하는 시스템을 프로파일링한 적이 있다. 그 시스템은 State[DP] 패턴(Replace State-Altering Conditionals with State 리팩터링 참조, 234쪽)을 사용했고, 상태가 전이될 때마다 매번 새로운 스테이트 객체를 생성했다. 그런데 프로파일러를 통해 메모리 사용량과 성능을 검사한 결과, 스테이트 객체의 생성이 시스템에서 가장 심각한 병목은 아니지만 부하가 큰 상황에서는 시스템 성능에 악영향을 끼친다는 것을 알게 되었다.

이 결과에 따라, 우리는 무상태 스테이트 객체stateless state object의 생성을 제한하기 위해 Singleton 패턴으로 리팩터링하는 것이 좋겠다는 결정을 내렸다. 이 리팩터링의 바탕에 깔린 생각은 이런 것이다. 객체 생성을 제한할 충분한 이유가 생길 때까지 기다렸다가 그런 이유가 발견되면 그때 Singleton 패턴으로 리팩터링한다. 물론 리팩터링 후에도 프로파일러를 통해 메모리 사용량이나 성능이 향상되었는지 확인해야 한다.

Kent Beck과 Ward Cunningham, Martin Folwer는 성능이 아닌 다른 이유로 Singleton 패턴을 사용하는 상황을 설명한 적이 있는데, 그에 관련된 내용은 Inline Singleton 리팩터링(168쪽)을 참고하기 바란다.

장점과 단점

+ 성능을 향상시킨다.
− 어느 곳에서나 객체에 접근할 수 있게 된다. 많은 경우, 이는 좋지 않은 설계로 평가된다 (내용은 Inline Singleton 리팩터링, 168쪽 참조).
− 객체에 공유하면 안 되는 상태가 존재할 때에는 적용할 수 없다.

절차

이 리팩터링을 적용하기 전에, 대상이 되는 객체에 상태가 없거나 있더라도 공유가 가능한지 확인해야 한다. 싱글턴으로 만드는 클래스는 대부분 하나의 생성자만 가지기 때문에 아래의 절차에서도 대상 클래스에 생성자가 하나만 있다고 가정한다.

1. 인스턴스를 여러 개 가지는 클래스 즉, 하나 이상의 클라이언트에 의해 두 번 이상 생성되는 클래스를 찾는다. 그 클래스에 Replace Constructors with Creation Methods 리팩터링(97쪽)을 적용한다. 생성자가 하나뿐이라도 마찬가지다. 생성 메서드의 리턴 타입은 대상 클래스 타입이어야 한다.

   ✓ 컴파일 후 테스트한다.

2. 싱글턴 필드를 만든다. 필드는 private static으로, 타입은 대상 클래스 타입으로 선언한다. 가능하다면 대상 클래스의 인스턴스로 싱글턴 필드를 초기화한다.

   런타임에 클라이언트로부터 받아야 할 파라미터가 존재한다면 초기화할 수 없을 것이다. 이럴 경우에는 필드를 선언만 하고 초기화는 하지 않는다.

   ✓ 컴파일한다.

3. 앞서 만든 생성 메서드가 싱글턴 필드의 값을 리턴하도록 수정한다. 단계 2에서 초기화를 하지 못했다면, 전달받은 파라미터를 이용해 이 생성 메서드에서 초기화를 수행하도록 한다.

   ✓ 컴파일 후 테스트한다.

예제

Replace State-Altering Conditionals with State 리팩터링(234쪽)에서 사용했던 보안 코드 예제를 이번에도 사용한다. 그 리팩터링의 결과 코드를 살펴보면, 각 스테이트 객체가 싱글턴임을 알 수 있다. 그러나 이는 성능 때문에 그렇게 한 것이 아니라, Replace Type Code with Class 리팩터링(383쪽)의 결과로 나온 것일 뿐이다.

내가 그 보안 코드 프로젝트에서 State 패턴으로 처음 리팩터링할 때에는 Re-place Type Code with Class 리팩터링(383쪽)을 적용하지 않았다. 당시에는 그 리팩터링을 통해 State 패턴을 구현하는 이후의 과정이 얼마나 간편해질지 몰랐기 때문이다. 그리고 Singleton 패턴은 전혀 고려하지 않고 Permission의 서브클래스 인스턴스를 필요할 때마다 생성해서 사용했다.

그 프로젝트에서 나는 프로파일러를 이용해 최적화가 필요한 부분을 몇 군데 찾아냈는데, 그 중의 하나가 스테이트 클래스의 인스턴스를 생성하는 곳이었다. 따라서 성능 향상 노력의 일환으로 Permission의 서브클래스 인스턴스를 반복적으로 생성하는 코드를 Singleton 패턴으로 리팩터링했다. 다음은 그 과정을 설명한 것이다.

1. 스테이트 클래스가 6개 있는데, 클라이언트에서 각 클래스의 인스턴스를 생성한다. 이 예제에서는 그 중의 하나인 PermissionRequested 클래스에 대해서만 설명할 것이다.

```
public class PermissionRequested extends Permission {
   public static final String NAME= "REQUESTED";

   public String name() {
      return NAME;
   }

   public void claimedBy(SystemAdmin admin, SystemPermission permission) {
      permission.willBeHandledBy(admin);
      permission.setState(new PermissionClaimed());
   }
}
```

PermissionRequested에는 생성자가 없으므로 Java가 제공하는 기본 생성자가 그대로 사용된다. 절차의 첫 단계에 따라 생성자를 다음과 같이 생성 메서드로 대체한다.

```
public class PermissionRequested extends Permission...
   public static Permission state() {
```

```
        return new PermissionRequested();
    }
```

생성 메서드의 리턴 타입은 Permission으로 했다. 클라이언트 코드가 스테이트 서브클래스를 사용할 때 스테이트 클래스의 인터페이스를 통하도록 하고 싶기 때문이다. 또한 이 클래스의 생성자를 호출하던 곳을 모두 생성 메서드를 호출하도록 수정한다.

```
public class SystemPermission...
    private Permission state;
    public SystemPermission(SystemUser requestor, SystemProfile profile) {
        this.requestor = requestor;
        this.profile = profile;
        state = new PermissionRequested();
        state = PermissionRequested.state();
        ...
    }
```

수정한 내용이 간단하긴 하지만, 컴파일 후 테스트를 통해 모든 것이 이상 없는지 확인한다.

2. PermissionRequested에 private static으로 Permission 타입의 싱글턴 필드를 만든다. 그리고 PermissionRequested 클래스의 인스턴스로 초기화한다.

```
public class PermissionRequested extends Permission...
    private static Permission state = new PermissionRequested();
```

오류가 없는지 컴파일해 확인한다.

3. 마지막으로 생성 메서드 즉, state() 메서드가 state 필드의 값을 리턴하도록 수정한다.

```
public class PermissionRequested extends Permission...
    public static Permission state() {
        return state;
    }
```

다시 한번 컴파일 후 테스트하여 잘 동작하는지 확인한다. 나머지 스테이트 클래스에 대해서도 위 과정을 반복해 모두 싱글턴으로 만든다. 리팩터링을 완료한 후에는 프로파일러를 통해 메모리 사용량이나 성능이 얼마나 좋아졌는지 확인해야 한다. 물론 희망사항은 뭔가 향상된 점이 있는 것이다. 만약 아무런 향상이 없다면 코드를 원래대로 복구하기로 결정할 수도 있다. 나는 싱글턴보다 일반 객체로 작업하는 것이 더 좋기 때문이다.

Introduce Null Object

어떤 필드나 변수의 값이 널인지를 검사하는 로직이

코드의 여기저기에 중복되어 있다면,

값이 널일 경우에 행할 작업을 대신하는 널 객체Null Object를 사용하도록 수정한다.

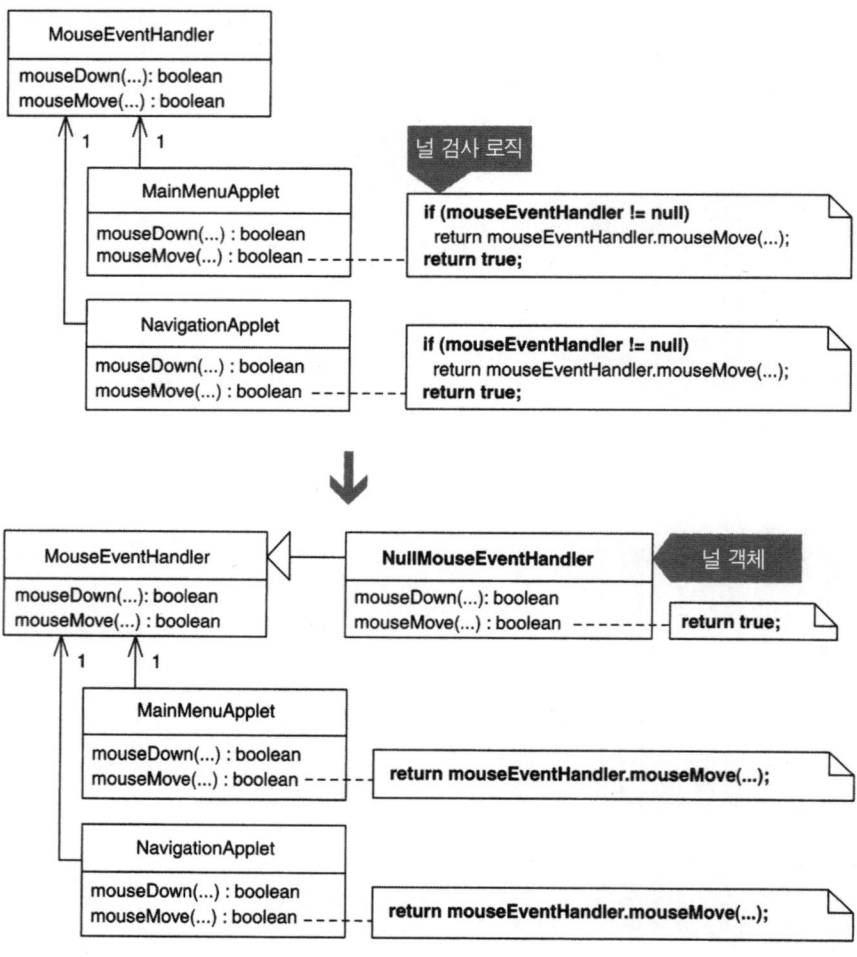

동기

클라이언트가 어떤 필드 또는 변수의 메서드를 호출하는데 그 필드 또는 변수의 값이 널이라면, 예외exception가 발생해 시스템이 중단되거나 그와 유사한 문제가 발생할 수 있다. 그런 상황으로부터 시스템을 보호하기 위해, 값이 널인지를 검사하여 별도의 동작으로 분기하는 코드를 작성하는 것이 보통이다.

```
if (someObject != null)
    someObject.doSomething();
else
    performAlternativeBehavior();
```

위와 같은 널 검사 로직이 시스템의 한두 곳에서 반복되는 것은 별로 문제되지 않는다. 그러나 여러 곳에서 반복된다면 얘기가 다르다. 널 검사 로직이 없는 코드와 비교했을 때, 그런 코드는 이해하기가 더 어렵고 확장을 하려면 더 많은 생각을 해야 한다. 또 기존의 널 검사 로직으로는 새로 추가한 코드를 보호할 수가 없다. 따라서 새로운 코드를 작성할 때 프로그래머가 널 검사 로직을 빠뜨린다면, 널 관련 오류가 발생하기 시작한다.

Null Object 패턴[1]은 이런 문제를 위한 해결책으로, 필드나 변수가 항상 널이 아니도록 유지하여 별도의 검사를 하지 않아도 된다. 이 방법은 사실 약간의 속임수다. 평소에는 필드나 변수에 적당한 객체를 대입하고, 널일 경우에는 널 객체를 대입하는 것이다. 이 때 널 객체의 해당 메서드는 아무 일도 하지 않거나 디폴트 동작을 하는 등 전체 동작에 영향이 없는 작업을 수행한다. 나중에 그 필드나 변수에 다시 널 객체가 아닌 의미 있는 객체가 대입될 수 있는 것은 당연하다. 이런 방식을 사용하면 필드나 변수가 널일 가능성을 걱정하지 않아도 된다.

시스템에 널 객체를 도입하면 코드 크기가 줄어들거나 적어도 그대로 유지되

---

1) 저자 주: Bruce Anderson은 Null Object 패턴을 Active Nothing[Anderson]이라 칭했다. 널 객체는 '아무 것도 아닌 일을 능동적으로' 하기 때문이다. Martin Fowler는 Null Object 패턴이 Special Case[Fowler, PEAA] 패턴의 일종임을 밝혔다. Ralph Johnson과 Bobby Woolf는 Strategy[DP], Proxy[DP]. Iterator[DP] 등의 몇몇 패턴을 응용해 널 검사를 피하는 방법을 소개했다.

어야 한다. 널 객체를 도입했더니 코드가 이전보다 오히려 크게 늘어났다면, 널 객체를 사용할 필요가 없다. Kent Beck은 『Test-Driven Development』[Beck, TDD]에서 그런 경험을 소개했다. 그가 언젠가 프로그래밍 파트너인 Erich Gamma에게 널 객체를 도입하자고 제안했는데, Gamma는 재빨리 코드 줄 수를 계산해보더니 널 객체를 사용하면 그냥 널 검사를 할 때보다 코드가 훨씬 커질 거라고 반박하더라는 것이다.

Java의 AWT^Abstract Window Toolkit에서 널 객체를 도입했더라면 훨씬 좋았을 것이다. AWT가 제공하는 컴포넌트 중 패널panel이나 다이얼로그dialog 등에서는 내부 위젯widget들을 배치하기 위해 FlowLayout, GridLayout 등의 배치 관리자layout manager를 사용한다. 그런데 배치 관리자로 위젯 배치 요청을 전달하는 코드에 if (layoutManager != null)과 같은 널 검사문이 여기저기 널려 있다. NullLayout을 디폴트 배치 관리자로 사용했더라면 더 좋은 설계가 되었을 텐데 말이다. 그랬다면 배치 관리자가 NullLayout인지 아니면 그 외에 의미 있는 배치 관리자 객체인지를 걱정하지 않고 코드를 작성할 수 있었을 것이다.

널 객체를 도입한다고 해서 널 검사 로직이 자동으로 사라지지는 않는다. 예를 들어, 널 객체 덕분에 코드가 널 값으로부터 이미 보호되고 있다는 사실을 모르는 프로그래머가 있을 수도 있다. 그렇다면 그는 아마도 절대 널이 될 일이 없는 경우에 대한 널 검사 로직을 작성할 것이다. 또 특정 상황에서 널 값이 리턴되기를 기대하고 그에 맞춰 중요한 코드를 작성한다면, 널 객체의 존재로 인해 원하지 않던 결과가 발생할 것이다.

이 리팩터링에서는 Martin Fowler의 Introduce Null Object[F] 리팩터링을 확장하여 일반적인 상황에서도 적용할 수 있는 절차를 제시한다. 어떤 객체가 자신의 필드에 의미 있는 값을 대입하기 전에 그 필드를 참조할 수 있기 때문에 널 검사문이 많은 경우가 있는데, 그런 상황에서는 Null Object 패턴으로 리팩터링하는 절차가 Martin이 제시한 것과는 확연히 달라진다.

Null Object 패턴은, 항상 그런 것은 아니지만 아래 그림과 같이 서브클래스나 인터페이스를 통해 구현되기도 한다.

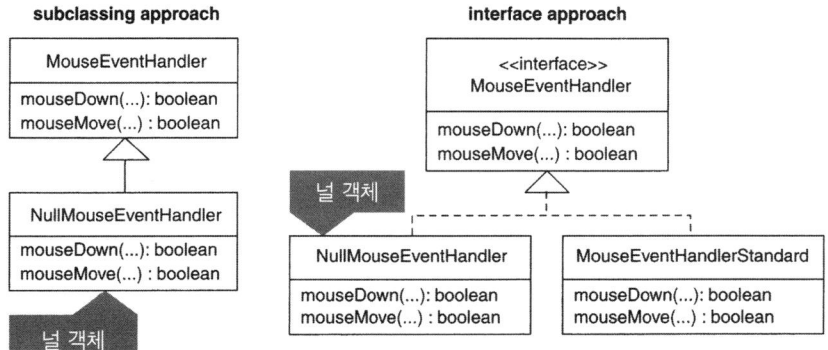

서브클래싱을 이용해 Null Object 패턴을 구현하는 경우, 널 값을 위한 적절한 동작을 부여하기 위해 상속된 모든 public 메서드를 오버라이드해야 한다. 따라서 수퍼클래스에 새로운 메서드를 추가할 때에는 반드시 널 객체 클래스에 그 메서드를 오버라이드해야 한다는 단점이 있다. 만약 이것을 잊는다면, 널 객체는 상속된 기능대로 동작할 것이고 런타임에 예상치 못한 문제가 발생할 것이다. 반면에 인터페이스를 이용해 구현하면 그럴 위험이 없다.

장점과 단점

+ 수많은 널 검사 로직 없이도 널 값으로 인한 에러를 막을 수 있다.
+ 널 검사 로직이 최소화되어 코드가 간단해진다.
- 시스템에 널 검사 로직이 별로 필요하지 않은 상황에서는 설계만 복잡하게 된다.
- 프로그래머가 널 객체의 존재를 모르고 있다면, 동일한 널 검사를 쓸데없이 여러 번 하게 될 수도 있다.
- 유지보수가 복잡해진다. 널 객체의 수퍼클래스에 새 public 메서드를 추가할 때마다 널 객체 클래스에서 이를 오버라이드해야 한다.

절차

여기에 제시한 절차는 어떤 필드나 변수 값이 널일 때 이를 참조하는 것을 막기 위해 코드 여기저기에 널 검사 로직이 존재하는 상황을 가정한다. 만약 다른 이유로 널 검사 로직이 존재한다면 Martin Fowler의 Introduce Null Object[F] 리팩터링을 적용하는 것이 나을 것이다. 그리고 이후에서 사용하는 '원천 클래스' 라는 용어는 해당 타입의 필드나 변수를 널 값으로부터 보호해야 할 클래스를 지칭한다.

1. 원천 클래스에 Extract Subclass[F] 리팩터링을 적용하거나 그 클래스가 구현하고 있는 인터페이스를 구현하여 널 객체 클래스를 만든다. 인터페이스를 이용하고 싶은데 원천 클래스가 구현하는 인터페이스가 없다면, Extract Interface[F] 리팩터링을 통해 인터페이스를 직접 만들어도 좋다.
   ✓ 컴파일한다.

2. 원천 클래스를 사용하는 클라이언트 코드에서 널 검사 로직을 찾는다. 그리고 그때 호출되는 메서드를 널 객체 클래스가 오버라이드하도록 만들고, 값이 널일 경우의 동작을 수행하도록 구현한다.
   ✓ 컴파일한다.

3. 원천 클래스와 관련된 다른 모든 널 검사 로직에 대해서 단계 2의 작업을 반복한다.

4. 널 검사 로직이 하나 이상 존재하는 클래스를 찾아, 널 검사 로직에서 참조하는 필드나 변수를 앞서 만든 널 객체로 초기화한다. 단, 이 초기화 작업은 그 클래스 인스턴스의 생존 기간 중에서 되도록 이른 시기에(예를 들면, 인스턴스를 만들 때) 이뤄지도록 해야 한다.
   초기화 코드로 인해 필드나 변수에 원천 클래스의 인스턴스를 대입하는 기존 코드가 영향을 받아서는 안 된다. 널 객체로 초기화하는 코드는 다른 모든 대입문보다 앞서 실행되어야 한다.
   ✓ 컴파일한다.

5. 단계 4에서 작업한 클래스에 있는 널 검사 로직을 모두 제거한다.
   ✓ 컴파일 후 테스트한다.

6. 단계 4와 5의 작업을 널 검사 로직이 있는 다른 모든 클래스에 대해 반복한다.

리팩터링을 완료한 후 생성하는 널 객체의 개수가 많다면, Limit Instantiation with Singleton 리팩터링(396쪽)이 필요할지 프로파일러로 확인해보는 것이 좋다.

예제

인터넷 브라우저의 대세가 넷스케이프 2 또는 3과 인터넷 익스플로러 3이였을 시절(당시 브라우저에 탑재된 Java의 버전은 모두 1.0이었다), 우리 회사에서 어떤 유명한 음악/TV 웹 사이트의 Java 버전을 개발하는 프로젝트를 수주한 적이 있다. 그 사이트에는 많은 메뉴를 제공하는 애플릿과 각종 동영상 광고, 음악 뉴스, 멋진 이미지들이 포함되어 있었다. 대문 페이지는 다음 그림과 같이 세 영역으로 나뉜 프레임으로 구성되어 있었고, 그중 두 곳에 애플릿이 위치했다.

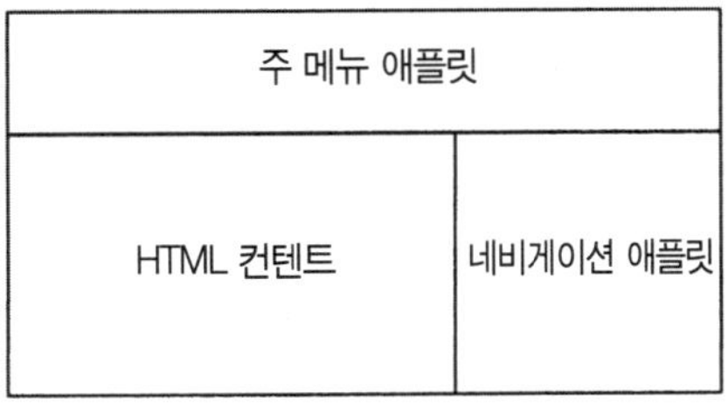

주 메뉴 애플릿	
HTML 컨텐트	네비게이션 애플릿

그 사이트의 관리자는 애플릿의 동작을 쉽게 제어하고 싶어 했고 또 애플릿의 기능을 바꿀 때마다 프로그래머를 부를 필요 없이 동작을 직접 조작할 수 있기를 바랬다. 우리는 Command[DP] 패턴을 이용함과 동시에 MouseEventHandler라는 마우스 이벤트 핸들러를 직접 구현하여 그런 요구사항을 만족시킬 수 있었다. 사용자가 이미지 맵의 영역에서 마우스를 조작할 때마다 MouseEventHandler 객체가 지정된 동작을 실행하도록 스크립트로 설정할 수 있게 했다.

우리가 개발한 코드는 한 가지 문제점을 제외하고는 완벽하게 동작했다. 구동 시 우리 애플릿은 브라우저 윈도우로 로드되어 초기화 작업을 하는데, 초기화 과정에는 MouseEventHandler의 인스턴스를 생성하고 설정하는 작업을 포함하고 있었다. 애플릿의 어느 영역을 클릭할 수 있고 그 영역이 클릭됐을 때 어떤 동작을 실행해야 하는지를 나타내는 설정 데이터를 각 MouseEventHandler 객체로 넘겨줄 필요가 있었다. 설정 데이터를 로드하는 데 많은 시간이 필요한 것은 아니었지만, 우리의 MouseEventHandler 객체가 마우스 이벤트를 받아 처리할 준비가 되기까지는 시간 간격이 존재했다. 마우스 이벤트 핸들러가 완전히 초기화되고 적절히 설정되기 전에 사용자가 애플릿 영역에서 마우스를 움직이거나 클릭하면, 브라우저 콘솔에 에러 메시지가 표시되고 애플릿이 불안정한 상태에 빠지는 문제가 있었던 것이다.

이 문제를 해결하는 간단한 방법은, MouseEventHandler 객체를 사용하는 모든 코드를 찾아서 널 검사 로직을 추가해 인스턴스가 아직 널이면(즉, 초기화가 덜 됐으면) 메서드를 호출하지 못하도록 하는 것이다. 그렇게 해서 눈앞의 문제는 해결했지만, 우리는 그 설계가 썩 마음에 들지 않았다. 애플릿 코드 여기저기에 널 검사 로직이 넘쳐나게 되었기 때문이다.

```
public class NavigationApplet extends Applet...
    public boolean mouseMove(Event event, int x, int y) {
        if (mouseEventHandler != null)
            return mouseEventHandler.mouseMove(graphicsContext, event, x, y );
        return true;
    }

    public boolean mouseDown(Event event, int x, int y) {
        if (mouseEventHandler != null)
            return mouseEventHandler.mouseDown(graphicsContext, event, x, y );
        return true;
    }

    public boolean mouseUp(Event event, int x, int y) {
        if (mouseEventHandler != null)
            return mouseEventHandler.mouseUp(graphicsContext, event, x, y );
        return true;
    }

    public boolean mouseExit(Event event, int x, int y) {
        if (mouseEventHandler != null)
            return mouseEventHandler.mouseExit(graphicsContext, event, x, y );
        return true;
    }
```

널 검사 로직을 제거하기 위해, 우리는 애플릿을 리팩터링해 초기화가 끝나기 전에는 NullMouseEventHandler 객체를 사용하다가 준비가 끝나면 MouseEvent-Handler 객체로 대체하도록 했다. 다음은 그 리팩터링 과정을 설명한 것이다.

1. MouseEventHandler 클래스에 Extract Subclass[F] 리팩터링을 적용하여 NullMouseEventHandler라는 서브클래스를 생성했다.

```
public class NullMouseEventHandler extends MouseEventHandler {
    public NullMouseEventHandler(Context context) {
        super(context);
    }
}
```

컴파일이 잘 됐고, 다음 단계로 넘어갔다.

2. 그리고 다음과 같은 널 검사 로직을 찾았다.

```
public class NavigationApplet extends Applet...
    public boolean mouseMove(Event event, int x, int y) {
        if (mouseEventHandler != null) // 널 검사
            return mouseEventHandler.mouseMove(graphicsContext, event, x, y);
        return true;
    }
```

위 널 검사 로직에서 호출되는 메서드는 mouseEventHandler.mouse-Move(...)였다. mouseEventHandler 필드의 값이 널일 경우에 실행되는 코드를 보니 NullMouseEventHandler의 mouseMove(...)를 어떻게 구현할지가 분명해졌다. 그것은 다음과 같이 매우 간단했다.

```
public class NullMouseEventHandler...
    public boolean mouseMove(MetaGraphicsContext mgc, Event event, int x, int y) {
        return true;
    }
```

3. 다른 모든 널 검사 로직에 대해 단계 2의 과정을 반복했다. 특히 세 개의 클래스에 널 검사 로직이 많았는데, 이 작업을 마쳤을 때에는 NullMouseEvent-Handler에 여러 메서드가 추가되었다. 다음은 그중 일부를 표시한 것이다.

```
public class NullMouseEventHandler...
    public boolean mouseDown(MetaGraphicsContext mgc, Event event, int x, int y) {
```

```
        return true;
    }

    public boolean mouseUp(MetaGraphicsContext mgc, Event event, int x, int y) {
        return true;
    }

    public boolean mouseEnter(MetaGraphicsContext mgc, Event event, int x, int y) {
        return true;
    }

    public void doMouseClick(String imageMapName, String APID) {
    }
```

4. 그 다음, NavigationApplet 클래스 내의 널 검사 로직이 참조하는 필드인
   mouseEventHandler를 NullMouseEventHandler 객체로 초기화했다.

```
public class NavigationApplet extends Applet...
    private MouseEventHandler mouseEventHandler = new NullMouseEventHandler(null);
```

　　NullMouseEventHandler의 생성자로 넘긴 널 값은 그 수퍼클래스인
MouseEventHandler의 생성자로 전달된다. 우리는 널 값을 그렇게 여기저기
로 전달하는 것이 별로 달갑지 않았기 때문에, NullMouseEventHandler의 생
성자를 다음과 같이 수정했다.

```
public class NullMouseEventHandler extends MouseEventHandler {
    public NullMouseEventHandler(Context context) {
        super(null);
    }
}
```

```
public class NavigationApplet extends Applet...
    private MouseEventHandler mouseEventHandler = new NullMouseEventHandler();
```

5. 그 다음이 신나는 부분이었다. NavigationApplet 클래스에 포함되어 있는
   모든 널 검사 로직을 제거하는 것이다.

```
public class NavigationApplet extends Applet...
    public boolean mouseMove(Event event, int x, int y) {
      if (mouseEventHandler != null)
          return mouseEventHandler.mouseMove(graphicsContext, event, x, y );
      return true;
    }

    public boolean mouseDown(Event event, int x, int y) {
      if (mouseEventHandler != null)
          return mouseEventHandler.mouseDown(graphicsContext, event, x, y);
      return true;
    }

    public boolean mouseUp(Event event, int x, int y) {
      if (mouseEventHandler != null)
          return mouseEventHandler.mouseUp(graphicsContext, event, x, y);
      return true;
    }

    // 이하 생략
```

이 과정까지 마친 후 우리는 코드를 컴파일하고 제대로 동작하는지 테스트해 보았다. 당시 우리에게는 자동화된 테스트 도구가 없었기 때문에, 브라우저에서 웹 사이트를 열고 손으로 직접 마우스를 조작하여 우리 애플릿의 초기화 시간 동안 발생했던 문제를 재현해 보려고 노력했다. 그러나 아무런 문제가 없었다.

6. 다른 클래스에 대해서도 단계 4와 5의 과정을 반복해 모든 널 검사 로직을 제거했다.

그 시스템에서는 NullMouseEventHandler의 인스턴스가 두 개만 사용되었기 때문에, Singleton[DP] 패턴은 도입하지 않았다.

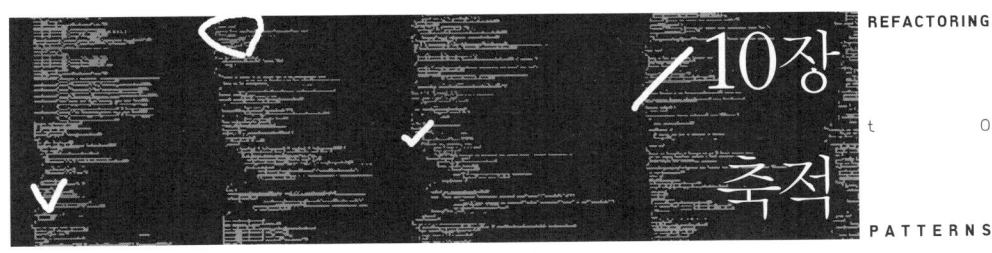

소프트웨어 시스템을 이루는 코드 중 상당 부분은 정보를 축적한다. 이 장에서 설명하는 리팩터링은 한 객체 또는 여러 객체 사이의 정보를 축적하는 코드를 개선할 목적으로 사용하는 것들이다.

Collecting Parameter[Beck, SBPP] 패턴에서 말하는 수집 파라미터collecting parameter 는 여러 메서드를 방문하여 그로부터 얻은 정보를 축적하는 객체다. 방문의 대상이 되는 메서드는 모두 한 객체에 속할 수도 있고, 여러 객체에 나뉘어 있을 수도 있다. 방문 대상이 되는 각 메서드는 수집 파라미터에 정보를 전달한다. 필요한 모든 메서드를 방문한 후에는 수집 파라미터로부터 축적된 정보를 얻을 수 있다.

Move Accumulation to Collecting Parameter 리팩터링(415쪽)은 Compose Method 리팩터링(179쪽)과 함께 사용하는 경우가 많다. 특히, 정보를 축적하기 위한 여러 줄의 코드로 인해 메서드가 길어졌을 때에는 이 두 리팩터링을 동시에 적용하는 것이 좋다. 메서드를 작은 부분으로 나누고 별도의 메서드로 뽑아낸 후, 각 메서드에서는 전체 정보의 일부를 처리하여 수집 파라미터에 전달하도록 하는 것이다.

Collecting Parameter 패턴은 여러 객체로부터 얻은 정보를 축적한다는 점에서 Visitor[DP] 패턴과 비슷하다. 다른 점은 정보를 축적하는 방식이다. Visitor 패턴에서는 방문을 받은 객체가 방문자visitor 객체에 자신을 파라미터로 넘기는 것에 반해, Collecting Parameter 패턴에서는 방문을 받은 객체가 수집 파라미터 객체의 메서드를 통해 정보를 직접 넘긴다. 따라서 대상 객체들이 서로 다른 인터페이스를 가지고 있고 그들로부터 얻을 정보가 매우 다양한 상황이라면, Collecting Parameter 패턴보다는 Visitor 패턴을 사용해야 설계가 더 깔끔해진다. 그래서인지 Move Accumulation to Collecting Parameter 리팩터링(415쪽)을 적용할 상황은 많은 데 비해, Move Accumulation to Visitor 리팩터링(423쪽)이 필요한 코드는 좀처럼 보기 힘들다.

수집 파라미터 객체와 달리, 방문자 객체는 하나가 아닌 여러 객체들로부터 정보를 얻어 축적할 때에만 유용하다. 객체들의 인터페이스가 서로 다른 경우라면 더더욱 방문자 객체를 사용해야 한다. 그러나 Visitor 패턴은 Collecting Parameter 패턴보다 구현하기 어려우므로 수집 파라미터 객체의 사용을 먼저 검토해 보는 것이 좋다.

Visitor 패턴은 정보 축적 이외의 다른 쓰임새도 있다. 예를 들어, 방문자 객체는 주어진 객체 구조의 내부를 순회하면서 그 구조에 다른 객체들을 추가하는 목적으로 사용할 수도 있다. 그러나 내 경우에는 정보 축적을 위해서도 Visitor 패턴을 별로 사용하지 않는다. 따라서 Visitor 패턴과 관련된 다른 리팩터링은 책에 포함시키지 않았다.

Move Accumulation to Collecting Parameter

지역 변수에 정보를 축적하는 매우 긴 메서드가 있다면,

그것을 여러 메서드로 분해하고 각 메서드에
수집 파라미터를 넘겨 정보를 축적하도록 한다.

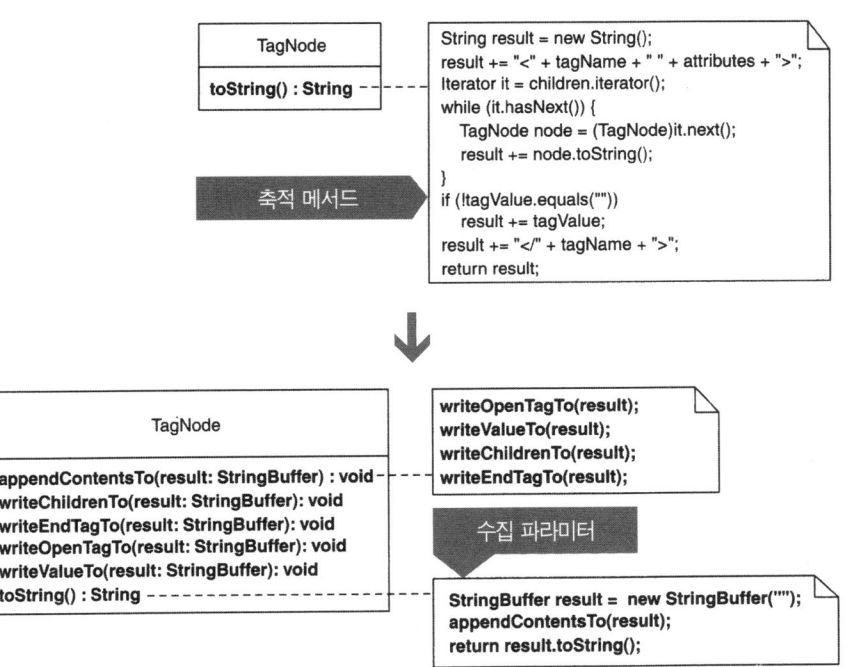

동기

Kent Beck은 『Smalltalk Best Practice Patterns』[Beck]에서 Collecting Parameter 패턴을 정의하면서, 수집 파라미터는 주어진 메서드들로부터 정보를 수집하기 위해 그 메서드에 파라미터로 넘겨지는 객체라고 했다. 이 패턴은 Composed Method[Beck, SBPP] 패턴과 함께 사용하는 경우가 많다(Compose Method 리팩터링 참조, 179쪽).

다루기 어려울 정도로 비대한 메서드를 분해해 Composed Method로 만들려면, Composed Method에 의해 호출되는 각 메서드로부터 정보를 얻어 어떻게 축적할 것인지 결정해야 한다. 각 메서드가 리턴한 정보를 보관해 두었다가 나중에 최종 형태로 합칠 수도 있지만, 각 메서드에 수집 파라미터를 넘겨 정보를 점진적으로 축적할 수도 있다. 각 메서드는 자신의 정보를 수집 파라미터에 쓰고, 그 결과로 정보가 축적된다.

수집 파라미터는 여러 객체의 메서드에 파라미터로 주어질 수 있다. 이때 수집 파라미터가 정보를 축적하는 방법에는 두 가지가 있다. 각 메서드가 수집 파라미터의 콜백call-back 메서드를 호출하여 정보를 전달할 수도 있고, 객체 자신을 수집 파라미터에 넘기고 수집 파라미터가 그 콜백 메서드를 호출하여 정보를 얻을 수도 있다.

수집 파라미터는 특정 클래스의 특정 인터페이스를 통해 정보를 얻고 축적하도록 구현된다. 따라서 많은 대상으로부터 다양한 인터페이스를 통해 정보를 수집하려 할 경우에는 별로 적합하지 않다. 그런 경우에는 방문자Visitor 객체를 사용하는 것이 더 좋다. 이에 대한 자세한 사항은 Move Accumulation to Visitor 리팩터링(423쪽)을 참고하기 바란다.

Collecting Parameter 패턴은 Composite[DP] 패턴과 궁합이 잘 맞는다. 수집 파라미터가 컴포짓 구조로부터 재귀적으로 정보를 축적할 수 있기 때문이다. Kent Beck과 Erich Gamma가 개발한 JUnit 프레임워크는 테스트 케이스test case의 컴포짓 구조에 포함된 모든 테스트로부터 테스트 결과 정보를 축적하기 위해 TestResult라는 수집 파라미터를 사용한다.

나는 어떤 클래스의 toString() 메서드를 리팩터링할 때 Collecting Parameter 패턴과 Composite 패턴을 결합한 적이 있다. 프로파일러를 통해 보니 그 toString() 메서드에서 문자열을 결합하는 과정에 많은 시간이 소모되고 있었다(요즘처럼 컴파일러가 StringBuffer를 사용하는 만큼이나 문자열 결합을 빠르게 처리하기 전의 일이다). 그래서 처음에는 수많은 문자열 결합 코드를 StringBuffer를 사용하도록 바꾸려 했다. 그러나 재귀적인 코드였기 때문에 그렇게 할 경우, StringBuffer 인스턴스가 너무 많이 생성될 것임을 깨닫고 그 방법을 포기하려 했다. 그러나 당시 프로그래밍 파트너였던 Don Roberts가 "내게 생각이 있어"라며 키보드를 가로채더니, 금세 StringBuffer 객체 하나를 수집 파라미터로 사용하도록 리팩터링했다. 결과적으로 성능 문제가 해결되었음은 물론이고 설계가 훨씬 단순해지고 이해하기 쉬워졌다.

장점과 단점

+ 다루기 어려울 정도로 비대한 메서드를 작고 간단하며 이해하기 쉬운 여러 개의 메서드로 분해하는 데 도움이 된다.
+ 코드의 실행 속도가 향상될 수 있다.

절차

1. 정보를 축적하여 하나의 결과로 만드는 축적 메서드를 찾는다. 그 결과를 담는 지역 변수를 수집 파라미터로 만들 것이다. 결과 변수의 타입이 여러 메서드를 통해 반복적으로 정보를 모으는 데 적합하지 않다면, 타입을 바꾼다. 예를 들어, Java의 String은 여러 메서드로부터 정보를 얻어 축적할 수 없으므로, StringBuffer로 바꾼다. 이에 대한 설명은 예제 절에서 더 자세히 다룬다.

   ✓ 컴파일한다.

2. 축적 메서드의 내부에서 정보 축적의 한 과정을 골라 Extract Method[F] 리팩터링을 적용해 별도의 메서드로 뽑아낸다. 접근 지정자는 private로, 리턴 타입은 void로 하고 결과 변수를 파라미터로 받도록 한다. 뽑아낸 메서드 안에서는 결과 변수에 정보를 기록하도록 만든다.

   ✓ 컴파일 후 테스트한다.

3. 정보 축적의 나머지 과정에 대해서도 단계 2를 반복하여, 원래 코드가 결과 변수를 파라미터로 받아 거기에 정보를 기록하는 메서드를 호출하는 코드로 완전히 바뀌도록 한다. 결과적으로 축적 메서드는 다음 세 단계로 이루어진다.

- 결과 객체를 생성한다.
- 여러 메서드 중 첫 번째 메서드에 결과 객체를 파라미터로 넘긴다.
- 결과 객체로부터 수집된 정보를 얻는다.
- ✓ 컴파일 후 테스트한다.

참고로 단계 2와 3의 작업은 축적 메서드와 이 과정에서 새로 만든 여러 메서드에 Compose Method 리팩터링(179쪽)을 적용한 셈이 된다.

예제

이번 예제에서는 컴포짓 객체 기반의 코드를 수집 파라미터를 사용하는 코드로 리팩터링하는 방법을 설명할 것이다. XML 트리 모델을 만드는 컴포짓 객체에서부터 시작한다(Replace Implicit Tree with Composite 리팩터링의 예제 절 참조, 249쪽).

이 컴포짓 객체는 toString() 메서드를 가지는 TagNode라는 하나의 클래스로 구성되어 있다. toString()은 각 노드를 재귀적으로 방문해 XML 트리의 문자열 표현을 생성한다. 코드 11줄로 상당한 양의 일을 한다. 이 메서드를 리팩터링해 더 단순하고 이해하기 쉽게 만들 것이다.

1. 다음 toString() 메서드는 컴포짓 구조 내 각 태그의 정보를 재귀적으로 축적해 변수 result에 저장하고 있다.

```
class TagNode...
  public String toString() {
    String result = new String();
    result += "<" + tagName + " " + attributes + ">";
    Iterator it = children.iterator();
    while (it.hasNext()) {
      TagNode node = (TagNode)it.next();
      result += node.toString();
    }
    if (!value.equals(""))
      result += value;
```

```
        result += "</" + tagName + ">";
        return result;
    }
```

result의 타입을 StringBuffer로 바꾼다.

```
StringBuffer result = new StringBuffer("");
```

2. 정보 축적의 첫 단계로서, result 변수에 XML의 시작 태그open tag와 속성을
   결합해 result 변수에 저장하는 코드를 찾아 Extract Method[F] 리팩터링을 적
   용한다. 즉, 다음의 코드를

```
result += "<" + tagName + " " + attributes + ">";
```

다음과 같은 메서드로 뽑아낸다.

```
private void writeOpenTagTo(StringBuffer result) {
    result.append("<");
    result.append(name);
    result.append(attributes.toString());
    result.append(">");
}
```

이제 toString()에는 다음과 같은 코드가 포함돼 있을 것이다.

```
StringBuffer result = new StringBuffer("");
writeOpenTagTo(result);
...
```

3. toString()의 나머지 부분에 대해서도 Extract Method[F] 리팩터링을 적용한다.
   여기서는 result 변수에 자식 노드 정보를 추가하는 코드에 집중할 것이다.
   이 코드에는 재귀적 호출이 포함되어 있다(볼드체로 표시된 부분).

```
class TagNode...
    public String toString()...
        Iterator it = children.iterator();
        while (it.hasNext()) {
```

```
      TagNode node = (TagNode)it.next();
      result += node.toString()
   }
   if (!value.equals(""))
      result += value;
   ...
}
```

toString()는 재귀적으로 수행되므로 수집 파라미터가 메서드로 전달돼야 한다. 그러나 다음 코드에서 보듯이 문제가 하나 있다.

```
private void writeChildrenTo(StringBuffer result) {
   Iterator it = children.iterator();
   while (it.hasNext()) {
      TagNode node = (TagNode)it.next();
      node.toString(result); // toString()에는 파라미터가 없으므로, 이렇게 쓸 수 없다.
   }
   ...
}
```

toString()은 StringBuffer를 파라미터로 받지 않으므로, 자식 노드 정보를 추가하는 코드를 간단하게 메서드로 뽑아낼 수 없다. 따라서 다른 방법이 필요하다. StringBuffer를 파라미터로 받아 수집 파라미터로 사용하면서 toString() 메서드가 하던 일을 그대로 수행하는 도우미 메서드를 만들면 문제를 해결할 수 있다.

```
public String toString() {
   StringBuffer result = new StringBuffer("");
   appendContentsTo(result);
   return result.toString();
}

private void appendContentsTo(StringBuffer result) {
   writeOpenTagTo(result);
   ...
}
```

이제 재귀적으로 수행되는 코드를 appendContentsTo() 메서드로 대체한다.

```
private String appendContentsTo(StringBuffer result) {
   writeOpenTagTo(result);
   writeChildrenTo(result);
   ...
   return result.toString();
}

private void writeChildrenTo(StringBuffer result) {
   Iterator it = children.iterator();
   while (it.hasNext()) {
      TagNode node = (TagNode)it.next();
      node.appendContentsTo(result); // 이제 재귀적인 호출로 원하는 동작을 수행할 수 있다.
   }
   if (!value.equals(""))
      result.append(value);
}
```

writeChildrenTo()를 보면 두 단계 즉, 자식들의 정보를 재귀적으로 추가하는 단계와 (값이 존재할 경우) 자신의 값을 추가하는 단계가 있음을 알 수 있다. 두 단계가 명확히 구별되도록 하기 위해 자신의 값을 추가하는 코드를 별도의 메서드로 뽑아낸다.

```
private void writeValueTo(StringBuffer result) {
   if (!value.equals(""))
      result.append(value);
}
```

이제 XML의 종료 태그close tag 문자열을 추가하는 부분만 처리하면 리팩터링이 완료된다. 최종 코드는 다음과 같은 모습이 될 것이다.

```
public class TagNode...
   public String toString() {
      StringBuffer result = new StringBuffer("");
      appendContentsTo(result);
      return result.toString();
   }
```

```java
private void appendContentsTo(StringBuffer result) {
    writeOpenTagTo(result);
    writeChildrenTo(result);
    writeValueTo(result);
    writeEndTagTo(result);
}

private void writeOpenTagTo(StringBuffer result) {
    result.append("<");
    result.append(name);
    result.append(attributes.toString());
    result.append(">");
}

private void writeChildrenTo(StringBuffer result) {
    Iterator it = children.iterator();
    while (it.hasNext()) {
        TagNode node = (TagNode)it.next();
        node.appendContentsTo(result);
    }
}

private void writeValueTo(StringBuffer result) {
    if (!value.equals(""))
        result.append(value);
}

private void writeEndTagTo(StringBuffer result) {
    result.append("</");
    result.append(name);
    result.append(">");
}
```

컴파일 후 테스트해보면 모든 것이 정상 동작한다. 이제 toString()이 매우 단순해졌다. 그리고 appendContentsTo()는 Composed Method의 훌륭한 본보기가 된다(Compose Method 리팩터링, 179쪽 참조).

Move Accumulation to Visitor

어떤 메서드가 이질적인 여러 클래스들로부터 정보를 얻어 축적하고 있다면,

각 클래스를 방문해 정보를 축적하는 방문자^{visitor} 객체로 축적 기능을 옮긴다.

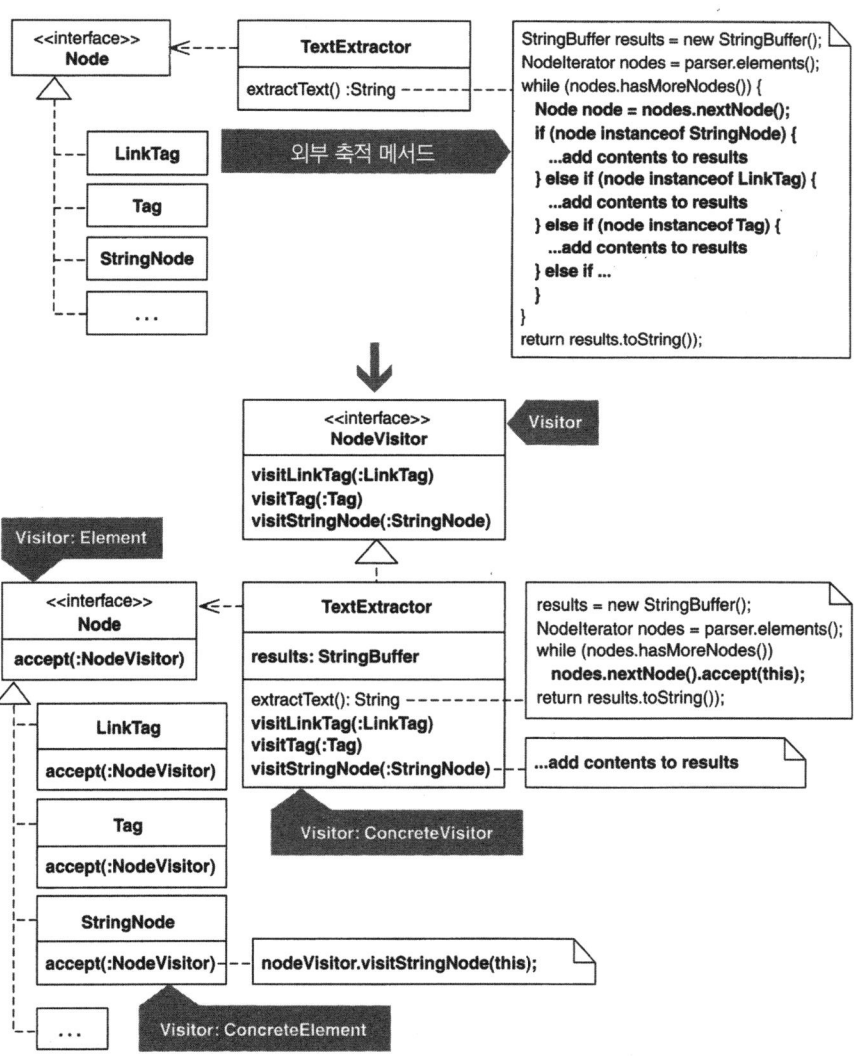

동기

『Design Patterns』[DP]의 저자 중 한 명인 Ralph Johnson에 따르면, "Visitor 패턴이 필요한 경우는 거의 없지만, 일단 필요한 경우가 생기면 다른 방법이 없다." 그렇다면 어떤 경우에 Visitor 패턴이 필요할까? 이 질문에 답하기 전에 Visitor 패턴에 대해서 조금 자세하게 설명하겠다.

방문자 클래스는 주어진 객체 구조에 대해 어떤 연산을 수행하는데, 이질적인 heterogeneous 클래스들을 대상으로 한다. 즉, 방문을 받는 클래스들이 각각 서로 다른 종류의 정보를 담고, 그에 대한 인터페이스 또한 서로 다를 경우에 사용한다. 방문자 객체는 이질적인 대상 클래스들로부터 정보를 얻기 위해 이중 디스패치double-dispatch를 이용한다. 즉, 대상 클래스가 제공하는 accept(Visitor visitor)와 같은 '수납accept' 메서드의 파라미터를 통해 방문자 객체 자신을 넘기고, 대상 클래스는 수납한 방문자 객체의 콜백 메서드를 호출하여 정보를 제공하는 것이다. 그림으로 표현하면 다음과 같다.

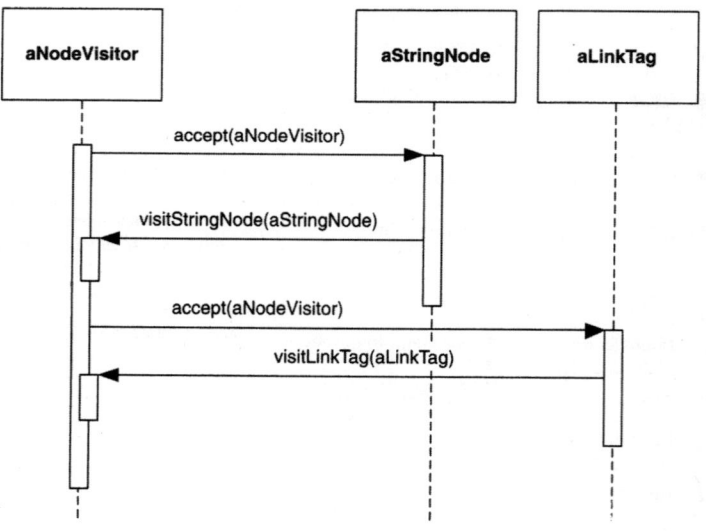

방문자 클래스가 제공하는 visit...(...) 메서드는 특정 타입의 객체를 파라미터로 받기 때문에, 넘겨받은 객체를 타입 변환할 필요 없이 사용할 수 있다. 따라서 방

문자 클래스는 하나의 상속 구조 또는 여러 다른 상속 구조 내의 클래스를 방문할 수 있다.

현업에서 실제로 구현되는 Visitor 패턴은 대부분 정보를 축적하기 위한 것이다. 그런데 그런 목적을 위해서라면 Collecting Parameter 패턴도 유용하다(Move Accumulation to Collecting Parameter 리팩터링 참조, 415쪽). 수집 파라미터도 방문자 객체와 마찬가지로 여러 객체들로부터 정보를 얻어 축적하는 역할을 한다. 핵심적인 차이점은 이질적인 클래스들로부터 정보를 얼마나 쉽게 축적할 수 있느냐에 있다. 방문자 객체는 이중 디스패치를 사용하기 때문에 전혀 어려움이 없지만, 수집 파라미터 객체는 그렇지 않기 때문에 다양한 인터페이스를 가진 클래스들로부터 다양한 정보를 수집하는 데 제약이 있다.

이제 원래의 문제로 돌아가자. Visitor 패턴이 꼭 필요한 경우는 언제일까? 일반적으로 말하면, 이질적인 클래스들로 이루어진 어떤 객체 구조를 여러 알고리즘을 통해 처리하고 싶지만 Visitor 패턴만큼 단순하고 간결한 해결책이 없을 때 Visitor 패턴이 꼭 필요하다고 할 수 있다. 예를 들어, 다음 그림과 같은 도메인 클래스가 세 개 있는데, 공통의 수퍼클래스가 전혀 없으며 XML 표현을 생성하는 여러 메서드를 구현하고 있다고 하자.

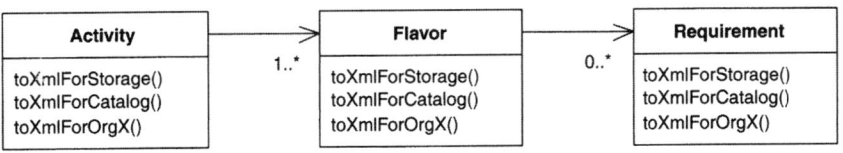

위와 같은 설계의 문제점은 무엇일까? 주된 문제점은 새로운 XML 표현이 필요할 때마다 모든 도메인 클래스에 새로운 toXml 메서드를 추가해야 한다는 것이다. 게다가 XML 표현을 생성하는 코드가 많아질수록 XML 표현 로직을 도메인 로직으로부터 분리하는 것이 더 바람직하지만, 위와 같은 설계에서는 갈수록 더 많은 toXml 메서드가 도메인 클래스에 추가될 뿐이다. 절차 절에서는 toXml 메서드와 같은 것들을 내부 축적 메서드라 부를 텐데, 이들이 축적에서 사용되는 클래스 내부에 존재하기 때문이다. 이런 설계를 Visitor 패턴으로 리팩터링하면 다음과 같

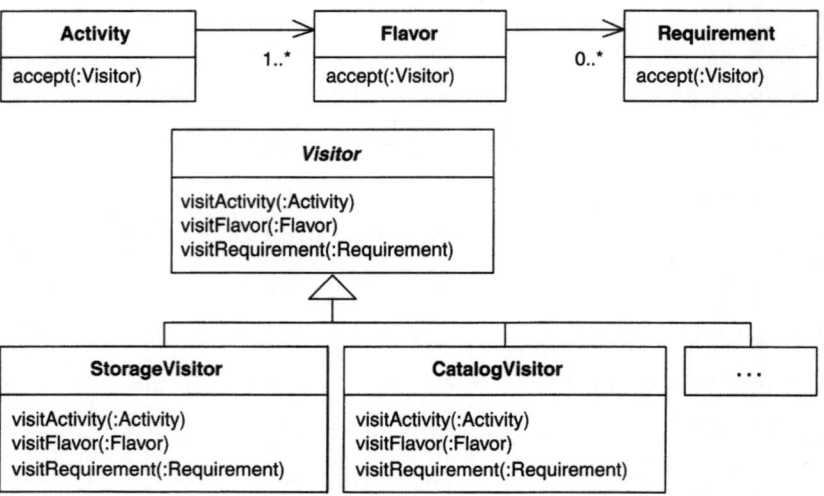

은 모습이 된다.

이 설계에서는 방문자 클래스 몇 개가 합동으로 각 도메인 클래스의 XML 표현 생성을 대리한다. 또 도메인 클래스를 꽉 채우던 XML 표현 생성 로직이 적절한 방문자 클래스로 캡슐화된다.

Visitor 패턴이 필요한 또 다른 경우는 외부 축적 메서드가 매우 많을 때다. 그런 메서드는 보통 Iterator[DP] 패턴을 사용하고 이질적인 객체들로부터 특정 정보를 얻기 위해 타입 변환을 수행한다.

```
public String extractText()...
while (nodes.hasMoreNodes()) {
   Node node = nodes.nextNode();
   if (node instanceof StringNode) {
      StringNode stringNode = (StringNode)node;
      results.append(stringNode.getText());
   } else if (node instanceof LinkTag) {
      LinkTag linkTag = (LinkTag)node;
      if (isPreTag)
         results.append(link.getLinkText());
```

```
        else
            results.append(link.getLink());
    } else if ...
}
```

특정 인터페이스에 접근하기 위한 타입 변환이 빈번하게 일어나지 않는다면
참을 만하다. 그러나 타입 변환이 자주 일어난다면 설계를 개선할 필요가 있다.
Visitor 패턴을 사용하는 것이 더 좋은 설계일까? 아마 그럴 것이다. 대상이 되는
이질적인 클래스들이 '다른 인터페이스를 가지는 대체 클래스Alternative Classes
with Different Interfaces[F]'의 냄새를 풍기는 경우가 아니라면 말이다. 그럴 경우에는
그 클래스들이 하나의 공통 인터페이스를 가지도록 리팩터링할 수 있고, 결과적
으로 타입 변환도 Vistor 패턴도 필요 없어진다. 반면 공통 인터페이스를 도입해
이질적인 클래스들을 동질적으로homogeneous 보이도록 만들 수 없다면, Visitor 패
턴으로 리팩터링하는 것이 더 나은 해결책이다. 이 리팩터링의 도입부에서 제시
한 코드 스케치와 예제 절은 바로 이런 경우를 다룬 것이다.

마지막으로, 내부 축적 메서드도 없고 외부 축적 메서드도 없지만 Visitor 패턴
으로 리팩터링해 설계를 개선시킬 수 있는 경우도 있다. 예를 들어, HTML Parser
프로젝트에서 우리는 다음 그림과 같이 새로운 서브클래스를 두 개 작성해 정보
축적 작업을 수행했다.

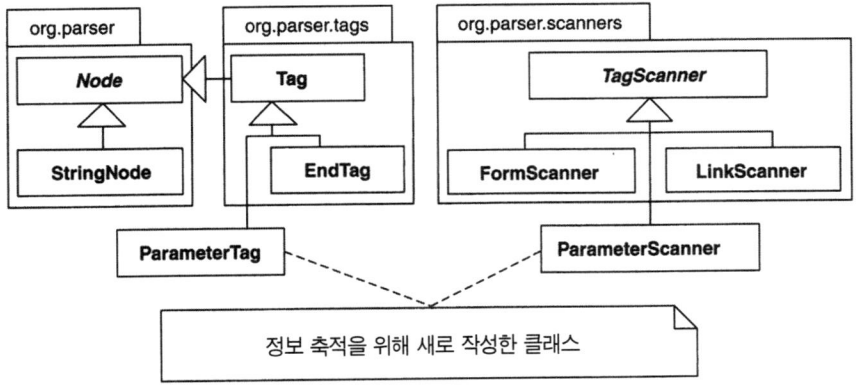

새로 작성한 서브클래스들을 살펴본 후, 우리는 방문자 클래스 하나로 그들을 대체할 수 있고 그렇게 하면 코드가 훨씬 단순하고 간결해질 것임을 깨달았다. 그러나 그때는 Visitor 패턴 구현에 바로 착수하지 않았다. Visitor 패턴으로 리팩터링하는 것은 만만한 작업이 아니었기 때문에, 좀더 연구해 확신을 가질 필요가 있었다. 그러다가 HTML 파서의 클라이언트 코드에서 외부 축적 메서드를 몇 개 발견했을 때 그 필요성에 대한 확신이 섰다. 이 이야기를 하는 것은, Visitor 패턴으로 리팩터링하는 작업이 절대 간단하지 않으므로 결정하기 전에 그 필요성을 확실히 확인해야 함을 강조하기 위해서다.

방문자 클래스의 방문 대상이 되는 클래스들이 계속 늘어가는 상황이라면, Visitor 패턴은 피하는 것이 좋다. 대상 클래스가 새로 생길 때마다 '수납accept' 메서드를 구현하고, 새 클래스에 대응하는 visit...(...) 메서드를 각각의 비지터 클래스에 추가해야 하기 때문이다. 그러나 항상 그런 것도 아니다. HTML Parser 프로젝트에서 나는 Visitor 패턴으로 리팩터링할 것을 고려했는데, 방문 대상 클래스가 너무 많았을 뿐 아니라 빈번하게 변하고 있었다. 그러나 좀더 살펴보니, 실제로 방문해야 하는 클래스는 그중 일부였고 나머지는 그들의 수퍼클래스에 있는 visit 메서드를 통해 방문할 수 있었던 것이다.

어떤 프로그래머들은 이런저런 이유로 Visitor 패턴에 반대하기도 한다. Visitor 패턴을 잘 알지도 못하면서 말이다. 예를 들어, 어떤 프로그래머는 방문자 클래스가 캡슐화 원칙에 위배되기 때문에 좋아하지 않는다고 말한 적이 있다. 즉, 방문자 클래스가 대상 클래스의 어떤 메서드를 사용해야 하는데 그 메서드가 public이 아니라면 그 메서드의 접근 제한을 풀어야 하고, 이것이 캡슐화 특성을 깨뜨린다는 주장이다. 옳은 말이다. 그러나 Visitor 패턴을 구현할 때 대부분의 경우는 그럴 필요가 없다(예제 절 참조). 설사 몇몇 메서드의 접근 제한을 풀어줘야 하는 경우라도, Visitor 패턴을 사용하지 않고 코드를 꾸려가는 것보다 대상 클래스의 캡슐화 특성을 양보하는 편이 치러야 하는 대가가 훨씬 적다.

Visitor 패턴에 반대하는 또 다른 이유는 코드가 복잡하고 난해해진다는 것이다. 어떤 프로그래머는 방문 루프를 봐도 무슨 일을 하는지 전혀 알 수 없다고 말했다. 여기서 '방문 루프visit loop' 란 주어진 객체 구조 내의 대상 객체들을 차례로 순회하면서 방문자 객체를 전달하는 코드를 말한다. 이 주장도 옳다. 방문 루프만 보면 방문자 객체가 실제로 무슨 작업을 하는지 나타나지 않는다. 그러나 Visitor 패턴을 이해한다면 방문 루프가 하는 일을 명확히 알 수 있다. 따라서 Visitor 패턴의 구현이 야기하는 복잡성이나 난해함의 정도는 프로젝트에 참여한 개인 또는 팀이 Visitor 패턴을 얼마나 잘 이해하고 있느냐 여부에 달려있다. 게다가 Visitor 패턴이 정말로 필요한 시스템이라면, 너무도 복잡하고 난해한 코드를 Visitor 패턴을 통해 훨씬 단순하게 만들 수 있다.

Visitor 패턴의 강력함과 세련됨은 오히려 양날의 검이 되기도 한다. Ralph가 말했듯이 Visitor 패턴이 필요한 경우라면 다른 방법이 없다. 그러나 불행하게도 너무 많은 프로그래머들이 필요하지 않은 경우에도 Visitor 패턴을 도입하려고 한다. 자신의 지식을 과시하고 싶을 수도 있고, 그들이 패턴 중독자이기 때문일 수도 있다. Visitor 패턴으로 리팩터링을 시작하기 전에는 항상 더 간단한 해결책이 없는지 고민하기 바란다. Visitor 패턴의 도입을 결정할 때에는 정말로 신중해야 한다.

장점과 단점

+ 이질적인 클래스들로 이루어진 객체 구조를 처리하는 여러 알고리즘들을 수용한다.
+ 하나의 상속 구조 또는 여러 다른 상속 구조 내의 클래스들을 처리할 수 있다.
+ 이질적인 클래스들이 제공하는 메서드들을 타입 변환 없이 호출할 수 있다.
- 공통 인터페이스를 도입하여 이질적인 클래스들을 동질적으로 만들 수 있다면 괜히 설계만 복잡하게 만드는 것이다.
- 방문 대상 클래스가 새로 추가되면, '수납' 메서드도 함께 구현해야 하고, 새 클래스에 대응하는 visit...(..) 메서드를 각 방문자 클래스에 추가해야 한다.
- 대상 클래스의 캡슐화 특성을 깨뜨릴 수도 있다.

절차

축적 메서드는 이질적인 클래스들로부터 정보를 얻어 축적하는 메서드를 말한다. 외부 축적 메서드는 대상 클래스가 아닌 별도의 클래스에 속하는 것을 말한다. 반대로, 내부 축적 메서드는 대상 클래스 자체에 속하는 것이다. 이 절에서는 내/외부 축적 메서드에 대한 절차를 모두 제시한다. 더불어 축적 메서드가 아직 존재하지 않지만 축적 코드를 Visitor 패턴으로 대체해 설계를 개선할 수 있는 경우에 대한 리팩터링 절차도 제시한다.

외부 축적 메서드

여기서는 축적 메서드를 포함하는 클래스를 '호스트host'라 부를 것이다. 호스트가 방문자 역할을 하도록 만드는 것이 의미 있을지 생각해보기 바란다. 호스트가 너무 많은 역할을 하고 있다면, 본격적인 작업에 앞서 Replace Method with Method Object[F] 리팩터링을 통해 축적 메서드를 별도의 클래스로 분리하여 새 호스트로 삼기 바란다.

1. 축적 메서드 내의 지역 변수 중에서 축적 로직에 의해 두 번 이상 참조되는 것을 찾는다. 그리고 이런 지역 변수를 호스트 클래스의 필드로 바꾼다.
   ✓ 컴파일 후 테스트한다.

2. 주어진 축적 소스accumulation source, 축적할 정보를 가지는 클래스에 대한 축적 로직에 Extract Method[F]를 적용한다. 분리된 메서드가 축적 소스의 타입을 파라미터로 받도록 하고, 메서드 이름은 accept(...)로 한다.
   이 과정을 나머지 축적 소스에 대한 축적 로직에 대해 반복한다.
   ✓ 컴파일 후 테스트한다.

3. accept(...) 메서드의 몸체에 Extract Method[F] 리팩터링을 적용하여 visit-ClassName() 메서드로 뽑아낸다. 이때 ClassName은 해당 accept(...) 메서드와 관련된 축적 소스의 이름이다. 분리된 메서드 역시 축적 소스 타입의 파라미터를 받도록 한다(예를 들어, visitEndTag(EndTag endTag)와 같은 식으로).
   이 과정을 나머지 accept(...) 메서드에 대해 반복한다.

4. 모든 accept(...) 메서드에 Move Method[F] 리팩터링을 적용해 대응되는 축적

소스로 옮긴다. 이제 각 accept(...) 메서드는 호스트 클래스 타입의 객체를 파라미터로 받게 될 것이다.

    ✓ 컴파일 후 테스트한다.

5. 축적 메서드에서 accept(..) 메서드를 호출하는 모든 부분에 Inline Method[F] 리팩터링을 적용해 인라인화한다.

    ✓ 컴파일 후 테스트한다.

6. 축적 소스의 수퍼클래스 또는 인터페이스에 Unify Interfaces 리팩터링(453쪽)을 적용해 accept(...) 메서드가 다형적으로 호출될 수 있도록 한다.

7. 축적 메서드를 일반화해 모든 축적 소스에 대한 accept(...) 메서드가 다형적으로 호출되도록 한다.

    ✓ 컴파일 후 테스트한다.

8. 호스트 클래스에 Extract Interface[F] 리팩터링을 적용해 방문자 인터페이스를 생성한다. 이것이 호스트에 의해 구현될 visit...(...) 메서드를 선언하는 인터페이스다.

9. 각 accept(...) 메서드의 시그너처를 변경해 방문자 인터페이스를 사용하도록 만든다.

    ✓ 컴파일 후 테스트한다.

호스트는 이제 방문자 클래스가 되었다.

내부 축적 메서드

다음에 제시한 절차는 축적 메서드들이 정보 제공자의 역할을 하는 이질적인 클래스들에 구현되어 있는 경우를 위한 것이다. 그리고 그 이질적인 클래스들이 하나의 상속 구조에 포함되어 있다고 가정한다. 이런 상황이 일반적이기 때문이다. 이 절차는 Roberts, Brant, Johnson의 논문 「A Refactoring Tool for Smalltalk」에 제시된 내용에 기반한다.

1. 방문자로 삼을 새 클래스를 하나 만든다. 클래스 이름에 Visitor라는 단어를 포함시키는 것이 좋다.

   ✓ 컴파일한다.

2. 방문 대상이 되는 클래스 중 하나를 선택하고, 방문자 클래스에 visitClass-Name(...) 메서드를 추가한다. 이때 ClassName은 선택한 대상 클래스의 이름이다. 이 메서드의 리턴 타입은 void로 하고, 대상 클래스 타입의 객체를 파라미터로 받도록 한다. 예를 들면, public void visitStringNode (StringNode stringNode)와 같은 식으로 만드는 것이다.

   상속 구조 내의 모든 방문 대상 클래스에 대해 이 과정을 반복한다.

   ✓ 컴파일한다.

3. 각 방문 대상 클래스에 있는 축적 메서드의 몸체에 Extract Method[F] 리팩터링을 적용해 '수납' 메서드로 뽑아낸다. 모든 수납 메서드의 시그너처를 동일하게 만들어, 모든 축적 메서드에서 해당 수납 메서드를 호출하는 코드가 같아지도록 한다.

   ✓ 컴파일 후 테스트한다.

4. 이제 모든 클래스의 축적 메서드가 완전히 동일해졌을 것이다. 축적 메서드에 Pull Up Method[F] 리팩터링을 적용해 수퍼클래스로 옮긴다.

   ✓ 컴파일 후 테스트한다.

5. accept(...) 메서드에 Add Parameter[F] 리팩터링을 적용해 방문자 클래스 타입의 파라미터를 추가한다. 그리고 축적 메서드에서 accept(...) 메서드를 호출할 때 방문자 객체를 생성해 파라미터로 넘기도록 수정한다.

   ✓ 컴파일한다.

6. 방문 대상 클래스의 accept(...) 메서드에 Move Method[F] 리팩터링을 적용해 방문자 클래스로 옮기는데, 그 이름은 visit...(...)이 되도록 한다. 이제 accept 메서드는 방문 대상 객체 타입을 파라미터로 받는 visit...(...) 메서드를 호출

하도록 바꾼다.

예를 들어, StringNode라는 방문 대상 클래스와 Visitor란 방문자 클래스가 있다면 다음과 같은 모습이 된다.

```
class StringNode...
    void accept(Visitor visitor) {
        visitor.visitStringNode(this);
    }

class Visitor {
    void visitStringNode(StringNode stringNode)...
}
```

이 과정을 다른 모든 방문 대상 클래스에 대해 반복한다.

∨ 컴파일 후 테스트한다.

Visitor 패턴으로 대체

이 절차는 내부 또는 외부 축적 메서드는 존재하지 않지만, Visitor 패턴을 사용하도록 수정할 경우 설계를 개선할 수 있는 상황을 가정한 것이다.

1. 방문자로 삼을 새 클래스를 하나 만든다. 클래스 이름에 Visitor라는 단어를 포함시키는 것이 좋다.

    경우에 따라서 또 다른 방문자 클래스를 추가로 만들 수도 있는데, 만약 그렇다면 첫 번째 방문자 클래스에 Extract Superclass[F] 리팩터링을 적용해 추상 방문자 클래스를 만든다. 그리고 모든 방문 대상 클래스(이에 대한 정의는 단계 2에서 한다)의 accept(...) 메서드 시그너처를 수정해 첫 번째 방문자 클래스 타입 대신에 추상 방문자 클래스 타입을 파라미터로 받도록 한다. Extract Superclass[F]를 적용할 때 특정 방문자에만 해당해 모든 방문자에 일반적으로 적용될 수 없는 데이터나 메서드를 수퍼클래스로 옮기면 안 된다.

2. 방문 대상 클래스 즉, 방문자 클래스가 얻을 정보의 원천이 되는 클래스를 하나 선택한다. 그리고 그에 대응되는 방문자 클래스에 visitClassName(...) 메

서드를 추가한다. 이때 ClassName은 앞서 고른 방문 대상 클래스의 이름이다. 이 메서드의 리턴 타입은 void로 하고, 방문 대상 클래스 타입의 파라미터를 받도록 한다. 예를 들어, public void visitStringNode(StringNode stringNode)와 같은 식으로 만드는 것이다.

3. 단계 2에서 선택한 방문 대상 클래스에 '수납' 메서드를 추가하고, 방문자 클래스 타입의 파라미터를 받도록 만든다. 만약 추상 방문자 클래스가 있다면 이를 사용하도록 한다. 이 메서드의 내부에서는 방문자 클래스의 visit...(...) 메서드를 콜백하는데, 이때 방문 대상 객체 자신을 파라미터로 넘기도록 한다.

  예를 들면, 다음과 같이 만드는 것이다.

```
class Tag...
  public void accept(NodeVisitor nodeVisitor){
  nodeVisitor.visitTag(this)
  }
```

4. 다른 방문 대상 클래스에 대해 단계 2와 3을 반복한다. 이제 방문자 클래스의 뼈대가 생겼을 것이다.

5. 축적 결과를 리턴하는 public 메서드를 방문자 클래스에 구현한다. 처음에는 비어있는 자료 구조나 널을 리턴하도록 만들면 된다.
  ✓ 컴파일한다.

6. 축적 메서드 내에 방문자 클래스 타입의 지역 변수를 선언하고 방문자 객체를 생성해 대입한다. 그리고 각 방문 대상 클래스로부터 정보를 얻어 축적하는 코드를 찾아, 방문자 객체를 파라미터로 하여 해당 방문 대상 클래스의 accept(...) 메서드를 호출하는 코드를 추가한다. 그런 후에 원래의 축적 결과 대신 방문자 객체가 리턴하는 축적 결과를 사용하도록 수정한다. 이 마지막 작업 때문에 기존의 테스트 코드를 실행하면 실패할 것이다.

7. 방문자 클래스의 visit...(...) 메서드의 몸체를 구현한다. 이는 매우 큰 작업일

것이고, 경우에 따라 다른 과정이기 때문에 하나의 절차를 제시할 수는 없다. 축적 메서드의 코드를 visit...(...) 메서드로 복사한다면 다음 사항을 맞춰야 한다.

- 각 visit...(...) 메서드는 방문 대상 클래스의 주요 데이터와 로직에 접근할 수 있음을 보장한다.
- visit...(...) 메서드가 두 개 이상 접근하는 방문자 클래스의 필드를 선언하고 초기화한다.
- 축적에 사용되는 필수 데이터를 축적 메서드에서 방문자 클래스의 생성자로 넘기게 한다(예를 들어, TagAccumulatingVisitor 클래스는 생성자의 파라미터를 통해 전달되는 'tagNameToFind' 라는 문자열에 일치하는 모든 Tag 객체를 축적한다).

✓ 컴파일 후 축적 메서드가 리턴하는 축적 결과가 모두 정확한지 테스트한다.

8. 축적 메서드 내의 예전 코드를 가능한 한 많이 삭제한다.

✓ 컴파일 후 테스트한다.

9. 이제 주어진 객체 구조 내부를 순회하며 각 방문 대상 클래스의 accept(...) 메서드에 방문자 객체를 넘기는 코드만 남았다. 그 객체 구조에 속한 객체 중 accept(...) 메서드를 구현하지 않는 것이 있다면(즉, 방문 대상이 아님), 그 클래스(또는 그 수퍼클래스)에 아무 일도 하지 않는 빈 accept(...) 메서드를 정의한다. accept(...) 메서드를 호출할 때 객체를 감별할 필요가 없게 하기 위함이다.

✓ 컴파일 후 테스트한다.

10. 축적 메서드의 순회 코드에 Extract Method[F] 리팩터링을 적용해 지역 accept(...) 메서드를 만든다. 유일한 파라미터는 방문자 클래스 타입이어야 하고, 주어진 객체 구조 내부를 순회하면서 각 객체의 accept(...) 메서드에

방문자 객체를 파라미터로 전달하도록 한다.

11. 지역 accept(...) 메서드를 좀더 자연스러운 위치(클라이언트에서 쉽게 접근
할 수 있는 클래스와 같은)로 옮긴다.

√ 컴파일 후 테스트한다.

예제

Visitor 패턴으로 리팩터링하는 것이 실제로 의미 있는 경우에 대한 예제를 찾는
데에는 상당한 인내가 필요했지만, 결국 오픈 소스 HTML Parser 프로젝트[1]에서
코드를 리팩터링하면서 적당한 것을 발견했다. 이 예제는 외부 축적 메서드에 대
한 것이다. 예제에 대한 이해를 돕기 위해, 그 파서의 동작 방식을 간략히 소개하
겠다.

그 파서는 HTML 또는 XML 문서를 파싱하면서, 각종 태그와 문자열을 인식한
다. 예를 들어, 다음과 같은 HTML 문서를 생각해 보자.

```
<HTML>
  <BODY>
    Hello, and welcome to my Web page! I work for
    <A HREF="http://industriallogic.com">
      <IMG SRC="http://industriallogic.com/images/logo141x145.gif">
    </A>
  </BODY>
</HTML>
```

이 HTML 문서를 파싱하고 나면 파서는 다음과 같은 객체를 생성한다.

- Tag (〈BODY〉 태그)
- StringNode ("Hello, and welcome…" 문자열)
- LinkTag (〈A HREF="…"〉…〈/A〉 태그)
- ImageTag (〈IMG SRC="…"〉 태그)
- EndTag (〈/BODY〉 태그에 대응)

---

1) 저자 주: http://sourceforge.net/projects/htmlparser 참조

파서의 클라이언트에서는 HTML 또는 XML 문서로부터 정보를 축적한다. 다음 TextExtractor 클래스는 문서로부터 텍스트 데이터를 쉽게 얻는 방법을 제공한다. 그중 핵심은 extractText() 메서드다.

```
public class TextExtractor...
    public String extractText() throws ParserException {
        Node node;
        boolean isPreTag = false;
        boolean isScriptTag = false;
        StringBuffer results = new StringBuffer();

        parser.flushScanners();
        parser.registerScanners();

        for (NodeIterator e = parser.elements(); e.hasMoreNodes();) {
            node = e.nextNode();
            if (node instanceof StringNode) {
                if (!isScriptTag) {
                    StringNode stringNode = (StringNode) node;
                    if (isPreTag)
                        results.append(stringNode.getText());
                    else {
                        String text = Translate.decode(stringNode.getText());
                        if (getReplaceNonBreakingSpace())
                            text = text.replace('\u00a0', ' ');
                        if (getCollapse())
                            collapse(results, text);
                        else
                            results.append(text);
                    }
                }
            } else if (node instanceof LinkTag) {
                LinkTag link = (LinkTag) node;
                if (isPreTag)
                    results.append(link.getLinkText());
                else
                    collapse(results, Translate.decode(link.getLinkText()));
                if (getLinks()) {
                    results.append("<");
                    results.append(link.getLink());
```

```
            results.append(">");
        }
    } else if (node instanceof EndTag) {
        EndTag endTag = (EndTag) node;
        String tagName = endTag.getTagName();
        if (tagName.equalsIgnoreCase("PRE"))
            isPreTag = false;
        else if (tagName.equalsIgnoreCase("SCRIPT"))
            isScriptTag = false;
    } else if (node instanceof Tag) {
        Tag tag = (Tag) node;
        String tagName = tag.getTagName();
        if (tagName.equalsIgnoreCase("PRE"))
            isPreTag = true;
        else if (tagName.equalsIgnoreCase("SCRIPT"))
            isScriptTag = true;
    }
}
return (results.toString());
}
```

위 코드는 파서가 리턴하는 모든 노드 객체를 순회하면서(Java의 instanceof 연산자를 이용해) 객체의 타입을 식별한 후, 타입을 변환하여 각 노드의 데이터를 축적한다. 그리고 이 과정에서 지역 변수 몇 개와 사용자가 설정할 수 있는 Boolean 플래그가 사용된다.

이 코드를 리팩터링 할지/말지 또는 어떻게 할지를 결정하려면, 다음과 같은 사항들을 고려해야 한다.

- Visitor 패턴을 도입하면 더 단순하고 간결한 설계가 될 것인가?
- Visitor 패턴을 도입하면 파서의 다른 부분이나 클라이언트 코드 또한 유사한 리팩터링을 적용해 설계를 개선할 수 있는가?
- Visitor 패턴보다 단순한 해결책은 없는가? 예를 들어, 하나의 공통 메서드를 통해 각 노드 객체로부터 데이터를 축적할 수는 없는가?
- 혹시 기존 코드만으로도 충분하지는 않은가?

예제 코드에서는 하나의 공통 메서드를 통해 각 노드 객체로부터 데이터를 축적할 수 없다. 예를 들어, LinkTag 객체로부터 텍스트나 URL만을 얻을 때는 별도의 메서드를 통해야 한다. 또한 Visitor 패턴을 도입하지 않고는 instanceof를 사용하지 않거나 타입 변환을 피할 수 있는 간단한 방법이 없다. 그렇다면 Visitor 패턴으로 리팩터링할 가치가 있을까? Visitor 패턴을 도입하면 파서의 다른 부분과 클라이언트의 코드 역시 개선될 수 있으므로 충분한 가치가 있다.

본격적인 리팩터링을 시작하기 전에 TextExtractor가 방문자의 역할을 하는 것이 옳을지 아니면 클래스를 별도로 만들어야 할지 결정해야 한다. 이 경우에는 TextExtractor가 텍스트 추출이란 오직 한 역할만을 수행하고 있으므로, 그냥 방문자의 역할을 맡겨도 된다.

1. 축적 메서드 extractText()에는 내부의 여러 곳에서 사용되는 지역 변수가 세 개 있다. 이 지역 변수를 필드로 변환한다.

```
public class TextExtractor...
    private boolean isPreTag;
    private boolean isScriptTag;
    private StringBuffer results;

    public String extractText()...
        boolean isPreTag = false;
        boolean isScriptTag = false;
        StringBuffer results = new StringBuffer();
        ...
```

컴파일 후 별 문제는 없는지 테스트한다.

2. StringNode에 대한 축적 코드에 Extract Method[F] 리팩터링을 적용해 별도의 메서드로 뽑아낸다.

```
public class TextExtractor...
    public String extractText()...
        ...
        for (NodeIterator e = parser.elements(); e.hasMoreNodes();) {
```

```
        node = e.nextNode();
        if (node instanceof StringNode) {
            accept(node);
        } else if (...

    private void accept(Node node) {
        if (!isScriptTag) {
            StringNode stringNode = (StringNode) node;
            if (isPreTag)
                results.append(stringNode.getText());
            else {
                String text = Translate.decode(stringNode.getText());
                if (getReplaceNonBreakingSpace())
                    text = text.replace('\u00a0', ' ');
                if (getCollapse())
                    collapse(results, text);
                else
                    results.append(text);
            }
        }
    }
```

accept(...) 메서드에서는 node 파라미터를 StringNode 타입으로 변환하고
있다. 그런데 나중에는 모든 축적 소스에 accept(...) 메서드를 구현할 것이므
로, 이 메서드의 파라미터를 StringNode 타입으로 바꿔야 한다.

```
public class TextExtractor...
    public String extractText()...
        ...
        for (NodeIterator e = parser.elements(); e.hasMoreNodes();) {
            node = e.nextNode();
            if (node instanceof StringNode) {
                accept((StringNode)node);
            } else if (...

    private void accept(StringNode stringNode)...
        if (!isScriptTag) {
            StringNode stringNode = (StringNode) node;
            ...
```

컴파일 후 테스트한다. 그리고 이 과정을 나머지 축적 소스에 대해 반복한다. 결과적으로 코드는 다음과 같은 모습이 된다.

```
public class TextExtractor...
   public String extractText()...

      for (NodeIterator e = parser.elements(); e.hasMoreNodes();) {
         node = e.nextNode();
         if (node instanceof StringNode) {
            accept((StringNode)node);
         } else if (node instanceof LinkTag) {
            accept((LinkTag)node);
         } else if (node instanceof EndTag) {
            accept((EndTag)node);
         } else if (node instanceof Tag) {
            accept((Tag)node);
         }
      }
      return (results.toString());
   }
```

3. accept(StringNode stringNode) 메서드에 Extract Method[F] 리팩터링을 적용해 visitStringNode() 메서드를 만든다.

```
public class TextExtractor...
   private void accept(StringNode stringNode) {
      visitStringNode(stringNode);
   }

   private void visitStringNode(StringNode stringNode) {
      if (!isScriptTag) {
         if (isPreTag)
            results.append(stringNode.getText());
         else {
            String text = Translate.decode(stringNode.getText());
            if (getReplaceNonBreakingSpace())
               text = text.replace('\u00a0', ' ');
            if (getCollapse())
               collapse(results, text);
            else
```

```
                    results.append(text);
            }
        }
    }
```

컴파일 후 테스트한다. 그리고 이 과정을 나머지 accept() 메서드에 대해 반복한다. 결과적으로 코드는 다음과 같은 모습이 된다.

```
public class TextExtractor...
    private void accept(Tag tag) {
        visitTag(tag);
    }
    private void visitTag(Tag tag)...

    private void accept(EndTag endTag) {
        visitEndTag(endTag);
    }
    private void visitEndTag(EndTag endTag)...

    private void accept(LinkTag link) {
        visitLink(link);
    }
    private void visitLink(LinkTag link)...

    private void accept(StringNode stringNode) {
        visitStringNode(stringNode);
    }
    private void visitStringNode(StringNode stringNode)...
```

4. Move Method[F] 리팩터링을 통해 모든 accept() 메서드를 각각 그에 관련된 축적 소스로 옮긴다. 예를 들어, 다음의 메서드는

```
public class TextExtractor...
    private void accept(StringNode stringNode) {
        visitStringNode(stringNode);
    }
```

StringNode 클래스로 옮긴다.

```
public class StringNode...
   public void accept(TextExtractor textExtractor) {
      textExtractor.visitStringNode(this);
   }
```

그리고 StringNode에 대한 호출은 다음과 같이 수정한다.

```
public class TextExtractor...
   private void accept(StringNode stringNode) {
      stringNode.accept(this);
   }
```

이 과정에서 TextExtractor의 visitStringNode(...) 메서드를 public으로 만들어야 한다. 컴파일 후 테스트해 새로 작성한 코드가 제대로 동작하는지 확인한 다음, 이 단계를 반복해 Tag와 EndTag, Link의 accept() 메서드도 위와 같이 해당 클래스로 옮긴다.

5. extractText() 내에서 accept()를 호출하는 부분에 Inline Method[F] 리팩터링을 적용해 모두 인라인화한다.

```
public class TextExtractor...
   public String extractText()...
      for (NodeIterator e = parser.elements(); e.hasMoreNodes();) {
         node = e.nextNode();
         if (node instanceof StringNode) {
            ((StringNode)node).accept(this);
         } else if (node instanceof LinkTag) {
            ((LinkTag)node).accept(this);
         } else if (node instanceof EndTag) {
            ((EndTag)node).accept(this);
         } else if (node instanceof Tag) {
            ((Tag)node).accept(this);
         }
      }
      return (results.toString());
   }

   private void accept(Tag tag) {
```

```
  tag.accept(this);
}

private void accept(EndTag endTag) {
  endTag.accept(this);
}

private void accept(LinkTag link) {
  link.accept(this);
}

private void accept(StringNode stringNode) {
  stringNode.accept(this);
}
```

컴파일 후 테스트해 모든 것이 정상인지 확인한다.

6. 이 시점에서, 각 축적 소스에 대한 적절한 accept() 메서드를 호출하기 위해
   node의 타입을 변환하기보다 다형적으로 accept() 메서드를 호출하도록 만
   들고 싶다. 이를 위해, StringNode와 LinkTag, Tag, EndTag의 수퍼클래스와
   관련 인터페이스에 Unify Interfaces 리팩터링(453쪽)을 적용한다.

```
public interface Node...
  public void accept(TextExtractor textExtractor);

public abstract class AbstractNode implements Node...
  public void accept(TextExtractor textExtractor) {
  }
```

7. 이제 extractText()의 내부에서 다형적으로 accept() 메서드를 호출하도록
   바꿀 수 있다.

```
public class TextExtractor...
  public String extractText()
    ...
    for (NodeIterator e = parser.elements(); e.hasMoreNodes();) {
      node = e.nextNode()
      node.accept(this);
    }
```

컴파일 후 모든 것이 잘 동작하는지 테스트한다.

8. TextExtractor로부터 방문자 인터페이스를 뽑아낸다.

```
public interface NodeVisitor {
   public abstract void visitTag(Tag tag);
   public abstract void visitEndTag(EndTag endTag);
   public abstract void visitLinkTag(LinkTag link);
   public abstract void visitStringNode(StringNode stringNode);
}

public class TextExtractor implements NodeVisitor...
```

9. 마지막으로 모든 accept() 메서드가 TextExtractor 대신 NodeVisitor를 파
   라미터로 받도록 고친다.

```
public interface Node...
   public void accept(NodeVisitor nodeVisitor);

public abstract class AbstractNode implements Node...
   public void accept(NodeVisitor nodeVisitor) {
   }

public class StringNode extends AbstractNode...
   public void accept(NodeVisitor nodeVisitor) {
      nodeVisitor.visitStringNode(this);
   }

   // 이하 생략
```

컴파일 후 TextExtractor가 방문자로서의 역할을 훌륭하게 해내는지 테스
트한다. 이 리팩터링 덕분에 파서의 또 다른 부분을 Visitor 패턴으로 리팩터
링하기가 훨씬 쉬워졌다. 물론 한참을 쉬고 난 다음에야 시도할 것이지만 말
이다.

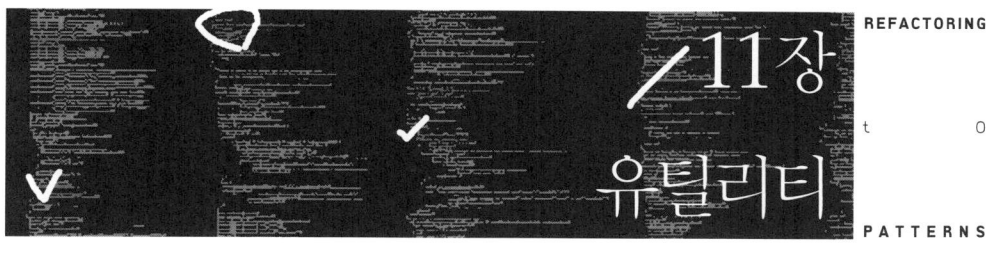

11장

유틸리티

이 장에서 설명하는 리팩터링은 이 책의 카탈로그에 있는 고수준 리팩터링에서 사용되는 저수준의 변환으로서, 『Refactoring』[F]에 있는 리팩터링의 수준에 해당한다.

Chain Constructors 리팩터링(448쪽)은 생성자들이 서로 호출하도록 해서 생성자 사이의 중복을 제거하는 리팩터링이고, Replace Constructors with Creation Methods 리팩터링(97쪽)에서 사용된다.

Unify Interfaces 리팩터링 (453쪽)은 수퍼클래스나 인터페이스가 서브클래스와 동일한 인터페이스를 가질 필요가 있을 때 유용하다. 이 리팩터링을 적용하면 객체를 다형적으로 다루는 것이 가능해진다. Move Embellishment to Decorator 리팩터링(206쪽)와 Move Accumulation to Visitor 리팩터링(423쪽)에서 이 리팩터링을 사용한다.

Extract Parameter 리팩터링(456쪽)은 파라미터로 받으면 더 좋았을 값을 지역적으로 생성해서 필드에 할당하는 경우에 유용하다. 이 리팩터링은 여러 경우에 유용하며, Move Embellishment to Decorator 리팩터링(206쪽)의 과정에서 Replace Inheritance with Delegation[F] 리팩터링을 적용한 직후 사용한다.

Chain Constructors

중복된 코드를 갖는 생성자가 여러 개 있다면,

중복을 최소화하기 위해 생성자들이 서로 호출하게 한다.

```java
public class Loan {
   ...
  public Loan(float notional, float outstanding, int rating, Date expiry) {
     this.strategy = new TermROC();
     this.notional = notional;
     this.outstanding = outstanding;
     this.rating =rating;
     this.expiry = expiry;
  }
  public Loan(float notional, float outstanding, int rating, Date expiry, Date maturity) {
     this.strategy = new RevolvingTermROC();
     this.notional = notional;
     this.outstanding = outstanding;
     this.rating = rating;
     this.expiry = expiry;
     this.maturity = maturity;
  }
  public Loan(CapitalStrategy strategy, float notional, float outstanding,
              int rating, Date expiry, Date maturity) {
     this.strategy = strategy;
     this.notional = notional;
     this.outstanding = outstanding;
     this.rating = rating;
     this.expiry = expiry;
     this.maturity = maturity;
  }
}
```

↓

```java
public class Loan {
   ...
  public Loan(float notional, float outstanding, int rating, Date expiry) {
     this(new TermROC(), notional, outstanding, rating, expiry, null);
  }
```

```
public Loan(float notional, float outstanding, int rating, Date expiry, Date maturity) {
    this(new RevolvingTermROC(), notional, outstanding, rating, expiry, maturity);
}
public Loan(CapitalStrategy strategy, float notional, float outstanding,
            int rating, Date expiry, Date maturity) {
    this.strategy = strategy;
    this.notional = notional;
    this.outstanding = outstanding;
    this.rating = rating;
    this.expiry = expiry;
    this.maturity = maturity;
}
}
```

동기

두 개 이상의 생성자에 중복된 코드는 문제를 일으키기 마련이다. 누군가 클래스에 새로운 필드를 추가하고 이를 초기화하기 위해 생성자 하나는 수정했지만, 다른 생성자를 수정하는 것은 깜박 했다면 어떻게 될까? 꽝! 또 다른 결함이 생겨난다. 클래스에 생성자가 많을수록 더 많은 중복이 우리를 괴롭힐 것이다. 따라서 생성자에 포함된 중복 코드를 줄이거나 제거할 수 있는 좋은 아이디어가 필요하다.

이 문제는 생성자 체인을 통해 해결할 수 있다. 특수 목적의 생성자가 더 일반적인 생성자를 호출하도록 생성자 전체를 수정하여, 생성자들이 체인을 형성하도록 만드는 것이다. 각 체인이 결국 한 생성자로 연결된다면, 이 생성자가 모든 생성자 호출을 실질적으로 처리하는 것이므로 이를 실질 생성자라 한다. 실질 생성자는 다른 생성자보다 많은 파라미터를 갖는 것이 보통이다.

클래스에 생성자가 너무 많아서 클라이언트가 어떤 상황에서 어느 생성자를 사용해야 할지 알기 어려워 보인다면, Replace Constructors with Creation Methods 리팩터링(97쪽)의 적용을 고려한다.

절차

1. 중복된 코드를 갖는 두 생성자를 찾는다. 그중 하나가 다른 하나를 호출하게 하는 것이 중복된 코드를 안전하게(그리고 희망사항이지만 더 쉽게) 제거할 수 있을지 살펴본다. 그런 다음, 한 생성자가 다른 생성자를 호출하도록 수정하여 중복 코드를 줄이거나 없앤다.

   ✓ 컴파일 후 테스트한다.

2. 이미 작업한 생성자를 포함해 클래스 내의 모든 생성자에 대해 단계 1을 반복한다. 이렇게 해서 모든 생성자에 대해 중복을 가능한 한 적게 만든다.

3. public으로 남겨둘 필요가 없는 생성자의 접근 지정자를 변경한다.

   ✓ 컴파일 후 테스트한다.

예제

이 리팩터링의 도입부에 있던 코드 스케치를 예제로 사용하겠다. Loan 클래스는 서로 다른 종류의 대출을 나타내는 생성자를 세 개 가지고 있는데, 코드가 불필요하게 길고 중복되어 있다.

```
public Loan(float notional, float outstanding, int rating, Date expiry) {
    this.strategy = new TermROC();
    this.notional = notional;
    this.outstanding = outstanding;
    this.rating = rating;
    this.expiry = expiry;
}
public Loan(float notional, float outstanding, int rating, Date expiry, Date maturity) {
    this.strategy = new RevolvingTermROC();
    this.notional = notional;
    this.outstanding = outstanding;
    this.rating = rating;
    this.expiry = expiry;
    this.maturity = maturity;
}
```

```
public Loan(CapitalStrategy strategy, float notional, float outstanding, int rating,
            Date expiry, Date maturity) {
    this.strategy = strategy;
    this.notional = notional;
    this.outstanding = outstanding;
    this.rating = rating;
    this.expiry = expiry;
    this.maturity = maturity;
}
```

이 코드를 리팩터링하면 어떻게 되는지 보자.

1. 처음 두 생성자를 살펴본다. 코드가 중복돼 있고, 셋째 생성자도 마찬가지
   다. 첫째 생성자가 호출하기에 다른 두 생성자 중 어느 것이 더 쉬울지 생각
   해본다. 셋째 생성자를 호출하도록 하는 것이 작업을 최소화할 수 있을 것
   같다. 따라서 첫째 생성자를 다음과 같이 수정한다.

```
public Loan(float notional, float outstanding, int rating, Date expiry) {
    this(new TermROC(), notional, outstanding, rating, expiry, null);
}
```

   컴파일 후 테스트하여 변경한 사항이 제대로 동작하는 확인한다.

2. 중복을 가능한 한 많이 제거하기 위해 단계 1을 반복한다. 따라서 둘째 생성
   자도 변경하게 된다. 둘째 생성자 역시 다음과 같이 셋째 생성자를 호출하면
   될 것 같다.

```
public Loan(float notional, float outstanding, int rating, Date expiry, Date maturity) {
    this(new RevolvingTermROC(), notional, outstanding, rating, expiry, maturity);
}
```

   여기서 셋째 생성자가 인스턴스 생성과 관련된 모든 사항을 처리하므로,
   이 클래스의 실질 생성자임을 알게 된다.

3. 생성자의 public 접근 지정자를 바꿀 수 있는지 확인하기 위해 세 생성자를
   호출하는 모든 부분을 살펴본다. 이 경우에는 접근 지정자를 바꿀 수 없다.

(내 말을 믿기 바란다. 여러분은 세 생성자의 호출부를 직접 확인할 수 없다.)

컴파일 후 테스트하고 리팩터링을 마친다.

Unify Interfaces

수퍼클래스(또는 인터페이스)가 서브클래스와
동일한 인터페이스를 가질 필요가 있다면,

서브클래스에서 수퍼클래스에 없는 모든 public 메서드를 찾아 이를
수퍼클래스에 추가한다. 이때 메서드 몸체는 비워놓아 아무 일도 하지 않도록 만든다.

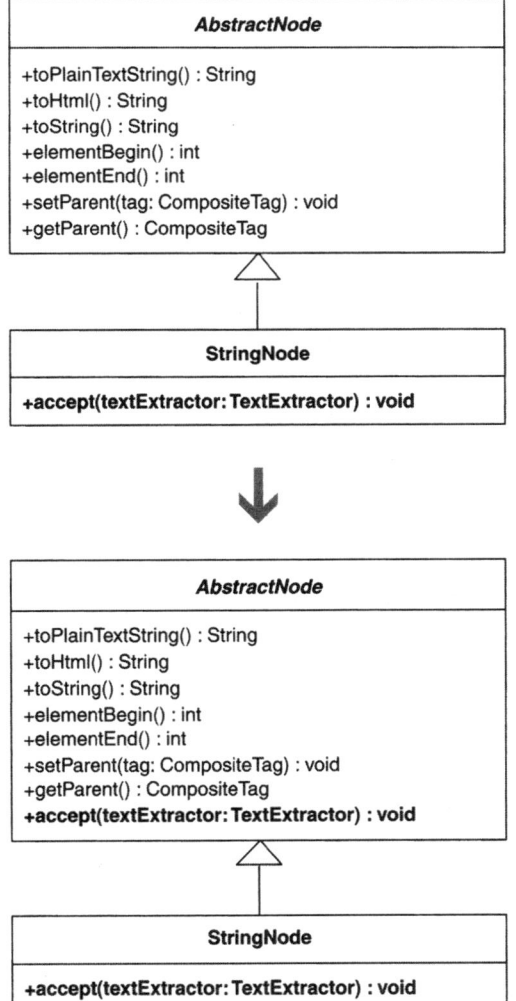

동기

여러 객체를 다형적으로 처리하려면, 그 클래스들은 수퍼클래스가 됐든 인터페이스가 됐든 동일한 인터페이스를 공유해야 한다. 이 리팩터링은 수퍼클래스나 인터페이스가 자신의 서브클래스와 동일한 인터페이스를 가져야 할 필요가 있는 경우를 위한 것이다.

나는 이 리팩터링이 필요한 상황을 두 번 경험했다. 한번은 Move Embellishment to Decorator 리팩터링(206쪽)을 적용할 때였는데, 새로 만들 데코레이터가 서브클래스와 인터페이스가 같아야 했다. 그러기 위한 가장 손쉬운 방법은 Unify Interfaces 리팩터링을 적용하는 것이다. 이와 비슷하게, Move Accumulation to Visitor 리팩터링(423쪽) 과정에서도 특정 객체들이 동일한 인터페이스를 공유한다면 중복을 제거할 수 있었고, Unify Interfaces 리팩터링을 통해 이를 해결했다.

수퍼클래스와 서브클래스에 이 리팩터링을 적용한 후, 독자적인 인터페이스를 만들기 위해 수퍼클래스에 Extract Interface[F] 리팩터링을 적용하는 경우도 있다. 그럴 때는 보통, 추상 클래스에 상태 필드가 있지만 이를 상속해 구현하는 서브클래스가(예를 들어, 데코레이터 같은) 이 필드를 상속하는 것을 원하지 않을 때다. 예제는 Move Embellishment to Decorator 리팩터링(206쪽)을 참조하기 바란다.

Unify Interfaces 리팩터링은 다른 곳으로 가기 위한 임시 단계가 되기도 한다. 예를 들면, 이 리팩터링을 수행한 후, 다시 일련의 리팩터링을 통해 인터페이스를 통합하면서 추가한 메서드를 제거할 수도 있다. 또는 Extract Interface[F] 리팩터링을 적용한 후 추상 클래스에 있는 메서드의 디폴트 구현이 더는 필요하지 않게 될 수도 있다.

절차

서브클래스의 public 메서드 중에서 수퍼클래스나 인터페이스에 선언되지 않은 것을 찾는다. 이런 메서드를 간단히 '누락 메서드'라 하자.

1. 누락 메서드를 복사해 수퍼클래스/인터페이스에 추가한다. 수퍼클래스에 추가하는 경우라면 메서드 몸체를 비워 아무 일도 하지 않게 만든다.

✓ 컴파일한다.

수퍼클래스/인퍼테이스가 서브클래스와 동일한 인터페이스를 갖게 될 때까지 반복한다.

✓ 수퍼클래스와 관계된 모든 코드가 기대한 대로 동작하는지 테스트한다.

예제

StringNode라는 서브클래스와 그 수퍼클래스인 AbstractNode의 인터페이스를 통합해야 하는 상황이라고 가정하자. StringNode는 accept() 메서드 하나를 제외한 모든 public 메서드를 AbstractNode로부터 상속 받았다.

```
public class StringNode extends AbstractNode...
    public void accept(TextExtractor: textExtractor) {
        // 구현부는 생략
    }
}
```

1. accept(...) 메서드를 복사해 AbstractNode 클래스에 추가한 다음, 메서드가 아무 일도 하지 않도록 몸체를 비운다.

```
public abstract class AbstractNode...
    public void accept(TextExtractor: textExtractor) {
    }
```

이제 AbstractNode와 StringNode의 인터페이스가 통합됐다. 모든 것이 제대로 동작하는지 컴파일, 테스트해 확인한다. 모두 제대로 동작한다.

Extract Parameter

메서드나 생성자 내에서 생성한 값을 필드에 저장하고 있다면,

대입문의 우변을 새 파라미터로 대체해 클라이언트가 그 값을 지정할 수 있도록 한다.

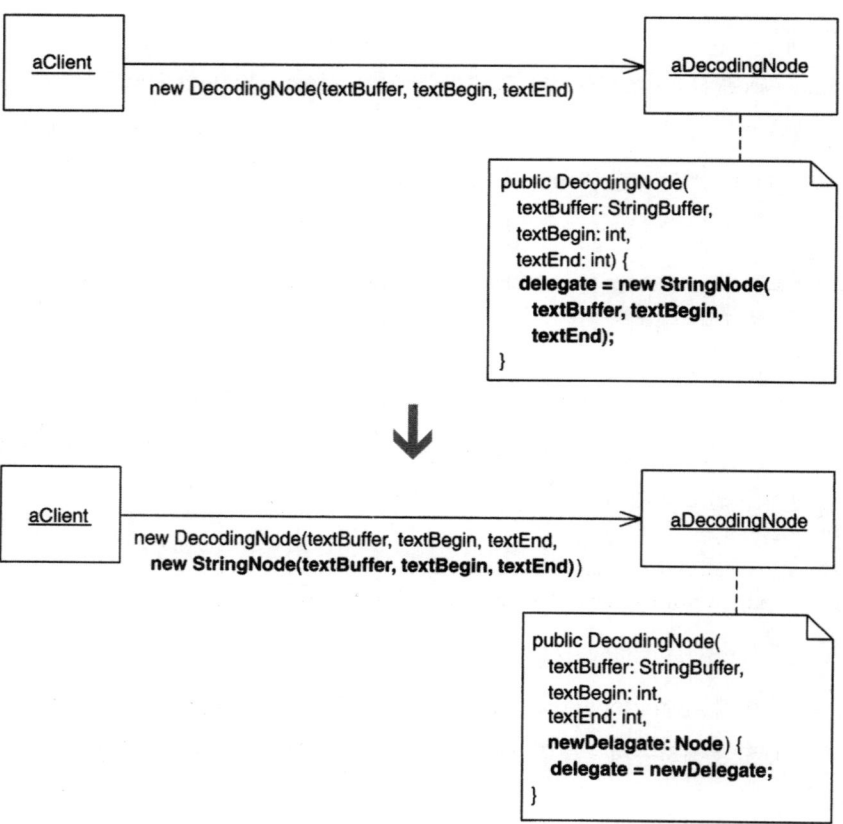

동기

때로는 객체 내의 필드에 대입할 값을 다른 객체가 지정하도록 하고 싶을 수 있다. 만약 그 필드에 지역 값local value이 할당되고 있다면, 대입문의 우변을 새로운 파라미터로 대체해 클라이언트가 그 값을 지정하도록 할 수 있다.

나는 Replace Inheritance with Delegation[F] 리팩터링을 수행한 후에 이 리팩터링이 필요했다. 작업을 위임하는 클래스는 대리 객체delegatee에 대한 필드를 가지고 있고, 여기에 새로운 대리 객체 인스턴스를 할당한다. 그러나 클라이언트가 이 대리 객체를 지정할 수 있어야 했다. Extract Parameter 리팩터링을 통해 대리 객체 생성 코드를 클라이언트가 제공하는 파라미터 값으로 간단히 대체할 수 있었다.

절차

1. 이 리팩터링을 하기 전에 해당 필드에 대한 대입문은 생성자나 메서드 내에 있어야 한다. 그렇지 않다면, 해당 대입문을 생성자나 메서드 안으로 옮긴다.

2. Add Parameter[F] 리팩터링을 적용해 필드를 위한 값을 파라미터로 전달할 수 있도록 한다. 파라미터 타입은 필드의 타입으로 하고, 파라미터의 값은 대입문의 우변과 같게 만든다. 대입문은 새로 만든 파라미터의 값을 필드에 저장하도록 수정한다.

   ✓ 컴파일 후 테스트한다.

이 리팩터링을 끝낸 후에는 Remove Parameter[F] 리팩터링을 적용해 사용하지 않는 파라미터를 제거할 수 있다.

예제

이 예제는 언젠가 내가 Move Embellishment to Decorator 리팩터링(206쪽)을 적용할 때의 중간 단계에서 따온 것이다. HTML 파서의 DecodingNode 클래스는 delegate란 필드를 갖고 있는데, DecodingNode의 생성자에서 이 필드에 StringNode 인스턴스를 할당하고 있다.

```
public class DecodingNode implements Node...
    private Node delegate;

    public DecodingNode(StringBuffer textBuffer, int textBegin, int textEnd) {
```

```
      delegate = new StringNode(textBuffer, textBegin, textEnd);
  }
```

이 코드에 다음과 같이 Extract Parameter 리팩터링을 적용한다.

1. DecodeNode의 생성자에서 delegate에 이미 값을 할당하고 있으므로, 다음 단계로 넘어갈 수 있다.

2. Add Parameter[F] 리팩터링을 적용하는데, 새로 추가하는 파라미터의 디폴트 값은 new StringNode(textBuffer, textBegin, textEnd)로 한다. 그리고 대입문을 수정해 새로 정의한 파라미터 newDelegate를 delegate에 할당하도록 한다.

```
public class DecodingNode implements Node...
  private Node delegate;

  public DecodingNode(StringBuffer textBuffer, int textBegin, int textEnd,
             Node newDelegate) {
    delegate = newDelegate;
  }
```

클라이언트인 StringNode도 새 파라미터 newDelegate에 값을 전달하도록 수정해야 한다.

```
public class StringNode...
  ...
  return new DecodingNode(...,
    new StringNode(textBuffer, textBegin, textEnd)
  );
```

컴파일 후 테스트하여 모든 것이 제대로 동작하는지 확인한다.

이 리팩터링이 끝난 후 Remove Parameter[F]를 여러 번 적용해, DecodingNode의 생성자가 다음과 같이 되도록 한다.

```
public class DecodingNode implements Node...
```

```
private Node delegate;

public DecodingNode(~~StringBuffer textBuffer, int textBegin, int textEnd,~~
                    Node newDelegate) {
    delegate = newDelegate;
}
```

짧고 달콤한 리팩터링은 이렇게 끝난다.

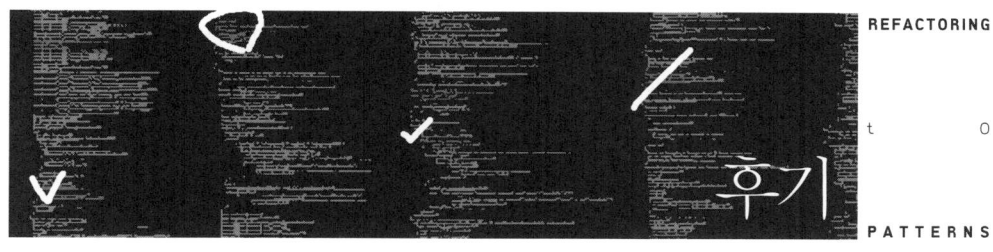

잠시 고등학교 시절로 돌아가 봅시다. 수학 시간에 선생님은 등식의 양 변에 같은 값을 더한다든가 덧셈의 교환 법칙에 따라 피연산자의 순서를 바꾸는 등의 여러 가지 기법을 가르쳐 주는 것으로 시작합니다. 이런 것들을 몇 주 동안 계속하다가 어느 시점에선가 기어를 바꿔 '기차 한 대가 New York을 출발해 서쪽으로 갑니다' 와 같은 문장으로 시작하는 문제를 제시합니다. 처음에는 당황스럽지만 (이런 문제를 보면 여전히 당황할지도 모르겠지만) 곧 마음을 가라앉히고 문제에 대한 방정식을 세웁니다. 그리고 수학 시간에 배운 여러 규칙을 적용해 답에 이릅니다.

프로그래밍 세계에서 디자인 패턴은 문장으로 주어진 문제와 같고, 리팩터링은 수학 기법과 같은 것입니다. 『Design Patterns』[DP]를 읽었다면, '이 패턴을 미리 알았더라면 내 시스템이 훨씬 깔끔해졌을 텐데' 와 같이 자신에게 말할 수 있는 수준에 도달했을 것입니다. 여러분이 들고 있는 이 책은 여러 가지 예제와 함께 리팩터링을 통한 해결책을 소개해 줍니다.

많은 사람들이 이 책을 읽고는 이런 패턴을 구현하는 절차를 외우려 할 것입니다. 또는 기존 프로그래밍 도구에 이런 대규모 리팩터링을 추가해야 한다고 떠들어댈지도 모르겠습니다. 두 접근법 모두 잘못된 것입니다. 이 책의 진정한 가치는 특정 패턴에 도달하기 위한 절차에 있는 것이 아니라, 각 절차에 이르는 사고 과정을 이해하는 데 있습니다. 리팩터링적인 사고방식을 배움으로써(수학적 사고 방식을 배웠던 것과 같이) 동작이 보존되는 절차를 통해 설계 문제를 해결하는 방법을 익히는 것이지, 이 책에서 제시한 예제의 구체적인 부분 부분에 얽매이는 것이 아닙니다.

따라서 Joshua가 여러분을 위해 제시한 예제를 잘 보고 익혀서, 리팩터링 중에 나타나는 패턴을 잘 이해하고, 특정 절차의 수립 과정에 대한 통찰을 찾기 바랍니다. 이 책은 참고용이 아니라 안내서입니다.

John Brant와 Don Roberts
세계 최초의 리팩터링 브라우저 발명가

Refactoring to Patterns에 대한 칭찬의 말

"리팩터링이 가치 있으려면, 추상적인 지적 활동으로 남겨둘 것이 아니라 어딘가에 적용해야 한다. 패턴은 바람직한 프로그램 구조를 문서화한 것이다. 이 둘을 합친 것이 바로 Refactoring to Patterns이다. 뭔가를 리팩터링하고 싶은 사람들에게 나는 Refactoring to Patterns를 읽고 적용해 보길 권한다."

Kent Beck, Three Rivers Institute 이사

"GoF에서 우리는 디자인 패턴이 리팩터링의 목적지라고 말했다. 이 책은 그 말이 거짓이 아님을 증명하고 있다. Joshua의 책을 통해 리팩터링과 디자인 패턴에 대한 여러분의 이해가 더 깊어질 것이다."

Erich Gamma, IBM, Eclipse Java Development Tools Lead

"마침내 소프트웨어 패턴과 애자일agile 개발 간의 관계가 정립되었다."

Ward Cunningham

"Refactoring to Patterns는 단순히 GoF를 리팩터링하고 재구성한 것에 그치지 않는다. 이 책은 기존의 정적이고 딱딱한 주제를 동적이고 부드럽게 만들었다. 실험과 실수, 수정으로 이뤄지는 인간적인 과정으로 변모시킨 것이다. 이를 통해 독자들은 훌륭한 설계가 하루아침에 생기는 것이 아님을 알게 된다. 설계는 부단한 노력과 고민을 통해 진화한다.

Kerievsky는 내용 기술 방식에도 심혈을 기울였기 때문에 명확하고 이해하기 쉬운 글이 되었다. 사실 그는 내가 『Thinking in Patterns』에서 고민했던 구성 문제를 다수 해결했다. 이 책은 테스트와 리팩터링, 패턴의 결합에 대한 깔끔한 소개서다. 그리고 쉬운 문체와 번뜩이는 감각, 훌륭한 통찰로 가득 차 있다."

Bruce Eckel, Mindview, Inc. 대표

『Thinking in Java』, 『Thinking in C++』 (Prentice Hall)의 저자

"Refactoring to Patterns는 디자인 패턴의 하향적인 특성과 반복 개발 및 지속적인 리팩터링의 상향적인 특성을 절묘하게 결합한 혁신적인 접근법이다. 진정 소프트웨어 개발자라면 누구라도 패턴을 통해 자신의 코드를 향상시킬 새로운 기회를 찾기 위해 이런 접근법을 이용해야 한다."

Bobby Woolf, IBM WebSphere 소프트웨어 서비스 부문, I/T 컨설팅 전문가,

『Enterprise Integration Patterns』와 『The Design Patterns Smalltalk Companion』

(이상 Addison-Wesley)의 공동 저자

"Joshua Kerievsky는 설계 수준의 리팩터링에 대한 이 유일무이한 카탈로그를 통해 리팩터링에 완전히 새로운 차원을 부여했다. Refactoring to Patterns는 개발자들에게 설계 수준의 향상을 통해 일상 작업을 단순하게 만드는 방법을 알려준다. 이 책은 리팩터링을 실행하는 사람들에게 더할 나위 없는 참고서다."

Sven Gorts

"Joshua를 처음 만났을 때 나는 디자인 패턴을 이해하고 적용하며 전파하려는 큰 열정에 감동받았다. 훌륭한 교사는 가르치려는 주제와 교수 방법에 대해 깊이 고민한다. 나는 Joshua가 훌륭한 교사(동시에 개발자)라 생각하며, 우리는 그의 통찰력으로부터 배울 것이 많다."

Craig Larman, Valtech의 Chief Scientist, 『Applying UML and Patterns』(Prentice

Hall)와 『Agile and Iterative Development』(Addison-Wesley)의 저자

"Refactoring to Patterns의 중요성은 적절한 패턴에 대한 조직적인 소개를 통해 코드를 향상시키는 단계별 지침을 제시한다는 것만이 아니다. 디자인 패턴 구현의 기저에 있는 원칙을 가르친다는 점이 훨씬 더 중요하다. 이 책은 설계 초보자는 물론 전문가에게도 유용하다. 정말 훌륭한 책이다."

Kyle Brown, IBM WebSphere 소프트웨어 서비스 부문,

『Enterprise Java™ Programming with IBM® Websphere®』(Addison-Wesley)의 저자

"어떤 직업을 정복하려면 적절한 도구를 소유하는 것만으로는 충분하지 않다. 그 도구를 효과적으로 사용할 수 있어야 한다. Refactoring to Patterns는 설계 도구를 장인 수준으로 활용하는 방법을 알려준다."

Russ Rufer, Silicon Valley 패턴 그룹

"Josh는 더 큰 목표를 향해 리팩터링을 수행하는 작은 단계들을 수립하기 위해 패턴을 사용하고 주어진 코드를 패턴으로 진화시키기 위해 리팩터링을 사용한다. 미리 나와 있는 해결책에 어떻게든 짜맞춰보려고 노력하는 대신에 기존 코드를 점진적으로 크게 향상시키는 방법을 배울 수 있을 것이다. 코드가 변화함에 따라, 더 나은 설계를 그저 보기만 하는 것을 넘어 직접 경험하게 될 것이다."

Phil Goodwin, Silicon Valley 패턴 그룹

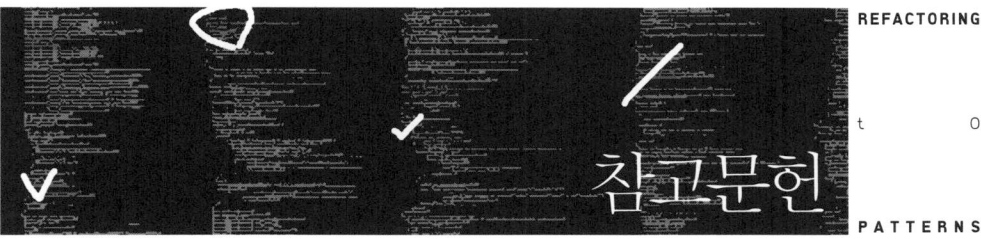

[Alexander, PL]

Alexander, Christopher. 『A Pattern Language』 New York: Oxford University Press, 1977.

[Alexander, TWB]

Alexander, Christopher. 『A Timeless Way of Building』 New York: Oxford University Press, 1979.

[Anderson]

Anderson, Bruce. "Null Object." UIUC Patterns Discussion Mailing List(*patterns@cs.uiuc.edu*), January 1995.

[Astels]

Astels, David. 『Test-Driven Development, a Practical Guide』 Upper Saddle River, NJ: Prentice Hall, 2003.

[Barzun]

Barzun, Jacques. 『Simple and Direct』 4th ed. New York: HarperCollins, 2001.

[Beck, SBPP]

Beck, Kent. 『Smalltalk Best Practice Patterns』 Upper Saddle River, NJ: Prentice Hall, 1997.

[Beck, TDD]

Beck, Kent. 『Test-Driven Development』 Boston, MA: Addison-Wesley, 2002.

[Beck, XP]

Beck, Kent. 『Extreme Programming Explained』 Reading, MA: Addison-Wesley, 1999.

[Beck and Gamma]

Beck, Kent, and Erich Gamma. JUnit Testing Framework. Available online at *http://www.junit.org.* see also Erich Gamma and Kent Beck, 「JUnit: A Cook's Tour」 Java report, May 1999.

[Bloch]

Bloch, Joshua. 『Effective Java』 Boston, MA: Addison-Wesley, 2001.

[Cunningham]

Cunningham, Ward. 'Checks: A Pattern Language of Information Integrity.' In 『Pattern Languages of Program Design』, eds. James O. Coplien and Douglas C. Schmidt. Reading, MA: Addison-Wesley, 1995.

[DP]

Gamma, Erich, Richard Helm, Ralph Johnson, and John Vlissides. 『Design Patterns: Elements of Reusable Object-Oriented Software』 Reading, MA: Addison-Wesley, 1995.

[Evans]

Evans, Eric. 『Domain-Driven Design』 Boston, MA: Addison-Wesley, 2003.

[Foote and Yoder]

Foote, Brian, and Joseph Yoder. 'Big Ball of Mud.' In 『Pattern Languages of Program Design IV』, eds. Neil Harrison, Brian Foote, and Hans Rohnert. Boston, MA: Addison-Wesley, 2000.

[F]

Fowler, Martin. 『Refactoring: Improving the Design of Existing Code』 Boston, MA: Addison-Wesley, 2000.

[Fowler, PEAA]

Fowler, Martin. 『Patterns of Enterprise Application Architecture』. Boston, MA: Addison-Wesley, 2003.

[Fowler, UD]

Fowler, Martin. 『UML Distilled』, 3rd ed. Boston, MA: Addison-Wesley, 2003.

[Gamma and Beck]

Gamma, Erich, and Kent Beck. 『Contributing to Eclipse』 Boston, MA: Addison-Wesley, 2003.

[Kerievsky, PI]

Kerievsky, Joshua. 「Pools of Insight: A Pattern Language for Study Groups」 Available online at *http://industriallogic.com/papers/kh.html*

[Kerievsky, PXP]

Kerievsky, Joshua. 「patterns & XP」 In 『Extreme Programming Examined』 eds. Giancarlo Succi and Michele Marchesi. Boston, MA: Addison-Wesley, 2001.

[Parnas]

Parnas, David. 「On the Criteria to Be Used in Decomposing Systems into Modules」 「Communications of the ACM」 15(2), 1972.

[Roberts, Brant, and Johnson]

Roberts, Don, John Brant, and Ralph Johnson. 「A Refoctoring Tool for Smalltalk」 Available online at *http://st-www.cs.uiuc.edu/~droberts/tapos/TAPOS.htm*.

[Solomon]

Solomon, Maynard. 『Mozart』 New York: HarperCollins, 1995.

[Vlissides]

Vlissides, John. 「C++Report」 April 1998. Available online at *http://www.research.ibm.com/designpatterns/pubs/ph-apr98.pdf*.

[Woolf]

Woolf, Bobby. 'The Null Object Pattern.' In 『Pattern Languages of Program Design III』, eds. Robert C. Martin, Dirk Riehle, and Frank Buschmann. Reading, MA: Addison-Wesley, 1997.

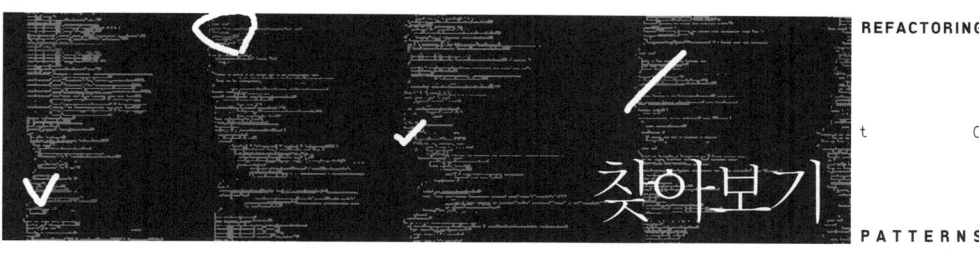

코드 냄새

냄새	리팩터링
인터페이스가 서로 다른 대체클래스 (83)[F]	Unify Interfaces with Adapter (333)
조합의 폭발적 증가 (85)	Replace Implicit Language with Interpreter (360)
복잡한 조건문 (80)	Replace Conditional Logic with Strategy (187) Move Embellishment to Decorator (206) Replace State-Altering Conditionals with State (234) Introduce Null Object (402)
중복된 코드 (78)[F]	Form Template Method (281) Introduce Polymorphic Creation with Factory Method (134) Chain Constructors (448) Replace One/Many Distinctions with Composite (303) Extract Composite (291) Unify Interfaces with Adapter (333) Introduce Null Object (402)
추잡한 노출 (82)	Encapsulate Classes with Factory (124)
거대한 클래스 (84)[F]	Replace Conditional Dispatcher with Command (265) Replace State-Altering Conditionals with State (234) Replace Implicit Language with Interpreter (360)
게으른 클래스 (84)[F]	Inline Singleton (168)
긴 메서드 (79)[F]	Compose Method (179) Move Accumulation to Collecting Parameter (415) Replace Conditional Dispatcher with Command (265) Move Accumulation to Visitor (423) Replace Conditional Logic with Strategy (187)
괴짜 솔루션 (86)	Unify Interfaces with Adapter (333)
기본 타입에 대한 강박관념 (81)[F]	Replace Type Code with Class (383) Replace State-Altering Conditionals with State (234) Replace Conditional Logic with Strategy (187) Replace Implicit Tree with Composite (249) Replace Implicit Language with Interpreter (360) Move Embellishment to Decorator (206) Encapsulate Composite with Builder (145)
문어발 솔루션 (82)	Move Creation Knowledge to Factory (110)
Switch 문 (85)[F]	Replace Conditional Dispatcher with Command (265) Move Accumulation to Visitor (423)

학습 순서